华东交通大学教材（专著）基金资助项目

电机学与拖动基础

张建辉　徐晓玲　主　编

西南交通大学出版社

·成　都·

内容简介

本书主要讲述电机学与电力拖动的基本理论和基础知识，主要包括电机学入门知识，直流电机原理，他励直流电动机的机械特性以及起动、调速与制动，变压器的基本理论及并联运行，交流旋转电机的共同理论，三相异步电机的电磁关系及工作特性，异步电动机的机械特性以及起动、调速与制动，同步发电机的基本理论及并网运行等内容。

本书布局合理、层次清晰、化繁为简、重点突出、难点讲透，便于自学。每章配有例题，并附有足够数量的习题。

本书可作为高等院校电气工程、自动化等强电类专业"电机学""电机与拖动"等课程的教材或参考书，也可供有关工程技术人员学习参考。

图书在版编目（CIP）数据

电机学与拖动基础 / 张建辉，徐晓玲主编. —成都：
西南交通大学出版社，2020.8（2023.8 重印）
ISBN 978-7-5643-7592-8

Ⅰ. ①电… Ⅱ. ①张… ②徐… Ⅲ. ①电机学②电力传动 Ⅳ. ①TM3②TM921

中国版本图书馆 CIP 数据核字（2020）第 165210 号

Dianjixue yu Tuodong Jichu
电机学与拖动基础

张建辉　徐晓玲 / 主编	责任编辑 / 张文越
	封面设计 / 曹天擎

西南交通大学出版社出版发行
（四川省成都市金牛区二环路北一段 111 号西南交通大学创新大厦 21 楼　610031）
发行部电话：028-87600564
网址：http://www.xnjdcbs.com
印刷：成都勤德印务有限公司

成品尺寸　185 mm×260 mm
印张　18.25　字数　468 千
版次　2020 年 8 月第 1 版
印次　2023 年 8 月第 2 次

书号　ISBN 978-7-5643-7592-8
定价　48.00 元

课件咨询电话：028-81435775
图书如有印装质量问题　本社负责退换
版权所有　盗版必究　举报电话：028-87600562

前 言
PREFACE

"电机学"或"电机与拖动"是电气工程、自动化等强电类专业重要的专业基础课,该课程的特点是:理论性强,概念多,与工程实际联系紧密。其教学目标是:通过本课程学习使学生掌握电机及拖动系统的基本理论知识、基本分析方法、基本实验技能。这些基本内容和分析方法对分析其他电气设备也有普遍意义,因此,该课程是强电类各专业的理论基础。本书正是以此为指导,基于工程教育理念,全面阐述电机与电力拖动系统的基本理论、基础知识。

本书内容共分 8 章。第 1 章是电机学入门知识,主要介绍分析电机时常用的物理概念和电工定律;第 2 章着重阐述直流电机的原理及其工作特性;第 3 章主要阐述他励直流电动机的机械特性以及起动、调速与制动;第 4 章阐述变压器的基本理论及并联运行等内容;第 5 章阐述交流旋转电机的共同理论,即交流绕组的构成规律及其产生的电动势、磁动势;第 6 章阐述三相异步电机的电磁关系及工作特性;第 7 章阐述异步电动机的机械特性以及起动、调速与制动;第 8 章主要阐述同步发电机的基本理论及并网运行等内容。

本书的特点是:将电机学的基本理论与电力拖动两部分内容有机地结合为一个整体,以电力拖动中应用最为广泛的他励直流电动机、三相异步电动机为重点,侧重于基本原理和基本概念的阐述,并始终强调基本理论的实际应用。本书文字阐述方面层次清晰、概念准确、通俗易懂、深入浅出;内容阐述方面循序渐进、化繁为简、重点突出、难点讲透,便于自学。针对各章节的重点和难点,编者精心设计了例题和习题,便于复习巩固。题目具有典型性、启发性和实用性,能很好地引导学生掌握本课程的主要内容,培养学生解决工程实际问题的能力。

本书可作为高等院校电气工程、自动化等强电类专业"电机学""电机与拖动"等课程的教材或参考书,也可供有关工程技术人员学习参考。

本书由张建辉、徐晓玲担任主编,编者均来自教学一线,具有丰富的教学经验。其中第 1、2 章由徐晓玲编写;第 3、7 章由曾建军、胡文华编写;第 4、5、6 章由张建辉、许莹莹编写;

第 8 章由曾建军、张建辉编写；张建辉负责全书的统稿工作。

在本书的编写过程中，编者参考了不少电机学界前辈的著作和兄弟院校的教材，在此谨向他们致以衷心的感谢。本书的出版还得到了华东交通大学教材出版基金的资助，在此深表谢意。

与本书配套的学习辅导书《电机与拖动学习指导与实验教程》已由西南交通大学出版社出版，欢迎选用；与本书配套的网络慕课已在中国大学 MOOC 上线运行（网址：https://www.icourse163.org/course/ECJTU-1206862806），欢迎参加学习。

由于编者水平有限，加之编写时间比较仓促，难免会有不足之处，恳请广大读者批评指正。

编　者

2020 年 5 月

目 录
CONTENTS

第 1 章 电机学入门知识

1.1 电机与电力拖动系统概况 ⋯⋯⋯⋯⋯⋯⋯⋯⋯⋯⋯⋯⋯⋯⋯⋯⋯⋯⋯⋯⋯⋯⋯⋯⋯⋯⋯⋯ 001
1.2 磁路的基本概念及物理量 ⋯⋯⋯⋯⋯⋯⋯⋯⋯⋯⋯⋯⋯⋯⋯⋯⋯⋯⋯⋯⋯⋯⋯⋯⋯⋯⋯ 004
1.3 电机学常用的电工定律 ⋯⋯⋯⋯⋯⋯⋯⋯⋯⋯⋯⋯⋯⋯⋯⋯⋯⋯⋯⋯⋯⋯⋯⋯⋯⋯⋯⋯ 010
习 题 ⋯⋯⋯⋯⋯⋯⋯⋯⋯⋯⋯⋯⋯⋯⋯⋯⋯⋯⋯⋯⋯⋯⋯⋯⋯⋯⋯⋯⋯⋯⋯⋯⋯⋯⋯⋯⋯⋯ 017

第 2 章 直流电机

2.1 直流电机的工作原理和基本结构 ⋯⋯⋯⋯⋯⋯⋯⋯⋯⋯⋯⋯⋯⋯⋯⋯⋯⋯⋯⋯⋯⋯⋯⋯ 018
2.2 直流电机的铭牌与励磁方式 ⋯⋯⋯⋯⋯⋯⋯⋯⋯⋯⋯⋯⋯⋯⋯⋯⋯⋯⋯⋯⋯⋯⋯⋯⋯⋯ 024
2.3 直流电机电枢绕组 ⋯⋯⋯⋯⋯⋯⋯⋯⋯⋯⋯⋯⋯⋯⋯⋯⋯⋯⋯⋯⋯⋯⋯⋯⋯⋯⋯⋯⋯⋯⋯ 026
2.4 直流电机的磁场 ⋯⋯⋯⋯⋯⋯⋯⋯⋯⋯⋯⋯⋯⋯⋯⋯⋯⋯⋯⋯⋯⋯⋯⋯⋯⋯⋯⋯⋯⋯⋯⋯ 035
2.5 直流电机的感应电动势和电磁转矩 ⋯⋯⋯⋯⋯⋯⋯⋯⋯⋯⋯⋯⋯⋯⋯⋯⋯⋯⋯⋯⋯⋯⋯ 041
2.6 直流电机的基本方程式 ⋯⋯⋯⋯⋯⋯⋯⋯⋯⋯⋯⋯⋯⋯⋯⋯⋯⋯⋯⋯⋯⋯⋯⋯⋯⋯⋯⋯ 044
2.7 直流发电机的运行特性 ⋯⋯⋯⋯⋯⋯⋯⋯⋯⋯⋯⋯⋯⋯⋯⋯⋯⋯⋯⋯⋯⋯⋯⋯⋯⋯⋯⋯ 049
2.8 直流电动机的工作特性 ⋯⋯⋯⋯⋯⋯⋯⋯⋯⋯⋯⋯⋯⋯⋯⋯⋯⋯⋯⋯⋯⋯⋯⋯⋯⋯⋯⋯ 055
习 题 ⋯⋯⋯⋯⋯⋯⋯⋯⋯⋯⋯⋯⋯⋯⋯⋯⋯⋯⋯⋯⋯⋯⋯⋯⋯⋯⋯⋯⋯⋯⋯⋯⋯⋯⋯⋯⋯⋯ 059

第 3 章 直流电动机的电力拖动

3.1 电力拖动系统的动力学基础 ⋯⋯⋯⋯⋯⋯⋯⋯⋯⋯⋯⋯⋯⋯⋯⋯⋯⋯⋯⋯⋯⋯⋯⋯⋯⋯ 061
3.2 他励直流电动机的机械特性 ⋯⋯⋯⋯⋯⋯⋯⋯⋯⋯⋯⋯⋯⋯⋯⋯⋯⋯⋯⋯⋯⋯⋯⋯⋯⋯ 065

3.3	他励直流电动机的起动	070
3.4	他励直流电动机的调速	073
3.5	他励直流电动机的制动	080
习 题		089

第4章 变压器

4.1	变压器的用途、分类与结构	090
4.2	变压器的运行分析	093
4.3	变压器参数的测定	107
4.4	标幺值	112
4.5	变压器的运行性能	115
4.6	三相变压器的磁路系统及连接组别	119
4.7	三相变压器的连接法对电势波形的影响	125
4.8	变压器的并联运行	127
习 题		131

第5章 交流旋转电机的共同理论

5.1	交流绕组的构成原则和基本概念	133
5.2	三相单层集中整距绕组	137
5.3	三相单层分布整距绕组	143
5.4	三相双层分布短距绕组	150
5.5	交流旋转电机的磁场	155
5.6	单相集中整距绕组的磁动势	158
5.7	三相集中整距绕组的磁动势	163
5.8	三相分布绕组的磁动势	169
习 题		173

第6章 三相异步电机

6.1	异步电机的分类、结构、额定值	175
6.2	三相异步电机的基本工作原理和运行状态	179

6.3 三相异步电机转子静止时的电磁关系 ································ 182
6.4 三相异步电机转子旋转时的电磁关系 ································ 190
6.5 三相异步电机的功率与转矩 ······································ 198
6.6 三相异步电机的参数测定 ·· 202
6.7 三相异步电机的工作特性 ·· 204
习　题 ·· 207

第 7 章　三相异步电动机的电力拖动

7.1 三相异步电动机的机械特性 ······································ 209
7.2 三相异步电动机的起动 ·· 216
7.3 三相异步电动机的调速 ·· 225
7.4 三相异步电动机的制动 ·· 236
习　题 ·· 242

第 8 章　同步电机

8.1 同步电机的类型和基本结构 ······································ 243
8.2 同步电机的工作原理和额定值 ···································· 246
8.3 同步发电机的基本电磁关系和电枢反应 ···························· 248
8.4 同步发电机的电动势相量图和等效电路 ···························· 253
8.5 同步发电机的运行特性 ·· 258
8.6 同步发电机并联合闸的条件和方法 ································ 263
8.7 并网同步发电机的空载运行和负载运行 ···························· 267
8.8 并网同步发电机的功率调节和 V 形曲线 ···························· 271
习　题 ·· 279

参考文献 ·· 281
主要符号表 ·· 282

第 1 章 电机学入门知识

电机及其拖动系统是现代电力工业的重要组成部分，在国民经济及工农业生产、国防建设等环节发挥了重要作用。本章主要阐述电机学的入门知识，即分析电机时常用的物理概念和电工定律，为后续章节的学习打下基础。

1.1 电机与电力拖动系统概况

1.1.1 电机与电力拖动系统的概念及分类

电机是与电能有关的能量转换机，是实现电能的生产、变换、使用和控制的电磁机械装置。电能的生产指发电；变换指升降压；使用指拖动生产机械或家用电器的电动机；控制指特殊的微型的小电机，用于自动控制系统，起检测、放大、执行的作用。无论大型、中型、小型及控制电机，都是电磁机械装置。

电机是工业、农业、交通运输、国防工程、文教、医疗以及日常生活中常用的主要设备，这源于电能在生产、传输、分配、使用、控制及能量转换等方面极为方便，只要有电源处就可以使用电动机拖动生产机械为人类做功。电机广泛应用于各行各业，种类繁多，根据性能不同，电机可分为：电动机（由电能转换成机械能）；发电机（由机械能转换成电能）；变压器（由一种电压等级的交流电能变换成同频率的另一种电压等级的交流电能）；控制电机（在控制系统中作为执行元件、检测元件等，完成控制信号的传递和转换）。电机的分类可归纳如图 1-1 所示。

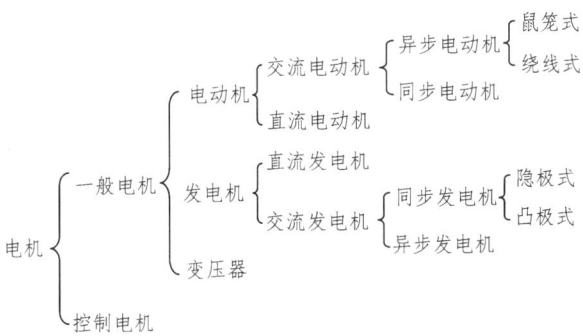

图 1-1 电机的分类

用电动机作为原动机来拖动生产机械运行的系统，称为电力拖动系统。电力拖动系统包括：电动机、工作机构（包括传动机构和生产机械）、控制设备和电源四个部分，它们之间的关系如图 1-2 所示。

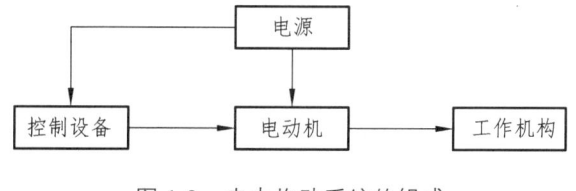

图 1-2　电力拖动系统的组成

按照电动机种类的不同，电力拖动系统通常分为以下两大类：
（1）直流电力拖动系统——电源为直流电，采用直流电动机进行拖动；
（2）交流电力拖动系统——电源为交流电，采用交流电动机进行拖动。

1.1.2　电机与电力拖动系统的主要作用及发展

电机是随着生产的发展而发展的，电机学科历史悠久、有系统的理论和丰富的工程实践经验。电机的应用反过来又推动社会生产力的不断提高，生产力的不断提高，又要求有更先进的电机及电力拖动系统。

在电力工业方面，在电能的生产、传输、分配中，发电机和变压器是主要设备。在发电厂，利用发电机将原始能源形式，如水能、风能、热能、化学能、太阳能、核能等转换为电能。在变电站，电能在远距离传输前，利用升压变压器把发电机发出的低压交流电变换成高压交流电；而电能在供给用户使用前，利用降压变压器把来自高压电网的高电压变换成低电压后安全使用。

在工矿企业及交通运输方面，电动机起重要作用，大量应用电动机把电能转换为机械能，去拖动机床、起重机、轧钢机、电车、地铁车辆、抽水机、鼓风机等。电力拖动系统相对其他能源形式的拖动系统优点明显：电力拖动系统可提供各种不同的生产机械特性，且起动、调速、制动和反转容易，结构简单，效率高，便于维护等。

在医疗器材及家用电器中也离不开功能各异的较小功率电动机；在工业、航天和国防科学等领域的自动控制系统中，各式各样小巧灵敏的控制电机被广泛作为检测、转换和执行元件。

自中华人民共和国成立以来，我国的电机制造工业发展很快。1949 年前，当时电机工业主要是做些装配和修理工作，生产的电机品种少，容量小。现在我国已经建立了自己的电机工业体系，有了统一国家标准和产品系列。我国生产的各种类型电机不仅能够满足国民经济各部门的需要，而且有的产品已经达到世界先进水平。

电力拖动技术也是不断发展的，最初的拖动方式是一台电动机拖动多个生产机械的"成组拖动"，其能量损耗大、生产效率低、易出故障。后来采用一台电动机拖动一台生产机械的"单电动机拖动系统"，与最初的成组拖动相比，它省去了大量的中间传动机构，提高了传动效率，增强了灵活性。为满足各种大型复杂的机器设备中一台生产机械就具有多个工作机构、多种运动形式的需要，出现了"多电动机拖动系统"，即一台生产机械中的每一个工作机构分别由一台电动机拖动，这样不仅大大地简化了生产机械的结构，而且可以使每一个工作结构各自运行于最合理的运动速度。目前较大型的生产机械如龙门刨床、摇臂钻、铣床等都是采用多电机拖动系统。控制设备也是不断发展的，最初采用的是继电器-接触器控制，称为有触点控制。随着电子技术的迅速发展，大量采用无触点控制，从采用分立元件到集成电路，一直发展到微处理器控制。

1.1.3 电机中所用的材料

电机又称电磁机械装置，是以磁场为耦合场，利用电磁感应和电磁力的作用而实现能量转换的机械。所以，电机常用材料主要分为四种：①导电材料（组成电路）；②导磁材料（组成磁路）；③绝缘材料（电气隔离）；④结构材料（起散热和机械支撑作用）。而今，在电机的制造和设计过程中不断采用新材料和新技术，使电机的性能不断提高且体积减小。

（1）导电材料，起导电作用，用以构成电机中的电路系统。对导电材料的主要要求是有电流通过时损耗要小，因此导电材料应有较小的电阻率。还应具有一定的机械强度，不易氧化，不易腐蚀和一定的成形、焊接等加工能力。电机常用的导电材料包括：铜、碳-石墨、铝等，它们组成了电机的电路。

（2）导磁材料，起导磁作用，用以构成电机中的磁路系统。要求导磁材料具有较高的磁导率和较低的铁耗系数。常用的导磁材料有硅钢片、钢板和铸钢等。导磁（铁磁）材料的特性将在本书1.2.3节中详细说明。

（3）绝缘材料，在电机制造中，导体与导体间、导体和机壳或铁心间，都必须用绝缘材料隔开。绝缘材料的寿命和它的工作温度有很大关系，过高的运行温度会使绝缘材料加速老化，使其丧失机械强度和绝缘性能。为了保证电机能在足够长的合理的年限内可靠运行，对绝缘材料都规定了极限允许温度。国家标准根据绝缘的耐热能力分为6个标准等级，见表1-1。表中绝缘级别的符号及其极限允许温度是由国际电工技术协会所规定的。目前，我国生产的变压器和电机多采用A级、E级和B级绝缘，发展趋势是采用F级和H级绝缘。

表1-1　绝缘材料的等级

绝缘级别	A	E	B	F	H	C
极限允许温度/℃	105	120	130	155	180	>180

（4）结构材料，其作用是使各部分构成整体、支撑和连接其他机械。如电机上的结构部件（机座、端盖、轴与轴承、螺杆等）是专为机械支撑用的，要求所用材料的机械强度好，加工方便，质量小。常用的材料有铸铁、铸钢、钢板、铝合金及工程塑料等。在漏磁场附近的机械支撑最好采用非磁性物质。例如，置于槽口的楔，中小型电机采用木材或竹片，大型电机采用磷青铜等非磁性材料；定子绕组端部的箍环应当采用黄铜或非磁性钢制成；转子外围的绑线多采用非磁性钢丝。

1.1.4 本课程的性质、任务与学习方法

"电机学与拖动基础"是将"电机学"和"电力拖动基础"两门课有机结合起来的一门课

程。它是电气工程及其自动化、自动化、建筑电气与智能化等专业的一门核心专业基础课。本课程同时具有综合性、实用性、基础性等特点，是从基础课程到专业课程过渡的桥梁。其内容主要包括直流电机、直流电动机的电力拖动、变压器、交流旋转电机的共同理论、异步电机、异步电动机电力拖动、同步电机等。

本课程的任务主要是使学生掌握电机的基本理论知识、基本分析方法和一般的应用问题，从而为后续专业课程的学习做好准备，并为学生在未来的工作中分析和解决电机方面的问题打好基础。

在本课程中，不仅有理论的分析推导和磁场的抽象描述，而且要用基本理论分析研究比较复杂的机、电、磁综合的工程实际问题，这是本课程的特点，也是学习的难点。因此，必须要有一个良好的学习方法，才能学好本课程。这里提供几点学习方法供大家参考。

（1）学习各种电机之前，必须理解电和磁的基本概念，掌握电磁感应定律、电磁力定律、电路和磁路定律等电机学入门知识。

（2）学习过程中，对于电机结构，要弄清各主要部件的组成和作用；对于有关公式，要从物理概念上去理解和记忆，不要孤立地去死记硬背。本课程涉及的电机类型较多，要注意各种电机结构的异同点、电磁关系和能量转换关系的异同点、拖动问题的异同点等，运用总结对比的方法融会贯通，加深理解；分析实际问题时，要运用工程的观点和方法，突出主要矛盾，忽略次要矛盾，从而简化实际问题的分析和计算。

（3）借助网络慕课做好课前预习、课后复习。课前通过观看慕课对将要学习的内容预习一遍，对相关内容有所了解，便于有的放矢地听课，提高课堂学习效果。课后应及时复习总结，并选做适当的习题，以巩固所学的理论知识，提高理解和应用能力。

（4）重视实验，培养动手能力。通过做实验，既可以加深对相关理论知识的理解和掌握，又可以锻炼实验操作技能、提高实践能力。

1.2 磁路的基本概念及物理量

本节主要介绍磁路的基本概念、基本物理量以及常用铁磁材料的性能。

1.2.1 磁路的基本概念

电机是通过电磁感应原理实现能量转换的机械装置，因此，电机的工作原理不仅涉及电路问题，还涉及磁路问题。如同电流流过的路径称为电路一样，磁通通过的路径称为磁路。铁磁材料即铁心是组成磁路的主要部分。在旋转电机、变压器等设备中应用铁磁物质制成一定的形状（称铁心）构成磁路的路径，使磁通主要在这部分空间内分布。图1-3所示分别为直流电机和交流旋转电机磁路示意图。

从图1-3可见，把线圈套装在铁心上，当线圈内通有电流时，在线圈周围的空间（包括铁心内、外）就会形成磁场。由于铁心的导磁性能比空气好得多，所以绝大部分磁通在铁心中通过，并在能量传递或转换过程中起耦合场的作用，这部分磁通称为主磁通 Φ_m。此外，围绕载流线圈、部分铁心和铁心周围的空气，还存在少量分散的磁通，这部分磁通称为漏磁通 Φ_s。

主磁通和漏磁通所通过的路径分别构成主磁路和漏磁路，用以产生磁路中磁通的载流线圈称为励磁线圈（或称励磁绕组），励磁线圈中的电流称为励磁电流（或称激磁电流），若励磁电流为直流，磁路中的磁通是恒定的（静止的），不随时间而变化，这种磁路称为直流磁路，直流电机的磁路就属于这一类；若励磁电流为交流，磁路中的磁通随时间交变变化，这种磁路称为交流磁路，交流铁心线圈、变压器和交流电机的磁路都属于这一类。

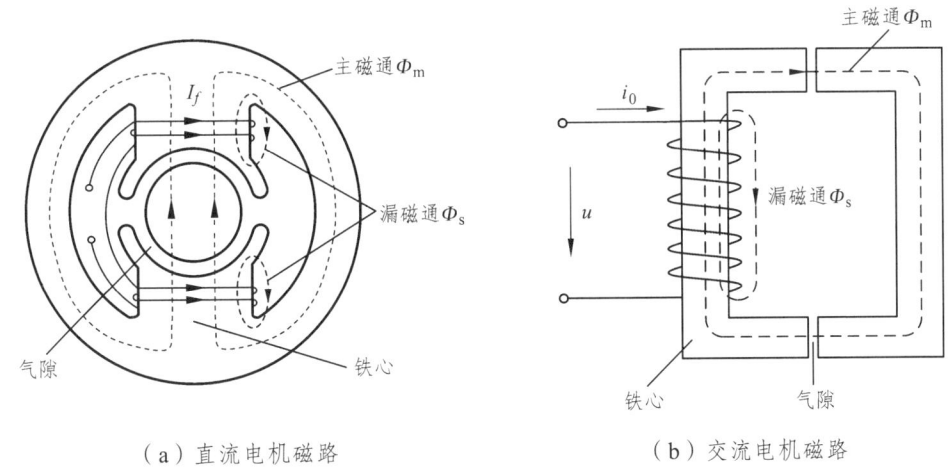

（a）直流电机磁路　　　　　　　　　　（b）交流电机磁路

图 1-3　两种常见的磁路

1.2.2　磁路的基本物理量

1. 磁通密度

磁通密度又称磁感应强度，用 B 表示。它是表示磁场内某点磁场强弱及方向的物理量，单位为特[斯拉]（T）。磁场往往采用磁力线来描绘，B 的大小等于通过垂直于磁场方向单位面积的磁力线数目。磁感应强度 B 的方向为磁感线在某点的切线方向，如图 1-4 所示。

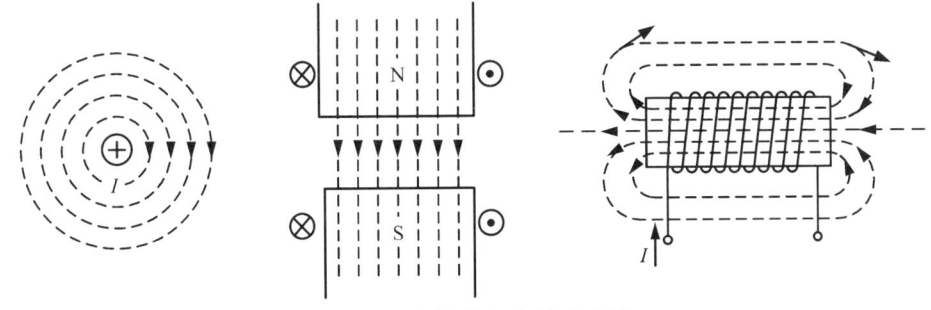

图 1-4　电流磁场中的磁感线

磁场是由电流产生的，磁感应强度 B 与产生该磁场的电流方向满足右手螺旋关系，如图 1-5 所示。

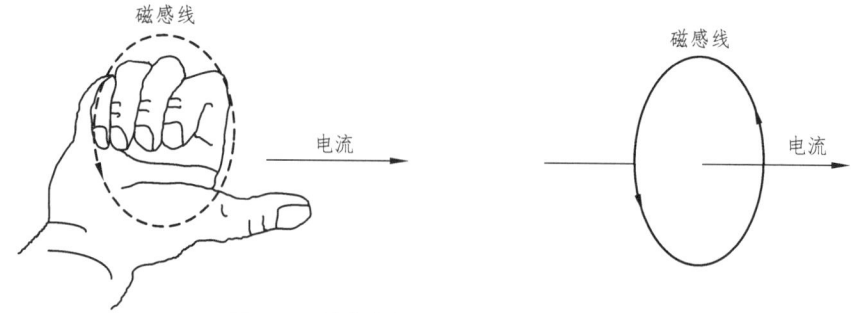

图 1-5 磁感线与电流的右手螺旋关系

2. 磁通量

磁通量简称磁通，用 Φ 表示，它是表示穿过某一截面 S 的磁感应强度 B 的通量，通常用穿过该截面 S 的磁力线数目来表示，即

$$\Phi = \oint_s B \cdot ds \tag{1-1}$$

设磁场均匀且磁场与截面垂直，则上式可简化为：

$$B = \frac{\Phi}{S} \tag{1-2}$$

由上式可知，磁感应强度 B 为单位截面上的磁通，因此称为磁通密度，简称磁密。在国际单位制中，Φ 的单位是韦[伯]（Wb）。

3. 磁导率

磁导率是表征导磁介质导磁性能的物理量，用 μ 表示，其单位是亨/米（H/m）。

磁导率 μ 越大的介质，其导磁性能越好。不同材料的磁导率是不同的，真空的磁导率 $\mu_0 = 4\pi \times 10^{-7}$ H/m，这是一个很小的常数。其他导磁介质的磁导率通常用 μ_0 的倍数来表示，电机铁磁材料的磁导率一般 $\mu_{Fe} = (2000 \sim 6000)\mu_0$，但它不是常数。

4. 磁场强度

磁场强度用 H 表示，是用来描述磁场与产生磁场的电流之间关系的物理量，单位为安/米（A/m），它与磁感应强度 B 的大小关系为：

$$B = \mu H \tag{1-3}$$

或

$$H = \frac{B}{\mu} \tag{1-4}$$

磁场强度 H 是一个矢量，只与电流大小、线圈匝数以及该点的几何位置有关（用安培环路定律描述），而与磁介质的磁导率 μ 无关，其方向与该点的磁感应强度 B 的方向相同。但磁感应强度 B 与磁导率 μ 有关，即在一定的电流作用下，同一点的磁场强度不因磁介质的不同而不同，但当线圈内的磁介质不同时，同一点的磁感应强度大小也不同，线圈内的磁通也就不同了。

1.2.3 铁磁材料的特性

铁磁材料具有高导磁性、饱和性和磁滞现象。

首先铁磁材料具有高导磁性特征。根据式（1-3），电机要在较小的励磁电流下产生较大的磁场，则 μ 必须足够大，而铁磁材料的磁导率 μ_{Fe} 要比非铁磁材料的大得多。铁磁材料的特征还有：磁导率具有非线性（饱和性）和磁滞现象（磁滞损耗）、涡流现象（涡流损耗）。所以电机为获得良好的特性，电机用的导磁材料除应具有高磁导率外，还要求有较低的铁心损耗（磁滞损耗和涡流损耗）。

1. 铁磁材料的磁化特性

铁磁物质在外加磁场的作用下，会产生一个与外磁场同方向的附加磁场，这种现象叫作磁化。铁磁材料的导磁性能之所以好，是因为其内部存在大量的强烈磁化了的自发磁化单元——磁畴。在没有外磁场作用时，各个磁畴无规则排列，磁场互相抵消，对外不显示磁性。当在外磁场作用下，磁畴向外磁场方向趋于一致，从而形成一个较强的附加磁场叠加在外磁场上，对外呈现很强的磁性。铁磁材料（如铁、镍、钴）的磁导率比空气的磁导率大几千到几万倍，铁磁材料的强磁化性被广泛使用在电工设备中，如电机和变压器的磁路均用导磁性能良好的铁磁材料组成。

如图 1-6 所示，磁通密度 B 随磁场强度 H 变化的曲线，叫磁化曲线。在非铁磁材料（真空）中，磁通密度 B 和磁场强度 H 之间呈直线关系，直线的斜率就等于 μ_0；但在铁磁材料中，磁通密度 B 和磁场强度 H 之间的关系如何？下面介绍三种磁化曲线。

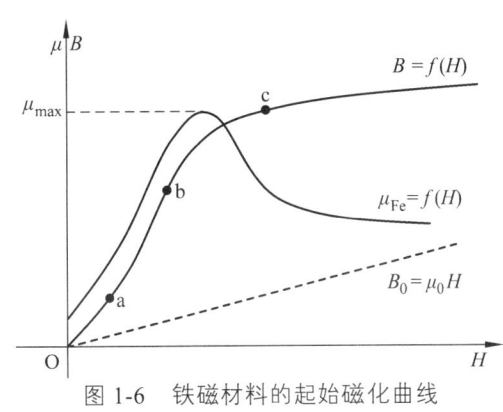

图 1-6 铁磁材料的起始磁化曲线

1）起始磁化曲线

将一块尚未磁化的铁磁材料进行磁化，当磁场强度 H 由零逐渐增大时，磁通密度 B 将随之增大，曲线 $B = f(H)$ 就称为起始磁化曲线，如图 1-6 所示。

起始磁化曲线基本上可分为四段：开始磁化时，外磁场较弱，磁通密度增加得不快，如 Oa 段所示；随着外磁场的增强，材料内部大量磁畴开始转向，趋向于外磁场方向，此时 B 值增加得很快，如 ab 段所示；若外磁场继续增加，B 值增加越来越慢，如 bc 段所示，这种现象称为饱和。达到饱和以后，磁化曲线基本上成为与非铁磁材料的 $B = \mu_0 H$ 特性相平行的直线，磁化曲线开始拐弯的 c 点，称为膝点。

由于铁磁材料的磁化曲线不是一条直线，所以 $\mu_{Fe} = B/H$ 也随 H 值的变化而变化，图 1-6 中同时示出了曲线 $\mu_{Fe} = f(H)$。可见随着饱和程度增加（c 点以后），μ_{Fe} 将大大减小。

设计电机和变压器时，为使主磁路内得到较大的磁通量而又不过分增大励磁磁动势，通常把铁心内的工作磁通密度选择在膝点（c 点）附近。

2）磁滞回线

如图 1-7 所示，若将铁磁材料进行周期性磁化，B 和 H 之间的变化关系就会如曲线 abcdefa 所示。由图可见，当 H 开始从零增加到 H_m 时，B 相应地从零增加到 B_m；以后如逐渐减小磁场强度 H，B 值将沿曲线 ab 下降。当 $H = 0$ 时，B 值并不等于零，而等于 B_r，这种去掉外磁场之后，铁磁材料内仍然保留的磁通密度 B_r，称为剩余磁通密度，简称剩磁。要使 B 值从 B_r 减小到零，必须加上相应的反向外磁场，此反向磁场强度称为矫顽力，用 H_C 表示。B_r 和 H_C 是铁磁材料的两个重要参数。铁磁材料所具有的这种磁通密度 B 的变化滞后于磁场强度 H 变化的现象，叫作磁滞现象。呈磁滞现象的 B-H 闭合回线，称为磁滞回线，如图 1-7 中 abcdefa 所示。

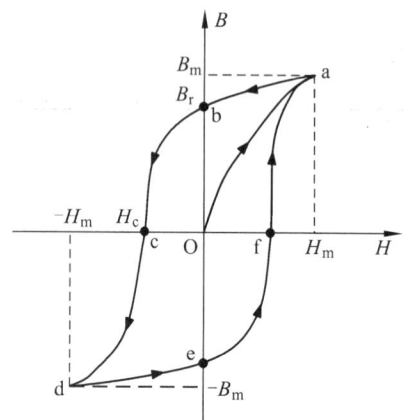 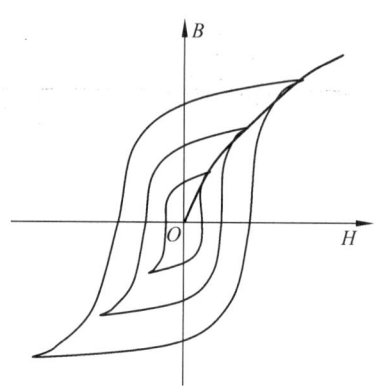

图 1-7 铁磁材料的磁滞回线　　　　图 1-8 基本磁化曲线

3）基本磁化曲线

对同一铁磁材料，选择不同的磁场强度 H_m 进行反复磁化，可得一系列大小不同的磁滞回线，如图 1-8 所示。再将各磁滞回线的顶点连接起来，所得的曲线称为基本磁化曲线或平均磁化曲线。基本磁化曲线不是起始磁化曲线，但差别不大。直流磁路计算时所用的磁化曲线都是基本磁化曲线。图 1-9 所示为电机中常用的硅钢片、铸铁和铸钢的基本磁化曲线。

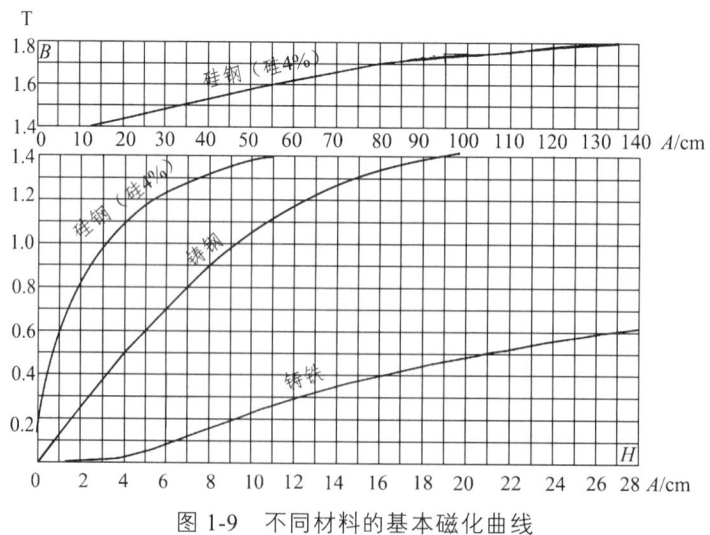

图 1-9 不同材料的基本磁化曲线

2. 铁磁材料的分类

按照磁滞回线形状的不同，铁磁材料通常可分为软磁材料和硬磁材料（又称永磁材料）两大类。

（1）软磁材料。磁滞回线窄、剩磁 B_r 和矫顽力 H_C 都小的材料，称为软磁材料，如图 1-10（a）所示。常用的软磁材料有铸铁、铸钢和硅钢片等。软磁材料的磁导率较高，一般用来制造电机、电器及变压器的铁心。

软磁材料的磁性能主要特点是：磁导率高，矫顽力低，易于饱和。这类材料在较低的外磁场下，就能产生高的磁感应强度，而且随着外磁场增大，磁感应强度很快达到饱和。当外磁场去掉后，磁性又基本消失。

（2）硬磁（永磁）材料。磁滞回线宽、B_r 和 H_C 都大的铁磁材料称为硬磁材料，如图 1-10（b）所示。由于剩磁 B_r 大，可用以制成永久磁铁，因而硬磁材料亦称为永磁材料。常用的硬磁材料有碳钢、铁镍铝钴合金、稀土钴等。

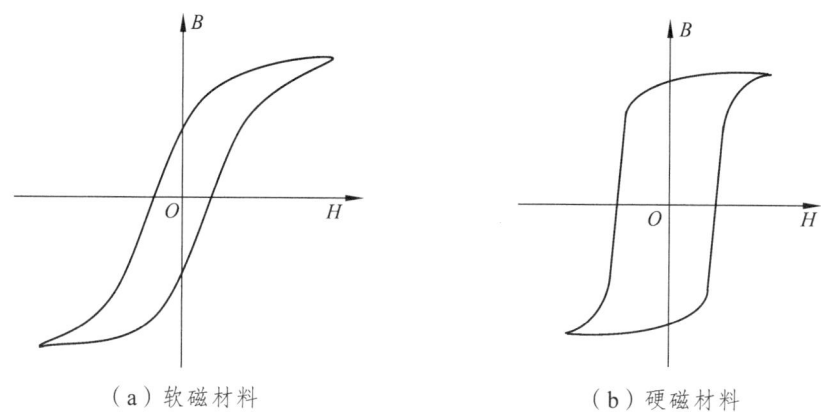

图 1-10　软磁材料和硬磁材料的磁滞回线

3. 铁心损耗

铁磁材料中存在着两种损耗：涡流损耗和磁滞损耗，通常这两种损耗合在一起称为铁心损耗（简称铁耗），用 p_{Fe} 表示。

（1）涡流损耗 p_e：与磁通的交变频率 f、铁心中磁通密度幅值 B_m、钢片的电阻 R_e 及钢片厚度 d 有关，其关系为

$$p_e \propto \frac{f^2 B_m^2 d^2}{R_e} \tag{1-5}$$

由式（1-5）可知，为了减少铁心的涡流损耗，必须减小钢片的厚度和增加钢片的电阻，所以铁心材料（电工钢片）的厚度一般为 0.35～0.5 mm 且两面涂有绝缘漆。同时，为了增加钢片的电阻率，常在电工钢片中加入 4% 左右的硅，从而制成硅钢片。

（2）磁滞损耗 p_h：与磁通的交变频率 f 及磁通密度的幅值 B_m 有关，其关系为

$$p_h \propto f B_m^\alpha \tag{1-6}$$

因常用的硅钢片为软磁材料，磁滞损耗 p_h 较小，$a \approx 2$。

（3）铁心损耗 p_{Fe}：涡流损耗 p_e 和磁滞损耗 p_h 合在一起为铁耗，当硅钢片厚度及材料一定时，铁耗 p_{Fe} 与磁通的交变频率 f 及磁通密度幅值 B_m 的关系为

$$p_{Fe} \propto f^{\beta} B_m^2 \tag{1-7}$$

式中，$\beta = 1.2 \sim 1.6$。

1.3 电机学常用的电工定律

1.3.1 磁路的基本定律

1. 磁路基尔霍夫第一定律

磁路中的任一闭合面内，在任一瞬间，穿过该闭合面的各分支磁路磁通的代数和等于零，即

$$\sum \Phi = 0 \tag{1-8}$$

如果铁心不是一个简单回路，而是带有并联分支的分支磁路（图1-11），则铁心柱上加有磁动势 F 时，磁通的路径将如图中虚线所示。图中任取一封闭面，如令进入封闭面的磁通为负，穿出闭合面的磁通为正，由磁通连续性的原则，穿过闭合面的磁通的代数和应为零，即

$$-\Phi_1 - \Phi_2 + \Phi_3 = 0 \tag{1-9}$$

式（1-9）表明：穿出（或进入）任一闭合面的总磁通量恒等于零（或者说，进入任一闭合面的磁通量恒等于穿出该闭合面的磁通量），这就是磁通连续性定律。可以把它比拟于电路中的基尔霍夫第一定律 $\sum i = 0$，该定律亦称为磁路的基尔霍夫第一定律。

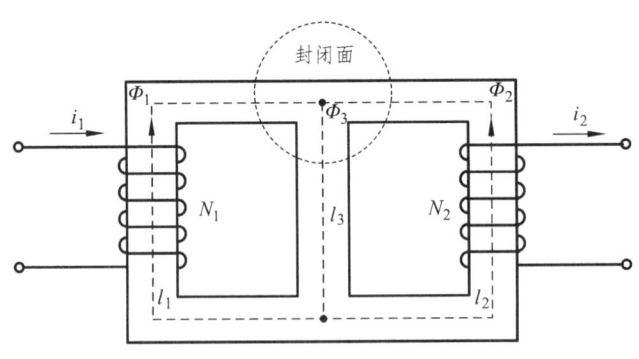

图 1-11 有分支磁路

2. 磁路基尔霍夫第二定律

安培环路定律又称为全电流定律，与电路中的基尔霍夫第二定律相对应，故又称为磁路基尔霍夫第二定律。它描述的是电流产生磁场所遵循的基本定律，在进行磁路分析和计算时

常用。

即在磁路中沿任一闭合路径 l，磁场强度 H 的线积分等于该闭合回路所包围的总电流，如图 1-12 所示。

$$\oint_l H \cdot dl = \sum i \tag{1-10}$$

式中，若电流的正方向与闭合回线 l 的环行方向符合右手螺旋关系，则 i 取正号，否则取负号。

如图 1-12（a）中，i_2 的方向与闭合回线 l 的环行方向符合右手螺旋关系，故取正号；而 i_1 和 i_3 的方向与 l 的环行方向不符合右手螺旋关系，故取负号。则有：

$$\oint_l H \cdot dl = -i_1 + i_2 - i_3 \tag{1-11}$$

而如图 1-12（b）中，i 的方向与 l 的方向符合右手螺旋关系，故取正号，则有：$\oint_l H \cdot dl = Ni$。

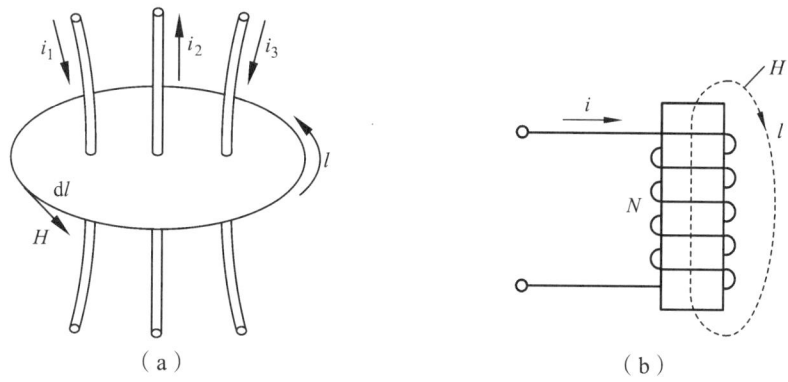

图 1-12 安培环路定律的应用

因电机和变压器的磁路总是由数段不同截面、不同铁磁材料的铁心组成，而且还可能含有气隙。磁路计算时，总是把整个磁路分成若干段，每段为同一材料、相同截面积，且段内磁通密度处处相等，从而磁场强度亦处处相等。所以在工程应用中分段计算，式（1-11）也可以写成：

$$F = \sum Ni = \sum_{k=1}^{n} H_k l_k \tag{1-12}$$

式中，沿任何闭合磁路的总磁动势 $F = \sum i = Ni$ 恒等于各段磁压降的代数和 $\sum_{k=1}^{n} H_k l_k$，N 为线圈匝数，F 为作用在铁心磁路上的安匝数，称为磁路的磁动势。

例如图 1-13 所示的磁路由三段组成，其中两段为截面不同的铁磁材料，第三段为气隙。若铁心上的励磁磁动势为 Ni，根据式（1-12）可得

$$Ni = \sum_{k=1}^{3} H_k l_k = H_1 l_1 + H_2 l_2 + H_0 \delta \tag{1-13}$$

式中，l_1 和 l_2 分别为 1、2 两段铁心的长度，其截面积分别为 S_1 和 S_2；δ 为气隙长度；H_1、H_2 分别为 1、2 两段磁路内的磁场强度；H_0 为气隙内的磁场强度。

由于 H_k 是单位长度上的磁压降，$H_k l_k$ 则是一段磁路上的磁压降，Ni 是作用在磁路上的总磁动势，故式（1-13）表明：沿任何闭合磁路的总磁动势恒等于各段磁路磁压降的代数和。不难看出，此定律实际上是安培环路定律的另一种表达形式。

例 1-1 如图 1-13 所示的磁路由两段硅钢和一段空气隙组成，已知数据为：$l_1 = 0.3$ m，$l_2 = 0.1$ m，$S_1 = 8 \times 10^{-4}$ m^2，$S_2 = 9 \times 10^{-4}$ m^2，气隙长度为 $\delta = 0.5 \times 10^{-3}$ m，套装在铁心上的励磁绕组为 500 匝。试求产生磁通 $\Phi = 11 \times 10^{-4}$ Wb 时所需的励磁磁动势和励磁电流（不计边缘效应）。

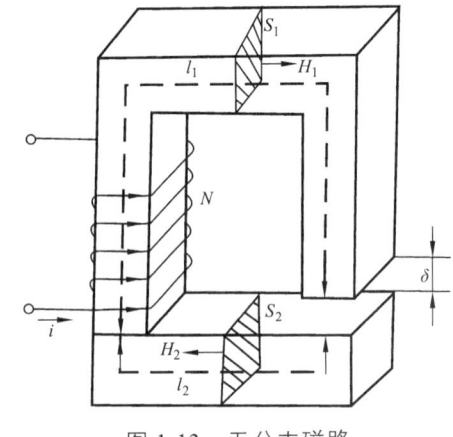

图 1-13 无分支磁路

解： 当在气隙处不考虑边缘效应时，各处的磁通密度 B 及磁场强度 H 为

气隙中 $B_0 = \dfrac{\Phi}{S_1} = \dfrac{11 \times 10^{-4}}{8 \times 10^{-4}} = 1.375$ （T）

$$H_0 = \dfrac{B_0}{\mu_0} = \dfrac{1.375}{4\pi \times 10^{-7}} = 1\,094\,745 \text{（A/m）}$$

硅钢 1 中 $B_1 = \dfrac{\Phi}{S_1} = \dfrac{11 \times 10^{-4}}{8 \times 10^{-4}} = 1.375$ （T）

查图 1-9 磁化曲线得 $H_1 = 10$ A/cm，即 $H_1 = 10 \times 10^2$ A/m

硅钢 2 中 $B_2 = \dfrac{\Phi}{S_2} = \dfrac{11 \times 10^{-4}}{9 \times 10^{-4}} = 1.22$ （T）

查图 1-9 磁化曲线得 $H_2 = 5.5$ A/cm，即 $H_2 = 5.5 \times 10^2$ A/m

用安培环路定律，即式（1-13）求解：

各段磁路上的磁压降 $U_{m0} = H_0 \delta = 1\,094\,745 \times 0.5 \times 10^{-3} = 547.37$ (A)

$$U_{m1} = H_1 l_1 = 10 \times 10^2 \times 0.3 = 300 \text{ (A)}$$

$$U_{m2} = H_2 l_2 = 5.5 \times 10^2 \times 0.1 = 55 \text{ (A)}$$

则励磁磁动势 $F = U_{m0} + U_{m1} + U_{m2} = 547.37 + 300 + 55 = 902.37$ (A)

励磁电流 $i = \dfrac{F}{N} = \dfrac{902.37}{500} = 1.8$ (A)

3. 磁路欧姆定律

以图 1-14（a）无分支铁心磁路为例，可得到磁路欧姆定律。

设铁心上绕有 N 匝线圈，线圈中通有电流 i，铁心的截面积为 S，磁路的平均长度为 l，材料的磁导率为 μ，不计漏磁通，且认为各截面上的磁通密度平均并垂直于各截面，则磁通量 Φ 等于磁通密度乘以截面积，即

$$\Phi = \int B \cdot \mathrm{d}s = BS \tag{1-14}$$

根据安培环路定律，因为

$$F = Ni = Hl = \frac{B}{\mu}l = \frac{\Phi}{\mu S}l \quad (1\text{-}15)$$

所以

$$\Phi = \frac{Ni}{\dfrac{l}{\mu S}} = \frac{F}{R_m} \quad (1\text{-}16)$$

式（1-16）称为磁路的欧姆定律，与电路欧姆定律形式上相似。$R_m = \dfrac{l}{\mu S}$ 称作磁阻，其与磁路的平均长度 l 成正比，与磁路的截面积 S 及构成磁路材料的磁导率 μ 成反比，需要注意的是铁磁材料的磁导率 μ 不是常数，所以 R_m 不是常数。亦可参照电路分析方法引入磁导，表示为 $\Lambda = \dfrac{1}{R_m} = \dfrac{\mu S}{l}$。图 1-14（b）表示相应的模拟电路图。

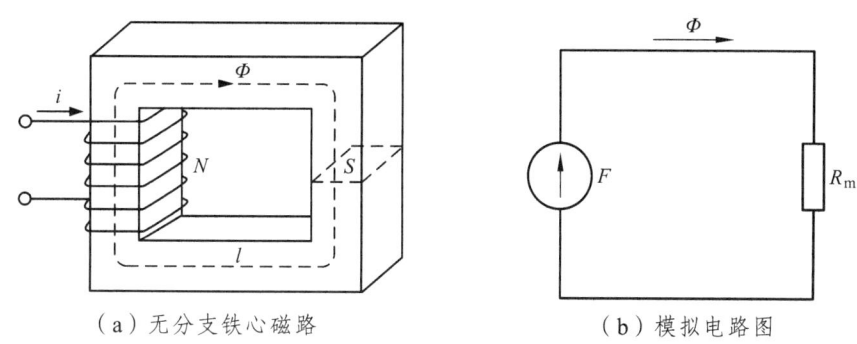

（a）无分支铁心磁路　　　　　　（b）模拟电路图

图 1-14　无分支铁心磁路及其模拟电路

1.3.2　电磁感应定律

电磁感应定律即"磁变生电"原理。变化的磁场会产生电场，使导体中产生感应电动势，这就是电磁感应现象。在电机中电磁感应现象有两种形式：①与线圈交链的磁通发生变化时，线圈内将产生感应电动势，称为变压器电动势；②导体与磁场有相对运动，即导体切割磁感线时，导体内将产生感应电动势，称为切割电动势，又叫运动电动势。

1. 变压器电动势

设线圈位于磁场中，当与线圈交链的磁通随时间发生变化时，在线圈中将有感应电动势产生，其方向由楞次定律决定。若感应电动势的正方向与磁通的正方向符合右手螺旋关系时，有

$$e = -\frac{d\Psi}{dt} = -N\frac{d\Phi}{dt} \quad (1\text{-}17)$$

式中，Ψ 为磁链，Φ 为磁通，N 为线圈匝数。

2. 切割电动势

当导体在恒定磁场中沿着与磁感线垂直方向运动时，所产生的感应电动势的大小与导体的有效长度 l、导体相对于磁场的运动速度 v 和磁通密度 B 成正比，即

$$e = Blv \quad (1\text{-}18)$$

其方向可用右手定则确定（见图 1-15），把右手手掌伸开，大拇指与其他四指垂直，磁感线穿过手心，大拇指指向导体运动方向，其他四指的指向就是导体中感应电动势的方向。

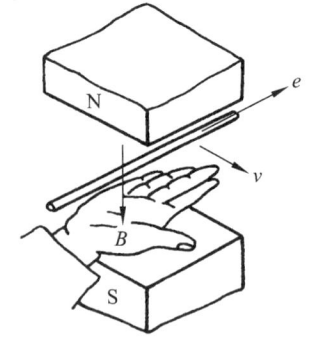

图 1-15　确定感应电动势方向的右手定则

1.3.3　电磁力定律

载流导体在磁场中会受到电磁力的作用，若磁感线与导体相互垂直，则载流导体所受电磁力 f 的大小为

$$f = Bil \quad (1\text{-}19)$$

式中，f 为载流导体所受的电磁力；B 为载流导体所在处的磁通密度；i 为载流导体中流过的电流；l 为载流导体处在磁场中的有效长度。

电磁力的方向由左手定则来判定（见图 1-16），把左手伸开，大拇指与其他四指垂直，磁感线穿过手心，其他四指指向导体中电流的方向，大拇指的指向就是载流导体受力的方向。

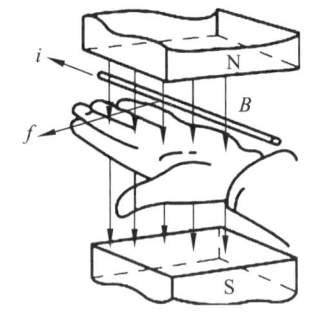

图 1-16　确定载流导体受力方向的左手定则

1.3.4　铁心线圈电路

1. 直流铁心线圈电路

当铁心线圈中通入直流电流时（如直流电机的主磁极），会产生不随时间变化的恒定磁场，称为直流磁路。因各个参数都不随时间变化，所以不会在线圈中产生感应电动势。这时，线圈的电感为零；线圈中的直流电流 I 只与线圈的直流电压 U 和电阻 R 有关，即

$$I = \frac{U}{R} \quad (1\text{-}20)$$

线圈消耗的功率也只有线圈电阻消耗的功率,即

$$P = UI = I^2 R \tag{1-21}$$

2. 交流铁心线圈电路

在交流磁路中,因励磁电流为交流,所以磁通及磁动势均随时间变化而交变,其电磁关系和功率关系与直流磁路就不一样了。

1)电磁关系

如图1-17所示,当铁心线圈通入交流电流 i,它将产生随时间变化的交变磁通,其中大部分是通过铁心闭合的主磁通 Φ_m,很小部分是漏磁通 Φ_s。

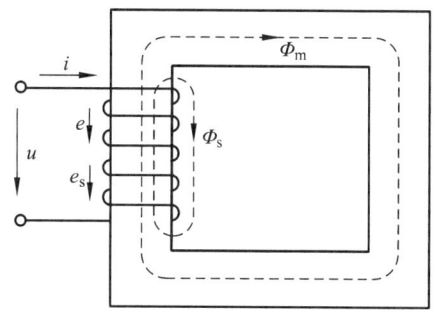

图1-17 线圈中的感应电动势

因主磁通和漏磁通都随励磁电流 i 交变,它们分别在绕组中感应的电动势为 e(主磁通交变感应电势)和 e_s(漏磁通交变感应电势)。图中感应电动势的正方向与磁通方向符合右手螺旋关系,则有

$$e = -\frac{d\Psi_m}{dt} = -N\frac{d\Phi_m}{dt} \tag{1-22}$$

$$e_s = -\frac{d\Psi_s}{dt} = -N\frac{d\Phi_s}{dt} \tag{1-23}$$

电感是沟通电、磁关系的一个重要参量,式(1-22)和式(1-23)也可由电感来表达。

在漏磁路中,因主要是气隙磁路,则漏磁路的磁导率为恒值 μ_0,如图1-6中的磁化曲线,该漏磁链与流过线圈的电流之间有正比关系,可写成

$$\Psi_s = L_s i \tag{1-24}$$

$$e_s = -N\frac{d\Phi_s}{dt} = -\frac{d\Psi_s}{dt} = -L_s\frac{di}{dt} \tag{1-25}$$

式中,L_s 称为漏电感,它是漏磁通所对应的电感。换言之,一个线圈通过单位电流所产生的漏磁链称为该线圈的漏电感,它是反映导体(线圈)电磁特性的参数。在国际单位制中,电感的单位是亨[利](H)。

式(1-24)亦可写成

$$L_s = \frac{\Psi_s}{i} = \frac{N\Phi_s}{i} = \frac{N^2}{R_\delta} = \frac{N^2 \mu_0 S}{l} \tag{1-26}$$

可见,反应漏磁通作用的漏电感 L_s 与线圈匝数和漏磁路的几何尺寸有关。因为漏磁路主要在非磁性介质中,其磁导率为恒值 μ_0,所以漏电感 L_s 为较小的常数。

在主磁路(铁心磁路)中,磁路的磁导率为 μ_{Fe},对应的电感为励磁电感 L_m,则

$$L_m = \frac{\Psi_m}{i} = \frac{N\Phi_m}{i} = \frac{N^2}{R_m} = \frac{N^2 \mu_{Fe} S}{l} \tag{1-27}$$

可见，反映主磁通作用的励磁电感同样与线圈匝数和对应主磁路的几何尺寸有关。因为主磁路在磁性介质中，其磁导率 μ_{Fe} 很大且不为恒值，所以励磁电感 L_m 为较大的变数。

电机分析中常常把感应电动势用电抗压降的形式来处理，这样做易于建立电机的数学模型。于是，针对电机中的主磁通和漏磁通，引出了相对应的电抗（在后续章节中会具体分析）。

2）功率关系

根据电路知识可知，交流铁心线圈的有功功率为

$$P = UI\cos\varphi \tag{1-28}$$

它包括两部分，其一为线圈电阻上的功率损耗，称为铜耗 p_{Cu}，其值为

$$p_{Cu} = I^2 R \tag{1-29}$$

其二为交变磁通在铁心中产生的功率损耗，称为铁耗 p_{Fe}（包括涡流损耗 p_e 和磁滞损耗 p_h）。

因此，交流铁心线圈的有功功率为

$$P = p_{Cu} + p_{Fe} = p_{Cu} + p_e + p_h \tag{1-30}$$

通过比较不难发现，交流磁路不同于直流磁路的特点有：

① 磁通量随时间交变，在励磁线圈中感应电动势；

② 交流磁通会引起铁心损耗。

综上所述，电机是通过电磁感应原理实现机电能量转换的机械，其工作原理不仅涉及电路问题还涉及磁路问题。电路与磁路的区别：电路中有电流就有功率损耗，而磁路中恒定磁通下没有功率损耗；电流全部在导体中流动，而在磁路中没有绝对的磁绝缘体，除铁心中的主磁通外，空气中还存在漏磁通；电阻为常数，磁阻为变量；需要指出，磁路和电路的比拟仅是一种数学形式上的类似，而不是物理本质的相似。磁路和电路的类比关系见表1-2。

表1-2 磁路和电路的类比关系

磁 路	电 路
磁动势 $F = \Phi R_m$	电动势 $E = IR$
磁通量 Φ	电流 I
磁阻 $R_m = \dfrac{l}{\mu S}$	电阻 $R = \rho\dfrac{l}{S}$
磁导 $\Lambda = \dfrac{1}{R_m}$	电导 $G = \dfrac{1}{R}$
磁导率 μ	电阻率 ρ
欧姆定律 $\Phi = \dfrac{F}{R_m} = \dfrac{Ni}{l/\mu S}$	欧姆定律 $I = \dfrac{E}{R}$
基尔霍夫第一定律 $\sum \Phi = 0$	基尔霍夫第一定律 $\sum i = 0$
基尔霍夫第二定律 $\sum Ni = \sum\limits_{k=1}^{n} H_k l_k$	基尔霍夫第二定律 $\sum e = \sum iR$

习 题

1-1 电机的磁路常用什么材料构成？这种材料有哪些主要特征？

1-2 试比较磁路和电路的相似点和不同点。

1-3 在磁路计算中，全电流定律有什么用处？如何用法？

1-4 漏电感的物理意义？漏电感和励磁电感的大小和哪些量有关？

1-5 感应电动势 $e = -\dfrac{\mathrm{d}\Psi}{\mathrm{d}t} = -N\dfrac{\mathrm{d}\Phi}{\mathrm{d}t}$ 中的负号有什么意义？

1-6 变压器电动势、运动电动势产生的原因有什么不同？其大小与哪些因素有关？

1-7 有两个匝数相等的线圈，一个绕在闭合铁心上，一个绕在木质材料上，哪一个励磁电感大？哪一个励磁电感是常数？哪一个励磁电感是变数？它随什么因素变化？如果是空心线圈又如何？

1-8 磁滞损耗和涡流损耗是什么原因引起的？它们的大小与哪些因素有关？

1-9 一个铁心线圈，电阻为 2 Ω，当将其接入 110 V 交流电源时，测得输入功率为 90 W，电流为 2.05 A，试求此铁心的铁心损耗。

1-10 如图 1-18，若线圈电阻为 R，接到电压为 U 的直流电源上，如果改变气隙的大小，问铁心内的磁通 Φ 和线圈中的电流 I 将如何变化？若线圈电阻可忽略不计，但线圈接到电压有效值为 U 的工频交流电源上，如果改变气隙大小，问铁心内磁通和线圈中电流是否变化？

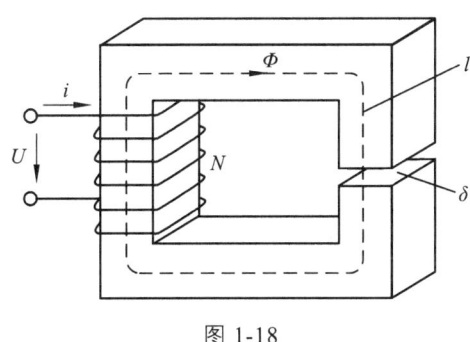

图 1-18

1-11 如图 1-18，如果铁心用硅钢片叠成，截面积 $S = 12.25 \times 10^{-4}\,\mathrm{m}^2$，铁心的平均长度 $l = 0.4\,\mathrm{m}$，空气隙 $\delta = 0.5 \times 10^{-3}\,\mathrm{m}$，线圈的匝数 $N = 500$ 匝，试求产生磁通 $\Phi = 10.9 \times 10^{-4}\,\mathrm{Wb}$ 时所需的励磁磁动势和励磁电流。

第 2 章 直流电机

直流电机有直流发电机和直流电动机两种类型。将机械能转换为直流电能的电机是直流发电机；将直流电能转换为机械能的电机是直流电动机。

直流电动机具有过载能力强、起动和调速性能好、易于控制等优点，因此被广泛地应用在对起动、调速性能要求高的场合，如电力机车、轧钢机、精密机床、造纸和纺织机械等。直流发电机供电质量较好，用于大型同步电机的励磁电源及化学工业的电解、电镀等设备。但直流电机相对交流电机而言，结构复杂、维护困难、可靠性差、价格较贵。特别是与电力电子装置结合而具有直流电机性能的交流电机的不断涌现，使直流电机有被交流电机取代的趋势。

本章主要分析普通直流电机的原理、结构和运行特性。

2.1 直流电机的工作原理和基本结构

2.1.1 直流电机的工作原理

电机的工作原理建立在电磁力和电磁感应的基础上。图 2-1 所示为一台直流电动机最简单的物理模型。其中，N、S 是主磁极（大多为电磁铁，也可以是永久磁铁），它是固定不动的。abcd 是装在可以转动的铁磁圆柱体上的一个线圈（称元件），把元件的两端分别接到两个圆弧型的铜片上（称换向片），两者相互绝缘。铁心、元件和换向片构成的整体称"电枢"，其含义为实现机电能量转换的中枢。通过在空间静止不动的电刷 A、B 与旋转的换向片滑动接触，即可对电枢供电。

1. 直流电动机的工作原理

在图 2-1（a）中，电刷 A、B 上施加直流电源，这时元件 abcd 中便有电流 i 通过，其方向为 a→b→c→d。线圈中的电流 i 与磁场作用产生电磁力，其大小可通过式（1-19）计算得到；电磁力的方向由左手定则确定，在图 2-1（a）时刻，电流从 a 到 d，电磁力的方向使电枢沿逆时针方向旋转。

当电枢转过 180º 时，如图 2-1（b）所示，外部电路的电流 i 不变，而元件中的电流方向改变为 d→c→b→a，根据左手定则，此时电磁力方向不变，电机仍沿逆时针方向旋转。

由此可见，在直流电动机中，电刷外部的是直流电，通过电刷和换向片的作用使元件中的电流呈交变，从而产生的电磁转矩的方向是恒定的，也可以说，直流电动机实质上是带有换向器装置的交流电动机，这就是直流电动机的工作原理。

电动机工作时，根据式（1-18），用右手定则可判断元件同时会感应与电流方向相反的电动势，因其方向与电流方向相反，故称为反电动势，即电动机克服反电动势而产生电磁转矩带动机械负载工作，从而把电能转化为机械能。

实际上电动机的电枢铁心上有许多个元件，元件分布在电枢铁心表面的不同位置上，按照一定的规律连接起来，构成电枢绕组，而且多个元件所产生的电磁转矩方向都是一致的。换向器安装在转轴上，由很多换向片组成，线圈与换向片按一定的连接方式互相接通。磁极也是根据需要将 N、S 极交替放置，其具体结构在 2.1.2 小节说明。

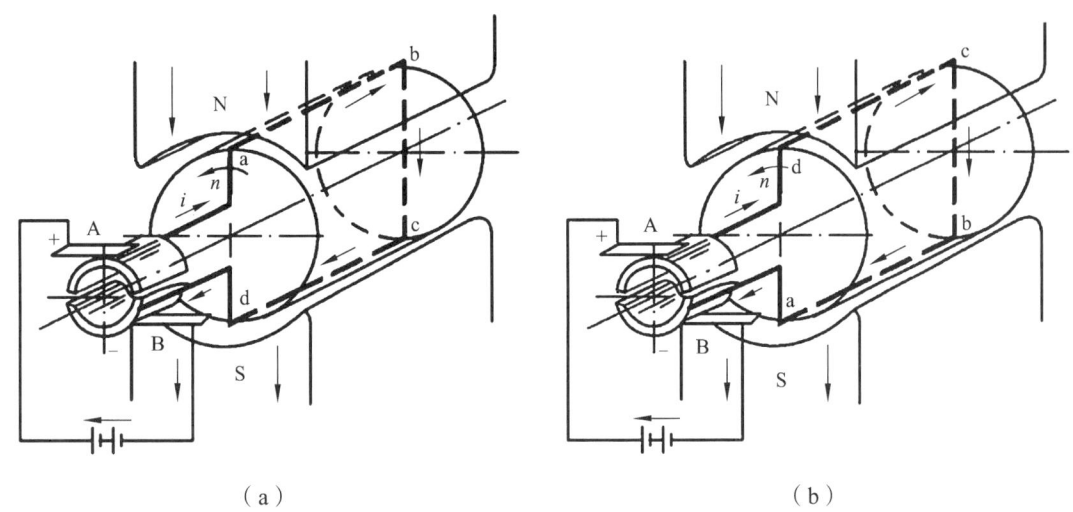

（a）　　　　　　　　　　　　　（b）

图 2-1　直流电动机工作原理示意图

2. 直流发电机的工作原理

在图 2-2 中，若原动机拖动电枢以恒速 n 逆时针旋转，且通过在空间静止不动的电刷 A、B 与换向片接触，即可对外电路供直流电，就构成了直流发电机的最简单的物理模型。

当原动机拖动电枢以恒速 n 逆时针方向旋转时，在线圈中产生感应电动势，其大小可根据式（1-18）计算得到。感应电动势的方向可用右手定则确定。在图 2-2（a）所示时刻，整个元件的电动势方向是 d→c→b→a。此时 a 端经换向片接触电刷 A，d 端经换向片接触电刷 B，所以电刷 A 为正极性而电刷 B 为负极性。在电刷 A、B 之间加上用电负载，就有电流 i 从电刷 A 经外电路负载而流向电刷 B，此电流经换向片及元件 dcba 形成闭合回路。

当电枢转过 180º 时，如图 2-2（b）所示，元件中感应电动势的方向为 a→b→c→d。此时 d 端与电刷 A 接触，a 端与电刷 B 接触，所以 A 仍为正极性，B 仍为负极性。流过负载的电流方向不变。而元件中电流的方向改变了，即 a→b→c→d。

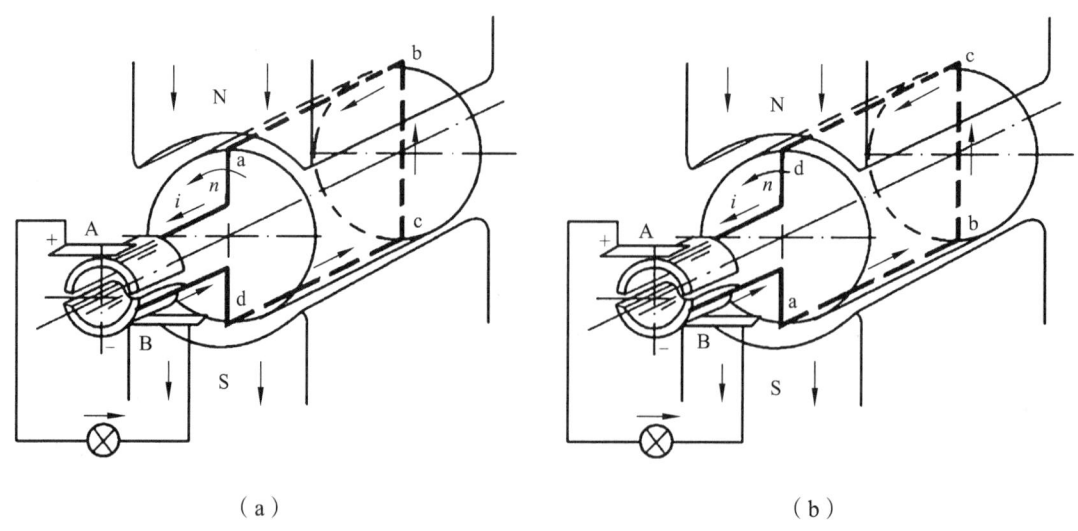

图 2-2 直流发电机工作原理示意图

从以上分析可以看出，元件中的电动势 e 及电流 i 的方向是交变的，只是经过电刷和换向片的整流作用，才使外电路得到方向不变的直流电，如图 2-3 所示。其中，图 2-3（a）所示为元件电动势波形，它是交变的；图 2-3（b）所示为电刷电动势波形，它已经是方向不变的直流电了。也可以说直流发电机实质上是带有换向器的交流发电机，这就是直流发电机的工作原理。

根据式（1-19），在发电机中同时存在电磁反转矩（因电枢受到与运动方向相反的电磁力），即当发电机外接负载，绕组中便有电流（发电机电流方向与电动势方向相同）通过，此电流与磁场作用，在电机的轴上形成一个制动力矩，发电机要克服此力矩，才能把机械能转变为电能。

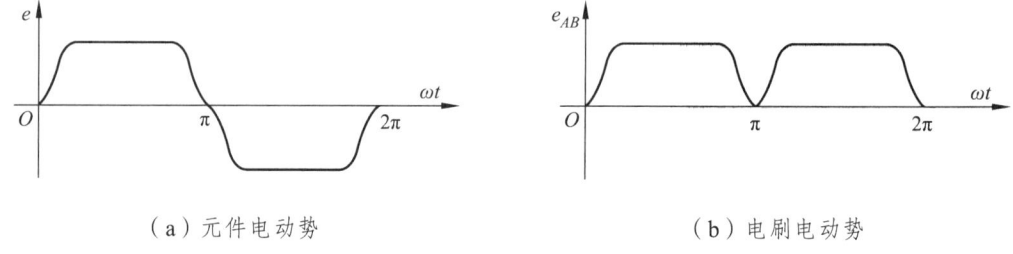

（a）元件电动势   （b）电刷电动势

图 2-3 直流发电机电动势

3. 电机的可逆原理

一台直流电机原则上既可以作为电动机运行，也可以作为发电机运行，只是外界条件不同而已。如果用原动机拖动电枢恒速旋转，就可以从电刷端引出直流电动势而作为直流电源对负载供电；如果在电刷端外加直流电压，则电机就可以带动轴上的机械负载旋转，从而把电能转变成机械能而成为电动机。这种同一台电机能作电动机或作发电机运行的原理，在电机理论中称为可逆原理。但在实际应用中，一般只在一个方面使用。

2.1.2　直流电机的主要结构

直流电机的结构是多种多样的，普通直流电机由定子（静止部分）和转子（转动部分）两大部分组成，定子和转子之间有一定大小的间隙（称气隙）。图 2-4 和图 2-5 是一台常用直流电机的结构图。定子的主要作用是产生磁场，由主磁极、换向极、机座和电刷装置等组成；转子（电枢）的作用是产生电磁转矩和感应电势，由电枢铁心和电枢绕组、换向器、轴和风扇等组成。下面对各主要部件的基本结构及功用作简要介绍。

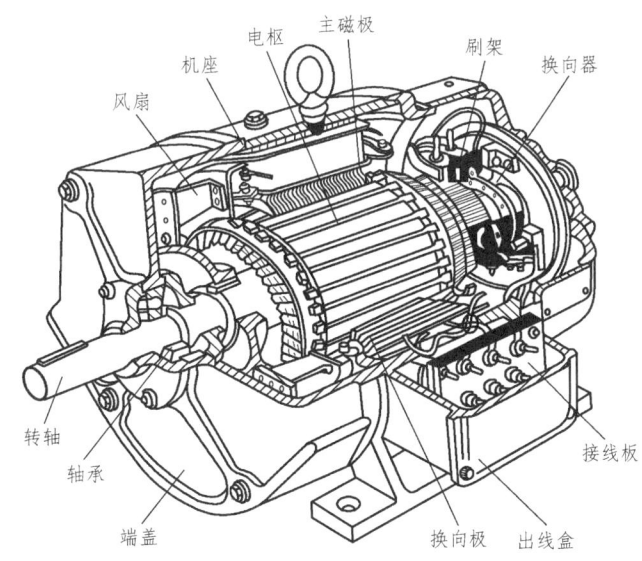

图 2-4　直流电机结构示意图

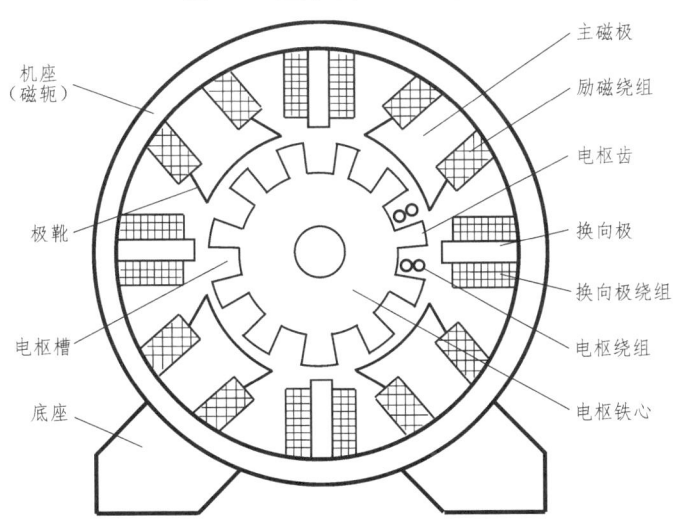

图 2-5　直流电机的径向剖面图

1. 定子部分

定子部分包括主磁极、换向极、机座和电刷装置等。

（1）主磁极。在普通直流电机中，主磁极包括主磁极铁心和套在铁心上的励磁绕组两部分。主磁极铁心用 1~1.5 mm 厚的低碳钢板冲片叠压而成。如图 2-6 所示，整个磁极用螺钉固定在机座上。为了使主磁通在气隙中分布更合理，铁心的下部（称为极靴）比套装绕组的部分（称为极身）要宽些。励磁绕组可以用圆截面或矩形截面的导线绕制成一集中绕组套在主磁极铁心上。主磁极的作用是在定、转子之间的气隙中建立磁场，使电枢绕组在此磁场的作用下感应电动势和产生电磁转矩。

（2）换向极。换向极又称附加极或间极，其作用是用以改善换向。换向极装在相邻两主磁极之间，它也是由铁心和绕组构成，如图 2-7 所示。换向极的铁心一般用整块钢或钢板加工而成，换向极绕组与电枢绕组相串联，由于需要通过较大电流而用截面大、匝数少的矩形截面导线绕制而成。

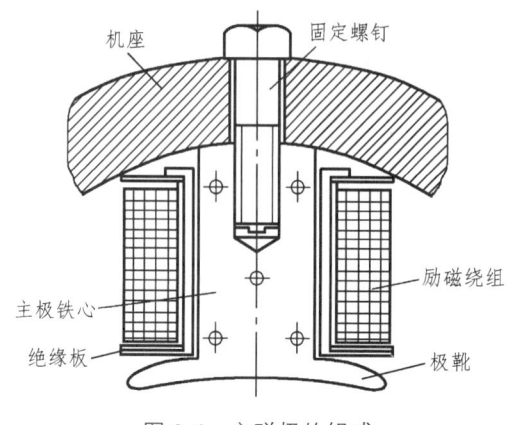

图 2-6 主磁极的组成

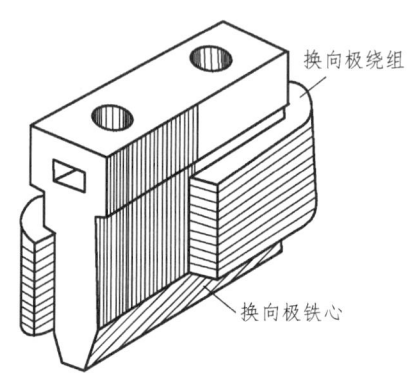

图 2-7 换向极

（3）机座。机座有两个作用：一是作为电机磁路系统中的一部分，这部分称为磁轭；二是用来固定主磁极、换向极及端盖等，起机械支承的作用。因此，要求机座有好的导磁性能及足够的机械强度与刚度。机座通常用铸钢或厚钢板焊成。

（4）电刷装置。由直流电机工作原理可知，电刷的作用是把转动的电枢绕组与静止的外电路相连接，并与换向器相配合，起到"整流"或"逆变"的作用。

电刷装置由电刷、刷握、压紧弹簧和铜丝辫组成，如图 2-8 所示。电刷放在刷握内，用弹簧压紧在换向器上，刷握固定在刷杆上，刷杆装在刷杆座上。刷杆是绝缘体，刷杆座则装在端盖或轴承内盖上。每一刷杆装置由若干个刷握构成一组电刷组，电刷组的组数（即刷杆数）与主磁极的极数相等。各刷杆沿换向器表面均匀分布，并且有一个正确的位置，若偏离此位置，则将影响电机的性能。

2. 转子部分

直流电机的转子称为电枢，如图 2-9 所示，包括电枢铁心、电枢绕组、换向器、转轴等。

（1）电枢铁心。如图 2-10 所示，电枢铁心也有两个用处，一是电机主磁路的一部分；二是用来嵌放电枢绕组。为了减少电枢旋转时电枢铁心中因磁通变化而引起的磁滞损耗及涡流损耗，电枢铁心通常用 0.5 mm 厚的两面涂有绝缘漆的硅钢片叠压而成。

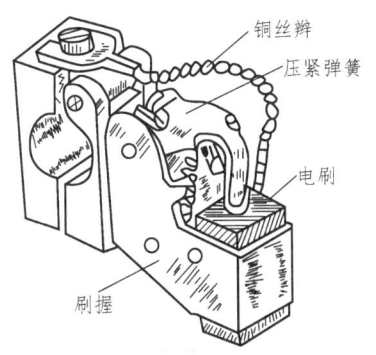

图 2-8 电刷装置

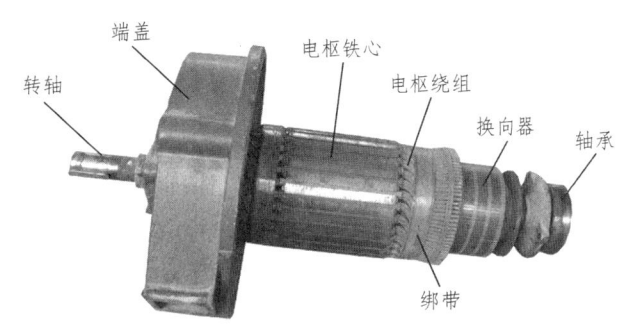

图 2-9 直流电机的电枢

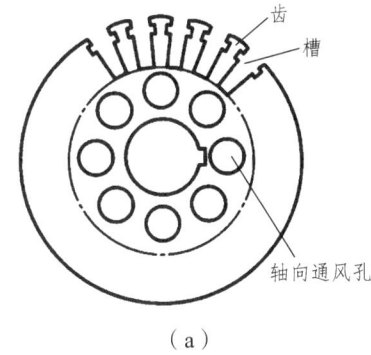

(a)

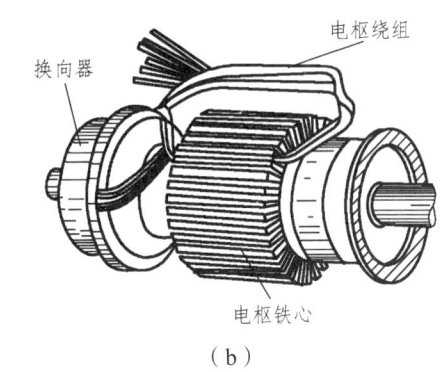

(b)

图 2-10 电枢冲片和电枢铁心装配图

（2）电枢绕组。电枢绕组是由许多按一定规律连接的元件组成，它是直流电机的主要电路部分，也是通过电流和感应电动势，从而实现机电能量转换的关键部件。详细分析见后续 2.3 节。

（3）换向器。换向器也是直流电机的重要部件。在直流电动机中，它将电刷上的直流电流转换为绕组内的交流电流；在直流发电机中，它将绕组内的交流电动势转换为电刷端的直流电动势。换向器由许多换向片组成，每片之间相互绝缘。换向片数与线圈元件数相同，换向器有多种结构型式，图 2-11 所示为一种常见的换向器。这种型式的换向器下部为燕尾形，借助于 V 形截面的钢制套筒将其固定，并用螺旋压圈紧固成一体，在燕尾和 V 套筒间垫以 V 形云母环，使其互相绝缘。

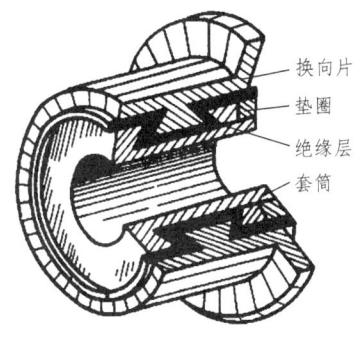

(a) 示意图

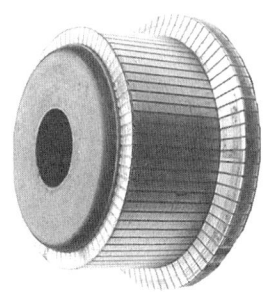

(b) 制成品

图 2-11 换向器

2.2 直流电机的铭牌与励磁方式

2.2.1 直流电机的铭牌

为了使电机安全可靠地工作，且保持优良的运行性能，电机厂家根据国家标准及电机的设计参数，对每台电机正常运行时的电压、电流、功率、转速等规定了保证值，这些保证值称为电机的额定值。每台直流电机的机座上都有一个铭牌，上面标注了这些额定值。若电机运行时，各数据符合额定值，这样的运行情况称为额定工况。

直流电机的额定值有：

（1）额定功率 P_N（kW）：指电机在铭牌规定的额定状态下运行时，电机的输出功率。

① 对发电机：额定功率是指输出的电功率。

$$P_N = U_N I_N \tag{2-1}$$

② 对电动机：额定功率是指输出的机械功率。

$$P_N = U_N I_N \eta_N \tag{2-2}$$

（2）额定电压 U_N（V）：指额定状态下电枢出线端的电压。
（3）额定电流 I_N（A）：指电机运行在 $U = U_N$、$P = P_N$ 状态下的电流。
（4）额定转速 n_N（r/min）：指电机在额定状态下运行时转子的转速。
（5）额定励磁电压 U_{fN}（V），仅对他励电机标注。
（6）额定励磁电流 I_{fN}（A）：指电机运行在额定工况时所施加的励磁电流。

例 2-1 已知某直流电动机铭牌数据如下：$P_N = 75$ kW，$U_N = 220$ V，$n_N = 1\,500$ r/min，$\eta_N = 88.5\%$，试求该电机的输入功率及额定电流各是多少？

解：对于直流电动机，有

$$P_N = U_N I_N \eta_N = P_{1N} \eta_N$$

则额定运行时输入的电功率为

$$P_{1N} = \frac{P_N}{\eta_N} = \frac{75}{88.5\%} = 84.75 \text{ (kW)}$$

故该电机的额定电流为

$$I_N = \frac{P_N}{U_N \cdot \eta_N} = \frac{75 \times 10^3}{220 \times 88.5\%} = 385.21 \text{ (A)}$$

例 2-2 已知某直流发电机铭牌数据如下：$P_N = 145$ kW，$U_N = 220$ V，$n_N = 1\,450$ r/min，$\eta_N = 90\%$，试求该电机的输入功率及额定电流各是多少？

解：对于直流发电机，有

$$P_N = U_N I_N = P_{1N} \eta_N$$

则额定运行时输入的机械功率为

$$P_{1N} = \frac{P_N}{\eta_N} = \frac{145}{90\%} = 161.11 \text{（kW）}$$

故该电机的额定电流为

$$I_N = \frac{P_N}{U_N} = \frac{145 \times 10^3}{220} = 659.09 \text{（A）}$$

2.2.2 直流电机励磁方式

给直流电机励磁绕组的供电方式称为励磁方式，直流电机可按励磁方式分类，分为他励式和自励式两大类。自励式又分为并励、串励、复励这三种。图 2-12 画出了直流电动机按励磁方式的分类，图中：I 为电源电流，I_f 为励磁电流，I_a 为电枢电流。

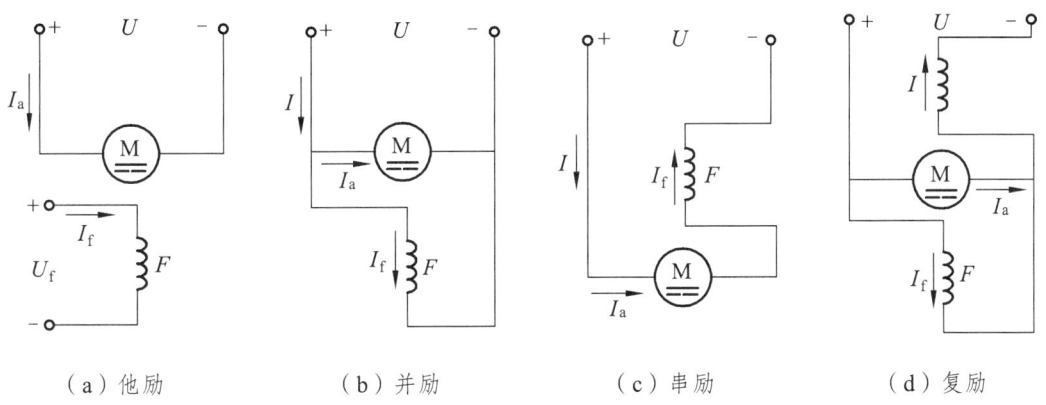

（a）他励　　　　（b）并励　　　　（c）串励　　　　（d）复励

图 2-12　直流电动机按励磁方式分类

1. 他励式

他励式是指励磁绕组由其他电源供电，励磁绕组与电枢绕组不相连。永磁直流电机也属于他励直流电机，因励磁磁场与电枢电流无关，如图 2-12（a）所示。

2. 自励式

自励发电机是指利用自身发出的电流来励磁；自励电动机是指励磁绕组和电枢绕组由同一电源供电。自励式电机按励磁绕组与电枢绕组的连接规律不同分为：并励式、串励式和复励式。

（1）并励式：励磁绕组与电枢绕组并联，励磁电压等于电枢绕组端电压，如图 2-12（b）所示。

① 对于直流电动机，有

$$I = I_a + I_f \tag{2-3}$$

② 对于直流发电机，有

$$I_a = I + I_f \quad (I \text{ 为负载电流}) \tag{2-4}$$

他励式和并励式电机的励磁电流只有额定电流的 1%~5%，所以励磁绕组的导线细，且匝数多。

（2）串励式：励磁绕组与电枢绕组串联，励磁电流 I_f 等于电枢电流 I_a，所以励磁绕组的导线粗，且匝数较少，如图 2-12（c）所示。

（3）复励式：每个主磁极上套有两个励磁绕组，一个是与电枢并联的并励绕组，另一个是与电枢串联的串励绕组，如图 2-12（d）所示。若两个励磁绕组产生的磁动势方向相同则称为积复励；若两个绕组产生的磁动势方向相反则称为差复励。通常采用积复励方式。

需要指出的是，除少数微型电机之外，绝大多数的直流电机的气隙磁场都是在主磁极的励磁绕组中通以直流电流（称为励磁电流）而建立的。励磁方式不同，电机的运行性能就有很大的差别，但励磁磁场的分布情况是相同的。关于磁场分布情况后续在 2.4 节中讨论。

2.3 直流电机电枢绕组

电枢绕组是直流电机的电路部分，也是直流电机的核心部分，是实现机电能量转换的枢纽。电枢绕组的构成原则是：能产生足够大的感应电动势，并允许通过一定的电枢电流，此外还要节省有色金属和绝缘材料，结构简单，运行可靠。

2.3.1 电枢绕组的基本概念

由前面的分析可知，首尾两端分别与两个换向片相连接的线圈，称为元件。直流电机电枢绕组的型式很多，按其绕组元件和换向器的连接方式不同，可以分为叠绕组（单叠和复叠）、波绕组（单波和复波）和混合绕组。其中单叠及单波是最基本的形式。本节主要介绍单叠和单波绕组的组成及连接规律。

元件是组成绕组的基本单元，可以为单匝，也可以为多匝，一个元件由两条导体边和端接线组成，元件的两个出线端分别接到两片换向片上，并与其他元件相连，如图 2-13、图 2-14 所示。

（a）单匝元件　　　　　　　　（b）两匝元件

图 2-13　叠绕组元件

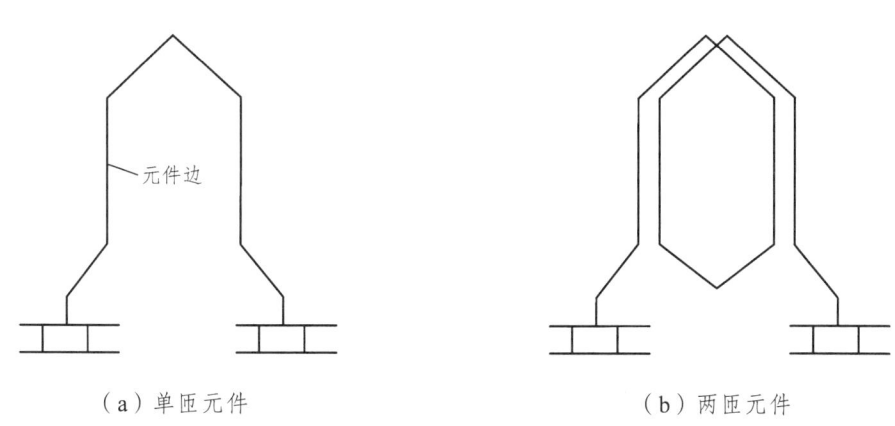

（a）单匝元件　　　　　　　　（b）两匝元件

图 2-14　波绕组元件

图 2-15（a）所示元件边置于槽内称为有效边，端接线置于铁心外，不切割磁场，仅起连接线作用。一个元件边放在槽的上层，另一边放在另一槽的下层，因此一个槽里总有上、下层两个元件边，称为双层绕组。元件的首端放置在电枢槽内的上层，称为上层元件边，则其尾端一定是放置在另一槽的下层，称为下层元件边。每个元件都是按照这个规律放置的。

若电枢每槽上、下层只有一个元件边，则整个电枢绕组的元件数 S 应等于总槽数 Q（$S=Q$），但大型电机的电枢每槽上、下层往往有多个元件边。为了确切说明每一元件边所处的具体位置，引入"虚槽"的概念。

假如电机中每槽上、下层各包含 u 个元件边，u 为槽内一层嵌放的元件边数。通常把一个上层边和一个下层边在槽内所占的空间作为一个虚槽，在说明元件的空间安排时，一律以虚槽来编号，用虚槽数为计算单位。图 2-15（b）中 $u=2$ 即表明一个实槽中包含两个虚槽。则有

$$Q_u = S = uQ \tag{2-5}$$

式中：Q 为总实槽数，Q_u 为总虚槽数，S 为总元件数。此外，由于一个换向片与不同元件的两个出线端相连接，所以总换向片数 $K=S$，则有

$$K = S = Q_u \tag{2-6}$$

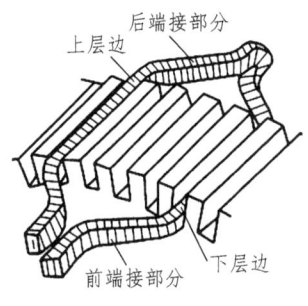
（a）单个元件

（b）电枢槽内的元件

图 2-15 电枢绕组的元件及嵌放方法

2.3.2 直流电枢绕组的节距

为了对直流电机有整体认识，图 2-16 所示为四极（$p=2$）直流电机的结构示意图。图中磁极的中心线又称主极轴线；相邻两磁极之间的平分线称为几何中性线。

在电枢铁心表面上，一个磁极所占的距离称为极距，用 τ 表示。τ 可用虚槽数表示为 $\tau=\dfrac{Q_u}{2p}$（虚槽），即表示每极在电枢表面所占的虚槽数。也可用电枢表面圆弧长度表示为 $\tau=\dfrac{\pi D}{2p}$，D 为电枢直径。

电枢绕组的连接规律是通过绕组的节距来表征的，下面分别叙述各个节距的定义和计算方法。

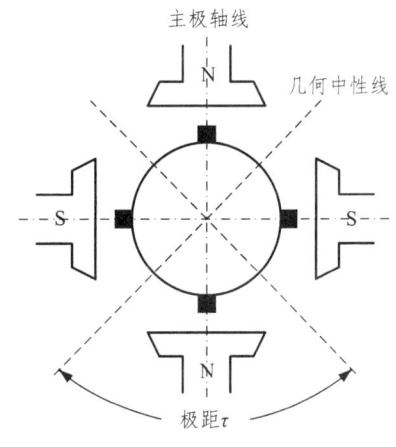

图 2-16 直流电机示意图

1. 第一节距 y_1

一个元件的两条有效边在电枢表面上所跨的距离称为第一节距，用 y_1 表示，如图 2-17、图 2-18 所示。如以虚槽数计，它总是整数，即

$$y_1 = \frac{Q_u}{2p} \pm \varepsilon = \text{整数} \tag{2-7}$$

式中，ε 为使 y_1 凑成整数的一个小于 1 的分数。

若 $y_1=\tau$，则称为整距绕组；$y_1<\tau$ 称为短距绕组；$y_1>\tau$ 称为长距绕组。为产生较大的感应电动势，直流电机尽量采用整距绕组。

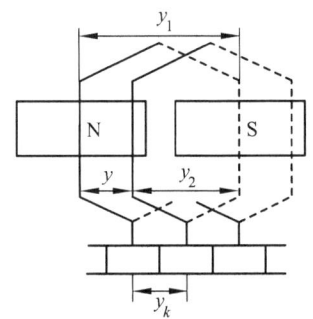

图 2-17 单叠绕组元件在电枢上的连接

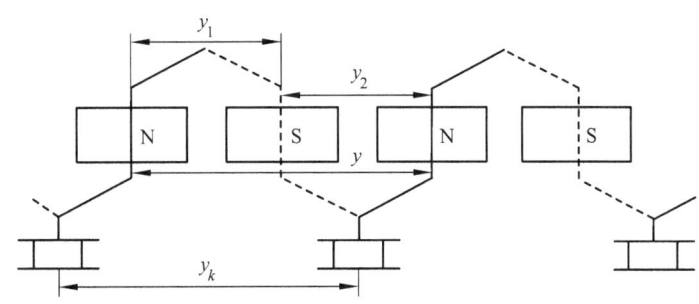

图 2-18 单波绕组元件在电枢上的连接

2. 第二节距 y_2

相串联的两个元件中，第一个元件的下层边与第二个元件的上层边在电枢表面上所跨的距离，称为第二节距，用 y_2 表示，如图 2-17、图 2-18 所示。它也用虚槽数计算。注意：在叠绕组中 y_2 为负值（计算方向为从右向左）；在波绕组中 y_2 为正值（计算方向为从左向右）。

3. 合成节距 y

相串联的两个元件对应边在电枢表面上所跨的距离称为合成节距，用 y 表示，如图 2-17、图 2-18 所示，其大小也用虚槽数表示。合成节距 y 与第一节距 y_1 及第二节距 y_2 之间有如下关系：

$$y = y_1 + y_2 \tag{2-8}$$

4. 换向器节距 y_k

一个元件的两个出线端所连接的两个换向片之间所跨的距离称为换向器节距，用 y_k 表示，其大小用换向片数表示。由图 2-17、图 2-18 可见，换向器节距 y_k 和合成节距 y 总是相等的。即

$$y_k = y \tag{2-9}$$

2.3.3 单叠绕组和单波绕组

叠绕组是指各磁极下元件依次连接，后一个元件总是"叠"在前一个元件上，如图 2-17 所示为单叠绕组元件在电枢上的连接。

波绕组是指把相隔约为一对极下的同极性磁场下的相应元件串联起来，像波浪一样向前延伸。图 2-18 为单波绕组元件在电枢上的连接。

1. 单叠绕组

图 2-17 所示单叠绕组的连接规律是：所有的相邻元件依次串联，连接方法是后一个元件

的首端（上层边）与前一个元件的尾端（下层边）连在一起并接到一个换向片上，且后一个元件的上层边放在前一个元件上层边相邻的槽内，最后一个元件的尾端与第一个元件的首端连在一起，构成一个闭合回路。也就是说，元件首尾按一定规律接到不同的换向器片上，最后使整个绕组通过换向片连接成一个闭合回路。即

$$y = y_k = \pm 1 \tag{2-10}$$

式中：+1 为右行绕组，-1 为左行绕组。一般采用右行绕组，因左行元件接到换向片的连接线需交叉导致用铜较多，故很少采用。

下面通过实例说明单叠绕组如何连接、有何特点。

例 2-3 已知直流电机的极数 $2p = 4$，换向片、元件数、虚槽数为：$K = S = Q_u = 16$，$u = 1$。试绘制单叠右行绕组展开图，并分析其特点。

解：（1）计算绕组节距。

根据单叠右行绕组可知：$y = y_k = 1$。

又因极距 $\tau = \dfrac{Q_u}{2p} = \dfrac{16}{4} = 4$，则取 $y_1 = \dfrac{Q_u}{2p} \pm \varepsilon = \dfrac{16}{4} = 4$，即为整距绕组。

故：$y_2 = y - y_1 = 1 - 4 = -3$。

根据已确定的各节距，则可绘出绕组展开图。

（2）画绕组展开图。

为了清晰和直观起见，工程上把电机的电枢绕组图画成沿电枢轴线切开，展成平面的绕组展开图。把元件、槽、换向片依次编号（1~16 号），放置原则是：1 号元件的上层边放在 1 号槽中（实线表示）并焊接在 1 号换向片上，下层边自然就放置在 1+4 = 5 号槽中（虚线表示），同时焊接在 2 号换向片上并与 2 号元件的上层边（放 2 号槽，用实线表示）相连，依次把 16 个元件放置、焊接，并把主磁极和电刷画上，即完成某一瞬间的绕组展开图。具体如图 2-19 所示，步骤如下：

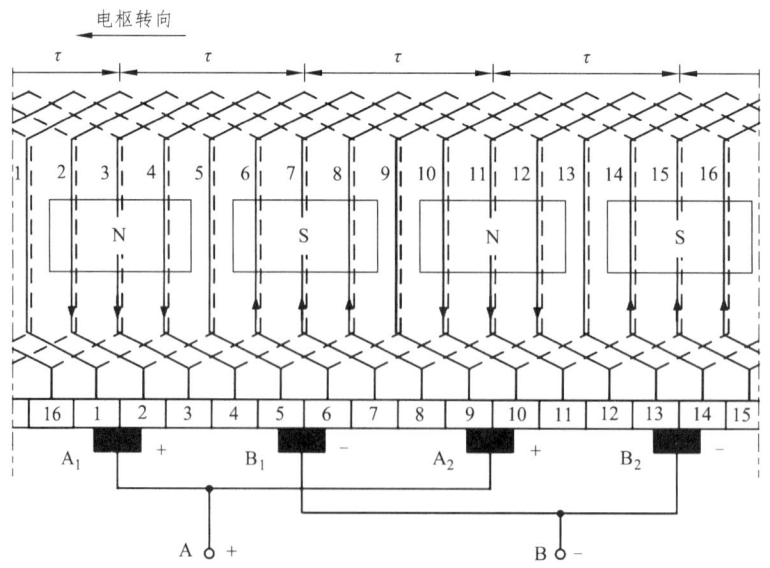

图 2-19　单叠绕组展开图（$2p = 4$，$S = K = 16$）

① 先画 16 根等长、等距的实线，代表各槽上层元件边，再画 16 根等长等距的虚线，代表各槽下层元件边。一个槽内一根实线和一根虚线，代表放一上层元件边和一下层元件边，并依次把槽编上号。

② 根据 y_1，画出第一个元件的上、下层边（1、5 槽），令上层边所在的槽号为元件号。

③ 接上换向片，在 1、2 片换向片之间对准 1 号元件中心线，之后等分换向器，定出换向片号。

④ 画出第二个元件，上层边在第 2 槽，与第一个元件的下层边连接；下层边在第 6 槽与 3 号换向片连接。按此规律，一直把 16 个元件全部连起来。

⑤ 放磁极：磁极宽度约为 0.7τ，均匀分布在圆周上，N 极磁力线垂直向里（进入纸面），S 极磁力线向外（从纸面穿出）。

⑥ 放电刷：对准在磁极轴线下，画一个换向片宽的电刷，并把相同极性磁极下的电刷并联起来。实际运行时，电刷是静止不动的，电枢在旋转，但是被电刷所短路的元件边，永远都是处于电机的几何中性线，其感应电动势是接近零的。

可以看出，一个磁极下导体电流的方向是完全一致的（同一槽中上、下层边不属于同一元件，但电流的方向一致），而且，N、S 极下导体电流的方向相反，所以能产生一个方向固定的转矩。

（3）单叠绕组元件连接次序。

由图 2-19 可以看出，从第 1 号元件开始，绕电枢一周，把全部元件边都串联起来，之后又回到第 1 号元件的起始点。可见，整个绕组是一个闭合回路。因此，还可以用绕组元件连接次序图来表示元件的连接次序，如图 2-20 所示。

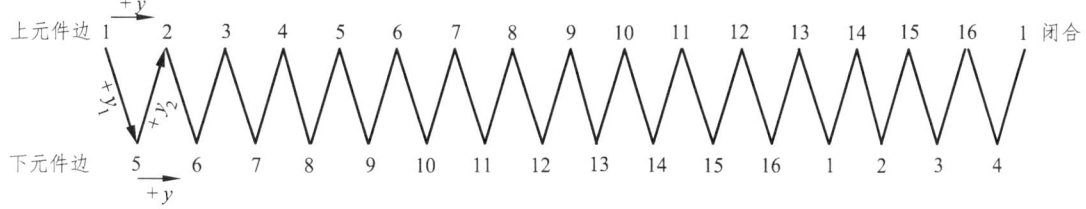

图 2-20 单叠绕组元件连接次序图

（4）单叠绕组电路图。

为了进一步说明单叠绕组各个元件的连接次序及其电动势分布情况，按图 2-19 各元件的连接顺序，可得到该瞬间的绕组电路图，如图 2-21 所示。

由图 2-19 可以看出，每个磁极下的元件组成一条支路，也就是说，单叠绕组的并联支路数正好等于电机的极数，即 $2p = 2a$（a 为并联支路对数），这是单叠绕组的一个重要特点。

由图 2-21 可见，从电刷外面看电枢绕组是由四条支路并联组成。1、5、9、13 号元件被电刷短路，同磁极下元件的电流方向一致。

（5）单叠绕组的特点。

① 元件的两个出线端连接于相邻两个换向片上；

② 整个电枢绕组的闭合回路中，感应电动势的总和为零，绕组内部无"环流"；

③ 电枢绕组并联支路数 $2a$ 等于电机的极数 $2p$；

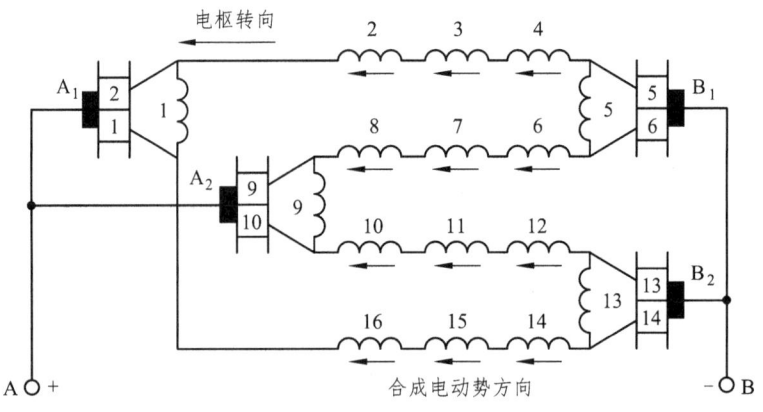

图 2-21 单叠绕组并联支路图

④ 当元件几何形状对称时，电刷应放在主极轴线上，此时正、负电刷间感应电动势最大，被电刷所短路元件的感应电动势为零；

⑤ 电刷组数等于电机的极数；

⑥ 电刷间引出的电动势为每一并联支路的电动势，电枢电压等于支路电压。正、负电刷间引出的电枢电流 I_a 为各支路电流 i_a 之和，即 $I_a = 2ai_a$。

2. 单波绕组

单波绕组的节距，其意义与叠绕组相同。它的第一节距与叠绕组一样，要求等于或接近于极距。

单波绕组的连接规律：为了保证直接串联元件中的电动势同方向，从某一换向片出发把相隔约为两个极距的同极性磁场中对应位置的所有元件串联起来。但 $y_k \neq 2\tau$，因为当 $y_k = 2\tau$ 时，由出发点开始，串联元件绕电枢一周后，就会回到出发点而闭合，导致绕组无法继续绕下去。所以，两相邻元件的对应边应处在同极性的磁极下，但 $y = y_k \approx 2\tau$。即绕组从某一换向片出发，沿电枢圆周和换向器绕一周后恰好回到原来出发点的换向片相邻的一片上，则可由此再绕下去，最后把全部元件串联起来并与最初的出发点相接构成一个闭合绕组。故：

$$y = y_k = \frac{K \pm 1}{p} \qquad (2\text{-}11)$$

式中："-1"表示左行单波绕组，即绕组绕电枢和换向器一周后，回到原来出发的换向片的左边一片上；而"+1"表示右行单波绕组，即绕电枢和换向器一周后，回到原来出发的换向片右边的一片上。右行绕组的端接线交叉，且比左行绕组的端接线略长，故波绕组常用左行绕组。

式（2-11）的含义是：如图 2-22 所示，左行单波绕组绕电枢一周后，经过 2 对极，就由 2 个元件串联起来，每个元件在换向器上跨过 y_k 换向片，从 $k=3$ 的位置开始，绕一周后需接到起始换向片的左侧 (k-1) 个换向片上（即从 3 号换向片开始，2 个元件串联绕一周后，回到 3-1 = 2 号换向片上，按此规律可继续绕下去）。

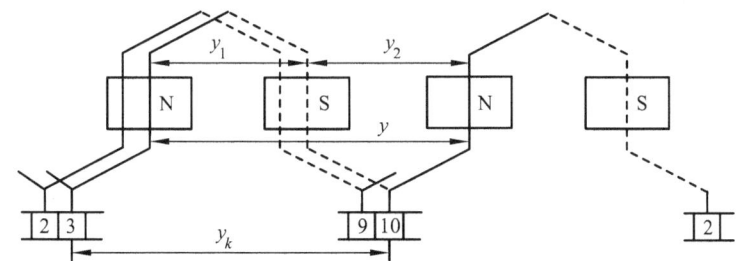

图 2-22 左行单波绕组连接示意图

下面通过例 2-4 来说明单波绕组的特点。

例 2-4 已知直流电机的极数 $2p=4$，换向片、元件数、虚槽数为：$K=S=Q_u=15$，$u=1$。要求组成单波左行绕组。

解：（1）计算节距。

根据单波左行绕组可知：$y=y_k=\dfrac{15-1}{2}=7$（槽或换向片数）

可接成长距绕组，则有：$y_1=\dfrac{Q_u}{2p}\pm\varepsilon=\dfrac{15}{4}+\dfrac{1}{4}=4$（槽）

$$y_2=y-y_1=7-4=3\text{（槽）}$$

（2）画绕组展开图。

由已确定的各节距，可绘出单波绕组展开图，如图 2-23 所示。

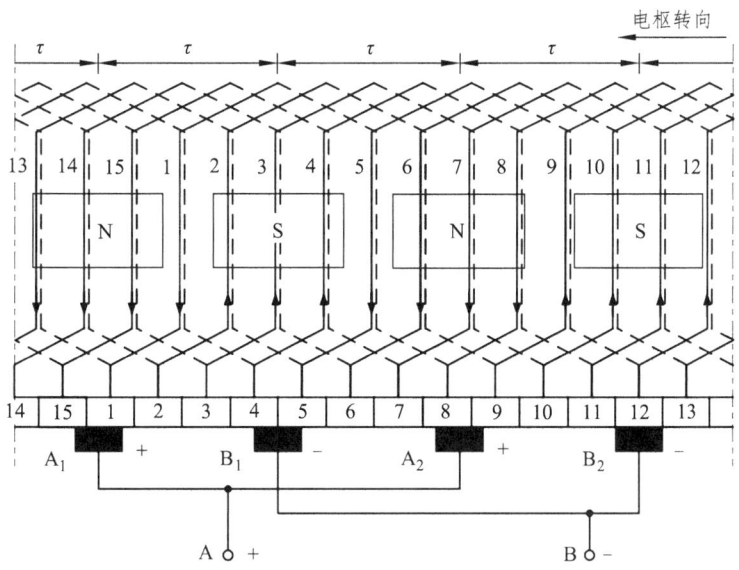

图 2-23 单波绕组展开图（$2p=4$，$S=K=15$）

绘制单波绕组的展开图，也和单叠绕组一样，先将槽、换向片依次编号。作图时从 1 号换向片开始，并将与其相连元件的一个元件边安放在 1 号槽的上层，该元件的另一边安放在第 5 槽（$1+y_1=1+4=5$）的下层，然后把这个元件边连接到换向片 8 上（$1+y_k=1+7=8$），再将换向片 8 连接到 8 号槽的上层元件边，开始连接第 2 个元件，按此规律，可把 15 个元件全部安置完毕，最后回到第一个元件起始换向片上，形成一闭合回路。

磁极、电刷的位置及电刷组数目都与单叠绕组一样。在端接线对称的情况下，电刷中心线仍要对准主磁极轴线。

（3）单波绕组元件连接次序。

由图 2-23 可以看出，全部 15 个元件是按下列次序串联而构成一个闭合回路的，即：从 1→8→15→7→14→6→13→5→12→4→11→3→10→2→9→1。同样，也可以用元件连接次序图表示，如图 2-24 所示。

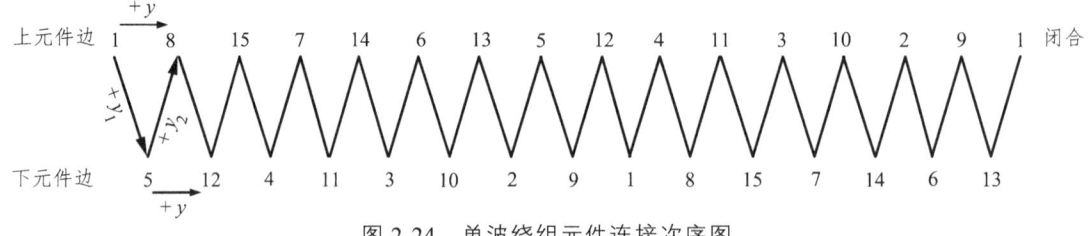

图 2-24 单波绕组元件连接次序图

（4）单波绕组电路图。

根据图 2-23，可画出本例单波绕组该瞬间的电枢电路图，如图 2-25 所示。

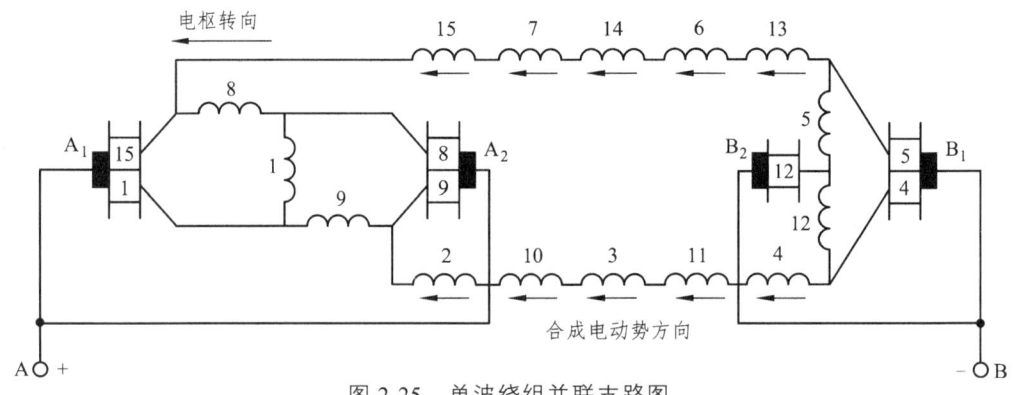

图 2-25 单波绕组并联支路图

可以看出，元件 15、7、14、6、13 串联在一起，即处在 N 极下的所有元件串联在一起构成一条支路，各元件的电动势方向是相同的。处在 S 极下的元件 4、11、3、10、2 串联在一起，构成另一条支路，它们的电动势方向也是相同的。由此可见，单波绕组是把所有 N 极下的全部元件串联起来组成了一条支路，把所有 S 极下的全部元件串联起来组成了另一支路。由于磁极只有 N、S 之分，所以单波绕组的并联支路对数 a 恒定等于 1（$a=1$），它与磁极对数 p 无关，这是单波绕组的一个重要特点。

由图 2-25 可知，即使去掉电刷 A_2、B_2，只剩下 A_1、B_1 一对电刷，该绕组的并联支路数也不受影响，电机的电枢电流、刷间电动势、电磁转矩及输出功率等都不变。所以，从理论上讲，由于单波绕组只有两条支路，因而只需安置一对正、负电刷就够了。但为了减少电刷的电流密度与缩短换向器的长度，节省用铜，一般仍采用 $2p$ 组电刷。

（5）单波绕组特点。

① 同极性磁极下各元件串联起来组成一条支路，支路对数 $a=1$，与磁极对数 p 无关；

② 当元件的几何形状对称时，电刷在换向器表面上的位置对准主磁极轴线，支路电动势

最大;

③电刷组数也应等于磁极数(即采用全额电刷),可减小每组电刷上的电流,改善换向;

④电枢电压等于支路电压,电枢电流 I_a 为各支路电流 i_a 之和,即 $I_a = 2ai_a$。

3. 各种绕组的应用范围

除单叠、单波绕组外,还有复叠、复波和混合绕组。各种绕组的差别主要在于它们的并联支路数上。相同元件数时,支路数越多,相应的每条支路所串联的元件数越少。原则上电流大、电压低的直流电机采用叠绕组。若电流小,电压高则采用波绕组。大容量电机可以采用混合绕组。

2.4 直流电机的磁场

电机磁场是电机能感应电动势和产生电磁转矩所不可缺少的因素。电机的运行性能在很大程度上取决于电机的磁场特性。要了解电机的运行原理,首先要了解电机的磁场,即了解气隙中磁场的分布情况、每极磁通的大小以及与励磁电流的关系。直流电机负载运行时的磁场由励磁电流 I_f 和电枢电流 I_a 共同建立,为了弄清稳态运行时直流电机内部的电磁过程,必须先分别了解空载磁场(由 I_f 产生)和电枢磁场(由 I_a 产生),再分析负载时电机内部的磁场。

2.4.1 直流电机的空载磁场

空载磁场是在电机空载情况下(发电机出线端没有电流输出或者电动机轴上不带机械负载,其电枢电流等于或近似为零),励磁绕组中通入电流后由励磁磁动势单独建立的磁场。此时的气隙磁场只由主磁极的励磁电流所建立,所以它又称为励磁磁场。

1. 磁通与磁动势

图 2-26 所示为一台四极直流电机空载时的主磁场示意图,当励磁绕组中通以直流励磁电流 I_f 时,每极磁动势为

$$F_f = N_f I_f \tag{2-12}$$

式中,N_f 为每一个磁极上励磁绕组的总匝数。

在励磁磁动势 F_f 的作用下,电机磁路内所产生的磁力线如图 2-26 所示。由图 2-26 可知,大部分磁力线经由主磁极铁心、气隙进入电枢铁心,这部分磁力线对应的磁通称为主磁通,亦称工作磁通,用 Φ_0 表示。显然,主磁通与励磁绕组和电枢绕组同时交链。除此之外,还有一小部分磁力线不经过气隙仅与励磁绕组交链,这部分磁通称为漏磁通,用 Φ_s 表示。在直流电机中,进入电枢里的主磁通是主要的,它能在电枢绕组中感应电动势,或者产生电磁转矩;而漏磁通却没有这个作用,它只是增加主磁极磁路的饱和程度。

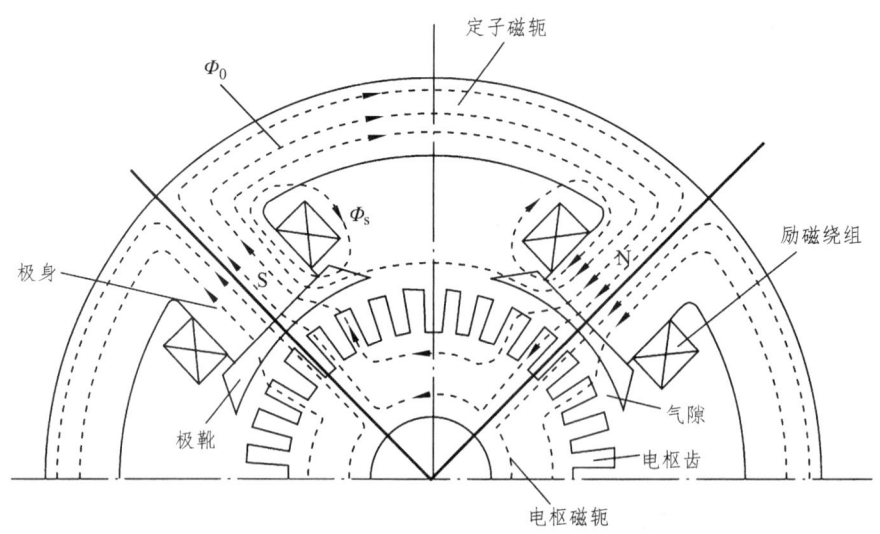

图 2-26 直流电机空载时的磁场分布

由图 2-26 可知，主磁通的磁回路由 5 部分组成：主磁极、气隙、电枢齿、电枢磁轭、定子磁轭。其中，除了气隙是空气介质，其磁导率 μ_0 是常数外，其余各段磁路用的材料均为铁磁材料，它们的磁导率彼此并不相等，即使是同一种铁磁材料，磁导率也并非是常数。

2. 气隙磁密分布

根据磁路定律，产生空载磁场的励磁磁动势全部降落于气隙和铁磁材料这两大部分之中，即励磁磁动势为气隙磁动势和铁磁材料磁动势之和。虽然气隙长度在整个闭合磁路中只占很小一部分，但是由于空气的磁导率远比铁磁材料的磁导率小，所以气隙的磁阻极大。可以认为，磁路的励磁磁动势几乎都消耗在气隙部分，而对应产生的磁场常称为空载气隙磁场。

空载时，励磁磁动势主要消耗在气隙上。当忽略铁磁材料的磁阻时，主磁极下气隙磁密 B_0 的分布就取决于气隙的大小和形状。

$$B_0 = \frac{\Phi_0}{S} = \frac{F_f}{R_\delta \cdot S} = \frac{F_f}{\frac{\delta}{\mu_0 S} \cdot S} = \frac{F_f \cdot \mu_0}{\delta} \quad (2\text{-}13)$$

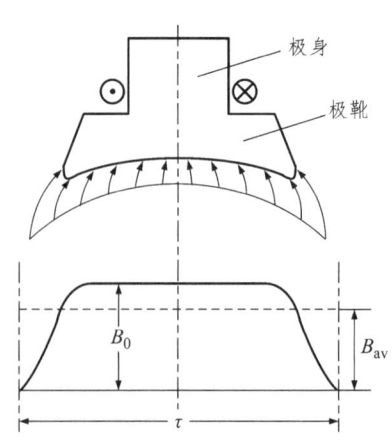

上式中，δ 为气隙长度，R_δ 为气隙磁阻。由于在主磁极极靴范围内气隙小且均匀，磁阻很小且恒定，因此气隙磁密在极靴范围内达到最大值且均匀分布。在极靴的两端，气隙是越向外越大，磁阻也越来越大，气隙磁密减小的很快，到两极间的几何中性线上气隙磁密急剧下降到零。因此，在一个磁极极距范围内，气隙磁密 B_0 的分布曲线为平顶波（也称为礼帽形），如图 2-27 所示。

图 2-27 空载时直流电机的气隙磁密波形

2.4.2 直流电机的电枢磁动势和磁场

空载时的气隙磁场仅由主磁极上的励磁磁动势所建立,如图2-28(a)所示。当电机带上负载后,电枢绕组中流过电流I_a,电枢电流I_a也会产生磁动势,叫电枢磁动势,用F_a表示。

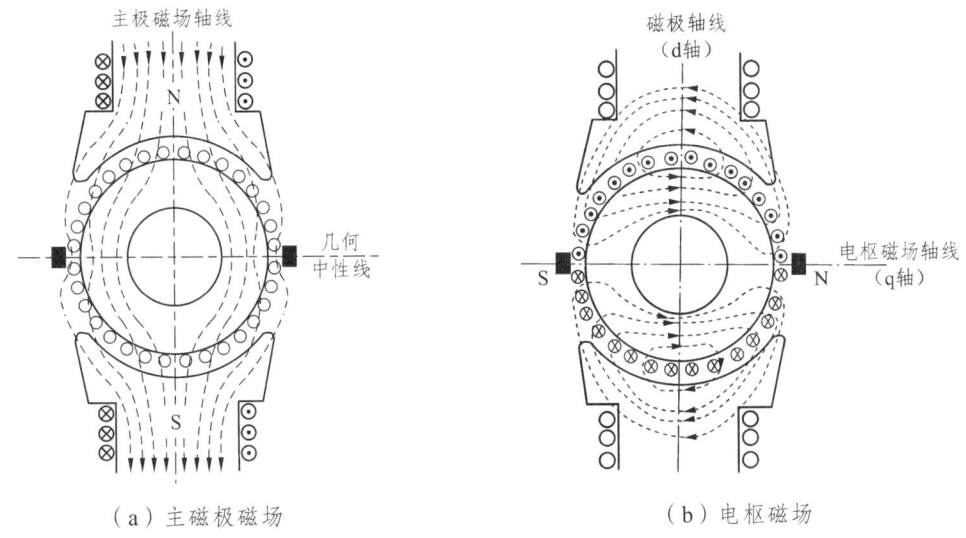

图 2-28 直流电机的磁场

1. 电枢磁动势的性质

图2-28(b)所示为一台两极直流电机电枢磁动势单独作用产生的电枢磁场分布情况,根据右手螺旋法则可确定电枢磁场磁力线的方向。为简单计,绕组为整距,也没有画出换向器,所以电刷放在几何中性线上,表示电刷是通过换向器与处在几何中性线上的元件边相接触的(实际电机中,电刷是放置在主磁极轴线下对应的换向片上)。电枢元件的电流方向是以电刷轴线为分界的,当电枢旋转时,尽管组成各支路的元件在变化,但由于换向器的作用,每极下元件中的电流方向不变,所以电枢磁动势在空间固定不动,即它与主磁场的分布波形是相对静止的。

在图2-28(b)中,当电刷放在几何中性线上时,电枢磁场的轴线与电刷轴线重合,即与磁极轴线正交,故称为交轴电枢磁动势。这里,与主磁极轴线重合的轴称为直轴(d轴),与主磁极轴线正交的轴称为交轴(q轴)。

2. 电枢磁动势波形

(1)一个电枢元件产生的磁动势。图2-29(a)所示为只有一个电枢元件AX的电机模型,将其从几何中性线处切开拉直得到如图2-29(b)所示的展开图。设该元件有N_K匝,元件中电流为i_a,则元件产生的磁动势为$N_K i_a$。根据安培环路定律可知,该磁动势降落在闭合磁回路上。为了分析简单起见,忽略铁磁材料的磁阻,则该磁动势将全部降落在定、转子之间的两段气隙上。因此,每段气隙所消耗的磁动势为$0.5 N_K i_a$。取磁力线自电枢出来进入主磁极的磁动势为正,反之为负。这样可得一个整距元件产生的磁动势分布情况如图 2-29(b)所示,由图可见,一个整距元件所产生的电枢磁动势在空间的分布为一个以两倍极距 2τ 为周期、幅值为 $0.5N_Ki_a$ 的矩形波。

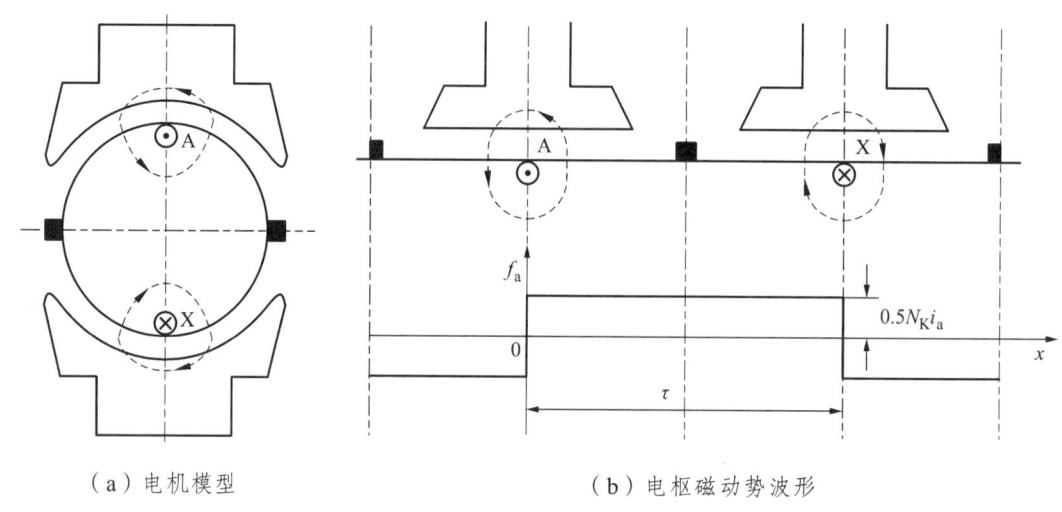

(a)电机模型　　　　　　　　(b)电枢磁动势波形

图 2-29　一个电枢元件产生的磁动势

(2)3 个电枢元件产生的磁动势。如果电枢表面有 3 个元件均匀分布,且每个元件的电流均为 i_a,元件匝数均为 N_K。根据 2.3 节的分析可知,由于这 3 个元件在电枢表面的空间位置相互错开一段相同的距离,所以 3 个元件各自产生的磁动势(矩形波)也在空间上错开一定的位置,如图 2-30 所示。将这 3 个磁动势进行叠加可得到 3 个电枢元件产生的磁动势,该磁动势为一个空间阶梯波,如图 2-30 所示,其幅值为 $1.5N_Ki_a$。

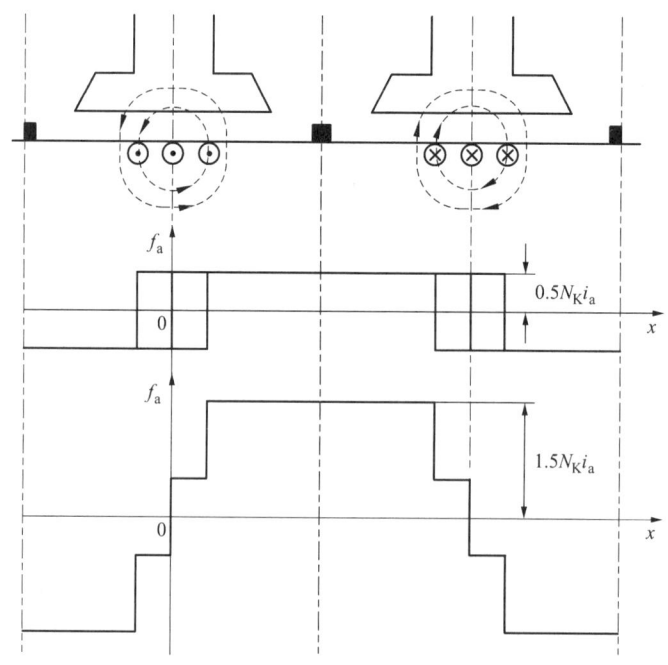

图 2-30　三个电枢元件产生的磁动势

（3）所有元件产生的电枢磁动势。当电枢表面均匀分布着许多元件，且每个元件匝数相同，流过的电流也相同时，每个元件产生的磁动势仍为矩形波，且幅值大小相同。同理，由于每个元件的磁动势互相错开一定的距离，利用上述叠加方法将所有矩形波叠加后，总的电枢磁动势波形为一个阶梯波，如图 2-31 所示。当电枢表面的元件有无数多个时，其总的电枢磁动势 F_a 的波形接近于三角形。由图 2-31 可知，电枢表面不同点的电枢磁动势是不同的，在两主磁极间的几何中性线处，磁动势最大；而在磁极轴线下，磁动势为零。

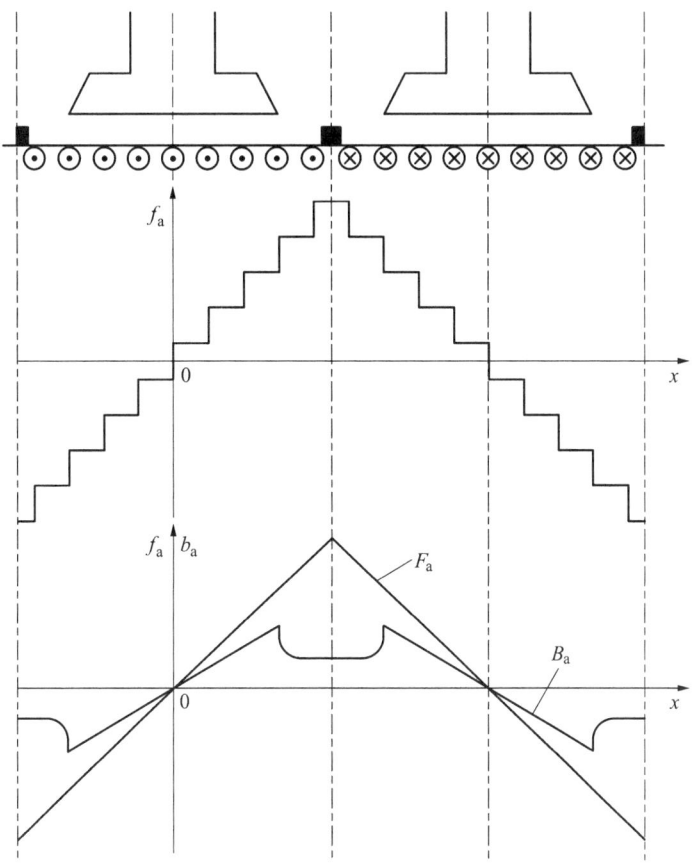

图 2-31　电刷在几何中性线上时电枢磁动势和磁密的分布

3. 电枢磁密波形

因铁心材料的磁阻很小，可忽略铁心中的磁压降，从而根据磁路定律可求得：

$$B_a = \frac{\Phi_a}{S} = \frac{F_a}{R_\delta \cdot S} = \frac{F_a}{\frac{\delta}{\mu_0 S} \cdot S} = \frac{F_a \cdot \mu_0}{\delta} \tag{2-14}$$

式中，δ 为气隙长度。由式（2-14）可知，磁密 B_a 与磁动势 F_a 成正比，但与磁阻 R_δ 成反比。在磁极极靴下，气隙小且比较均匀，磁阻恒定，B_a 仅与 F_a 成正比；而在两磁极之间，由于气隙大，对应的磁阻很大，磁密 B_a 被大大削弱，从而使磁密分布曲线呈马鞍形，如图 2-31 所示。

2.4.3 直流电机的电枢反应

从前面的分析可知,直流电机带负载后,气隙磁场是由主磁极励磁磁动势和电枢磁动势共同建立的。直流电机负载时,电枢磁动势对主磁极磁场的影响称为电枢反应。电枢反应对直流电机的运行性能影响很大,对于发电机来说,它直接影响到电机的感应电动势;对于电动机来说,它将影响到其电磁转矩和转速。

1. 当电刷放在几何中性线上时的电枢反应

当电刷放在几何中性线上时,电枢磁动势轴线与主磁极磁场轴线正交,如图 2-28(b)所示,此时的电枢反应称为交轴电枢反应。把主极磁场和电枢磁场合成,即可看到电枢反应的影响。利用叠加原理,可将图 2-28(a)所示主极磁场与图 2-28(b)所示电枢磁场进行叠加,便可得到气隙合成磁场的分布情况,如图 2-32(a)所示;图 2-32(b)是将主极"礼帽形"磁密 B_0 与电枢"马鞍形"磁密 B_a 叠加后得到畸变的气隙合成磁密 B_δ。据此,可将交轴电枢反应的作用总结如下。

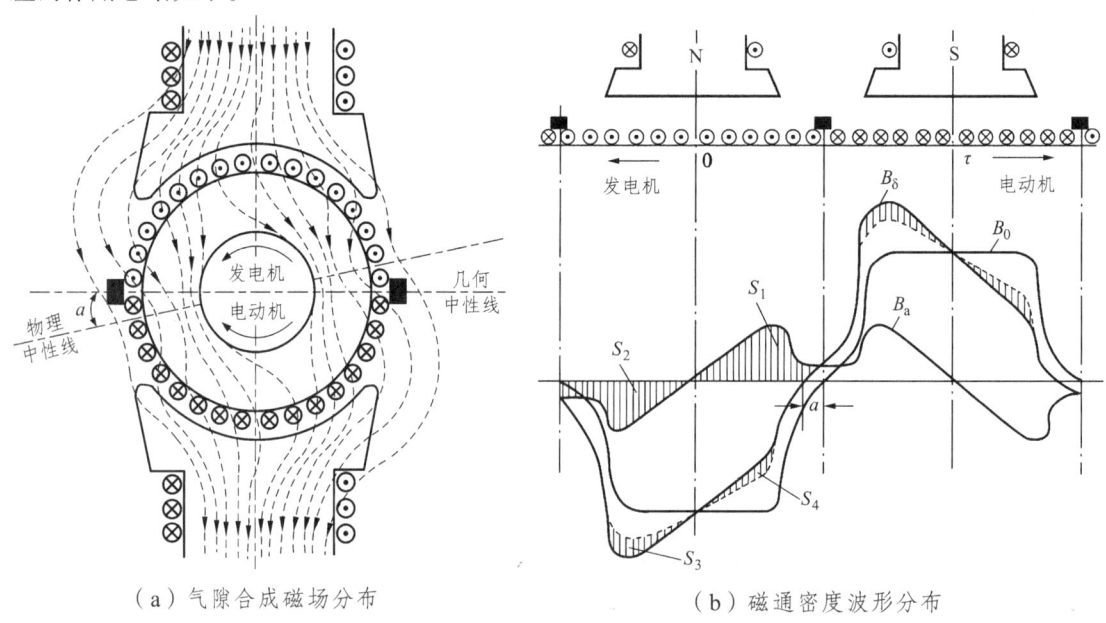

图 2-32 电刷在几何中性线上时的电枢反应

(1)使气隙磁场发生畸变。为什么电枢反应会使气隙磁场发生畸变呢?这是因为电枢反应使一半极靴下的磁密增加,而另一半极靴下的磁密减少,从而形成了畸变的合成气隙磁场,如图 2-32(a)所示。

(2)使物理中性线偏移。电机气隙中磁密为零处称为物理中性线。空载时,几何中性线处的气隙磁密为零,物理中性线与几何中性线重合。

负载时,由于电枢反应的影响,气隙磁场发生畸变,每一磁极下,电枢磁场使主极磁场的一端磁场被削弱,而另一端则被加强,并使电枢表面磁密等于零处偏离了几何中性线,即物理中性线与几何中性线不再重合。

在发电机中，物理中性线顺电机旋转方向移过一个不大的 a 角；在电动机中，物理中性线逆电机旋转方向移过一个不大的 a 角。如图 2-32（a）所示。

（3）考虑饱和时对主磁场起去磁作用。当磁路不饱和时，整个极靴下磁通的增加量与减少量正好相等，如图 2-32（b）中的面积 S_1 和 S_2 相等，每极下总磁通不变。

考虑磁路饱和时，实际合成磁场曲线如图 2-32（b）中的虚线所示。主磁极的增磁部分因磁密增加使饱和程度提高，铁心磁阻增大，从而使实际的合成磁场曲线比不饱和时要低，与不饱和时相比，增加的磁通要少些，如图 2-32（b）中 B_δ 曲线的尖顶部分 S_3 被削弱了。另一方面，主磁极的去磁部分因磁密减小而使饱和程度降低，铁心磁阻减小，与不饱和时相比减少的磁通要少些。由于磁阻变化的非线性，磁阻的增加比磁阻的减小要大些，故图 2-32（b）中的面积 $S_3>S_4$，因此，负载时每极磁通比空载时每极磁通略有减少。

2. 当电刷不在几何中性线上时的电枢反应

在实际应用中，由于装配、检修等原因，电刷会偏离几何中性线，如图 2-33 所示。由于电枢表面元件导体的电流方向以电刷分界，故此时的电枢磁动势 F_a 不再是交轴的。为便于分析，将其分解为交轴磁动势 F_{aq} 与直轴磁动势 F_{ad} 两个分量。交轴分量 F_{aq} 的作用与前述相同，它使气隙合成磁场畸变，并有一定的去磁作用。直轴分量 F_{ad} 的作用在于：①电刷顺发电机转向或逆电动机转向移动 β 角时，对主极磁场起去磁作用，如图 2-33（a）所示；②电刷逆发电机转向或顺电动机转向移动 β 角时，对主极磁场起增（助）磁作用，如图 2-33（b）所示。

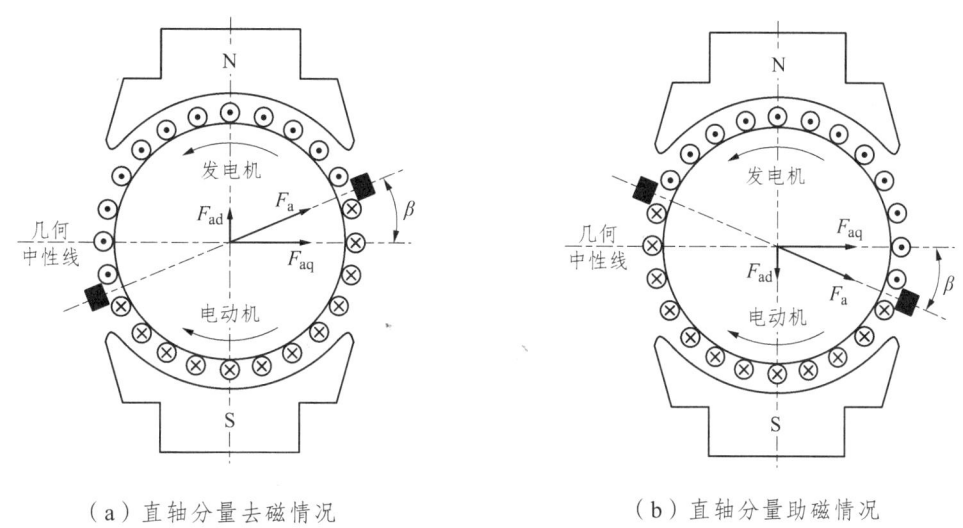

(a) 直轴分量去磁情况　　　　　　(b) 直轴分量助磁情况

图 2-33　电刷不在几何中性线上时的电枢反应

2.5　直流电机的感应电动势和电磁转矩

对于直流发电机，由原动机拖动转子电枢绕组在磁场里转动时，会感应出电动势，通过换向器和电刷向外输出，接上负载，电流流过绕组，产生制动转矩，吸收机械功率，把机械能转换为电能。对于直流电动机，电枢线圈中通过电流，产生电磁转矩，使电枢在磁场里转动，因而感应出反电动势，吸收电功率，将电能转换为机械能。即直流电机无论作为发电机还是作为电动机运行，电枢绕组中都感应电动势和产生电磁转矩。本节将推导电枢的感应电动势和电磁转矩的计算公式。

2.5.1 电枢绕组的感应电动势

电枢感应电动势是指直流电机正、负电刷之间的感应电动势，即电枢绕组每一条支路的感应电动势。

电枢旋转时，就某一个元件来说，一会儿在 N 极下，一会儿又进入 S 极下，即从一条支路进入另一条支路，元件本身的感应电动势的大小和方向都在变化着。但是从绕组电路图可知，由于每条支路所含的元件数是相等的，各支路的电动势相等且方向不变。因此，可先求出一根导体在一个极距范围内切割气隙磁密产生的平均感应电动势，再乘上一条支路中的总导体数，就是电枢电动势。

图 2-34 为气隙磁密分布与元件中的电势方向，各导体所处位置的 b_δ 互不相同。为简单计，引入气隙平均磁密 B_{av}，即假设各导体所处位置的磁密都为平均磁密 B_{av}。B_{av} 等于电枢表面各点气隙磁密的平均值，即

$$B_{av} = \frac{\Phi}{l\tau} \tag{2-15}$$

式中，Φ 是每个主极下的磁通，τ 是极距，l 为导体的有效长度。

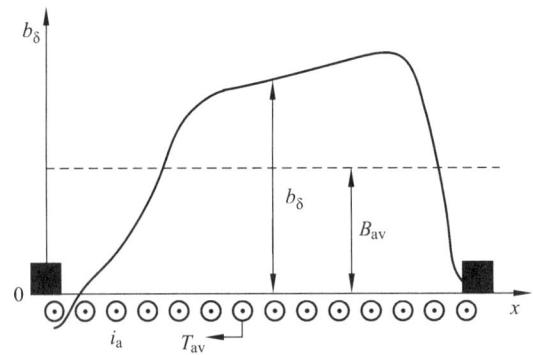

图 2-34 气隙磁场分布和导体感应电动势、电磁转矩计算

设 v 为导体切割气隙磁场的线速度，则一根导体内的平均感应电动势为 $e_{av} = B_{av}lv$。线速度 v 与极距 τ 的关系为

$$v = 2p\tau\frac{n}{60} \tag{2-16}$$

式中，p 为极对数；n 为电枢转速。

因此，可得每根导体的平均感应电动势为

$$e_{av} = B_{av}lv = \frac{\Phi}{l\tau} \times l \times 2p\tau \frac{n}{60} = 2p\Phi\frac{n}{60} \tag{2-17}$$

设电枢总导体数为 Z，并联支路数为 $2a$，则每条支路中串联的导体数为 $\frac{Z}{2a}$。于是，每条支路中的感应电动势为

$$E_a = \frac{Z}{2a}e_{av} = \frac{Z}{2a} \times 2p\Phi\frac{n}{60} = \frac{pZ}{60a}\Phi n = C_e\Phi n \tag{2-18}$$

式中，$C_e = \frac{pZ}{60a}$ 称为电动势常数，与电机结构有关。磁通 Φ 的单位为 Wb，转速 n 的单位为 r/min，感应电动势 E_a 的单位为 V。

由式（2-18）可知，对于制造好的直流电机，其感应电动势与每极气隙磁通和电机转速有关，改变转速或磁通均可改变电枢电动势的大小。

2.5.2 直流电机的电磁转矩

电磁转矩是指电枢上所有载流导体在磁场中受力所形成的转矩的总和。电磁转矩的计算方法为：首先按平均磁密概念推算出一根导体的平均电磁转矩，再求整个电枢产生的电磁转矩。

当电枢绕组中有电流通过时，根据电磁力定律，任一导体在磁场中所受的平均电磁力为

$$f_{av} = B_{av}i_a l \tag{2-19}$$

式中，$i_a = \frac{I_a}{2a}$ 为导体中流过的电流，其中 I_a 为电枢电流，a 为并联支路对数。

若以 D 表示电枢外径，则每根导体形成的平均电磁转矩为

$$T_{av} = f_{av} \times \frac{D}{2} = B_{av}i_a l \frac{D}{2} \tag{2-20}$$

设电枢总导体数为 Z，则总的电磁转矩为

$$T_{em} = Z \times T_{av} = ZB_{av}i_a l \frac{D}{2} \tag{2-21}$$

将 $\pi D = 2p\tau$，$B_{av} = \frac{\Phi}{l\tau}$，支路电流 $i_a = \frac{I_a}{2a}$ 代入上式，得

$$T_{em} = Z \times \frac{\Phi}{l\tau} \times \frac{I_a}{2a} \times l \times \frac{1}{2}\left(\frac{2p\tau}{\pi}\right) = \frac{pZ}{2\pi a}\Phi I_a = C_T\Phi I_a \tag{2-22}$$

式中，$C_T = \dfrac{pZ}{2\pi a}$ 为转矩常数，仅与电机结构有关。磁通 $\varPhi$ 的单位为 Wb，电枢电流 I_a 的单位为 A，电磁转矩 T_{em} 的单位为 N·m。

由式（2-22）可知，对于制造好的直流电机，其电磁转矩与每极气隙磁通和电枢电流的乘积成正比。改变电枢电流或磁通均可改变电磁转矩的大小。

对于同一台直流电机，电动势常数 C_e 和转矩常数 C_T 的关系为

$$C_T = \dfrac{60}{2\pi} C_e = 9.55 C_e \tag{2-23}$$

推导出感应电动势 E_a、电磁转矩 T_{em} 之后，可进一步推导直流电机的电磁功率 P_{em}。

$$P_{em} = T_{em}\Omega = \dfrac{pZ}{2\pi a}\varPhi I_a \dfrac{2\pi n}{60} = (\dfrac{pZ}{60a}\varPhi n)I_a = E_a I_a \tag{2-24}$$

式（2-24）表明无论是电动机还是发电机，在能量转换过程中电功率变为机械功率或机械功率变为电功率的这部分功率称为电磁功率，它可以表示为 $T_{em}\Omega$ 或 $E_a I_a$，由于能量守恒，所以二者是相等的。

例 2-5 一台四极单波直流电动机，$I_a = 18$ A，$S = 15$，$N_K = 3$，$\varPhi = 0.025$ Wb，试求电机的电磁转矩。若同样元件，将其改为单叠绕组，极数、励磁及每条支路的电流不变，则电磁转矩又为多少？

解： 电枢总导体数：$Z = 2 \times S \times N_K = 2 \times 15 \times 3 = 90$

单波绕组 $a = 1$，则有：$C_T = \dfrac{pZ}{2\pi a} = \dfrac{2 \times 90}{2\pi} = 28.66$

$$T_{em} = C_T \varPhi I_a = 28.66 \times 0.025 \times 18 = 12.9 \text{（N·m）}$$

改为单叠绕组后 $a = p = 2$，则有：$C_T' = \dfrac{pZ}{2\pi a} = \dfrac{2 \times 90}{2\pi \times 2} = 14.33$

因每条支路的电流 i_a 不变，则改装后的电枢电流为

$$I_a' = 2a i_a = 2 \times 2 \times \dfrac{18}{2} = 36 \text{（A）}$$

于是，该电机改成单叠绕组后的电磁转矩为

$$T_{em}' = C_T' \varPhi I_a' = 14.33 \times 0.025 \times 36 = 12.9 \text{（N·m）}$$

可见，如果元件数相同且每条支路的电流相等，则单叠和单波绕组的电磁转矩是相等的。

2.6 直流电机的基本方程式

直流电机的运行情况可由基本方程式进行研究。基本方程式分为：电动势平衡方程式、

转矩平衡方程式、功率平衡方程式。

直流电机的励磁方式有他励、并励、串励和复励（一般只采用积复励），但直流发电机不采用串励方式（因其励磁磁势直接随负载变化，端电压极不稳定）。为便于对比分析，下面一并列出直流发电机和直流电动机稳态运行时的基本方程式。

在列基本方程式之前，必须先规定好各物理量的正方向。图 2-35 所示分别为他励直流电机按发电机惯例和按电动机惯例各物理量的正方向。

由图 2-35（a）可见，在发电机中，电枢电动势 E_a 方向与电枢电流 I_a 方向一致，T_1 为原动机输入的驱动转矩，所以转速 n 与 T_1 方向一致，而电磁转矩 T_{em} 与 n 方向相反，是制动转矩。T_0 为空载转矩，总是与运动方向相反。

由图 2-35（b）可见，在电动机中，电枢电动势 E_a 方向与电枢电流 I_a 方向相反，电磁转矩 T_{em} 为驱动转矩，所以转速 n 与 T_{em} 方向一致，而输出转矩 T_2（即负载转矩 T_L）与 n 方向相反，是制动转矩。T_0 为空载转矩，总是与运动方向相反。

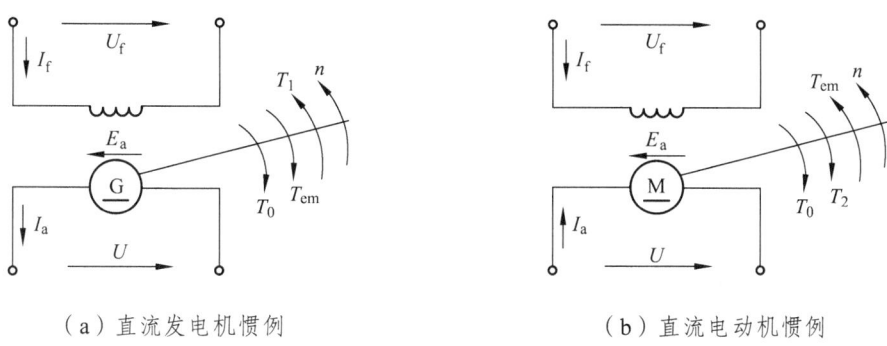

（a）直流发电机惯例　　　　　　　　　　（b）直流电动机惯例

图 2-35　他励直流电机稳态模型

2.6.1　电动势平衡方程式

1. 他励直流电机

（1）电动势平衡方程式。

对于发电机的电枢回路，有

$$E_a = U + I_a r_a + 2\Delta U_b = U + I_a R_a \tag{2-25}$$

对于电动机的电枢回路，有

$$U = E_a + I_a r_a + 2\Delta U_b = E_a + I_a R_a \tag{2-26}$$

式中，r_a 为电枢绕组电阻，$2\Delta U_b$ 为一对正、负电刷上的接触电压降，R_a 为电枢回路总电阻，包括电枢绕组电阻和电刷接触电阻。

由式（2-25）和式（2-26）可知：发电机中 $E_a > U$，且输出电流作为电枢电流的正方向，即 E_a 与 I_a 同方向，此时 $P_{em} = E_a I_a > 0$（即电机发出电功率），这是判断发电机运行状态的重要特征；而电动机中 $U > E_a$，且输入电流作为电枢电流的正方向，即 E_a 与 I_a 反方向，此时 $P_{em} = E_a I_a < 0$（即电机吸收电功率），这是判断电动机运行状态的重要特征。

（2）对于励磁回路，有

$$U_f = I_f R_f \tag{2-27}$$

式中，R_f 为励磁回路总电阻，包含励磁绕组电阻 r_f 和励磁调节电阻 R_j。

2. 并励直流电机

电枢回路和励磁回路的电压方程式与他励相同。

但在并励直流电机中，励磁电压 $U_f = U$，励磁电流 I_f、电枢电流 I_a、输出（输入）电流 I 三者之间存在如下关系：并励发电机中 $I_a = I + I_f$，而在并励电动机中 $I = I_a + I_f$。

3. 串励直流电机

因为其励磁绕组与电枢绕组相串联，则有

$$I = I_a = I_f \tag{2-28}$$

根据电路定律可列出串励电机的电动势平衡方程式如下。

对于串励发电机，有

$$E_a = U + I_a R_a + I_f R_f = U + I_a(R_a + R_f) \tag{2-29}$$

对于串励电动机，有

$$U = E_a + I_a R_a + I_f R_f = E_a + I_a(R_a + R_f) \tag{2-30}$$

2.6.2 转矩平衡方程式

1. 直流发电机

稳态运行时，作用在直流发电机电枢上的转矩共有三个：一个是原动机输入给发电机转轴上的驱动转矩 T_1；一个是电磁转矩 T_{em}；还有一个是电机的机械摩擦、风阻以及铁耗引起的转矩，叫空载转矩，用 T_0 表示，空载转矩是一个制动性转矩，永远与转速 n 的方向相反。根据图 2-35 所示各转矩的正方向，可得到稳态运行时的转矩平衡方程式为

$$T_1 = T_{em} + T_0 \tag{2-31}$$

式（2-31）的物理意义为：直流发电机稳态运行时，拖动转矩 T_1 与发电机内部产生的制动性质的电磁转矩 T_{em} 和电机本身的机械阻力转矩 T_0 相平衡。

2. 直流电动机

稳态运行时，作用在直流电动机电枢上的转矩也有三个：一个是电磁转矩 T_{em}，为驱动性质；一个是输出转矩 T_2（即负载转矩 T_L），与转速方向相反；还有空载转矩 T_0。根据图 2-35 所示各转矩的正方向，可得到稳态运行时的转矩平衡方程式为

$$T_{em} = T_2 + T_0 \tag{2-32}$$

式（2-32）的物理意义为：直流电动机稳态运行时，拖动性质的电磁转矩 T_{em} 与制动性质的输出转矩 T_2 和电机本身的机械阻力转矩 T_0 相平衡。

2.6.3 功率平衡方程式

以并励直流电机为例，来分别分析发电机、电动机的功率平衡方程式。

1. 并励直流发电机的功率方程

用机械角速度 Ω 乘以式（2-31）的两边，可得

$$P_1 = T_1\Omega = (T_{em} + T_0)\Omega = P_{em} + p_0 = P_{em} + p_a + p_{Fe} + p_m \tag{2-33}$$

用电枢电流 I_a 乘以式（2-25）的两边，可得

$$\begin{aligned}P_{em} &= E_a I_a = (U + I_a R_a) I_a = U I_a + I_a^2 R_a = U(I + I_f) + I_a^2 R_a \\ &= UI + UI_f + I_a^2 R_a = P_2 + p_{Cuf} + p_{Cua}\end{aligned} \tag{2-34}$$

上述二式中，P_1 为输入功率，p_{Cua} 为电枢回路总铜耗，p_{Cuf} 为励磁回路铜耗，$P_2 = UI$ 为发电机输出的电功率，p_0 为空载损耗，它包括铁心损耗 p_{Fe}、机械损耗 p_m 和附加损耗 p_a。因这三项损耗在电机空载时就已经存在，且数值基本不变，所以称为空载损耗或不变损耗。

综合式（2-33）和式（2-34）可得并励发电机的功率平衡方程式为

$$P_1 = P_{em} + p_a + p_{Fe} + p_m = P_2 + p_{cua} + p_{cuf} + p_a + p_{Fe} + p_m \tag{2-35}$$

由式（2-35）可直观地画出并励直流发电机的功率流程图，如图 2-36 所示。

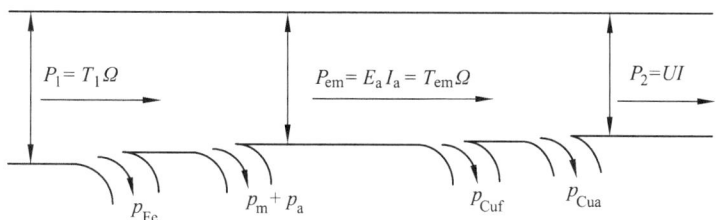

图 2-36 并励直流发电机的功率流程图

2. 并励直流电动机的功率方程

并励电动机的输入功率 P_1 为电功率，根据电路定律可知：

$$P_1 = UI = U(I_a + I_f) = UI_a + UI_f = (E_a + I_a R_a)I_a + UI_f \\
= E_a I_a + I_a^2 R_a + UI_f = P_{em} + p_{Cua} + p_{Cuf}$$ （2-36）

式中，p_{Cua} 为电枢回路总铜耗，p_{Cuf} 为励磁回路铜耗。

用机械角速度 Ω 乘以式（2-32）的两边，可得

$$P_{em} = T_{em}\Omega = (T_2 + T_0)\Omega = T_2\Omega + T_0\Omega = P_2 + p_0$$ （2-37）

式中，$P_2 = T_2\Omega$ 为电动机输出的机械功率；与直流发电机一样，p_0 也为空载损耗，它包括铁心损耗 p_{Fe}、机械损耗 p_m 和附加损耗 p_a。

综合式（2-36）和式（2-37）可得并励电动机的功率平衡方程式为

$$P_1 = P_{em} + p_{Cua} + p_{Cuf} = P_2 + p_{Fe} + p_m + p_a + p_{Cua} + p_{Cuf}$$ （2-38）

由式（2-38）可直观的画出并励直流电动机的功率流程图，如图 2-37 所示。

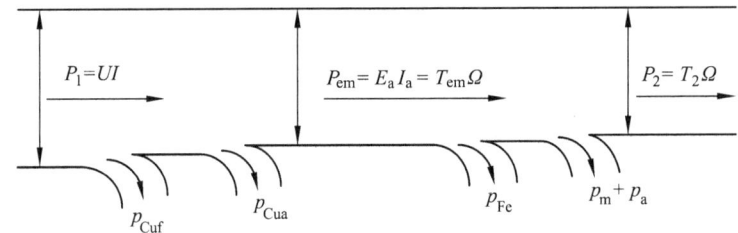

图 2-37 并励直流电动机的功率流程图

例 2-6 一台并励直流发电机，$P_N = 6\text{ kW}$，$U_N = 230\text{ V}$，$n_N = 1450\text{ r/min}$，电枢回路总电阻 $R_a = 0.921\ \Omega$，励磁回路电阻 $R_f = 177\ \Omega$，额定负载时附加损耗 $p_a = 60\text{ W}$，铁耗 $p_{Fe} = 145.5\text{ W}$，机械损耗 $p_m = 168.4\text{ W}$。求额定负载时的输入功率、电磁功率、电磁转矩及效率。

解： 根据题意可得：$I_N = \dfrac{P_N}{U_N} = \dfrac{6\,000}{230} = 26.09$（A）

对于并励直流发电机，有：

$$I_{aN} = I_N + \dfrac{U_N}{R_f} = 26.09 + \dfrac{230}{177} = 27.39\ (\text{A})$$

$$E_{aN} = U_N + I_{aN}R_a = 230 + 27.39 \times 0.921 = 255.23\ (\text{V})$$

于是，可得：

$$P_{emN} = E_{aN}I_{aN} = 255.23 \times 27.39 = 6\,990.75\ (\text{W})$$

$$T_{emN} = \dfrac{P_{emN}}{\Omega_N} = \dfrac{6\,990.75 \times 60}{2\pi \times 1\,450} = 46.06\ (\text{N·m})$$

$$P_{1N} = P_{emN} + p_m + p_a + p_{Fe} = 6990.75 + 168.4 + 60 + 145.5 = 7364.65 \text{（W）}$$

$$\eta_N = \frac{P_N}{P_{1N}} = \frac{6000}{7364.65} = 81.47\%$$

例 2-7 一台他励直流电动机，$U_N = 220 \text{ V}$，$C_e = 12.4$，$\Phi = 1.1 \times 10^{-2} \text{ Wb}$，$R_a = 0.208 \text{ Ω}$，$p_{Fe} = 362 \text{ W}$，$p_m = 204 \text{ W}$，$n_N = 1450 \text{ r/min}$，忽略其他损耗。试：① 判断这台电机是发电机运行还是电动机运行？② 求输入功率、电磁转矩和效率。

解：① 由式（2-18）可得：

$$E_a = C_e \Phi n = 12.4 \times 1.1 \times 10^{-2} \times 1450 = 197.8 \text{（V）}$$

因为 $U > E_a$，故这台电机处于电动机运行状态。

② 由式（2-26）可得：

$$I_a = \frac{U - E_a}{R_a} = \frac{220 - 197.8}{0.208} = 106.7 \text{（A）}$$

于是，可得：

$$T_{em} = C_T \Phi I_a = 9.55 C_e \Phi I_a = 9.55 \times 12.4 \times 1.1 \times 10^{-2} \times 106.7 = 139 \text{（N·m）}$$

$$P_1 = U I_a = 220 \times 106.7 = 23474 \text{（W）}$$

$$P_2 = P_{em} - p_{Fe} - p_m = E_a I_a - p_{Fe} - p_m = 197.8 \times 106.7 - 362 - 204 = 20539.3 \text{（W）}$$

$$\eta = \frac{P_2}{P_1} \times 100\% = \frac{20539.3}{23474} \times 100\% = 87.5\%$$

2.7 直流发电机的运行特性

决定直流发电机运行性能的物理量有四个：发电机的端电压 U、电枢电流 I_a 或输出（负载）电流 I、励磁电流 I_f、转速 n。其中转速 n 是由原动机所决定，若无特别说明，发电机的转速要求在额定转速下稳定运行，即 $n = n_N$。因此，上述前三个物理量之一保持不变时，另外两个物理量之间的关系曲线可表征发电机的性能，称为发电机的特性曲线。由上述分析可知，发电机的特性曲线有下列五种：

（1）空载特性 $U_0 = f(I_f)$，此时输出（负载）电流 $I = 0$，即发电机不外接负载；
（2）负载特性 $U = f(I_f)$，此时电机的输出（负载）电流 $I = $ 常值；
（3）外特性 $U = f(I)$，此时电机的励磁电流 $I_f = $ 常值；
（4）调节特性 $I_f = f(I)$，此时电机的端电压 $U = $ 常值；
（5）效率特性 $\eta = f(P_2)$，此时电机的端电压 $U = $ 常值。

上述特性中空载特性和外特性比较重要，是选用发电机的依据。由于不同的励磁方式对应的特性不尽相同，下面按他励、并励、复励三种不同励磁方式分别进行研究。

2.7.1 他励发电机的运行特性

1. 空载特性

空载特性是指当发电机转速为额定值（$n = n_N$）、发电机不外接负载（$I = 0$）时，空载端电压 U_0 随着励磁电流 I_f 变化的关系曲线 $U_0 = f(I_f)$。可以按图 2-38 接线，直接用实验方法测取空载特性。

实验方法：发电机由原动机拖动，且保持 $n = n_N$，调节 R_j，使 I_f 由零逐渐单调增长，直到使发电机空载端电压 $U_0 = (1.1 \sim 1.3)U_N$，然后使 I_f 逐渐降至零，测取 U_0 和 I_f 即得 $U_0 = f(I_f)$。

再将 I_f 反向，按上述方法可测取反方向空载特性。因存在磁滞现象，所以正、反向空载特性是整个磁滞回线的一半；取整个回线的平均线（图 2-39 中虚线），即为空载特性曲线。

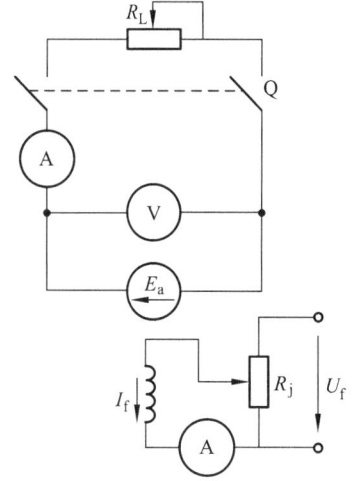

图 2-38 他励发电机空载与负载实验线路

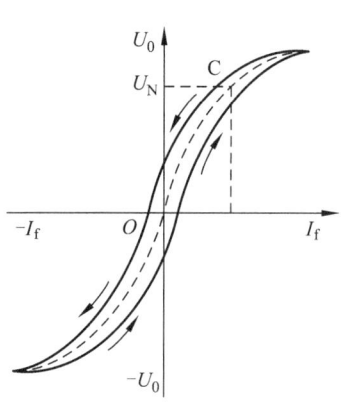

图 2-39 直流发电机的空载特性

实际上，空载特性曲线 $U_0 = f(I_f)$ 与磁化曲线 $\Phi_0 = f(I_f)$ 只差一个比例常数。因为空载时 $U_0 = E_a = C_e \Phi_0 n_N$，而 C_e 和 n_N 均为常数，将磁化曲线 $\Phi_0 = f(I_f)$ 改一下尺标，即为空载特性曲线 $U_0 = f(I_f)$。

电机经励磁后，再将励磁切断时，磁路中会留有剩磁，即使 $I_f = 0$，电枢中仍会出现由剩磁磁通所感应的剩磁电压，这个剩磁电压约为额定电压的 2%～4%。一般设计电机时，额定电压时的工作点选在图 2-39 中的 C 点附近，即曲线开始弯曲处。

2. 负载特性

负载特性是指当发电机转速为额定值（$n = n_N$）、输出（负载）电流 I 为常值时，端电压 U 随励磁电流 I_f 变化的关系曲线 $U = f(I_f)$。此特性曲线也可用图 2-38 所示线路用实验方法求取。实验时在改变 I_f 的过程中应相应调节负载电阻 R_L，以保证负载电流 I 不变。由实验所测得负载特性曲线如图 2-40 所示。为便于分析比较，在同一图中还绘出了发电机的空载特性曲线。由图 2-40 可见，当 I_f 增加时，两条曲线都是上升的，但在同一励磁电流 I_{f1} 下，两条曲线对应的电压不相等（$U_1 > U_2$）。负载特性的电压 U_2 较小，其原因是：负载后电枢反应的去磁作用使感应电动势下降，而电枢电阻压降又使端电压进一步降低。

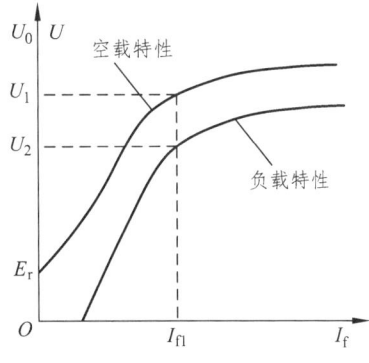

图 2-40 他励发电机的负载特性

3. 外特性

外特性是指当发电机转速 $n = n_N$、励磁电流为额定值（$I_f = I_{fN}$）时，端电压 U 随着负载电流 I 变化的关系曲线 $U = f(I)$。外特性也可用实验法测取，实验线路如图 2-38 所示。

实验方法：首先发电机外接负载电阻 R_L，当 $n = n_N$ 时，调节 R_L 和 R_j 使 $U = U_N$、$I = I_N$，此时的励磁电流 I_f 即为额定励磁电流 I_{fN}。然后保持 I_{fN} 不变，调节 R_L 使负载电流 I 逐渐减小，分别测取 U 和 I 即得 $U = f(I)$ 曲线，如图 2-41 所示。由图可见，外特性是一条随负载电流增大而下垂不多的曲线，曲线上的 C 点便是额定负载点。

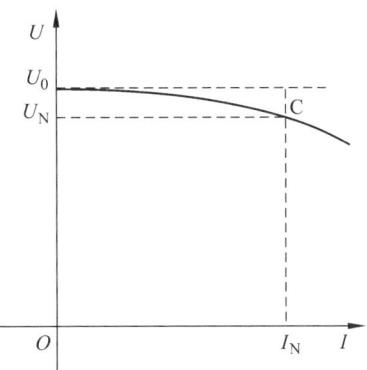

图 2-41 他励发电机的外特性

他励发电机负载时的端电压比空载时低，其原因是电枢反应的去磁效应和电枢回路总电阻引起的电压降。即由电压方程 $U = E_a - I_a R_a = C_e \Phi n - I_a R_a$ 可知，端电压 U 下降的原因为：① 电枢反应去磁 $\rightarrow \Phi \downarrow \rightarrow E_a \downarrow \rightarrow U \downarrow$；② $I_a \uparrow \rightarrow I_a R_a \uparrow \rightarrow U \downarrow$。

发电机端电压随负载而变化的程度可用电压调整率来衡量。电压调整率是指在 $n = n_N$、$I_f = I_{fN}$ 时，发电机从额定负载（$I = I_N$，$U = U_N$）过渡到空载（$I = 0$，$U = U_0$）时，端电压变化的数值与额定电压的比值。即

$$\Delta U = \frac{U_0 - U_N}{U_N} \times 100\% \tag{2-39}$$

电压调整率 ΔU 表征发电机从空载到满载时端电压的变化程度，是衡量发电机运行性能的一个重要数据。一般他励直流发电机的 ΔU 约为 5%～10%，随负载变化它基本上可看成是一个恒压的直流电源。

极端情况下，他励发电机在额定励磁下短路时（$R_L = 0$、$U = 0$），短路电流 $I_k = \dfrac{E_a}{R_a}$，由

于 R_a 很小，所以 I_k 很大，可达 $(20\sim30)I_N$，这么大的电流会损坏电机，故不允许在额定励磁下短路。为安全起见，电机要装设过电流保护装置。

4. 调节特性

调节特性是指当发电机转速 $n=n_N$、端电压 $U=U_N$ 时，励磁电流 I_f 随着负载电流 I 变化的关系曲线 $I_f=f(I)$。即在负载变化时，可用调节励磁电流的方法来维持发电机的端电压不变。用实验方法测取的调节特性如图 2-42 所示。

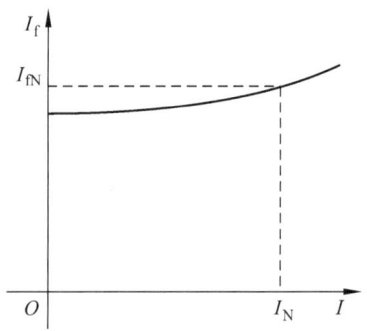

图 2-42 直流发电机的调节特性

由图可见，调节特性是一条随负载电流增大而上升的曲线。当负载电流 I 增加时，发电机端电压下降。如需维持 $U=U_N$ 不变，则 I_f 要相应增大以补偿电枢反应的去磁效应和电枢回路电阻压降。通过调节特性实验，可测得发电机带额定负载 I_N 时所需的励磁电流 I_{fN}。

5. 效率特性

效率特性是指当发电机转速 $n=n_N$、端电压 $U=U_N$ 时，效率 η 随着输出功率 P_2 变化的关系曲线 $\eta=f(P_2)$。可通过他励发电机的损耗来求效率，即

$$\eta=\frac{P_2}{P_1}=\frac{P_1-\sum p}{P_1}=1-\frac{\sum p}{P_1}=1-\frac{p_{Fe}+p_m+p_a+p_{Cua}}{p_{Fe}+p_m+p_a+p_{Cua}+P_2} \quad (2\text{-}40)$$

式中，$\sum p=p_{Fe}+p_m+p_a+p_{Cua}$ 为他励发电机的总损耗；$p_{Cua}=I_a^2R_a$ 为电枢绕组铜耗；$P_2=UI$ 为发电机的输出功率。

值得注意的是，并励发电机的总损耗比他励的多一项励磁回路铜耗 $p_{Cuf}=I_f^2R_f=UI_f$，故并励发电机的效率计算式为：

$$\begin{aligned}\eta&=\frac{P_2}{P_1}=1-\frac{\sum p}{P_1}\\&=1-\frac{p_{Fe}+p_m+p_a+p_{Cua}+p_{Cuf}}{p_{Fe}+p_m+p_a+p_{Cua}+p_{Cuf}+P_2}\end{aligned} \quad (2\text{-}41)$$

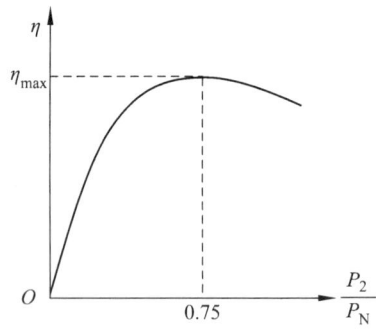

图 2-43 他励发电机的效率特性

效率特性曲线如图 2-43 所示，可见发电机在某负载时效率最大。可令 $\dfrac{d\eta}{dI}=0$ 解出最大效率，即当发电机的不变损耗等于可变损耗时，出现最大效率。一般在 $0.75P_N$ 左右发生最大效率，小型直流发电机的效率约为 70%~90%，中大型直流发电机的效率约为 91%~96%。

2.7.2 并励发电机的自励条件和运行特性

1. 并励发电机的自励

并励发电机的励磁电流 I_f 是由自身的端电压 U 供给的,而端电压 U 又是有了励磁电流 I_f 才能产生。这种发电机有一个自己建立电压的过程,称为自励过程。

并励和复励发电机都是一种自励发电机,即不需要外部电源供给励磁电流。这种自励发电机首先是在空载时自己励磁建立电压,然后再加负载。下面以并励直流发电机(见图 2-44)为例研究其自励过程,并由此总结出自励所需条件,最后再讨论并励发电机的运行特性。

可借助曲线 1 和曲线 2 来说明并励发电机的自励过程:如图 2-45 所示,曲线 1 是发电机空载特性曲线 $U_0 = f(I_f)$,曲线 2 是励磁电阻线,其斜率为 $R_f = \dfrac{U}{I_f}$($R_f = r_f + R_j$ 为励磁回路总电阻)。励磁绕组并联在电枢两端,励磁电流由发电机本身提供。发电机由原动机拖动至额定转速,由于发电机磁路里总有一定的剩磁 $\varPhi_r$,当电枢旋转时,发电机电枢端将有一个不大的剩磁电压 E_r,E_r 同时加在励磁绕组两端,便有一个不大的励磁电流 I_{f1} 通过,从而产生一个不大的励磁磁通 $\varPhi_1$。若励磁绕组接法适当,可使励磁磁场(I_{f1} 产生的磁场)的方向与电机剩磁方向相同,从而使电机的磁通增大为 $\varPhi_r+\varPhi_1$,则由它产生的端电压 $U_0 = E_a = C_e\varPhi n$ 增大为 E_1,在此大一点的电压作用下,励磁电流又进一步增大至 I_{f2},I_{f2} 再进一步产生大一些的磁通,以此类推……最终稳定在空载特性(曲线 1)和励磁电阻线(曲线 2)的交点 A。A 点所对应的电压即为空载稳定电压。

调节励磁回路总电阻 R_f(即调节 R_j),可改变空载电压稳定点。若增大 R_f,则励磁电阻线(曲线 2)斜率变大,交点 A 向原点移动,空载端电压将降低。当进一步增大 R_f 使励磁电阻线(曲线 3)与空载特性相切时,二者没有固定交点,空载电压不稳定,此时的励磁回路电阻值称为发电机自励时的临界电阻 R_{cr}。当励磁回路电阻大于临界电阻 R_{cr} 时,相应的励磁电阻线(曲线 4)与空载特性的交点为很低的剩磁电压,则发电机不能自励。

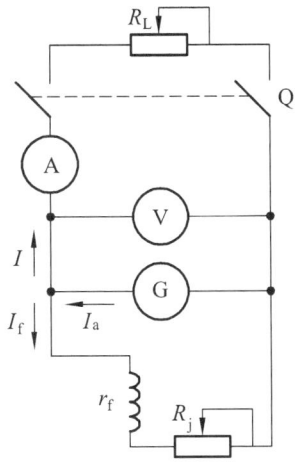

图 2-44 并励发电机接线图

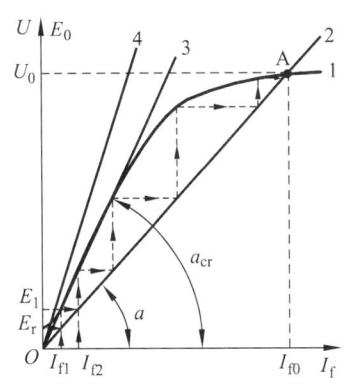

图 2-45 并励发电机自励建压过程

2. 并励发电机的自励条件

由上述发电机的自励过程可以看出，要使并励发电机能够自励，必须满足三个条件。

（1）电机必须有剩磁。如电机失磁，可用其他直流电源激励一次，以获得剩磁。

（2）励磁绕组并接到电枢绕组的极性必须正确，否则电枢电动势不但不会增大反而会下降。若有这种现象，可停机后将励磁绕组接线端对调。

（3）励磁回路总电阻应小于临界电阻，即 $R_f < R_{cr}$。否则励磁电阻线与空载特性无交点，不能建立电压。

3. 并励发电机的运行特性

并励发电机的空载特性、调节特性和效率特性与他励发电机的基本一致，但其外特性与他励的有较大不同，现重点分析其外特性。

并励发电机的外特性是指当发电机转速 $n = n_N$、R_f 保持恒定时，端电压 U 随着负载电流 I 变化的关系曲线 $U = f(I)$。与他励发电机外特性比较，并励发电机的外特性有下列三个特点：

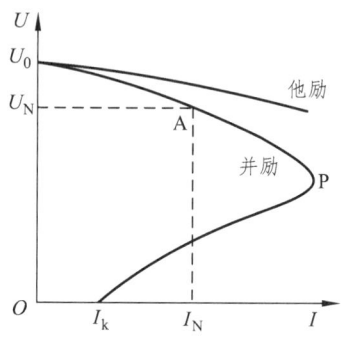

图 2-46 并励发电机的外特性

（1）同一负载电流下，并励发电机端电压比他励的小，如图 2-46 所示。这是因为他励发电机在负载电流增加时，造成其端电压下降的原因只有两个，即电枢回路的电阻压降和电枢反应的去磁效应。而并励发电机除了上述两个原因之外还有第三个原因，即当端电压下降时，励磁电流也会随之减小，因而使电动势和端电压进一步降低。相对于他励发电机，并励发电机的电压调整率要大些，一般在 20% 左右。

（2）并励发电机的外特性有"拐弯"现象。在磁路比较饱和的区域（图 2-46 所示 AP 段），随着 $R_L \downarrow \to I = \dfrac{U}{R_L} \uparrow \to U \downarrow \to I_f \downarrow$，由于磁路比较饱和，所以 I_f 的减少而引起 E_a 和 U 的减少不大。即随着负载电流 I 增大，外特性一直下降到"拐弯"点（P 点），该点对应电流称为临界电流，约为 $(2 \sim 3) I_N$。若 R_L 进一步减小，U 和 I_f 进一步减小，此时磁路饱和度降低，I_f 的稍微减小，将会引起 E_a 和 U 的急剧下降，从而使端电压 U 下降的幅度大于 R_L 减小的幅度，导致负载电流 I 减小。于是外特性出现"拐弯"现象，即 R_L 减小时，U 减小，I 也减小。

（3）稳定短路电流小。当并励发电机稳态短路时 $R_L = 0$、$U = 0$、$I_f = 0$，此时的电枢电流由剩磁电动势 E_r 产生，即 $I_k = \dfrac{E_r}{R_a}$（I_k 专指短路时的电枢电流），因 E_r 很小，所以 I_k 较小。

2.7.3 复励发电机的运行特性

并励发电机虽有自励而不必外加励磁电流的优点，但它的电压调整率比他励发电机大。

如果在并励发电机的基础上，加上串励绕组以加强并励磁场，则发电机的性能将会得到提高，这就是复励发电机，其接线图如图 2-47 所示。复励发电机有并励绕组和串励绕组两套励磁绕组，当两套绕组产生的磁场是相加时，称为积复励。反之，称为差复励。用得较多的是积复励。

在积复励发电机中，并励绕组起主要作用，以保证空载时能产生额定电压。串励绕组则用来补偿负载时电枢回路的电阻压降及电枢反应的去磁影响，因此复励发电机可灵活的调整并励和串励磁场，从而设计出所需要的外特性。若要求额定负载时，端电压仍然保持额定电压，这种称为平复励。若串励绕组过度补偿，导致额定负载时的端电压反而比额定电压高，这种称为过复励。反之，若为欠补偿则称为欠复励。积复励发电机的外特性如图 2-48 所示。由图可见，该外特性适用范围较宽，因此积复励发电机应用很广。

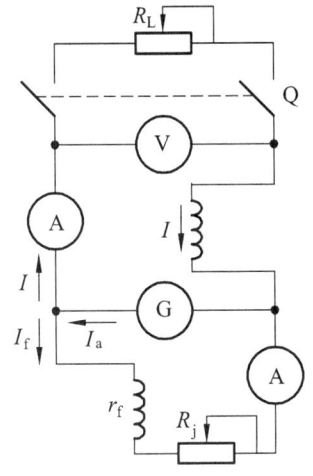

图 2-47　复励发电机的接线图

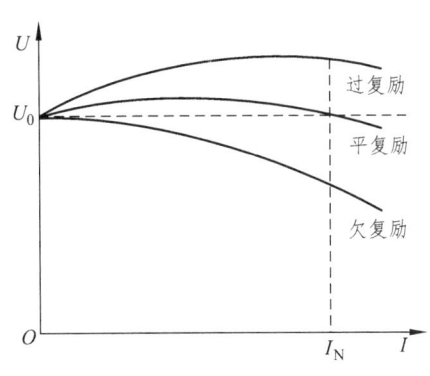

图 2-48　积复励发电机的外特性

2.8　直流电动机的工作特性

直流电动机把电能转换为机械能。由于表征机械能的参数为转矩和转速等，所以直流电动机稳态运行特性是工作特性。

直流电动机的工作特性是指在额定电压 U_N、额定励磁电流 I_{fN} 下，电枢回路不串外加电阻时，电动机的转速 n、电磁转矩 T_{em}、效率 η 与电枢电流 I_a 的关系。

不同励磁方式的直流电动机运行性能有较大差异，但他励电动机的工作特性和并励的类同，因此下面对他（并）励、串励和复励三种电动机的工作特性分别加以研究。

2.8.1　他（并）励直流电动机的工作特性

1. 转速特性 $n = f(I_a)$

将 $E_a = C_e \Phi_N n$ 代入 $U_N = E_a + I_a R_a$，整理后可得他励电动机的转速特性公式，即

$$n = \frac{U_N - I_a R_a}{C_e \Phi_N} \qquad (2\text{-}42)$$

如果忽略电枢反应的去磁作用，随着 I_a 增大，转速 n 下降，同时由于电枢回路电阻 R_a 较小，故转速特性 $n = f(I_a)$ 为一条略微向下倾斜的直线，如图 2-49 中的曲线所示。

如果考虑电枢反应的去磁作用，则随着 I_a 增大，磁通 Φ 将减小，即影响转速的因素有两个：①当 I_a 增大时，电枢回路的电阻压降 $I_a R_a$ 使转速趋于下降；②电枢反应的去磁作用会使转速趋于上升（见图 2-49 中转速特性虚线部分）。为保证电机稳定运行，在电机结构上应采取一些措施，使他（并）励电动机具有略微下降的转速特性，因此他（并）励电动机基本上是一种恒速电动机。

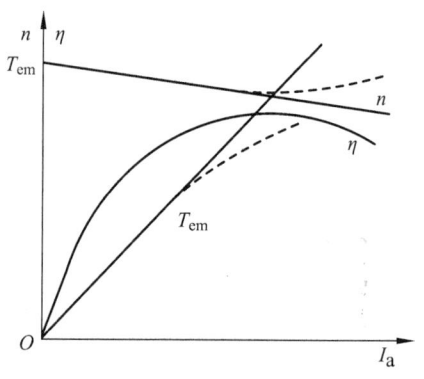

图 2-49　他励电动机的工作特性

必须强调的是，他（并）励电动机在运行时，励磁绕组绝对不允许断开。否则，会使电动机失磁：$I_f = 0 \rightarrow \Phi = \Phi_r \approx 0$，由式（2-42）可知，转速 $n \rightarrow \infty$，将造成"飞车"。

2. 转矩特性 $T_{em} = f(I_a)$

不考虑电枢反应的去磁作用时，由 $T_{em} = C_T \Phi I_a$ 可知电磁转矩 T_{em} 与 I_a 成正比，这时他（并）励电动机的转矩特性为一条过原点的直线。如果考虑电枢反应的去磁作用，则随着 I_a 增大，磁通 Φ 将减小，故实际的转矩特性将略向下弯曲，如图 2-49 中转矩曲线的虚线部分所示。

3. 效率特性 $n = f(I_a)$

他励直流电动机的效率特性公式为

$$\eta = \frac{P_2}{P_1} \times 100\% = (1 - \frac{p_{Fe} + p_m + p_a + I_a^2 R_a}{U_N I_a}) \times 100\% \qquad (2\text{-}43)$$

式中，铁耗 p_{Fe} 包括电枢铁心切割气隙磁场而引起的磁滞损耗和涡流损耗，其大小取决于气隙磁密和转速；机械损耗 p_m 包括轴承与电刷的摩擦损耗以及电枢旋转部分与空气的摩擦损耗等，其大小取决于电机转速的高低；p_a 为附加损耗，亦称为杂散损耗。这些损耗都不随电枢电流变化，称为电机的不变损耗。电枢回路的铜耗 $p_{Cua} = I_a^2 R_a$，随电枢电流 I_a 的变化而变化，称为电机的可变损耗。

他励直流电动机的效率特性如图 2-49 中的曲线所示。当不变损耗等于可变损耗时，电动机的效率达到最高。通常普通中小型直流电动机的效率约为 75%～85%，大型直流电动机的效率约为 85%～94%。

4. 并励电动机的工作特性测取

可按图 2-50 所示接线用实验法测取工作特性。实验前,先把电动机端电压调到额定值 U_N,再调节励磁电流和负载,使其输出功率为 P_N 时转速为 n_N,此时的励磁电流称为额定励磁电流 I_{fN}。在实验过程中应始终保持 $U = U_N$、$I_f = I_{fN}$ 不变,在此条件下,改变电动机的负载,测出不同负载下的转速 n、转矩 T_{em} 和电枢电流 I_a,即可绘出其工作特性。

2.8.2 串励直流电动机的工作特性

图 2-51 是串励电动机的接线图,由于串励电动机的励磁绕组与电枢串联,所以励磁电流就是电枢电流,即 $I_a = I_f = I$,磁通 Φ 是随负载的变化而变化的。因此,其工作特性与他励直流电动机的工作特性有所不同。串励电动机的工作特性是指端电压 $U = U_N$ 时,转速 n、电磁转矩 T_{em}、效率 η 与输出功率 P_2 的关系,或 n、T_{em}、η 与电枢电流 I_a 的关系。

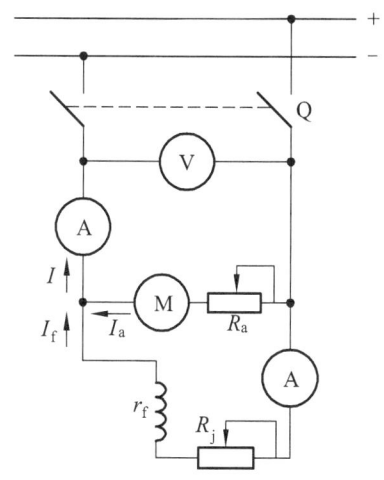

图 2-50 并励电动机接线图

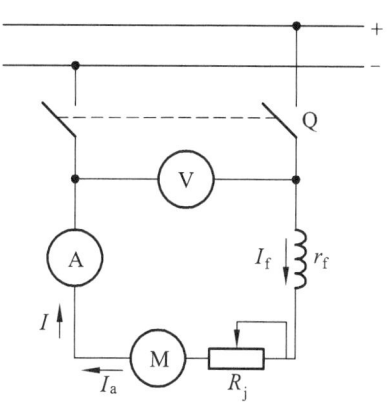

图 2-51 串励电动机接线图

1. 转速特性

转速特性是指当 $U = U_N$、$R_f =$ 常值时,n 与 I_a 的关系曲线 $n = f(I_a)$。

串励电动机的电压平衡方程式为

$$U = C_e \Phi n + I_a (R_a + R_f) \tag{2-44}$$

式中,R_f 为励磁回路总电阻。

当负载电流较小时,I_f 也较小,电机磁路不饱和,每极磁通 Φ 与 I_f 成正比,即

$$\Phi = k_f I_f = k_f I_a \tag{2-45}$$

式中,k_f 是比例系数。

将式（2-45）代入式（2-44），可得串励直流电动机的转速特性，即

$$n = \frac{U}{k_f C_e I_a} - \frac{R_a + R_f}{k_f C_e} \tag{2-46}$$

由式（2-46）可知，串励电动机的转速特性有如下特点：

（1）当负载电流较小时，转速 n 与电枢电流 I_a 成反比，n 随 I_a 的增大而迅速降低；当负载电流较大时，励磁电流也随之增大而使磁路趋于饱和，磁通基本不变，转速特性与并励时相似，为略微向下倾斜的直线，如图 2-52 中曲线 $n = f(I_a)$ 所示。

（2）当空载或负载很小时，$I_a = I_f = I \approx 0$，所以 $\Phi \approx 0$，则 $n \approx \infty$，即转速将达到危险的高速，造成"飞车"现象。因此，串励电动机不允许在空载或轻载情况下运行。为防止意外，通常规定串励电动机与生产机械连接时，不允许采用皮带等容易发生滑落的传动装置，而应采用齿轮或联轴器来拖动。

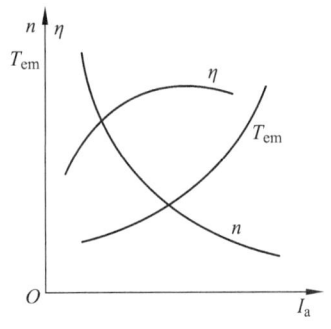

图 2-52　串励电动机的工作特性

2. 转矩特性

转矩特性是指当 $U = U_N$，$R_f = $ 常值时，T_{em} 与 I_a 的关系曲线 $T_{em} = f(I_a)$。

当负载电流较小时，I_f 也较小，电机磁路不饱和，$\Phi = k_f I_f$。则有：

$$T_{em} = C_T \Phi I_a = C_T k_f I_f I_a = C_T k_f I_a^2 = C_T' I_a^2 \tag{2-47}$$

式（2-47）表明，当负载电流较小时，磁路不饱和，$T_{em} \propto I_a^2$，即串励电动机的电磁转矩 T_{em} 与电枢电流 I_a 的平方成正比，如图 2-52 曲线 $T_{em} = f(I_a)$ 所示。因此，串励直流电动机的起动转矩大，过载能力强，适用于负载要求较高的场合。当磁路饱和时，Φ 基本不变，T_{em} 近似正比于 I_a，但 T_{em} 增加的比例要大些。

由图 2-52 中的转速特性曲线可见，随着负载增加，串励电动机的转速下降很快。这一特点对于某些生产机械（如电力机车牵引）特别有利，它对电力机车的起动和过载能力有重要意义。在同样大小的起动电流下，串励牵引电机能得到比并励电动机更大的起动转矩；当电力机车过载时，串励电动机的转速会自动下降，使电动机输出功率 $P_2 = T_2\Omega$ 变化不大，从而保护电动机不因负载过重而损坏；当负载减轻时，转速又会自动上升。因此，串励电动机特别适合用作交通工具的牵引电机。

另一方面，串励电动机的缺点是空载或轻载时会产生"飞车"危险。要想既保持串励电动机的优点，而又能避免"飞车"现象，则应采用复励电动机。

3. 效率特性 $\eta = f(I_a)$

串励电动机的效率特性与并励电动机相似，这里不再赘述。

2.8.3 复励电动机的工作特性

复励电动机的接线图如图 2-53 所示。显然，它既有并励绕组，又有串励绕组。复励电动机通常接成积复励，若励磁绕组以并励为主，则其特性接近于并励电动机，但由于有串励磁动势的存在，$I_a\uparrow \to I\uparrow \to \Phi_{串}\uparrow$，可补偿电枢反应的去磁作用，从而不会使转速特性上翘，保证电机稳定运行。若励磁绕组中串励磁动势起主要作用，则其特性接近于串励电动机，由于有并励磁动势存在，不会使电动机空载时出现"飞车"现象。复励电动机在设计时，可比较灵活地安排这两种励磁，使其特性介于并励与串励之间。积复励电动机的转速特性如图 2-54 所示。

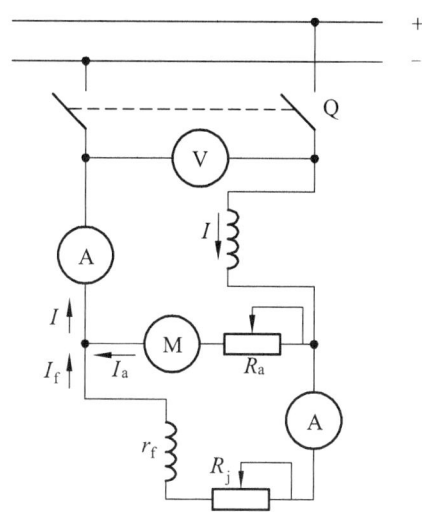

图 2-53 复励电动机接线图

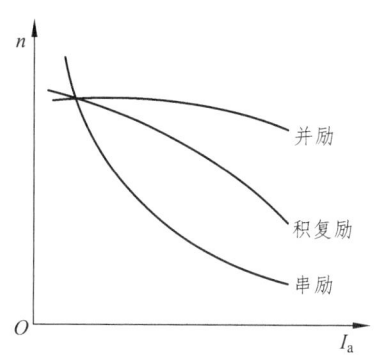

图 2-54 积复励电动机的转速特性

习 题

2-1 描述直流电动机和发电机工作原理，并说明换向器和电刷各起什么作用？

2-2 一台电机在同一时间绝不能既是发电机又是电动机，为什么说发电机作用和电动机作用同时存在于一台电机中？

2-3 直流电机有哪些主要部件？试说明它们的作用及结构。

2-4 直流电机的电枢铁心为什么必须用薄电工钢冲片叠成？磁极铁心何以不同？

2-5 试述直流发电机和直流电动机主要额定参数的异同点。

2-6 某直流电机，额定数据为：$P_N = 17\text{ kW}$，$U_N = 220\text{ V}$，$n_N = 2\,850\text{ r/min}$，$\eta_N = 83\%$。① 若是直流发电机，求额定电流 I_N；② 如果是直流电动机，再计算求额定电流 I_N。

2-7 试分别说明励磁方式不同时，电机电流 I、电枢电流 I_a 与励磁电流 I_f 之间的关系。

2-8 单叠绕组和单波绕组各有什么特点？其连接规律有何不同？

2-9 一台四极单叠绕组的直流电机，试问：① 若分别取下一只电刷、或相邻的两只电刷、或相对的两只电刷，电刷间的电压有何变化？电流有何变化？② 如有一元件断线，电刷间的电压有何变化？电流有何变化？③ 若有一主磁极失磁，将产生什么后果？

2-10 什么叫电枢反应？电枢反应对气隙磁场有什么影响？对电机的运行有什么影响？

2-11 如何改变直流发电机感应电动势的方向？如何改变直流电动机电磁转矩的方向？

2-12 如何判断直流电机是运行于发电机状态还是运行于电动机状态？

2-13 直流电动机的损耗主要有哪些？它们随负载变化吗？

2-14 并励直流电动机正在运行时励磁绕组突然断开，试讨论在电机有剩磁和没有剩磁的情况下会有什么后果？若起动时断线又有什么后果？

2-15 串励直流电动机的转速特性有什么特点？为什么串励直流电动机不允许空载运行？

2-16 并励直流发电机自励过程中，建立电压的条件是什么？建立起来的电压大小受哪些因素影响？

2-17 什么是直流发电机的外特性？他励与并励直流发电机的外特性有什么区别？

2-18 一台四极 $P_N = 82$ kW、$U_N = 230$ V、$n_N = 970$ r/min 的并励直流发电机，$R_a = 0.025\ 9$ Ω，励磁绕组总电阻 $R_f = 22.8$ Ω，额定负载时励磁回路中串入 3.5 Ω 的调节电阻，铁耗和机械损耗共 2.5 kW，附加损耗为额定功率的 0.5%，试求此时发电机的输入功率、电磁功率和效率。

2-19 一台 $P_N = 17$ kW、$U_N = 220$ V 的串励直流电动机，串励绕组电阻为 0.12 Ω，电枢总电阻为 0.2 Ω，在额定电压下电动机电枢电流为 65 A 时，转速为 670 r/min，试确定电枢电流增为 75 A 时电动机的转速和电磁转矩（磁路设为线性）。

2-20 一台 96 kW 的并励直流电动机，$U_N = 440$ V，$I_N = 255$ A，$I_{fN} = 5$ A，$n_N = 500$ r/min，$R_a = 0.078$ Ω，不计电枢反应，试求：① 电动机的额定输出转矩；② 额定电流时的电磁转矩；③ 电动机的空载转速。

2-21 一台并励直流发电机，$P_N = 9$ kW，$U_N = 115$ V，$n_N = 1\ 450$ r/min，$R_a = 0.07$ Ω，励磁回路电阻 $R_f = 330$ Ω，带额定负载运行时的铁耗 $p_{Fe} = 400$ W，机械损耗 $p_m = 110$ W，忽略附加损耗。试求额定负载时的：① 输入功率和效率；② 电磁功率和电磁转矩。

第 3 章 直流电动机的电力拖动

在现代化工农业生产中,为了完成各种生产任务,需要使用各式各样的生产机械。这些生产机械一般采用电动机来拖动。这种用电动机作为原动机来拖动生产机械运行的系统称为电力拖动系统。电力拖动系统通常由电源、电动机、传动机构、工作机构和控制设备组成。其中,电动机是核心,实现电能到机械能的转换;传动机构是执行单元,实现变速或变换运动方式;工作机构是电力拖动的对象;而控制设备是由各种控制元器件组成,实现对电动机的控制。

按照电动机种类的不同,电力拖动系统分为直流电动机拖动和交流电动机拖动两大类。本章主要介绍直流电动机的电力拖动。

3.1 电力拖动系统的动力学基础

3.1.1 电力拖动系统的运动方程式

1. 运动方程式

电力拖动系统的运动方程式描述了系统的运动状态。在生产实践中,生产机械的结构和运动形式是多种多样的,其电力拖动系统也有多种类型,最简单的系统是电动机与负载同一根轴、同一转速,电动机转轴直接拖动生产机械运转,这种系统称为单轴电力拖动系统,如图 3-1 所示。

在图 3-1 所示的单轴电力拖动系统中,电动机的电磁转矩 T_{em} 通常与转速 n 同方向,是电动性质的转矩。负载转矩 T_L 通常是制动性质的。如果忽略电动机的空载转矩 T_0,根据牛顿第二定律可知,拖动系统旋转时的运动方程式为

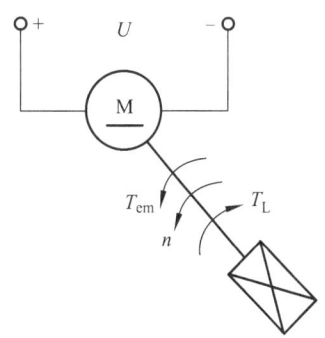

图 3-1 单轴电力拖动系统

$$T_{em} - T_L = J\frac{d\Omega}{dt} \quad (3\text{-}1)$$

式中,J 为运动系统的转动惯量($kg \cdot m^2$);Ω 为系统旋转的角速度(rad/s);$J\dfrac{d\Omega}{dt}$ 为系统的

惯性转矩或加速转矩（N·m）。

在实际工程计算中，通常把电动机转子看成是均匀的圆柱体，用转速 n 代替角速度 Ω，用飞轮惯量 GD^2（亦称飞轮矩）代替转动惯量 J。Ω 与 n 的关系、J 与 GD^2 的关系分别为

$$\Omega = \frac{2\pi n}{60} \tag{3-2}$$

$$J = m\rho^2 = \frac{G}{g} \cdot \left(\frac{D}{2}\right)^2 = \frac{GD^2}{4g} \tag{3-3}$$

式中，n 为转速（r/min）；m 和 G 分别为旋转体的质量（kg）和重量（N）；ρ 和 D 分别为旋转体的惯性半径和直径（m）；$g = 9.8 \text{ m/s}^2$ 为重力加速度。

把式（3-2）、式（3-3）代入式（3-1），可得运动方程的实用形式：

$$T_{em} - T_L = \frac{GD^2}{375} \cdot \frac{dn}{dt} \tag{3-4}$$

式中，GD^2 为旋转体的飞轮矩（N·m），它是反映物体旋转惯性的一个整体物理量，可在产品目录中查出；数字 375 是一个具有加速度量纲的系数。

由式（3-4）可知，拖动系统的旋转运动可分为 3 种状态：

（1）当 $T_{em} = T_L$，$\dfrac{dn}{dt} = 0$ 时，则 $n = 0$ 或 $n = $ 常值，即电动机静止或恒转速旋转，电力拖动系统处于稳定运转状态。

（2）当 $T_{em} > T_L$，$\dfrac{dn}{dt} > 0$ 时，电力拖动系统处于加速运行状态，即处于动态过程。

（3）当 $T_{em} < T_L$，$\dfrac{dn}{dt} < 0$ 时，电力拖动系统处于减速运行状态，也是处于动态过程。

可见，当 $\dfrac{dn}{dt} \neq 0$ 时，电力拖动系统处于加速或减速运行状态，即处于动态，因此常把 $\dfrac{GD^2}{375} \cdot \dfrac{dn}{dt}$ 或 $T_{em} - T_L$ 称为惯性转矩（亦称动态转矩），而把 T_L 称为静负载转矩，运动方程式（3-4）就是动态的转矩平衡方程式。

2. 运动方程式中转矩正、负号的规定

在电力拖动系统中，通常以电动机轴为研究对象，如图 3-1 所示。随着电动机类型、运转状态及生产机械负载类型的不同，电动机轴上的电磁转矩 T_{em} 和负载转矩 T_L 不仅大小不同，方向也是变化的。因此，运动方程式可写成下列一般形式

$$(\pm T_{em}) - (\pm T_L) = \frac{GD^2}{375} \cdot \frac{dn}{dt} \tag{3-5}$$

式（3-5）中的转矩 T_{em} 和 T_L 都是带有正、负号的代数量。在应用运动方程式时，必须注意转

矩的正、负号。一般规定如下：

（1）首先选定电动机处于电动状态时的旋转方向为转速 n 的正方向；

（2）电磁转矩 T_{em} 与转速 n 的正方向相同时为正，相反时为负；

（3）负载转矩 T_L 与转速 n 的正方向相反时为正，相同时为负。

惯性转矩 $\dfrac{GD^2}{375} \cdot \dfrac{dn}{dt}$ 的大小及正、负号由 T_{em} 和 T_L 的代数和决定。

实际的电力拖动系统往往不是单轴系统，而是通过一套传动机构，把电动机和工作机构连接起来的多轴系统，如图 3-2 所示。图中采用四个轴把电动机角速度 Ω 变成工作机构所需要的转速 Ω_z，不同轴上各有其本身的转动惯量和转速，也有相应的反映电动机拖动的电磁转矩 T_{em} 及反映工作机构工作的转矩 T_z'。对于多轴系统，应先将其等效成单轴系统后再进行分析计算，其等效方法可参考相关书籍。

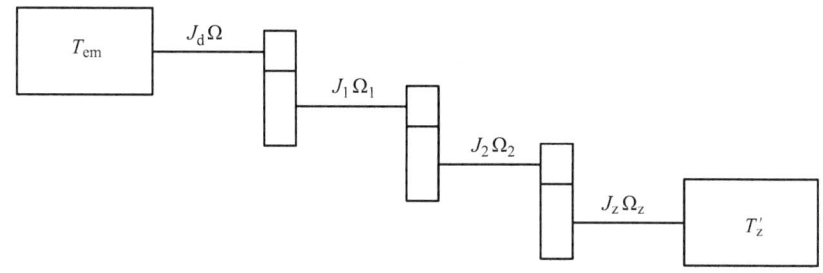

图 3-2 多轴电力拖动系统

3.1.2 负载的转矩特性

由电力拖动系统的运动方程可知，系统的运行状态取决于电动机及其负载。电动机的电磁转矩 T_{em} 与转速 n 的关系曲线 $n = f(T_{em})$，称为电动机的机械特性；生产机械的负载转矩 T_L 与转速 n 的关系曲线 $n = f(T_L)$，称为电动机的负载转矩特性，简称负载特性。

虽然生产机械的类型很多，但是生产机械的负载转矩特性基本上可归纳为下列三种类型。

1. 恒转矩负载特性

所谓恒转矩负载特性，是指生产机械的负载转矩 T_L 的大小与转速 n 无关，即无论转速 n 如何变化，负载转矩 T_L 的大小都保持不变。根据负载转矩的方向是否与转向有关，恒转矩负载又分为反抗性恒转矩负载和位能性恒转矩负载两类。

（1）反抗性恒转矩负载。

此类负载又称为摩擦转矩负载，其特点是：负载转矩的大小恒定不变，而方向总是与转速的方向相反，即负载转矩的性质总是起反抗运动的阻转矩性质。显然，反抗性恒转矩负载特性在第一和第三象限内，如图 3-3 所示。皮带运输机、轧钢机、机床刀架的平移和行走机构等由摩擦力产生转矩的机械都属于反抗性恒转矩负载。

（2）位能性恒转矩负载。

位能性恒转矩负载是由拖动系统中某些具有位能的部件（如起重类型负载中的重物）造成的，其特点是负载转矩的大小恒定不变，而且其方向也不变。例如起重机，无论是提升重物还是下放重物，由物体重力所产生的负载转矩的方向都是不变的。因此，位能性恒转矩负载特性位于第一和第四象限内，如图3-4所示。

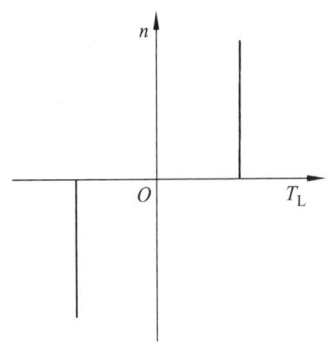

图 3-3　反抗性恒转矩负载特性　　　　图 3-4　位能性恒转矩负载特性

2. 恒功率负载特性

恒功率负载的特点是负载转矩与转速的乘积为一常数，即负载功率 $P_L = T_L \Omega = \dfrac{2\pi}{60} T_L n =$ 常数，也就是负载转矩 T_L 与转速 n 成反比。其负载特性是一条双曲线，如图3-5所示。某些机床，如车床、刨床等，在进行粗加工时，切削量大，阻力矩较大，所以要低速切削，而进行精加工时，切削量小，阻力矩也小，所以要高速切削；又如电力机车，爬坡时需要低速度高转矩，正常运行时需要高速度低转矩。这些工艺要求都是恒功率负载特性。

3. 泵与风机类负载特性

水泵、油泵、通风机和螺旋桨等机械的负载转矩基本上与转速的平方成正比，即 $T_L = kn^2$。因此，这类机械的负载特性是一条抛物线，如图3-6中曲线1所示。

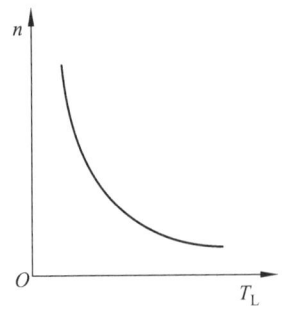 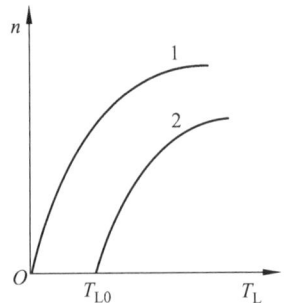

图 3-5　恒功率负载特性　　　　图 3-6　泵与风机类负载特性

必须指出，上述介绍的是 3 种典型的负载转矩特性，而实际生产机械的负载转矩可能是以上几种典型特性的综合。例如，实际通风机除了主要是风机负载特性外，由于其轴承上还有一定的摩擦转矩 T_{L0}，因而实际通风机负载特性应为 $T_L = T_{L0} + kn^2$，如图 3-6 中曲线 2 所示。

3.2 他励直流电动机的机械特性

直流电动机的机械特性是指在电动机的电枢电压、励磁电流、电枢回路电阻为恒值的条件下，即电动机处于稳定运行时，电动机的转速 n 与电磁转矩 T_{em} 之间的关系 $n = f(T_{em})$。由于转速和转矩都是机械量，因而把它称为机械特性。利用机械特性和负载特性可以确定系统的稳态转速，还可以利用机械特性和运动方程式分析电力拖动系统的动态运行情况，如转速、转矩及电流随时间的变化规律。可见，电动机的机械特性对分析电力拖动系统的运行是非常重要的。

3.2.1 机械特性的表达式

图 3-7 所示为他励直流电动机的电路原理图。图中 U 为外施电源电压，E_a 是电枢电动势，I_a 是电枢电流，R_a 是电枢电阻，R_Ω 是电枢回路串联电阻，I_f 是励磁电流，Φ 是励磁磁通，r_f 是励磁绕组电阻，R_j 是励磁回路串联电阻。

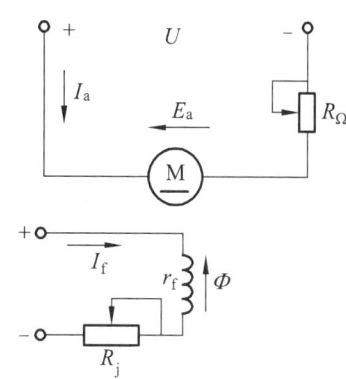

图 3-7 他励直流电动机电路原理图

根据图 3-7 中标明的各物理量的正方向，可列出电枢回路的电压平衡方程式

$$U = E_a + I_a(R_a + R_\Omega) \tag{3-6}$$

将 $E_a = C_e \Phi n$ 和 $I_a = \dfrac{T_{em}}{C_T \Phi}$ 代入式（3-6），可得他励直流电动机的机械特性方程式：

$$n = \frac{U}{C_e \Phi} - \frac{R_a + R_\Omega}{C_e C_T \Phi^2} T_{em} \tag{3-7}$$

式（3-7）还可以写成：

$$n = \frac{U}{C_e \Phi} - \frac{R}{C_e C_T \Phi^2} T_{em} = n_0 - \beta T_{em} = n_0 - \Delta n \tag{3-8}$$

式中，R 为电枢回路总电阻，$R = R_a + R_\Omega$；C_e 为电动势常数；C_T 为转矩常数，$C_T = 9.55 C_e$；$n_0 = \dfrac{U}{C_e \Phi}$ 为电磁转矩 $T_{em} = 0$ 时的转速，称为理想空载转速；$\beta = \dfrac{R}{C_e C_T \Phi^2}$ 为机械特性的斜率。Δn 表示电动机带负载后的转速降，即

$$\Delta n = \frac{R}{C_e C_T \Phi^2} T_{em} = \beta T_{em} \qquad (3-9)$$

显然，当转矩一定时，转速降 Δn 与机械特性的斜率 β 成正比。β 越大，机械特性越陡，Δn 越大；β 越小，机械特性越平，Δn 越小。通常称 β 小的机械特性为硬特性，而 β 大的为软特性。通常情况下，他励直流电动机在没有电枢外接电阻时，机械特性都比较硬。

由式（3-8）可知，当 U、R、Φ 为常数时，他励直流电动机的机械特性是一条向下倾斜的直线，如图 3-8 所示。由特性可知，转速 n 随电磁转矩 T_{em} 的增大而降低。

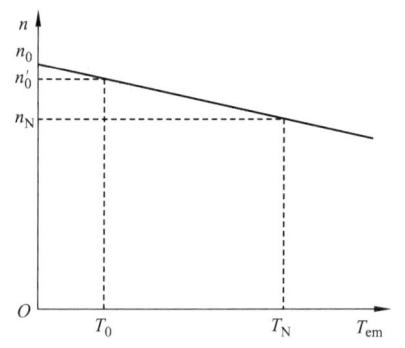

图 3-8　他励直流电动机的机械特性

这里必须指出，电动机的实际空载转速 n_0' 比理想空载转速 n_0 略低。这是因为电动机由于摩擦等原因存在一定的空载转矩 T_0，空载运行时，电磁转矩不可能为零，它必须克服空载转矩，即 $T_{em} = T_0$，故实际空载转速应为

$$n_0' = \frac{U}{C_e \Phi} - \frac{R}{C_e C_T \Phi^2} T_0 \qquad (3-10)$$

由直流电机理论可知，当电动机带负载运行时会出现电枢反应，那么电枢反应对机械特性有没有影响呢？答案是肯定的，分析如下：考虑磁路饱和时，电枢反应作用通常是去磁的，这会造成磁通降低，转速回升，机械特性在负载较大时呈上翘现象，如图 3-9 所示。这种上翘的特性是不稳定的（具体原因见后续 3.2.3 小节），为了保证电机的稳定运行，通常在主磁极上加一匝数很小的串励绕组，以抵消电枢反应的去磁作用。

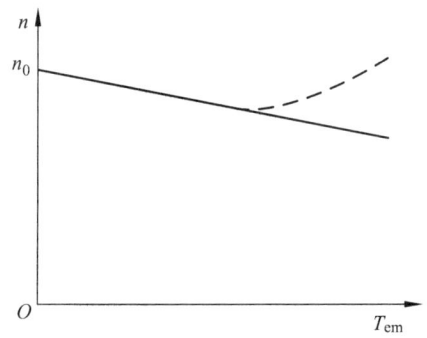

图 3-9　电枢反应对机械特性的影响

3.2.2　固有机械特性和人为机械特性

由式（3-8）可知，直流电动机的机械特性是由电枢电压 U、励磁磁通 Φ 及电枢回路总电阻 R 等综合决定的，调节任何一个参数，都会带来机械特性的变化。其中，电动机自身所固有的、反映电动机本来"面目"的机械特性是在电枢电压、励磁磁通为额定值，且电枢回路不外串电阻时的机械特性，称为固有机械特性。把调节 U、R、Φ 等参数后得到的机械特性称为人为机械特性。

1. 固有机械特性

当 $U = U_N$、$\Phi = \Phi_N$、$R = R_a$ 时的机械特性称为固有机械特性，其方程式为

$$n = \frac{U_N}{C_e \Phi_N} - \frac{R_a}{C_e C_T \Phi_N^2} T_{em} \tag{3-11}$$

由于 R_a 很小，特性曲线的斜率很小，所以他励直流电动机的固有机械特性较硬，如图 3-10 中的直线 R_a 所示。

2. 人为机械特性

1）电枢串电阻时的人为机械特性

保持 $U = U_N$、$\Phi = \Phi_N$ 不变，只在电枢回路中串入电阻 R_Ω，其人为机械特性方程式为

$$n = \frac{U_N}{C_e \Phi_N} - \frac{R_a + R_\Omega}{C_e C_T \Phi_N^2} T_{em} \tag{3-12}$$

与固有机械特性相比，电枢串电阻时人为机械特性的理想空载转速 n_0 不变，但斜率 β 随串联电阻 R_Ω 的增大而增大，因此特性的硬度降低。改变 R_Ω 大小，可以得到一组通过理想空载点 n_0 并具有不同斜率的人为机械特性，如图 3-10 所示。

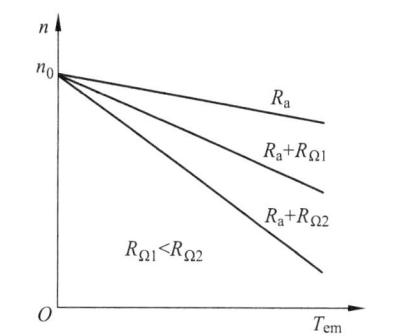

图 3-10 他励直流电动机电枢串联电阻时的人为机械特性

2）降低电枢电压时的人为机械特性

保持 $R = R_a$、$\Phi = \Phi_N$ 不变，只改变电枢电压 U，其人为机械特性方程式为

$$n = \frac{U}{C_e \Phi_N} - \frac{R_a}{C_e C_T \Phi_N^2} T_{em} \tag{3-13}$$

因电动机的工作电压以额定电压为上限，所以通常只在额定值以下改变电压。与固有机械特性相比，降低电压时，理想空载转速 n_0 随电压的降低而正比减小，但斜率 β 不变。因此，降压时的人为机械特性是位于固有机械特性下方且与固有特性平行的一组直线，如图 3-11 所示。

3）减弱磁通时的人为机械特性

一般他励直流电动机在额定磁通下运行时，电机已接近饱和。所以实际上都采用减小励磁的方法来改变磁通。

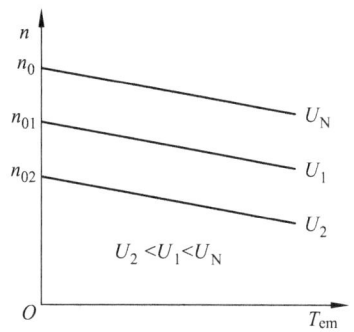

图 3-11 他励直流电动机降低电压时的人为机械特性

保证 $R=R_a$、$U=U_N$ 不变,减弱磁通时的人为机械特性的方程式为

$$n=\frac{U_N}{C_e\Phi}-\frac{R_a}{C_eC_T\Phi^2}T_{em} \tag{3-14}$$

与固有机械特性相比,减弱磁通时,不仅 n_0 随着磁通的减小而增大,斜率 β 也会随着磁通的减小而增大,结果使特性变软。因此,减弱磁通时的人为机械特性是一组既不平行、又无共同交点的直线,Φ 越小,n_0 越高,如图 3-12 所示。

改变磁通 Φ,可以调节电动机的转速。当负载转矩不太大时,减弱磁通会使电动机转速升高。只有当负载转矩特别大或磁通 Φ 特别小时,减弱磁通才会出现转速下降的现象,然而,此时的电枢电流已经过大,电动机不允许在这样大的电流下工作。因此,实际运行条件下,可认为磁通越小,稳定转速越高,如图 3-13 所示的不同磁通时的转速特性 $n=f(I_a)$。

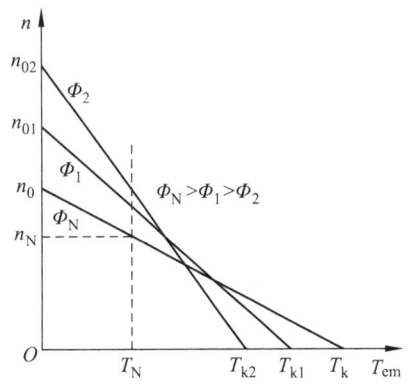

图 3-12 减弱磁通时的人为机械特性　　图 3-13 减弱磁通时的转速特性

例 3-1 他励直流电动机的铭牌数据为:$P_N=40\text{ kW}$,$U_N=220\text{ V}$,$I_N=210\text{ A}$,$n_N=750\text{ r/min}$。试求:

(1)电动机的固有机械特性;

(2)电枢串入电阻 $R_\Omega=0.4\text{ }\Omega$ 时的人为机械特性;

(3)电源电压降至 110 V 时的人为机械特性;

(4)磁通减弱至 $0.8\Phi_N$ 时的人为机械特性。

解:(1)先采用经验公式估算 R_a。一般情况下,电动机额定运行时,铜耗占总损耗的 1/2~2/3,即

$$p_{Cu}=I_N^2R_a=\left(\frac{1}{2}\sim\frac{2}{3}\right)\sum p=\left(\frac{1}{2}\sim\frac{2}{3}\right)\times(U_NI_N-P_N)$$

于是,可得

$$R_a=\left(\frac{1}{2}\sim\frac{2}{3}\right)\frac{U_NI_N-P_N}{I_N^2}=\frac{1}{2}\times\left(\frac{220\times210-40\times10^3}{210^2}\right)=0.07\text{ }(\Omega)$$

$$C_e\Phi_N=\frac{U_N-I_NR_a}{n_N}=\frac{220-210\times0.07}{750}=0.273\ 7$$

则有：

$$n_0 = \frac{U_N}{C_e \Phi_N} = \frac{220}{0.273\,7} = 804 \text{ (r/min)}$$

$$\beta = \frac{R_a}{C_e C_T \Phi_N^2} = \frac{R_a}{9.55(C_e \Phi_N)^2} = \frac{0.07}{9.55 \times 0.273\,7^2} = 0.097\,8$$

故电动机的固有机械特性为

$$n = n_0 - \beta T_{em} = 804 - 0.097\,8 T_{em}$$

（2）电枢回路串入电阻 $R_\Omega = 0.4\,\Omega$ 后，$n_0 = 804$ r/min 不变，β 增大为

$$\beta' = \frac{R_a + R_\Omega}{9.55(C_e \Phi_N)^2} = \frac{0.07 + 0.4}{9.55 \times 0.273\,7^2} = 0.657$$

故此时的人为机械特性为

$$n = n_0 - \beta' T_{em} = 804 - 0.657 T_{em}$$

（3）电源电压降至 110 V 时，$\beta = 0.097\,8$ 不变，n_0 变为

$$n_0' = \frac{U}{C_e \Phi_N} = \frac{110}{0.273\,7} = 402 \text{ (r/min)}$$

故此时的人为机械特性为

$$n = n_0' - \beta T_{em} = 402 - 0.097\,8 T_{em}$$

（4）磁通减弱至 $0.8\Phi_N$ 时，n_0 和 β 均发生变化，有

$$n_0'' = \frac{U_N}{C_e \Phi} = \frac{U_N}{0.8 C_e \Phi_N} = \frac{220}{0.8 \times 0.273\,7} = 1\,005 \text{ (r/min)}$$

$$\beta'' = \frac{R_a}{9.55(0.8 C_e \Phi_N)^2} = \frac{0.07}{9.55 \times (0.8 \times 0.273\,7)^2} = 0.152\,9$$

故此时的人为机械特性为

$$n = n_0'' - \beta'' T_{em} = 1\,005 - 0.152\,9 T_{em}$$

3.2.3 电力拖动系统稳定运行的条件

在电力拖动系统中，电动机的机械特性与生产机械的负载转矩特性是同时存在的。为了分析电力拖动的运行问题，可以把两条特性曲线画在同一坐标平面上，如图 3-14 所示。图中，机械特性曲线 $n = f(T_{em})$ 和负载特性曲线 $n = f(T_L)$ 的交点 A 称为工作点，对应的转矩 $T_{em} = T_L$。系统以转速 n_A 恒速运行，此时系统处于平衡状态。然而这种平衡状态是否稳定呢？

所谓稳定平衡状态，是指处于某一转速下运行的电力拖动系统在某种扰动作用下，离开了原来的平衡位置，在新的条件下达到新的平衡状态，并且在外界扰动消失后能自动恢复到

原来的转速下继续稳定运行。"扰动"是指非人为的因素，一般是指负载的突然变化或电网电压的波动。平衡状态是否稳定，是由电动机机械特性和负载转矩特性的配合情况决定的。下面以图 3-14 为例，分析电力拖动系统稳定运行的条件。

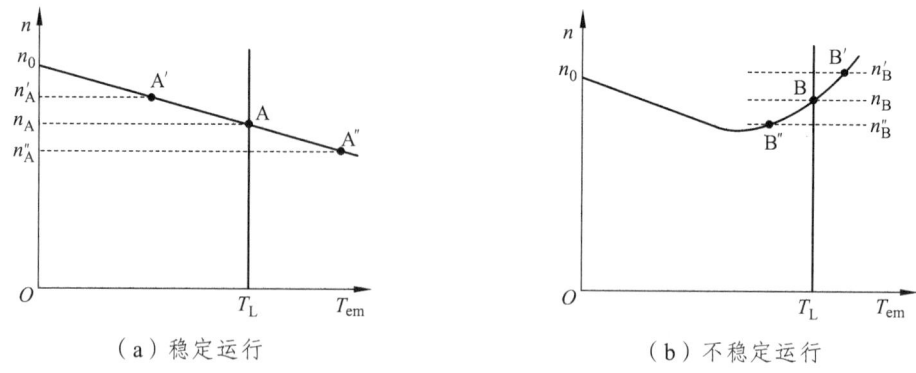

图 3-14 电力拖动系统稳定运行的条件

当系统运行在图 3-14（a）中的 A 点时，若外界突加扰动使转速获得一个微小的增量 Δn，由 n_A 上升到 n'_A，当扰动消失后，由于 $T_{em} < T_L$，系统将减速，直至回到 A 点稳定运行；若外界突加扰动使转速由 n_A 下降到 n''_A，当扰动消失后，由于 $T_{em} > T_L$，系统将加速，直至回到 A 点稳定运行。可见，A 点是系统的稳定运行点。

当系统运行在图 3-14（b）中的 B 点时，若外界突加扰动使转速获得一个微小的增量 Δn，由 n_B 上升到 n'_B，当扰动消失后，由于 $T_{em} > T_L$，系统将加速，不可能再回到 B 点运行；若外界突加扰动使转速由 n_B 下降到 n''_B，当扰动消失后，由于 $T_{em} < T_L$，系统将减速，也不可能回到 B 点运行。可见，B 点是系统的不稳定运行点。

由上述分析可知，电力拖动系统的工作点在机械特性和负载特性的交点上，但并非所有的交点都是稳定工作点。对于恒转矩负载，要达到稳定运行，电动机需具有向下倾斜的机械特性；如果电动机的机械特性向上翘，则不能稳定运行。

应当指出，上述电力拖动系统的稳定运行条件，无论对直流电动机还是交流电动机都是适用的，具有普遍的意义。

3.3 他励直流电动机的起动

3.3.1 电力拖动系统对起动的要求

电动机的起动是指其接通电源后由静止状态加速到稳定运行状态的过渡过程。电动机在起动瞬间（$n = 0$）的电磁转矩称为起动转矩，起动瞬间的电枢电流称为起动电流，分别用 T_{st} 和 I_{st} 表示。起动转矩为

$$T_{st} = C_T \Phi I_{st} \tag{3-15}$$

如果他励直流电动机在额定电压下直接起动，由于起动瞬间转速 $n = 0$，电枢电动势 $E_a = 0$，

故起动电流为

$$I_{st} = \frac{U_N - E_a}{R_a} = \frac{U_N}{R_a} \quad (3\text{-}16)$$

因为电枢电阻 R_a 很小,所以直接起动电流非常大,通常可达到额定电流的 10~20 倍。过大的起动电流会引起电网电压下降,影响电网上其他用户的正常用电,使电动机的换向严重恶化,甚至会烧坏电机。同时,过大的冲击转矩会损坏电枢绕组和传动机构。因此,除了个别容量很小的电动机外,一般直流电动机是不允许直接起动的。

电力拖动系统对直流电动机的起动一般有如下要求:

(1) 要有足够大的起动转矩;

(2) 起动电流要限制在一定的范围内;

(3) 起动设备要简单、可靠。

为了限制起动电流,他励直流电动机通常采用降低电枢电压起动或电枢回路串电阻起动。无论采用哪种起动方法,起动时都应保证电动机的磁通达到最大值。这是因为在同样的电流下,Φ 大则 T_{st} 大;而在同样的起动转矩 T_{st} 下,Φ 大则 I_{st} 可以小一些。

3.3.2 降低电枢电压起动

当直流电源电压可调时,可以采用降压起动。起动前,应使励磁回路调节电阻 $R_j = 0$,这样使磁通 Φ 最大。然后将电枢电压由低向高调节,当电压增大使起动转矩大于负载转矩时,电动机开始起动;随着转速的不断升高,感应电动势也逐渐增大,因此为获得所需要的加速转矩需不断增大电压;随着电压的升高,转速不断上升,最终稳定运行在固有特性上的 A 点,其机械特性如图 3-15 所示。

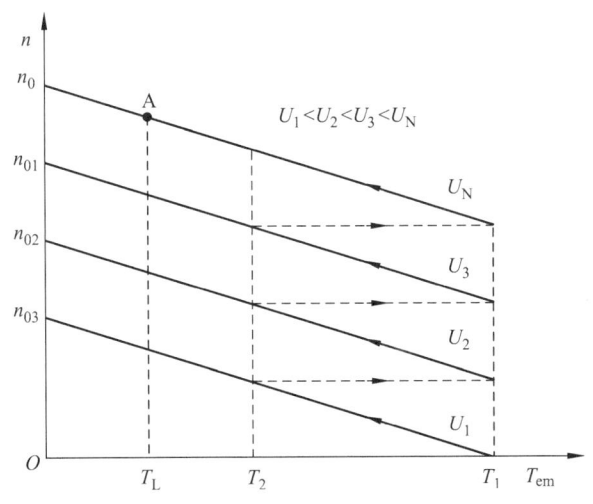

图 3-15 降压起动时的机械特性

降压起动过程平稳,能量损耗小,但要求有专用的可调压直流电源,起动设备复杂,投资较大,多用于要求经常起动的场合和大中型电动机的起动。需注意的是,在手动调节电源电压时,电压不能升得太快,否则会产生较大的电流冲击。因此,在自动化系统中,通常采用自动控制方法来实现电压调节和电流限制,较为方便。

3.3.3 电枢回路串电阻起动

当没有可调直流电源时,常采用电枢回路串电阻的方法起动,以限制起动电流。起动前,应调节 $R_j = 0$,使 I_f 最大,这样磁通 Φ 也最大。在电枢回路中串联起动电阻 R_{st},其值应确保额定电压下的起动电流:

$$I_{st} = \frac{U_N}{R_a + R_{st}} \leqslant (1.5 \sim 2) I_N \qquad (3-17)$$

这里需注意,在起动的过程中应将起动电阻逐步切除。

为什么要将起动电阻分段切除呢?因为当电动机转起来以后,产生了感应电动势 E_a,这时的起动电流为 $I_{st} = \frac{U_N - E_a}{R_a + R_{st}} = \frac{U_N - C_e \Phi n}{R_a + R_{st}}$。随着转速的升高,$E_a$ 增大,I_{st} 减小,起动转矩 T_{st} 也跟着减小,电动机的动态转矩和加速度也减小,使起动过程拖长,且不能加速到额定转速。为了在整个起动过程中保持一定的起动转矩,加速起动过程,随着转速的上升需将起动电阻逐步切除。通常将起动电阻分成若干段逐级切除,起动完成后将电阻全部切除进入稳态运行,电阻切除可用手动控制或自动控制装置来实现。起动电阻分段数目越多,起动的加速过程就越平滑,但为了减少控制器数量及设备投资,段数不宜过多,只要将起动电流的变化保持在一定的范围内即可。

图 3-16 为他励直流电动机电枢串两级起动电阻的电路图。图中 KM、KM1、KM2 为接触器主触点,分别控制电源通断和两级起动电阻的投切,R_a 为电枢电阻,$R_{\Omega 1}$、$R_{\Omega 2}$ 为各段起动电阻。

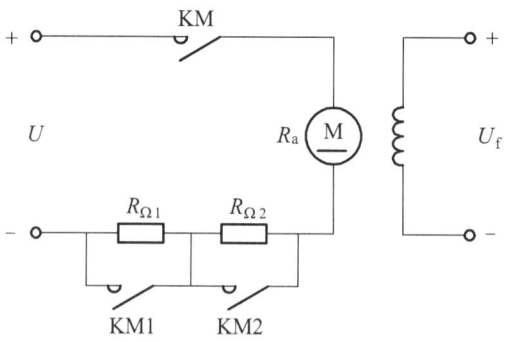

图 3-16 电枢串电阻分两级起动的电路图

起动过程的机械特性如图 3-17 所示。起动时,首先接通触点 KM,断开触点 KM1 和 KM2,电枢电阻和两段起动电阻串联($R_a + R_{\Omega 1} + R_{\Omega 2}$)接入电网。由于此时 $n = 0$、$E_a = 0$,设电源电压为 U_N,则起动电流为 $I_1 = \frac{U_N}{R_a + R_{\Omega 1} + R_{\Omega 2}}$,显然该值比较大。由 I_1 所产生的起动转矩为 T_1,

对应图 3-17 中的 A 点，由于 $T_1 > T_L$，电动机开始起动，转速升高，转矩下降（见图中特性直线 AB），加速度逐步变小。为了得到较大的加速度，到 B 点时将触点 KM2 接通，即将电阻 $R_{\Omega 2}$ 切除，B 点的电流 I_2 称为切换电流。电阻 $R_{\Omega 2}$ 切除后，电枢电路总电阻为 $R_a + R_{\Omega 1}$，电阻切换的瞬时，由于惯性作用转速 n 不会突变（动能不会突变），E_a 也保持不变，运行点由 B 点移至 C 点，机械特性变成直线 CD 了，此时电枢电流和电磁转矩均增加。如果电阻设计恰当，可保证 C 点的电流与 I_1 相等，电磁转矩也增大为 T_1，从而使电动机又获得较大的加速度。电动机沿直线 CD 加速到 D 点，再将触点 KM1 闭合，即切除电阻 $R_{\Omega 1}$，运行点由 D 点移至固有特性上的 E 点，由于起动设备不再切换起动电阻，拖动系统将沿直线 EF 继续加速到 G 点。此时，转速为 n_N，转矩 $T_{em} = T_L$，系统将稳定运行在 G 点，起动过程结束。

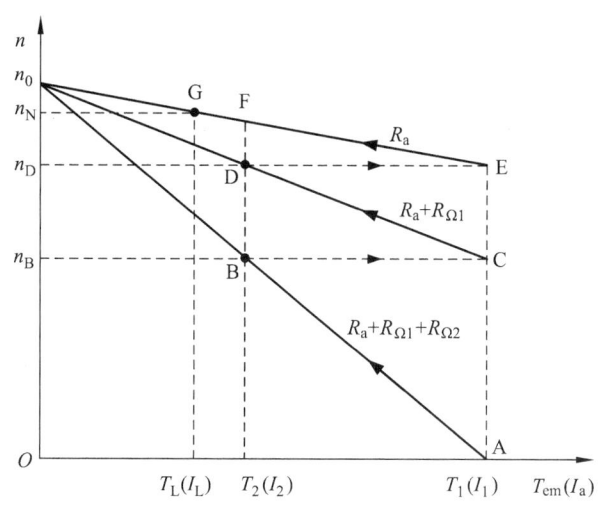

图 3-17 电枢串电阻分两级起动时的机械特性

必须指出，分级起动时应使每一级的 I_1（或 T_1）相等，每一级的 I_2（或 T_2）也应相等，这样可以使电动机具有较均匀的加速度，能改善电动机的换向情况并缓和转矩对传动机构与工作机械的有害冲击。

电枢回路串电阻的起动方法具有设备简单、可靠、成本低、操作方便等优点，但起动过程的能量损耗较大。

3.4 他励直流电动机的调速

为了提高生产效率或满足生产工艺的要求，许多生产机械在工作过程中都需要调速。例如，车床切削工件时，精加工用高转速，粗加工用低转速；轧钢机在轧制不同品种和厚度的钢材时，也必须有不同的工作速度。

电力拖动系统的调速可以采用机械调速、电气调速或二者配合起来调速。通过改变传动机构传动比进行调速的方法称为机械调速；通过改变电动机参数进行调速的方法称为电气调速。本节只介绍他励直流电动机的电气调速。

所谓调速，就是在所拖动的负载不变的前提下，人为改变电动机参数实现对其运行转速的调节。显然，改变电动机的参数就是人为地改变电动机的机械特性，从而使负载工作点发生变化，转速随之变化。可见，在调速前后，电动机必然运行在不同的机械特性上。如果机械特性不变，只是因负载变化而引起的电动机转速改变则不能称为调速。

根据他励直流电动机的转速公式

$$n = \frac{U - I_a(R_a + R_\Omega)}{C_e \Phi} \tag{3-18}$$

可知，当电枢电流 I_a 不变时（即负载恒定），只要改变电枢电压 U、电枢回路的串联电阻 R_Ω 或励磁磁通 Φ 三者之中的任意一个量，就可以改变转速 n。因此，他励直流电动机具有 3 种调速方法：调压调速、电枢串电阻调速和调磁调速。为了评价各种调速方法的优缺点，对调速方法提出了一定的技术经济指标，称为调速指标。下面先介绍调速指标，然后讨论他励直流电动机的 3 种调速方法及其与负载类型的配合问题。

3.4.1 调速指标

1. 调速范围

调速范围是指电动机在额定负载下可能运行的最高转速 n_{max} 与最低转速 n_{min} 之比，通常用 D 表示，即

$$D = \frac{n_{max}}{n_{min}} \tag{3-19}$$

不同的生产机械对电动机的调速范围有不同的要求。要扩大调速范围，必须尽可能地提高 n_{max}，降低 n_{min}。但是，最高转速 n_{max} 受电动机的机械强度、换向条件及电压等级等方面的限制；而最低转速 n_{min} 则受低速运行时转速的相对稳定性的限制。

2. 静差率（亦称相对稳定性）

相对稳定性是指负载变化时转速变化的程度，转速变化小，其相对稳定性好。转速的相对稳定性用静差率 δ 表示。当电动机在某一机械特性上运行时，由理想空载增加到额定负载，电动机的转速降 $\Delta n_N = n_0 - n_N$ 与理想空载转速 n_0 之比称为静差率，用百分数表示，即

$$\delta = \frac{\Delta n_N}{n_0} \times 100\% = \frac{n_0 - n_N}{n_0} \times 100\% \tag{3-20}$$

显然，电动机的机械特性越硬，静差率越小，转速的相对稳定性越高。但是静差率的大小不仅由机械特性的硬度决定，还与理想空载转速的大小有关。如图 3-18 中两条相互平行的机械特性曲线 2 和 3，它们的硬度相同，额定转速降也相等，即 $\Delta n_{N2} = \Delta n_{N3}$，但由于 $n_{02} > n_{03}$，则它们的静差率 $\delta_2 < \delta_3$。可见，同样硬度的特性，理想空载转速越低，静差率越大。

静差率和调速范围是相互制约的两项指标。图 3-18 中直线 1 和直线 4 为电动机最高转速和最低转速时的机械特性，则调速范围与最低转速时的静差率间的关系为：

$$D = \frac{n_{\max}}{n_{\min}} = \frac{n_{\max}}{n_{0\min} - \Delta n_N} = \frac{n_{\max}}{\dfrac{\Delta n_N}{\delta} - \Delta n_N} = \frac{n_{\max}\delta}{\Delta n_N(1-\delta)}$$

（3-21）

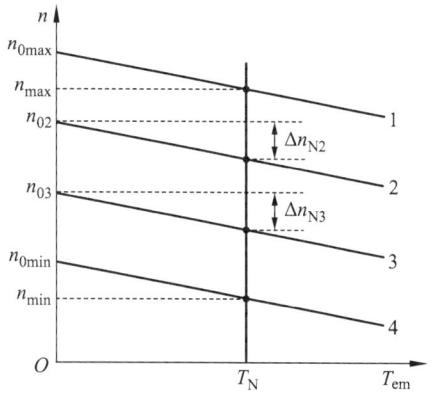

图 3-18 静差率与理想空载转速的关系

式中，Δn_N 为最低转速机械特性上的转速降；δ 为最低转速时的静差率，即系统的最大静差率。

由式（3-21）可知，若对静差率这一指标要求过高，即 δ 值越小，则调速范围 D 就越小；若要求调速范围 D 越大，则静差率 δ 也越大，转速的相对稳定性越差。因此，在保证一定静差率指标的前提下，要扩大调速范围，就必须减小转速降 Δn_N，也就是说，必须提高机械特性的硬度。

3. 调速的平滑性

在一定的调速范围内，调速的级数越多，就认为调速越平滑。相邻两级转速之比称为平滑系数，用 δ 表示，即

$$\varphi = \frac{n_i}{n_{i-1}}$$

（3-22）

平滑系数 φ 越接近于 1，则平滑性越好。当 $\varphi = 1$ 时称为无级调速，即转速可以连续调节，级数接近无穷多，此时调速的平滑性最好。当调速不连续时，级数有限，称为有级调速。

4. 调速的经济性

经济性包含两方面的内容：一是指调速设备的投资和调速过程中的能量损耗、运行效率及维修费用等；二是指电动机在调速时能否得到充分利用，即调速方法是否与负载类型相匹配。

3.4.2 调速方法

1. 电枢回路串电阻调速

以他励直流电动机拖动恒转矩负载为例说明。如图 3-19 所示，保持电源电压和主磁通为额定值不变，在电枢回路中串入

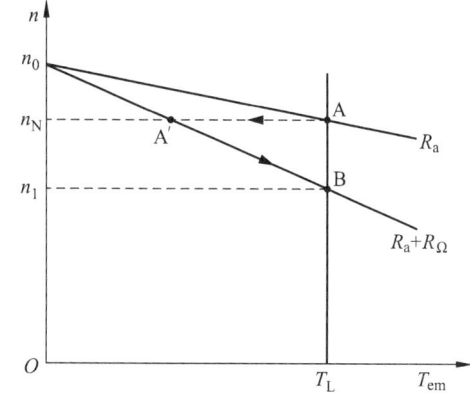

图 3-19 他励直流电动机电枢回路串电阻调速

不同阻值的电阻，可以得到一组人为机械特性。它们与负载特性的交点，即为电动机的稳定工作点。

现以转速由 n_N 降为 n_1 为例说明其调速过程。电动机原来在固有机械特性上的 A 点稳定运行，$T_{em}=T_L$，$n=n_N$。当电枢回路串入电阻 R_Ω 后，机械特性变为直线 n_0B，由于机械惯性，转速不会突变，工作点沿水平方向由 A 点平移到 A′点。在 A′点，由于 $T_{em}<T_L$，电动机减速运行，工作点沿 A′B 方向移动。随着 n 的逐渐减小，E_a 减小，I_a 和 T_{em} 增大，到达 B 点时，$T_{em}=T_L$，达到新的平衡，电动机便以较低的转速 n_1 在 B 点稳定运行，调速过程结束。

电枢回路串电阻调速时，串联的电阻越大，稳定运行转速越低。所以这种方法只能在低于额定转速的范围内调速，一般称为由基速（额定转速）向下调速。该调速方法的优点是设备简单、操作方便。但由于串联电阻后，机械特性变软，所以电动机易受负载波动的影响。另一方面，由于外串电阻只能分段调节，因而调速的平滑性差，只能实现有级调速。同时，串联的电阻上会产生较大的功率损耗，转速越低，所串电阻越大，损耗越大，效率越低，所以该调速方法不太经济。因此，电枢串电阻调速多用于对调速性能要求不高而且不经常调速的生产机械上，如起重机、电车等。

2. 降低电源电压调速

通常情况下，电动机的工作电压不允许超过额定电压，因此电枢电压只能在额定电压以下进行调节。降低电源电压调速的原理及过程如图 3-20 所示。

现以电动机拖动恒转矩负载为例说明其调速过程。电动机原来在固有机械特性的 A 点稳定运行，$T_{em}=T_L$，$n=n_N$，保持主磁通为额定值，电枢回路不串电阻，若将电源电

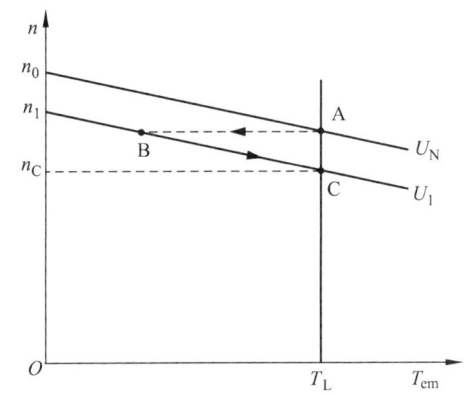

图 3-20　他励直流电动机降压调速原理及过程

压由 U_N 降低至 U_1，则电动机的机械特性变为直线 n_1C。由于机械惯性，转速不能突变，工作点由 A 点沿水平方向平移到 B 点。在 B 点，$T_{em}<T_L$，电动机减速运行，工作点沿 BC 方向变化，随着 n 的逐渐减小，E_a 减小，I_a 和 T_{em} 增大，到达 C 点时，$T_{em}=T_L$，达到新的平衡，电动机便以较低的转速 n_C 在 C 点稳定运行，调速过程结束。

降压调速时，电动机机械特性的硬度不变，即使低速运行，转速受负载波动的影响也很小，转速的稳定性较好。而且，若电源电压能够平滑调节，则电动机的转速就可以连续变化，即能实现无级调速。此外，采用该调速方法，电枢回路中没有附加电阻损耗，电动机的运行效率高。

但是降压调速需要一套独立可调的直流电源。目前用得最多的是晶闸管—电动机系统（简称 SCR-M 系统），如图 3-21 所示。容量较大的直流电动机一般用机组（交流电动机—直流发电机）作为可调直流电源，用晶闸管变流装置调节发电机 G 的励磁电流，可改变其发出的电压，从而实现对电动机 M 的降压调速，如图 3-22 所示。

降低电源电压调速是一种性能优越的调速方法，广泛用于对调速性能要求较高的生产机械上，如机床、轧钢机、造纸机等。

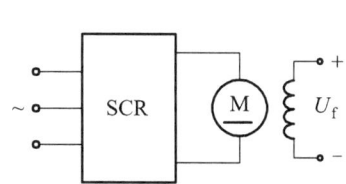

图 3-21 晶闸管-电动机系统

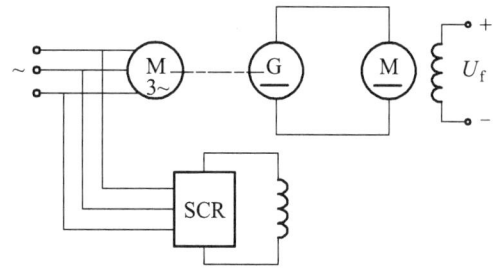

图 3-22 晶闸管励磁的发电机-电动机系统

3. 减弱磁通调速

额定运行的电动机，其磁路已基本饱和，即使励磁电流增加很大，磁通也增加很少。另外，从电动机的性能考虑也不允许磁路过饱和。因此，改变磁通只能从额定值往下调，即进行弱磁调速，其调速原理及过程如图 3-23 所示。

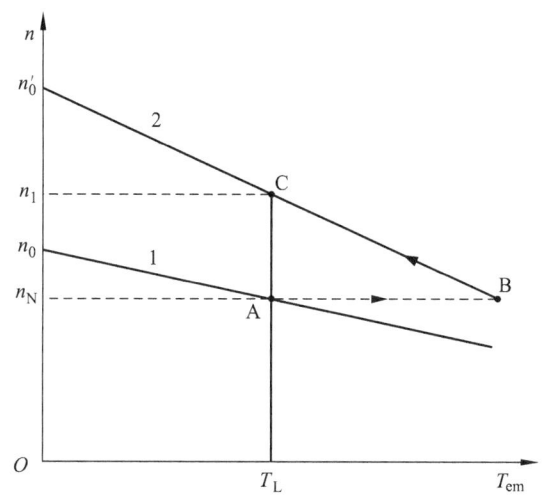

图 3-23 他励直流电动机弱磁调速原理及过程

现以电动机拖动恒转矩负载为例说明其调速过程。电动机原来在固有机械特性 1 的 A 点稳定运行，$T_{em} = T_L$，$n = n_N$，保持电源电压不变，电枢回路中不串电阻，减小电动机的励磁电流，使主磁通由 Φ_N 减小至 Φ_1，则电动机的机械特性变为直线 2，由于机械惯性，转速 n 不能突变，电枢电动势因磁通减少而减小，电枢电流 $I_a = (U-E_a)/R_a$ 增大。由于 R_a 较小，E_a 稍有变化就能使 I_a 增加很多，所以尽管 Φ 减小了，但 I_a 增加很多，电磁转矩 $T_{em} = C_T \Phi I_a$ 还是增大的。所以工作点由 A 点沿水平方向跃变到 B 点。在 B 点，$T_{em} > T_L$，电动机加速运行，工作点沿 BC 方向变化，到达 C 点时，$T_{em} = T_L$，达到新的平衡，电动机便以较高的转速 n_1 在 C 点稳定运行，调速过程结束。

弱磁调速时，由于在电流较小的励磁回路中进行调节，因而能量损耗小，控制方便，可以连续调节磁通值，实现无级调速，调速的平滑性较高。虽然弱磁升速后电枢电流 I_a 增大、电动机的输入功率 P_1 增大，但由于转速 n 升高，输出功率 P_2 也增大，电动机的效率基本不变，调速的经济性比较好。

但由于弱磁调速只能在基速以上的范围内调节转速，而且电动机的转速越高，换向越困难，电枢反应的去磁效应对转速稳定性的影响越大。所以弱磁调速所能达到的最高转速受换向能力、电枢机械强度和稳定性等因素的限制，不能升得太高。

在实际的直流电动机调速系统中，为了扩大调速范围，常把降压和弱磁两种基本调速方法结合起来，以额定转速为基速，在额定转速以下采用降压调速，在额定转速以上采用弱磁调速，从而在较宽广的范围内实现平滑的无级调速。

3.4.3 调速方式与负载类型的配合

1. 电动机的容许输出和调速方式

电动机的容许输出是指在一定的转速下，电动机长期工作所能输出的最大转矩和功率。电动机在额定转速下容许输出的功率主要取决于电动机的发热，而发热又主要取决于电枢电流。在调速过程中，只要电动机在不同转速下电枢电流 I_a 不超过额定值 I_N，则其发热就不会超过容许的限制。因此，在一定转速下，对应额定电流时的输出转矩与功率便是电动机的容许输出转矩和功率。如在不同的转速下，电动机都能保持电枢电流为 I_N，则电动机就能得到充分利用。

以电动机在不同转速下都能得到充分利用为条件，可以把直流电动机的调速分为恒转矩调速和恒功率调速两种方式。

（1）恒转矩调速方式。

在采用电枢串电阻调速和降压调速时，主磁通 $\Phi = \Phi_N$ 保持不变，如果在不同转速下保持电流 $I_a = I_N$ 不变，则电动机的输出转矩和输出功率分别为

$$\left.\begin{aligned} T_2 &= T_{em} - T_0 \approx T_{em} = C_T \Phi_N I_N = 常数 \\ P_2 &= T_2 \Omega = T_2 \times \frac{2\pi n}{60} = \frac{T_2 n}{9.55} = Cn \end{aligned}\right\} \quad (3\text{-}23)$$

式中，C 为常数。

由式（3-23）可知，这两种调速方法在整个调速范围内，容许输出转矩为恒值，故称为恒转矩调速方式，而容许输出功率则与转速成正比。

（2）恒功率调速方式。

弱磁调速时，主磁通 Φ 是变化的，如果在不同转速下保持电流 $I_a = I_N$ 不变，则电动机的输出转矩和输出功率分别为

$$\left.\begin{aligned} T_2 &\approx T_{em} = C_T \Phi I_N = C_T \frac{U_N - I_N R_a}{C_e n} I_N = \frac{C_1}{n} \\ P_2 &= T_2 \Omega = \frac{T_2 n}{9.55} = \frac{C_1}{n} \times \frac{n}{9.55} = \frac{C_1}{9.55} = 常数 \end{aligned}\right\} \quad (3\text{-}24)$$

式中，C_1 为常数。

由式（3-24）可知，弱磁调速时，容许输出功率为常数，故称为恒功率调速方式，而容许输出转矩则与转速成反比。

必须指出，电动机的容许输出转矩或功率只表示电动机的利用限度，并不代表电动机的实际输出。而实际输出的大小由不同转速下的负载转矩特性 $T_2 = T_L = f(n)$ 和负载功率特性 $P_2 = f(n)$ 所决定，这就存在一个调速方式与负载类型相互匹配的问题。因此，应根据不同的负载类型，选择合适的调速方式，才能使电动机得到充分利用。

2. 调速方式与负载类型的配合

（1）恒转矩调速方式与负载类型的配合。

当电动机采用恒转矩调速方式拖动恒转矩负载运行时，若 $T_L = T_N$，那么无论电动机转速是多少，电枢电流 I_a 将始终维持 I_N 不变，即电动机得到充分利用。

拖动恒功率负载运行时，为了保证整个调速范围内电动机的输出转矩不超过容许值，需要按最低转速时的 T_{Lmin} 来选择电动机，使 $T_{em} = T_{Lmin}$，此时，若 $T_{Lmin} = T_N$，则 $I_a = I_N$，电动机得到了充分利用。但是，当电动机转速升高后，负载转矩 T_L 减小，电动机实际输出转矩和电枢电流也相应减小，$I_a < I_N$，电动机得不到充分利用。

因此，为了使电动机能得到充分利用，在拖动恒转矩负载时，应采用恒转矩调速方式，即电枢串电阻调速或降压调速。

（2）恒功率调速方式与负载类型的配合。

当电动机采用恒功率调速方式拖动恒功率负载运行时，若 $P_2 = P_L = P_N$，那么无论电动机转速是多少，电枢电流 I_a 将始终维持 I_N 不变，即电动机得到充分利用。

拖动恒转矩负载运行时，由于是恒功率调速方式，因此最高转速 n_{max} 对应的磁通 Φ 最小，由 $T_{em} = C_T \Phi I_a$ 可知，此时电枢电流 I_a 最大。为了使电动机得到充分利用而又不过热，应使最高转速 n_{max} 时的 $I_a = I_N$，通过调节磁通，可使电动机的容许输出转矩等于负载转矩。当电动机运行在低转速时，磁通 Φ 变大，由于 $T_{em} = C_T \Phi I_a = T_L =$ 恒值，则可知低转速下对应的电枢电流变小，即 $I_a < I_N$，电动机得不到充分利用。

因此，为了使电动机得到充分利用，在拖动恒功率负载时，应采用弱磁调速，即恒功率调速方式。三种调速方法的比较总结见表3-1。

表3-1 直流电动机三种调速方法比较

调速指标	电枢串电阻调速	降压调速	弱磁调速
调速方向	从 n_N 向下调速	从 n_N 向下调速	从 n_N 向上调速
一般静差率要求下的调速范围	2~3（无静差率要求时）	4~8	一般电动机：1.2~2 特殊电动机：3~4
调速平滑性	差	好	好
调速相对稳定性	差	好	较好
容许输出	恒转矩	恒转矩	恒功率
电能损耗	大	较小	小
设备投资	少	多	较少

例 3-2 一台他励直流电动机的额定数据为：$P_N = 22$ kW，$U_N = 220$ V，$I_N = 115$ A，$n_N = 1\,500$ r/min，$R_a = 0.1\ \Omega$。保持额定负载转矩不变，试计算：

(1) 电枢回路串入 $0.6\ \Omega$ 电阻后的稳态转速；

(2) 电源电压降为 150 V 时的稳态转速；

(3) 磁通减弱为 $0.8\varPhi_N$，若要求 $I_a \leqslant I_N$，求电机能输出的最大转矩与功率。

解：
$$C_e\varPhi_N = \frac{U_N - I_N R_a}{n_N} = \frac{220 - 115 \times 0.1}{1\,500} = 0.139$$

(1) 因保持额定负载转矩不变，且磁通不变，所以 $I_a = I_N$ 不变。

$$n = \frac{U_N - (R_a + R_\Omega)I_a}{C_e\varPhi_N} = \frac{220 - (0.1 + 0.6) \times 115}{0.139} = 1\,003.6\ (\text{r/min})$$

(2) 因保持额定负载转矩不变，且磁通不变，所以 $I_a = I_N$ 仍不变。

$$n = \frac{U - R_a I_a}{C_e\varPhi_N} = \frac{150 - 0.1 \times 115}{0.139} = 996.4\ (\text{r/min})$$

(3) 因为 $\varPhi = 0.8\varPhi_N$，I_a 取最大值 I_N，则电动机的容许输出转矩为

$$T_2 = C_T \varPhi I_N = 9.55 \times 0.8 C_e\varPhi_N I_N = 9.55 \times 0.8 \times 0.139 \times 115 = 122.1\ (\text{N}\cdot\text{m})$$

此时的稳定转速为

$$n = \frac{U_N - R_a I_N}{C_e \varPhi} = \frac{220 - 0.1 \times 115}{0.8 \times 0.139} = 1\,875\ (\text{r/min})$$

电动机的容许输出功率为

$$P_2 = T_2 \Omega = \frac{2\pi}{60} T_2 n = \frac{2\pi}{60} \times 122.1 \times 1\,875 = 23.96\ (\text{kW})$$

$$\frac{P_2}{P_N} = \frac{23.96}{22} = 1.089$$

可见，弱磁调速时，若保持电动机充分利用，即 $I_a = I_N$ 不变，则电机的输出功率接近恒定，说明弱磁调速属于恒功率调速。

3.5 他励直流电动机的制动

根据电磁转矩 T_{em} 和转速 n 之间的关系，可以把电机分为两种运行状态：当 T_{em} 与 n 同方向时，称为电动运行状态，此时的电磁转矩为驱动转矩，对应的机械特性位于第一、三象限；当 T_{em} 与 n 反方向时，称为制动运行状态，此时的电磁转矩为制动转矩，对应的机械特性位于第二、四象限。

在电力拖动系统中，电动机经常需要工作在制动状态。例如，许多生产机械工作时，往往需要快速停车或者由高速运行迅速转为低速运行，这就要求电动机进行制动；对于像起重

机等位能性负载的工作机构，为了获得稳定的下放速度，电动机也必须运行在制动状态。因此，电动机的制动运行也是十分重要的。

他励直流电动机的电气制动包括能耗制动、反接制动和回馈制动 3 种方式。

3.5.1 能耗制动

1. 能耗制动的原理

图 3-24 为他励直流电动机能耗制动的原理图。当接触器 KM1 闭合，KM2 断开时，电动机工作在电动状态。制动时，保持励磁电流不变，断开 KM1，同时快速闭合 KM2，此时电动机的电枢脱离电源，接到一个外加制动电阻 R_z 上去，进入制动状态。

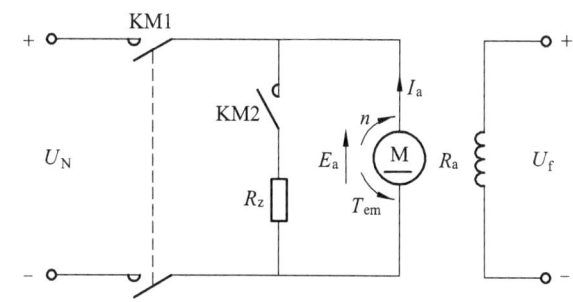

图 3-24 他励直流电动机能耗制动原理图

由于惯性，此时的电动机转速 n 不会突变，其方向仍与电动状态时相同，所以感应电势 $E_a = C_e\Phi n$ 的方向也与电动状态时相同。在 E_a 作用下产生电枢电流 I_a，由于 $U = 0$，故 $I_a = -E_a/(R_a + R_z)$ 为负值，即 I_a 方向发生改变，与 E_a 方向相同，故电磁转矩 $T_{em} = C_T\Phi I_a$ 也为负值，与电动状态时相反，即与转速 n 方向相反，因此 T_{em} 是一制动转矩，使电动机迅速减速。实际上，此时的电机处于发电机状态，将系统的动能转化成电能，消耗在电枢回路总电阻（R_a+R_z）上，故称为能耗制动。

2. 能耗制动的机械特性

能耗制动时 $U = 0$，电枢回路总电阻 $R = R_a + R_z$，根据式（3-7）可得能耗制动时的机械特性方程式，即

$$n = -\frac{R_a + R_z}{C_e C_T \Phi^2} T_{em} \tag{3-25}$$

显然，能耗制动时的机械特性为一条过原点的直线，它与电枢串联电阻 R_z 时的人为机械特性相互平行。由于能耗制动时转速方向没变，I_a 与 T_{em} 均变为负值（电动状态时为正），故它的机械特性位于第二象限，如图 3-25 所示。制动前电动机工作在固有机械特性上的 A 点，转速为 n_z，则在能耗制动开始瞬间，转速不会突变，工作点将由 A 点平移到能耗制动特性上的 B 点，B 点的转速为正值，电磁转矩为 $-T_B$（制动性质），电动机在该制动转矩与负载转矩的共同作用下迅速减速，$n\downarrow\to E_a\downarrow\to I_a\downarrow\to T_{em}\downarrow$，工作点沿特性下降。下面根据负载性质说明电机的具体运行情况：

（1）对于反抗性负载，转速 n 将沿特性迅速下降至零，此时 $T_{em} = 0$，电动机停车。

（2）对于位能性负载，当 $n = 0$、$T_{em} = 0$ 时，在位能性负载的重力作用下，电动机将反向加速运行，即进入第四象限，转速 n 反向为负值，此时 E_a、I_a、T_{em} 随之反向变为正值，随着

电动机反向转速的增加，T_{em} 也相应增加，直到 $T_{em} = T_L$，达到新的平衡（图 3-25 的 C 点），系统在第四象限稳定运行，实现负载的恒速下放。

由上述分析可知，能耗制动对于反抗性负载可实现准确停机，而对于位能性负载不能准确停机，但能实现稳速下放。

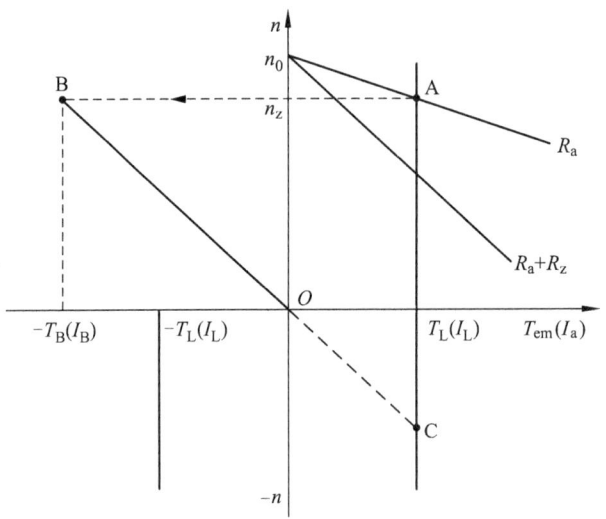

图 3-25 他励直流电动机能耗制动的机械特性

由能耗制动的机械特性可知，制动电阻 R_z 越小，则其斜率越低，特性越平，制动转矩的绝对值越大，制动越快。但由 $I_a = -E_a/(R_a + R_z)$ 可知，R_z 又不能太小，否则 I_a 及制动转矩将会过大，对电动机不利。因此，制动过程中电枢电流应有一个上限，即电动机允许的最大电流 I_{amax}，该电流出现在制动开始的瞬间（图 3-25 中的 B 点），一般规定最大制动电流 $I_{amax} \leq 2I_N$，据此可以来计算电枢回路串入的制动电阻 R_z。

根据电压平衡方程式，对 A 点有

$$E_a = U_N - I_L R_a = C_e \Phi n_z \tag{3-26}$$

由于制动瞬间转速不突变，即 A、B 两点的 E_a 相同，则对 B 点有 $U = 0$，则

$$E_a = -I_B(R_a + R_z) \tag{3-27}$$

因制动电流不超过 I_{amax}，即 $|-I_B| \leq |-I_{amax}|$，由式（3-27）可得

$$R_z \geq -\frac{E_a}{I_{amax}} - R_a \tag{3-28}$$

式中，E_a 为能耗制动开始时的电枢感应电势，可由式（3-26）得到；I_{amax} 为制动时的最大制动电流，为一负值，故计算时应将负值代入。

例 3-3 某他励直流电动机，$P_N = 21\text{ kW}$，$U_N = 220\text{V}$，$I_N = 100\text{ A}$，$n_N = 980\text{ r/min}$，$R_a = 0.15\ \Omega$。试求：

（1）在额定状态下进行能耗制动，欲使最大电流等于 $2I_N$，电枢应串入多大的制动电阻？

（2）如果无外串电阻，最大制动电流为多大？

解：（1）最大电流出现在能耗制动开始时，此时的感应电动势为

$$E_a = U_N - I_N R_a = 220 - 100 \times 0.15 = 205 \text{（V）}$$

由题意可知，最大制动电流为

$$I_{a\max} = -2I_N = -2 \times 100 = -200 \text{（A）}$$

故电枢应串入的制动电阻为

$$R_z = -\frac{E_a}{I_{a\max}} - R_a = -\frac{205}{-200} - 0.15 = 0.875 \text{（Ω）}$$

（2）若无外串电阻，则最大制动电流为

$$I_{a\max} = -\frac{E_a}{R_a} = -\frac{205}{0.15} = -1366.7 \text{（A）}$$

此电流约为额定电流的 14 倍，这是绝对不允许的，故能耗制动时不允许直接将电枢短接，必须串入一个适当的制动电阻。

3.5.2 反接制动

1. 电枢反接的反接制动

该制动的实现方法是将电枢两端的电源反接，并在电枢回路中串入电阻 R_Ω，其原理图如图 3-26 所示。

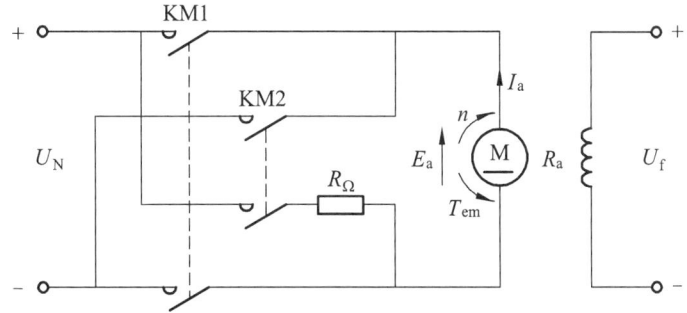

图 3-26 电枢反接的反接制动接线原理图

当接触器 KM1 闭合、KM2 断开时，电机工作在电动状态。如果保持 $\Phi = \Phi_N$ 不变，断开 KM1、闭合 KM2，此时电动机的电枢两端与电源反向接通，即电枢电压反向变为负值，同时在电枢回路串入一个较大的电阻 R_Ω。由于转速 n 及电枢电势 E_a 不会突变，故电枢电流 $I_a = \dfrac{-U_N - E_a}{R_a + R_\Omega}$ 变为负值，即 I_a 反向，则 T_{em} 也随之反向，系统进入反接制动状态。

电枢反接的反接制动时，$U = -U_N$、$\Phi = \Phi_N$、电枢回路总电阻 $R = R_a + R_\Omega$，故其机械特性方程式为

$$n = \frac{-U_N}{C_e \Phi_N} - \frac{R_a + R_\Omega}{C_e C_T \Phi_N^2} T_{em} = -n_0 - \frac{R_a + R_\Omega}{C_e C_T \Phi_N^2} T_{em} \tag{3-29}$$

由式（3-29）可知，其机械特性是一条过（0，$-n_0$）点，斜率为 $\beta = \frac{R_a + R_\Omega}{C_e C_T \Phi_N^2}$ 的直线，如图 3-27 所示。制动前电机运行在电动状态，即工作在固有机械特性曲线 1 上的 A 点。当电枢反接的瞬间，转速不突变，电动机从 A 点平移到反接制动机械特性曲线 2 上的 B 点，此时 I_a 和 T_{em} 均反向，T_{em} 变为制动转矩，电动机开始沿特性曲线 2 减速。$n\downarrow \to E_a\downarrow \to I_a\downarrow \to T_{em}\downarrow$，工作点沿特性曲线 2 由 B 点向 C 点变化，到达 C 点时，$n=0$，下面根据负载性质说明电机的具体运行情况。

（1）对于反抗性负载，若此时的电磁转矩 $T_C \leqslant T_L$，则电动机在 C 点停机；若此时的电磁转矩 $T_C > T_L$，则电动机将在负的电磁转矩的作用下反向起动，进入反向电动运行状态，最终在 D 点转矩平衡，电动机以较低速度稳定运行在第三象限。

（2）对于位能性负载，负载转矩恒为正值，此时不管电磁转矩多大，电动机都将在位能性负载的重力作用下倒拉反转，即进入反向电动状态，直到 E 点转矩达到平衡，电动机以较高速度稳定运行在第四象限。

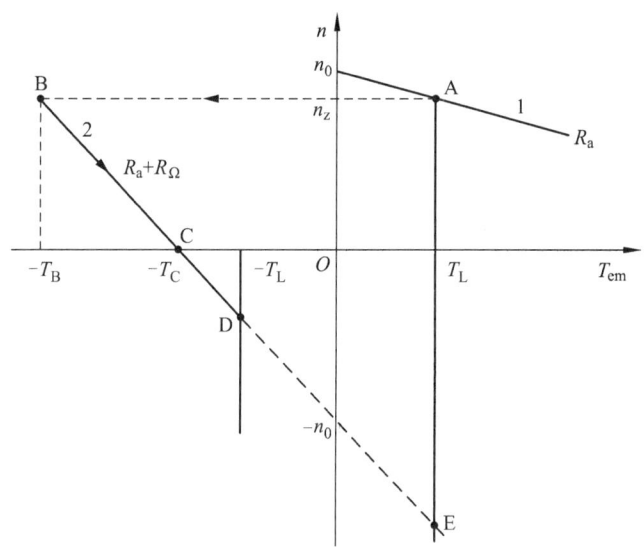

图 3-27　电枢反接的反接制动机械特性

电枢回路所串电阻的作用是限制制动电流，为了使反接制动过程中的电枢电流不超过允许值 $I_{a\max}$，即 $|-I_B| \leqslant |I_{a\max}|$，则电枢回路应串入的电阻为

$$R_\Omega \geqslant \frac{-U_N - E_a}{I_{a\max}} - R_a \tag{3-30}$$

式中，E_a 为制动开始时的电枢感应电势，可由式（3-26）得到；$I_{a\max}$ 为制动时的最大制动电流，为一负值，故计算时应将负值代入。

将式（3-30）与式（3-28）对比可知，若由同一工作点进行制动且最大电流相同，则电枢

回路所串电阻 R_Ω 比能耗制动时的 R_z 大近一倍,特性曲线的斜率大很多,图 3-27 中整个 BC 段的制动转矩都比较大,因此它比能耗制动时制动作用更强烈,制动效果更好。但其缺点是能量损耗大,且不能准确停机。因此,要保证反接制动时电动机能准确停机,则需采取一定措施避免电机反转。例如,当 n 接近于零时切断电源,让其自由停车;对反抗性负载还可配合能耗制动方式实现快速准确停机。

2. 转速反向的反接制动

该制动方法只适用于位能性恒转矩负载,现以起重机下放重物为例来说明。

正向电动状态(提升重物)时,电动机工作在固有机械特性上的 A 点,如图 3-28 所示。如果在电枢回路中串联一个较大的电阻 R_Ω,便可实现转速反向的反接制动。串联电阻 R_Ω 后将得到一条斜率较大的人为机械特性,如图 3-28 中的直线 n_0D 所示。串联电阻瞬间,因转速不能突变,E_a 不变,I_a 将减小,T_{em} 也将减小,工作点由 A 点平移到 B 点,此后电动机将开始减速,E_a 逐渐减小,I_a 和 T_{em} 逐渐增大,工作点沿

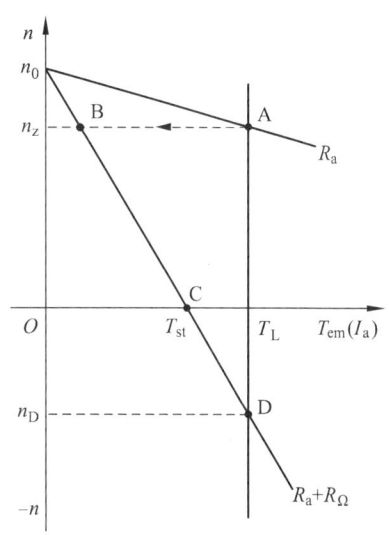

图 3-28 转速反向的反接制动机械特性

人为机械特性曲线由 B 点向 C 点变化。到达 C 点时,$n = 0$、$E_a = 0$、$T_{st}<T_L$,电动机在负载重力的作用下反向起动,开始下放重物。此时 $n<0$,$E_a = C_e\Phi n$ 将改变方向,与电枢电压 U 同向,从而使 I_a 的方向不变,$T_{em} = C_T\Phi I_a$ 的方向也不变。这样,电机反转后,T_{em} 与 n 反向,电机处于制动状态,运行在如图 3-28 中的 CD 段。随着电机反向转速的增加,E_a 增大,I_a 和 T_{em} 也相应增大。当到达 D 点时,$T_{em} = T_L$,电机便以稳定的转速匀速下放重物。

显然,电枢串联的电阻 R_Ω 越大,人为机械特性的斜率也就越大,则其与负载特性的交点越往下移,即下放重物的速度越快。

在转速反向的反接制动状态下,$U = U_N$、$\Phi = \Phi_N$、电枢回路总电阻 $R = R_a + R_\Omega$,故其机械特性方程式为 $n = \dfrac{U_N}{C_e\Phi_N} - \dfrac{R_a + R_\Omega}{C_eC_T\Phi_N^2}T_{em} = n_0 - \dfrac{R_a + R_\Omega}{C_eC_T\Phi_N^2}T_{em}$,该式与电动状态下电枢串电阻的人为机械特性方程式相同,只不过此时电枢串联的电阻值较大。因此,转速反向的反接制动特性曲线是电动状态电枢串电阻人为机械特性在第四象限的延伸部分。

由于 $n<0$,E_a 改变方向,故电压平衡方程式变为

$$I_a(R_a + R_\Omega) = U_N - (-E_a) = U_N + E_a \tag{3-31}$$

式(3-31)两边同乘以 I_a,可得

$$I_a^2(R_a + R_\Omega) = U_N I_a + E_a I_a \tag{3-32}$$

式(3-32)中,$U_N I_a$ 表示电源输入的电功率,$E_a I_a$ 表示电机轴上的位能性负载重力势能转变成的电磁功率。显然,该制动状态下的能量转换关系为:电网输入的电能和重力势能转换

成的电能同时消耗在电枢回路总电阻（R_a+R_Ω）上，其能量损耗大。

综上所述，反接制动设备简单，操作方便，制动效果较好，但所串电阻较大，机械特性较软，能量损耗大。其中，电枢反接的反接制动适用于要求快速制动和迅速反转的场合，常用于反抗性负载的低速反转，还可用于位能性负载的高速下放；而转速反向的反接制动常用于位能性负载的低速下放。改变电枢回路外串的电阻值，即可改变下放速度，在同一负载转矩下，所串电阻越大，下放速度越高。

3.5.3 回馈制动

电动状态下运行的电动机，在某种条件下会出现运行转速 n 高于理想空载转速 n_0 的情况，此时 $E_a>U$，电枢电流反向，电磁转矩的方向也随之改变，由拖动转矩变成制动转矩。从能量传递方向看，电机处于发电状态，将机械能变换成电能回馈给电网，因此称这种状态为回馈制动状态。

回馈制动时的机械特性方程式与电动状态时相同，只是运行在机械特性曲线上不同的区段而已。若其机械特性在第二象限，即转速为正且 $n>n_0$ 时，称为正向回馈制动；若其机械特性在第四象限，即转速为负且 $|-n|>|-n_0|$ 时，称为反向回馈制动。

1. 正向回馈制动

以降压调速为例来说明正向回馈制动的原理。降压调速的机械特性如图 3-29 所示，调速前，电动机工作在固有机械特性曲线 1 上的 A 点。当电压由 U_N 降低到 U_1 的瞬间，转速 n 不会突变，感应电势 E_a 也不突变，电动机从 A 点平移到人为机械特性曲线 2 上的 B 点，此时 $n>n_{01}$，则 $E_a>U_1$，I_a 将反向，T_{em} 也随之反向，变为制动转矩，即进入回馈制动状态。如果保持 U_1 不变，转速将沿着特性曲线 2 逐渐降低，E_a 也随之减小，

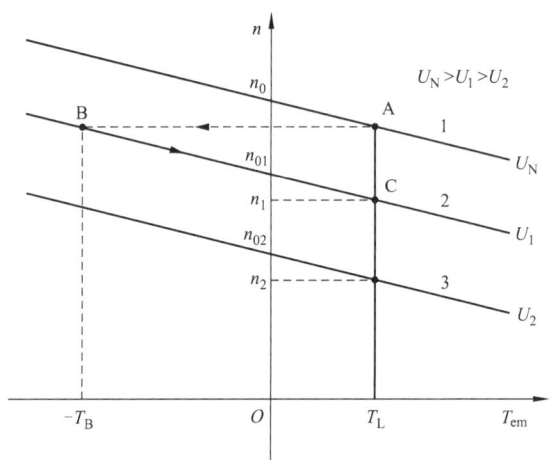

图 3-29 降压调速的机械特性

当转速 $n<n_{01}$，即 $E_a<U_1$ 时，I_a 和 T_{em} 将变为正值，即恢复到电动状态，并最终在 C 点以转速 n_1 稳定运行。因此回馈制动状态的机械特性仅为 Bn_{01} 段，出现在第二象限。若要继续保持回馈制动状态，则应在转速降低至对应电压的理想空载转速前不断降低电源电压，以保证 $n>n_0$。

2. 反向回馈制动

以反接制动时位能性负载的高速下放为例来说明反向回馈制动的原理。电枢反接的反接制动的机械特性如图 3-30 所示，电动机由曲线 1 上的 A 点过渡到曲线 2 上的 B 点，进入反接制动状态。当转速降为零时（C 点），在位能性负载的重力作用下电机进入反向电动状态，电

动机沿曲线 2 从 C 点开始反向加速，到 D 点后继续加速，电机转速将超过理想空载转速，即 $|-n|>|-n_0|$，则 $|-E_a|>|-U_N|$，I_a 将反向，T_{em} 也随之反向，与转速 n 方向相反，电动机进入反向回馈制动状态，最后在 E 点达到平衡（$T_{em}=T_L$），实现重物的稳速下放。因此反向回馈制动状态的机械特性仅为图 3-30 中的 DE 段，出现在第四象限。

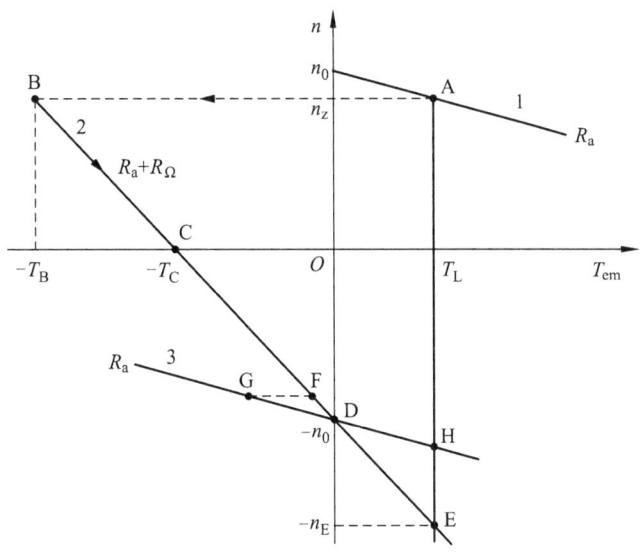

图 3-30 位能性负载高速下放时的机械特性

上述过程中位能性负载的下放速度很高，若要获得较低的下放速度，可在进入回馈制动前将电枢回路所串的电阻 R_Ω 切除，即在固有机械特性上进行回馈制动，如图 3-30 所示。具体过程如下：当电动机沿曲线 2 反向加速接近 $-n_0$ 时，即 F 点，切除电阻 R_Ω，机械特性变为曲线 3，工作点由 F 点平移到 G 点。然后，电机由 G 点沿曲线 3 反向加速至 D 点后进入回馈制动状态，并最终在 H 点稳速下放，显然，该转速远低于 n_E。

由上述分析可知，回馈制动时，I_a 与 E_a 同方向，则电磁功率 $E_aI_a>0$，即电动机轴上的机械能转换成电能回馈至电网。因此，与能耗制动、反接制动相比其能量损耗较小，但回馈制动仅出现在 $|n|>|n_0|$ 时，应用范围较窄。三种制动方法的比较总结见表 3-2。

表 3-2 直流电动机三种制动方法比较

制动方法	优点	缺点	应用场合
能耗制动	① 制动减速较平稳、可靠； ② 控制线路较简单； ③ 便于实现准确停车	制动转矩随转速降低成正比例减小，制动效果不如反接制动	宜用于不要求反转、减速要求较平稳的场合，也可用以控制位能性负载下放的速度
反接制动	① 制动过程中，制动转矩较稳定，制动较强烈，制动较快； ② 在电动机停转时，仍存在制动转矩	① 制动过程有大量的能量损耗； ② 不能准确停车，制动到 $n=0$ 时，如不及时切断电源，电动机会自行反向加速	① 对于转速反向的反接制动，可用于位能性负载，一般可在 $n<n_0$ 的条件下稳速下放； ② 对于电枢反接制动，宜用于要求迅速反转、较强制动力的场合

续表

制动方法	优 点	缺 点	应用场合
回馈制动	① 不需改接线路，即可从电动状态自行转换到回馈制动状态； ② 电能可回馈电网，较为经济	① 当 $n<n_0$，即 $E_a<U_N$ 时，不能实现回馈制动； ② 单用回馈制动，不能使转速下降到零	① 可用于位能性负载，在 $n>n_0$ 条件下稳速下放； ② 在降压调速或增磁调速时可自行转入回馈制动状态

例 3-4 一台他励直流电动机，$P_N = 33$ kW，$U_N = 440$ V，$I_N = 80$ A，$n_N = 1\,000$ r/min，$R_a = 0.35\,\Omega$。试求：

（1）带反抗性负载，从 $n = 600$ r/min 进行能耗制动，若将最大电流限制在 120 A，则电枢应串入多大的电阻？

（2）带位能性负载作反接制动，$I_a = 80$ A 时，$n = -600$ r/min，则电枢应串入多大的电阻？

（3）带位能性负载在固有特性上作回馈制动下放，$T_L = 0.5T_N$，则电动机的稳定下放速度为多少？

（4）带位能性负载作反接制动，$I_a = 80$ A 时，$n = -1\,350$ r/min，则电枢应串入多大的电阻？

解：由题意可知

$$C_e\Phi_N = \frac{U_N - I_N R_a}{n_N} = \frac{440 - 80 \times 0.35}{1\,000} = 0.412$$

$$n_0 = \frac{U_N}{C_e\Phi_N} = \frac{440}{0.412} = 1\,068 \text{ （r/min）}$$

（1）最大电流出现在能耗制动开始时，此时的感应电动势为

$$E_a = C_e\Phi_N n = 0.412 \times 600 = 247.2 \text{ （V）}$$

则电枢回路应串入的电阻为

$$R_z = -\frac{E_a}{I_{a\max}} - R_a = -\frac{247.2}{-120} - 0.35 = 1.71 \text{ （}\Omega\text{）}$$

（2）由题意知 $|-n| < |-n_0|$，故采用的是转速反向的反接制动。则电枢应串入的电阻为

$$R_\Omega = \frac{U_N - E_a}{I_a} - R_a = \frac{U_N - C_e\Phi_N n}{I_a} - R_a = \frac{440 - 0.412 \times (-600)}{80} - 0.35 = 8.24 \text{ （}\Omega\text{）}$$

（3）此时的机械特性如图 3-30 中 GH 段，因 $T_L = 0.5T_N$，忽略 T_0，则 $I_a = 0.5I_N$，故电动机的稳定下放速度为

$$n = -n_0 - \frac{R_a}{C_e\Phi_N}I_a = -1\,068 - \frac{0.35}{0.412} \times 0.5 \times 80 = -1\,102 \text{ （r/min）}$$

（4）由题意知 $|-n| > |-n_0|$，故采用的是电枢反接的反接制动。则电枢应串入的电阻为

$$R_\Omega = \frac{-U_N - E_a}{I_a} - R_a = \frac{-U_N - C_e\Phi_N n}{I_a} - R_a = \frac{-440 - 0.412 \times (-1350)}{80} - 0.35 = 1.1 \text{ （}\Omega\text{）}$$

习 题

3-1 电力拖动系统运动方程式中,各转矩正、负号是如何规定的?

3-2 生产机械的负载转矩特性常见的有哪几类?何谓反抗性负载?何谓位能性负载?

3-3 电力拖动系统稳定运行的条件是什么?

3-4 什么是固有机械特性?什么是人为机械特性?他励直流电动机的固有特性和各种人为特性各有什么特点?

3-5 功率大的他励直流电动机为什么不能直接起动?直接起动会引起什么不良后果?

3-6 试说明他励直流电动机分别处于电动状态、能耗制动状态、回馈制动状态及反接制动状态下的能量关系。

3-7 他励直流电动机有几种调速方法?各有什么特点?

3-8 什么叫恒转矩调速方式?什么叫恒功率调速方式?它们各自与什么性质的负载配合才合适?

3-9 静差率与调速范围有什么关系?为什么要同时提出才有意义?

3-10 造成直流电动机不能起动的可能原因有哪些?应如何处理?

3-11 一台他励直流电动机,铭牌数据为:$P_N = 10$ kW,$U_N = 220$ V,$I_N = 53.4$ A,$n_N = 1\,500$ r/min,$R_a = 0.4\,\Omega$。试求:① 电动机额定运行时的电磁转矩、输出转矩和空载转矩;② 理想空载转速和实际空载转速;③ 半载时的转速;④ $n = 1\,600$ r/min 时的电枢电流。

3-12 一台他励直流电动机,铭牌数据为:$P_N = 2.5$ kW,$U_N = 220$ V,$I_N = 12.5$ A,$n_N = 1\,500$ r/min,$R_a = 0.8\,\Omega$。试求:① 当电动机以 1\,200 r/min 的转速运行时,采用能耗制动停车,若限制最大制动电流为 $2I_N$,则电枢回路应串入多大的制动电阻;② 若带位能性恒转矩负载,负载转矩 $T_L = 0.9\,T_N$,采用能耗制动使负载以 120 r/min 转速稳速下降,电枢回路应串入多大制动电阻。

3-13 一台并励直流电动机,铭牌数据为:$P_N = 15$ kW,$U_N = 220$ V,$I_N = 78$ A,$n_N = 1\,000$ r/min,$R_a = 0.376\,\Omega$,$R_f = 220\,\Omega$。试求:① 当电机以 500 r/min 的转速吊起 0.8 倍额定重力负载时,电枢回路中应串入多大电阻?② 可以采用哪几种方法实现电机以 500 r/min 的转速带上述负载恒速下放?请计算每种方法电枢回路中应串入的电阻;③ 当电机在①中情况下工作时突然改换电源极性,要求电枢电流不超过 1.5 I_N,求电枢回路中应串接的电阻及稳定时的电机转速。

3-14 一台他励直流电动机,铭牌数据为:$P_N = 75$ kW,$U_N = 110$ V,$I_N = 79.84$ A,$n_N = 1\,500$ r/min,$R_a = 0.101\,4\,\Omega$。试求:① $U = U_N$、$\Phi = \Phi_N$ 条件下,电枢电流 $I_a = 60$ A 时稳态转速是多少?② $U = U_N$ 条件下,主磁通减少 15%,保持额定负载转矩不变,稳态运行时电动机电枢电流与转速分别是多少?③ $U = U_N$、$\Phi = \Phi_N$ 条件下,所带负载转矩为 $0.8T_N$,若电动机稳态运行时转速为 -800 r/min,则电枢回路中应串入多大电阻?

第 4 章

变压器

变压器是电力系统中非常重要的设备，它是一种静止的交流电器，利用电磁感应作用，将一种电压（电流）等级的交流电能转变成同频率的另一种电压（电流）等级的交流电能，以满足对电能传输、分配和使用的需要。变压器应用非常广泛，像各种变电站、电气化铁道牵引变电所的主要设备都是变压器。本章主要研究一般用途的电力变压器，重点阐述变压器的电磁原理、等效电路、相量图、参数测定及三相变压器的运行、并联等内容。

4.1 变压器的用途、分类与结构

4.1.1 变压器的用途与分类

1. 变压器的用途

现代化的工业企业广泛的采用电力作为能源，而发电厂发出的电力往往需经远距离传输才能到达用电地区。在传输的功率恒定时，传输电压越高，则所需的电流越小。因为电压降正比于电流、线路损耗正比于电流的平方，所以采用较高的传输电压可以降低线路压降和线路损耗。要制造电压很高的发电机，目前技术很困难，所以要用专门设备将发电机端的电压升高以后再输送出去，这种专门的设备就是变压器。另一方面，在受电端又必须用降压变压器将高压降低到配电系统的电压，故要经过一系列配电变压器将高压降低到合适的值以供安全而方便地使用。一般大型动力设备采用 6 kV 或 10 kV 电压；小型动力设备和照明用电则为 220 V/380 V。

变压器除了应用在电力系统中，还应用在需要特种电源的工矿企业中。例如，冶炼用的电炉变压器、电解或化工用的整流变压器、焊接用的电焊变压器、试验用的试验变压器、交通用的牵引变压器、补偿用的电抗器、测量用的互感器等。

2. 变压器的分类

变压器的种类很多，一般分为电力变压器和特种变压器。电力变压器是电力系统中输配电的主要设备，容量从几十千伏安到几十万千伏安；电压等级从几百伏到 500 kV 以上。

（1）按冷却方式分类：自然冷式、风冷式、水冷式、强迫油循环风（水）冷方式等。

（2）按防潮方式分类：开放式变压器、密封式变压器。

（3）按铁心或线圈结构分类：心式变压器、壳式变压器、环型变压器、金属箔变压器、辐射式变压器等。

（4）按电源相数分类：单相变压器、三相变压器、多相变压器。

（5）按用途分类：电力变压器、特种变压器（电炉变压器、整流变压器、高频变压器、仪用变压器、调压器、互感器等）。

（6）按冷却介质分类：干式变压器、液（油）浸变压器、充气变压器等。

（7）按线圈数量分类：自耦变压器、双绕组变压器、三绕组变压器、多绕组变压器等。

（8）按导电材质分类：铜线变压器、铝线变压器及半铜半铝变压器、超导变压器等。

电力系统中用得最多的是双绕组变压器，本书仅就双绕组变压器进行研究。

4.1.2 电力变压器的主要结构部件

1. 油浸式电力变压器

图 4-1 是一台单相双绕组变压器的示意图，AX 是一次绕组，其匝数为 N_1；ax 为二次绕组，其匝数为 N_2。为分析方便把两个绕组分别画在不同的铁心柱上，但实际变压器的一、二次侧线圈是同心地套在一个铁心柱上，一般是内绕低压绕组，外绕高压绕组。接到交流电源的绕组称为一次绕组；接负载的绕组称为二次绕组。当一次侧绕组电压大于二次侧绕组电压时叫降压变压器，反之就是升压变压器。

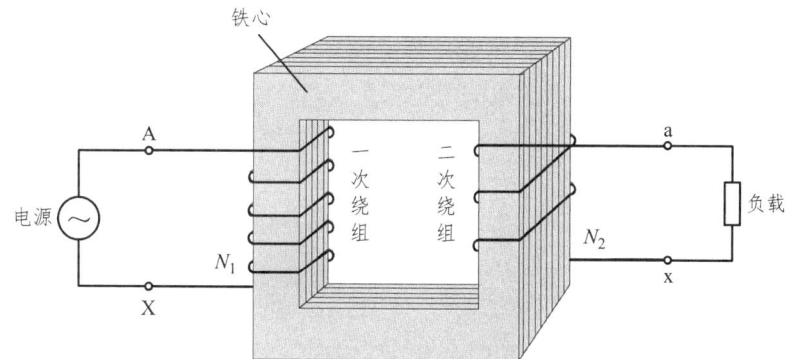

图 4-1　单相双绕组变压器示意图

油浸式变压器是使用最广的一种变压器。绕组和铁心是变压器的主要部分，称为变压器的器身。油浸式变压器是把器身放在灌满变压器油的油箱内，可散热并对变压器外壳起绝缘作用。图 4-2 所示为油浸式电力变压器的示意图。

油浸式电力变压器的结构主要有：

（1）器身：包括铁心、线圈、绝缘结构、引线和分接开关等。

铁心是变压器最基本的组成部分之一，它由 0.2～0.5 mm 厚的硅钢片叠装而成，变压器的一、二次侧线圈都绕在铁心上。

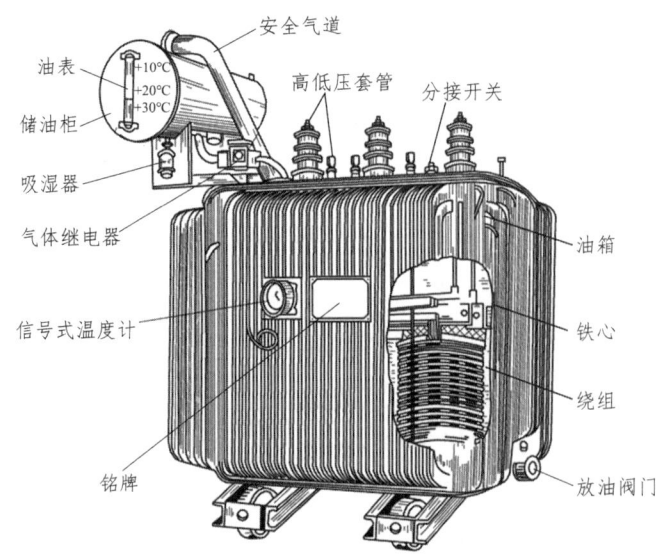

图 4-2 油浸式电力变压器

分接开关可用来改变高压绕组抽头,从而增加或减少绕组匝数来改变电压比。

(2)油箱:包括油箱本体和一些附件,如放油阀门、小车、接地螺栓、铭牌等。

(3)冷却装置:包括储油柜、油表、安全气道、吸湿器、测温元件和气体继电器等。

(4)出线装置:包括高压绝缘套管和低压绝缘套管。高、低压套管是变压器油箱外的主要绝缘装置。

2. 干式电力变压器

随着环氧树脂等新材料的出现,将变压器采用环氧树脂真空浇注成一个整体,称为干式变压器。目前在 35 kV 及以下电压等级的配电系统,广泛应用干式变压器。

干式变压器具有如下优点:无油、无污染、难燃阻燃和自熄防火;绝缘温升等级高(F 级绝缘);损耗小、效率高;噪声小;可靠性高;抗裂、抗温度变化、机械强度高;抗突发短路能力强;防潮性能好;体积小、重量轻、安装简单、维护量小。目前在楼宇、机场、地铁等场所应用较多。

3. 变压器的发热与温升

变压器运行时,绕组里有铜耗,铁心里有铁耗以及各种附加损耗,这些损耗一方面影响变压器运行时的效率,一方面转变为热能,除导致变压器本身的温度升高外,还把热量散发到周围的介质里去。运行中的变压器,各部分温度的高低对绝缘材料有很大的影响。温度太高,会损坏绝缘材料,使它失去绝缘能力,或者缩短其使用寿命。

决定变压器运行时温度高低的因素有两个:一是变压器产生的总损耗;二是变压器的散热能力。当变压器的发热量与散热量相等时,变压器各部分的温度就达到了稳定值,这时变压器中某部分的温度与周围冷却介质温度之差称为该部分的温升。变压器带额定负载长期运行时各部分的温升都不应该超过国家标准规定的数值,这样可以保证变压器能够正常工作一定的年限（20～30年）。我国国家标准《电力变压器》GB 1094系列规定了周围冷却空气的最高温度为40 ℃，温升是指比环境温度40 ℃高出的温度值。

4. 变压器的额定数据

每台变压器的油箱上都有一个铭牌，铭牌包含下列数据。

（1）额定容量 S_N（VA 或 kVA）：指在额定状态下变压器的视在功率。对于三相变压器，额定容量是指三相的总容量。

（2）额定电压 U_{1N}/U_{2N}（V 或 kV）：变压器一次侧额定电压是指电网（电源）的额定电压；二次侧额定电压是指当一次侧绕组加额定电压时，二次侧处于空载状态时的电压。对于三相变压器，U_{1N}、U_{2N} 都是指额定线电压。

（3）额定电流 I_{1N}/I_{2N}（A）：指变压器带额定负载（满载）时的电流值，即长期工作所允许的最大电流。对于三相变压器，I_{1N}、I_{2N} 都是指额定线电流。

对于单相变压器，有

$$S_N = U_{1N}I_{1N} = U_{2N}I_{2N} \tag{4-1}$$

对于三相变压器，有

$$S_N = \sqrt{3}U_{1N}I_{1N} = \sqrt{3}U_{2N}I_{2N} \tag{4-2}$$

（4）额定频率 f_N（Hz）：国产变压器为工频 f_N = 50 Hz。

（5）相数：多为单相、三相。

（6）绕组连接图与连接组标号。

（7）短路阻抗标幺值或阻抗电压 u_k。

（8）额定温升和效率等。

例 4-1　一台三相双绕组变压器的额定容量 S_N = 100 kVA，一、二次侧额定电压 U_{1N}/U_{2N} = 6 000/400 V，求：变压器的额定负载电流（二次侧额定电流）I_{2N} 为多少？

解：变压器二次侧电流达额定值时称为带额定负载。

因为　　$S_N = \sqrt{3}U_{1N}I_{1N} = \sqrt{3}U_{2N}I_{2N}$

所以　　$I_{2N} = \dfrac{S_N}{\sqrt{3}U_{2N}} = \dfrac{100 \times 10^3}{\sqrt{3} \times 400} = 144.34$（A）

4.2　变压器的运行分析

本节对单相变压器的电磁关系进行分析，在三相对称负载情况下，分析的结论也完全适合用于三相变压器。因为三相变压器中，每相电压、电流的有效值都相等，只是各相在相位上互差120°电角度，所以只需分析一相就可得到三相的情况。

4.2.1 变压器各电磁量的正方向

变压器运行时，电压、电流、电动势和磁通等电磁量都是交变的，为了表明它们之间的内在关系，需要规定正方向。通常采用电工惯例来规定正方向，如图4-3所示。

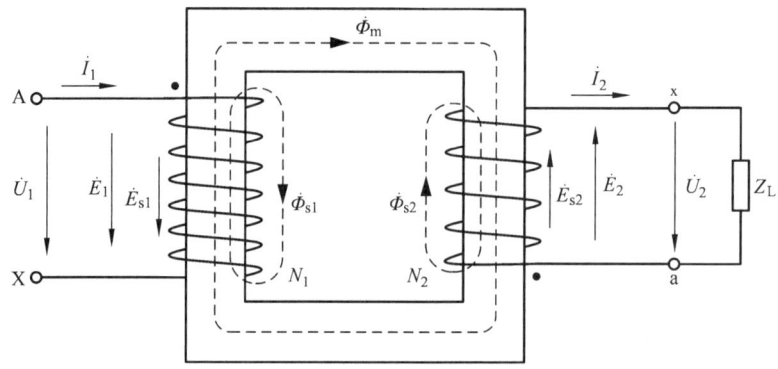

图 4-3 变压器运行时各电磁量的正方向

（1）同一条支路中，电压 u 的正方向与电流 i 的正方向一致。由图4-3可见，变压器一次侧电压 $\dot{U}_1$ 和电流 $\dot{I}_1$ 的正方向一致，则一次侧输入有功功率为正值，说明变压器从电源吸收了这部分功率，称为"电动机惯例"。同时，二次侧电压 $\dot{U}_2$ 和电流 $\dot{I}_2$ 的正方向也一致，有功功率为正，表明变压器二次侧发出电功率，称为"发电机惯例"。

（2）磁通的正方向与产生该磁通的电流的正方向符合右手螺旋定则。图4-3中，一次侧电流 $\dot{I}_1$、二次侧电流 $\dot{I}_2$ 的正方向均与主磁通 $\dot{\Phi}_m$ 的正方向符合右手螺旋关系。一、二次侧漏磁通 $\dot{\Phi}_{s1}$、$\dot{\Phi}_{s2}$ 的正方向均与主磁通 $\dot{\Phi}_m$ 一致。

（3）由主磁通 $\dot{\Phi}_m$ 产生的感应电动势 $\dot{E}_1$、$\dot{E}_2$，其正方向分别与产生该磁通的电流 $\dot{I}_1$、$\dot{I}_2$ 的正方向一致。漏磁通产生的漏电势 $\dot{E}_{s1}$、$\dot{E}_{s2}$，其正方向分别与 $\dot{I}_1$、$\dot{I}_2$ 一致。

（4）变压器的一、二次绕组被同一主磁通所交链。当主磁通交变时，在一、二次绕组中产生的感应电动势有一定的极性关系，即任一瞬间，一次绕组某一端点的电位为正时，二次绕组必有一个端点的电位也为正，这两个具有正极性的端点称为同极性端，亦称同名端，用符号"•"表示。同样，两个具有负极性的端点也为同名端。

4.2.2 变压器的空载运行

变压器一次侧绕组接在交流电源上，二次侧绕组开路（不带负载）称为空载运行。

1. 变压器的主磁通和漏磁通

图4-4是单相变压器空载运行的示意图。当二次侧绕组开路，一次侧绕组接交流电网，其电压 $\dot{U}_1$ 随时间交变，于是便有空载电流 $\dot{I}_0$ 流过一次侧绕组，空载电流 $\dot{I}_0$ 也称为励磁电流。由磁路定律可知，$\dot{I}_0$ 乘以一次侧绕组匝数 N_1 可得到空载磁动势 $\dot{F}_0$（亦称励磁磁动势），其表达式为

$$\dot{F}_0 = \dot{I}_0 N_1 \tag{4-3}$$

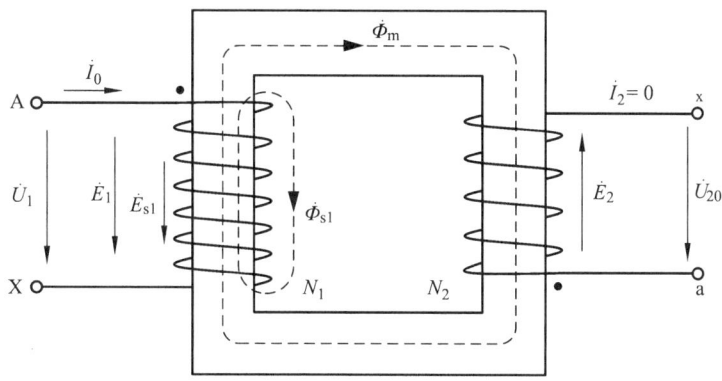

图 4-4 单相变压器空载运行的示意图

1）主磁通

由图 4-4 可见，同时交链着一、二次侧绕组的磁通称为主磁通，其幅值用 Φ_m 表示。从图中可以看出，主磁通的路径是铁心，磁阻小，磁通量大。主磁通同时交链着一、二次侧绕组，在一、二次侧绕组中感应电动势而传递能量。换句话说，一、二次侧绕组之间虽然没有电气连接，但可以通过主磁通的磁耦合而存在联系。由于铁心采用磁导率高的硅钢片制成，空载运行时，主磁通占总磁通的绝大部分。

因电源电压 U_1 随时间按正弦规律变化，在不考虑铁心磁路饱和时，由空载磁动势 $\dot{F}_0$ 产生的主磁通 $\dot{\Phi}_m$ 瞬时值为

$$\phi = \Phi_m \sin \omega t \tag{4-4}$$

式中，$\omega = 2\pi f$，为角频率；f 为频率；t 为时间。

2）漏磁通

把只交链一次侧绕组或只交链二次侧绕组的磁通称为漏磁通。空载时只有一次侧绕组有漏磁通（二次侧无电流，故没有漏磁通），其幅值用 Φ_{s1m} 表示。

漏磁通的路径比较复杂，除了铁磁材料外，还要经过空气或变压器油等非铁磁材料构成回路。因为漏磁路的磁阻大，所以漏磁通的量值很小，仅占总磁通的 0.1%~0.2%。

参照式（4-4）可得一次侧绕组的漏磁通瞬时值为

$$\phi_{s1} = \Phi_{s1m} \sin \omega t \tag{4-5}$$

2. 主磁通感应电动势

将式（4-4）代入楞次定律，可得主磁通在一次侧绕组中感应电动势的瞬时值：

$$\begin{aligned} e_1 &= -N_1 \frac{d\phi}{dt} = -\omega N_1 \Phi_m \cos \omega t \\ &= \omega N_1 \Phi_m \sin(\omega t - \frac{\pi}{2}) \\ &= E_{1m} \sin(\omega t - \frac{\pi}{2}) \end{aligned} \tag{4-6}$$

式中，$E_{1m} = \omega N_1 \Phi_m$ 是一次侧绕组感应电动势的幅值。

同理，主磁通在二次侧绕组中感应电动势的瞬时值为

$$e_2 = -N_2 \frac{d\phi}{dt} = \omega N_2 \Phi_m \sin\left(\omega t - \frac{\pi}{2}\right) = E_{2m} \sin\left(\omega t - \frac{\pi}{2}\right) \tag{4-7}$$

式中，$E_{2m} = \omega N_2 \Phi_m$ 是二次侧绕组感应电动势的幅值。

一、二次侧绕组由主磁通感应产生的电动势有效值为

$$E_1 = \frac{\omega N_1 \Phi_m}{\sqrt{2}} = \frac{2\pi f}{\sqrt{2}} N_1 \Phi_m = 4.44 f N_1 \Phi_m \tag{4-8}$$

$$E_2 = \frac{\omega N_2 \Phi_m}{\sqrt{2}} = \frac{2\pi f}{\sqrt{2}} N_2 \Phi_m = 4.44 f N_2 \Phi_m \tag{4-9}$$

一、二次侧绕组感应电动势的相量值为

$$\dot{E}_1 = -j4.44 f N_1 \dot{\Phi}_m \tag{4-10}$$

$$\dot{E}_2 = -j4.44 f N_2 \dot{\Phi}_m \tag{4-11}$$

由式（4-10）和式（4-11）可知，感应电动势 $\dot{E}_1$、$\dot{E}_2$ 均滞后 $\dot{\Phi}_m$ 90°电角度。

3. 漏磁通感应电动势

同理，一次侧绕组漏磁通感应电动势（简称漏电势）的瞬时值为

$$e_{s1} = -N_1 \frac{d\phi_{s1}}{dt} = \omega N_1 \Phi_{s1m} \sin\left(\omega t - \frac{\pi}{2}\right) = E_{s1m} \sin\left(\omega t - \frac{\pi}{2}\right) \tag{4-12}$$

式中，$E_{s1m} = \omega N_1 \Phi_{s1m}$ 为漏磁通感应电动势幅值。

一次侧绕组的漏电势用有效值表示为

$$E_{s1} = \frac{E_{s1m}}{\sqrt{2}} = \frac{\omega}{\sqrt{2}} N_1 \Phi_{s1m} = \frac{2\pi f}{\sqrt{2}} N_1 \Phi_{s1m} = 4.44 N_1 f \Phi_{s1m} \tag{4-13}$$

一次侧绕组的漏电势用相量表示为

$$\dot{E}_{s1} = -j4.44 f N_1 \dot{\Phi}_{s1m} \tag{4-14}$$

综合式（4-13）、式（4-14）可得：

$$\dot{E}_{s1} = -j \frac{\omega N_1 \Phi_{s1m}}{\sqrt{2}} \cdot \frac{\dot{I}_0}{\dot{I}_0} = -j\omega L_{s1} \dot{I}_0 = -j X_1 \dot{I}_0 \tag{4-15}$$

式中，$L_{s1} = \frac{N_1 \Phi_{s1m}}{\sqrt{2} I_0}$ 称为一次侧绕组漏电感；$X_1 = \omega L_{s1}$ 称为一次侧绕组漏电抗。

可见，漏电势 $\dot{E}_{s1}$ 滞后 $\dot{\Phi}_{s1m}$ 90° 电角度，也滞后空载电流 $\dot{I}_0$ 90° 电角度。

一次侧绕组的漏电抗 X_1 还可以写成

$$X_1 = \omega L_{s1} = \omega \frac{N_1 \Phi_{s1m}}{\sqrt{2} I_0} = \omega \frac{N_1}{\sqrt{2} I_0} \times \frac{\sqrt{2} I_0 N_1}{R_\delta} = 2\pi f N_1^2 \frac{\mu_0 S_{s1}}{l_{s1}} \quad (4\text{-}16)$$

式中，R_δ 是一次侧漏磁路的磁阻，l_{s1} 为一次侧漏磁路径的长度，S_{s1} 为一次侧漏磁路径的截面积，μ_0 为空气的磁导率。

由式（4-16）可知，漏电抗 X_1 是对应着漏磁通回路的一个参数。因漏磁路很大一部分是非铁磁介质，其磁导率为 $\mu_0 = 4\pi \times 10^{-7}$ H/m，该值远小于铁磁材料的磁导率 μ_{Fe}，而且它是不随磁路饱和而变化的常数。于是在匝数 N_1 和频率 f 不变的情况下，X_1 不随一次侧电流的变化而变化，可看作是很小的常数。

4. 变压器空载运行时的电压方程

参照图4-4，根据基尔霍夫定律可列出空载时变压器一、二次侧绕组回路的电动势平衡方程。

（1）空载时一次侧绕组回路的电动势平衡方程为

$$\dot{U}_1 = -\dot{E}_1 - \dot{E}_{s1} + \dot{I}_0 R_1 \quad (4\text{-}17)$$

将式（4-15）代入上式，可得

$$\dot{U}_1 = -\dot{E}_1 + \dot{I}_0 (R_1 + jX_1) = -\dot{E}_1 + \dot{I}_0 Z_1 \quad (4\text{-}18)$$

式中，R_1 是一次侧绕组的电阻；$Z_1 = R_1 + jX_1$ 是一次侧绕组的漏阻抗。

（2）二次侧绕组回路的电动势平衡方程。空载时二次侧绕组开路，其端电压用 $\dot{U}_{20}$ 表示，则有：

$$\dot{U}_{20} = \dot{E}_2 \quad (4\text{-}19)$$

变压器空载运行时，空载电流 I_0 通常为一次侧额定电流的 2%~10%，而且漏阻抗 Z_1 值很小，产生的压降 $I_0 Z_1$ 也很小，故式（4-18）可变换为 $\dot{U}_1 \approx -\dot{E}_1$。若仅考虑其大小，则有：

$$U_1 \approx E_1 = 4.44 f N_1 \Phi_m \quad (4\text{-}20)$$

可见，当频率 f 和一次侧绕组匝数 N_1 一定时，主磁通 Φ_m 的大小基本上由一次侧电压 U_1 所决定。

5. 变压器的变比

一次侧相电动势 E_1 与二次侧相电动势 E_2 之比称为变压器的变比，用 k 表示，即

$$k = \frac{E_1}{E_2} = \frac{4.44 f N_1 \Phi_m}{4.44 f N_2 \Phi_m} = \frac{N_1}{N_2} \quad (4\text{-}21)$$

因空载时 $U_1 \approx E_1$，$U_{20} = E_2$，故变比又可写成：

$$k = \frac{E_1}{E_2} \approx \frac{U_1}{U_{20}} = \frac{U_{1N}}{U_{2N}} \tag{4-22}$$

于是,从变压器的铭牌中获得一、二次侧额定电压数值后,即可计算出该变压器的变比。若 $k>1$ 则是降压变压器,若 $k<1$ 则是升压变压器。(注意:变比是一、二次侧额定相电压之比,对三相变压器求变比时应先将铭牌上的额定电压值折算为相值)

6. 变压器的励磁电流

(1)励磁电流的波形。由于变压器所用硅钢片的磁化曲线具有非线性,导致随时间正弦变化的主磁通 ϕ 与励磁电流 i_0 的关系曲线 $\phi = f(i_0)$ 也呈非线性[见图 4-5(a)、(b)],从而使励磁电流 i_0 随时间变化的波形为尖顶波,如图 4-5(d)所示。而呈尖顶波变化的励磁电流可分解为正弦基波及 3、5、7 次等一系列奇次谐波,如图 4-5(c)所示。工程上往往用等效正弦波 i_0 代替实际为尖顶波的励磁电流,以便励磁电流在相量图中可用 $\dot{I}_0$ 表示。

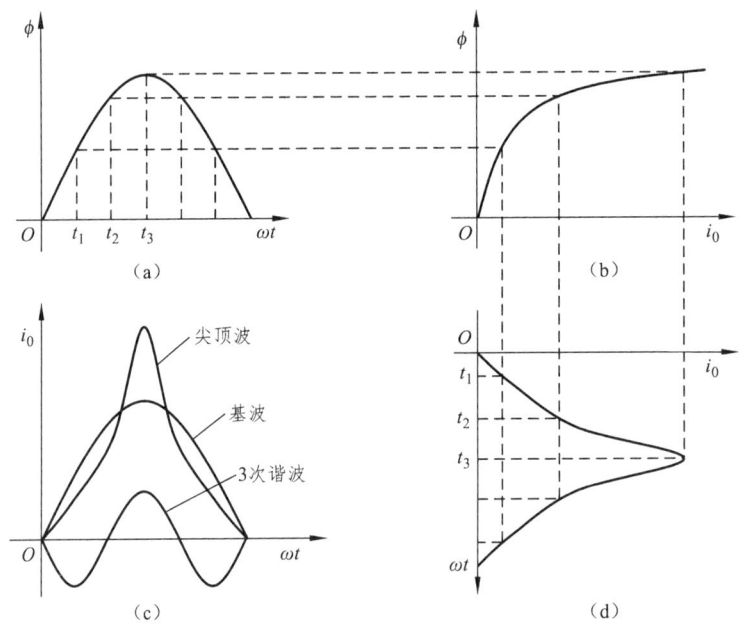

图 4-5 不考虑磁滞时变压器磁化曲线及励磁电流波形

(2)铁耗的影响。铁心磁路除了饱和以外,还具有磁滞现象,导致励磁电流和主磁通的变化周期不同步。磁滞损耗和涡流损耗统称为变压器的铁耗 p_{Fe},由于铁耗的存在,使励磁电流在相位上超前主磁通一个很小的相角 α,称为铁耗角,如图 4-6 所示。

由图 4-6 可知,励磁电流 $\dot{I}_0$ 超前 $\dot{\Phi}_m$ 一个铁耗角 α。下面,我们把励磁电流 $\dot{I}_0$ 分解为两个分量:$\dot{I}_{oa}$ 和 $\dot{I}_{or}$,即

$$\dot{I}_0 = \dot{I}_{oa} + \dot{I}_{or} \tag{4-23}$$

式中,$\dot{I}_{oa}$ 与 $-\dot{E}_1$ 同相位,对应于变压器的铁耗,故称之为有功分量;而 $\dot{I}_{or}$ 与 $\dot{\Phi}_m$ 同相位,它是用来产生主磁通的励磁电流,故称之为无功分量。

7. 变压器空载运行时的相量图

根据式（4-18）和（4-19），可画出变压器空载运行时的相量图，如图 4-7 所示。

因变压器一次侧漏阻抗压降很小，故 $\dot{U}_1 \approx -\dot{E}_1$，$\varphi_0 \approx 90°$。由此可见，变压器空载运行时功率因数 $\cos\varphi_0$ 很小，即从电网吸收很大的滞后性无功功率。如果忽略对应铁耗的有功电流分量，则空载电流几乎全是用来产生主磁通的无功电流。此时，变压器从电网吸收的有功功率很小，可记为 $P_0 = U_1 I_0 \cos\varphi_0$，它包含铁耗 p_{Fe} 和一次侧绕组的铜耗 $p_{Cu1} = I_0^2 R_1$。因空载时 I_0 很小，则 p_{Cu1} 很小，可忽略不计，故变压器空载损耗主要为铁耗。

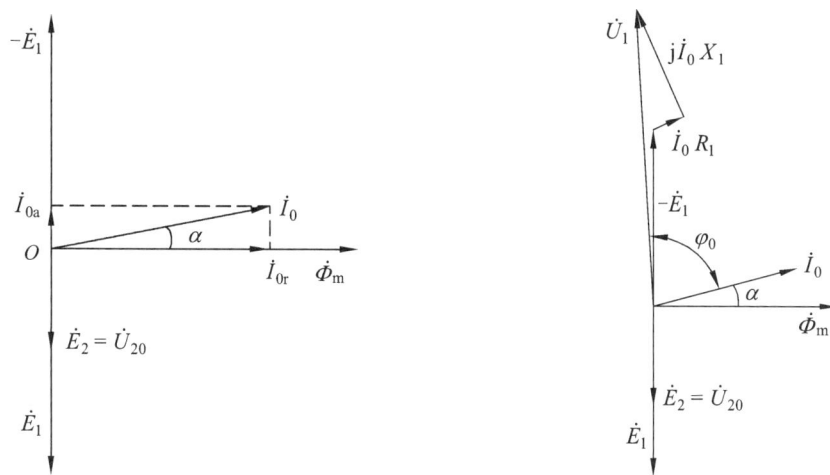

图 4-6　主磁通及励磁电流的相量图　　　图 4-7　变压器空载运行时的相量图

8. 变压器的励磁阻抗

与漏磁通感应电动势 $\dot{E}_{s1}$ 用负漏抗压降 $\dot{E}_{s1} = -j\dot{I}_0 X_1$ 表示的办法一样，引入励磁电感 L_m 对应的励磁电抗参数 X_m；再加上铁耗的影响，引入反映铁耗的等效电阻 R_m，则可得参数 $Z_m = R_m + jX_m$，称之为励磁阻抗。因此，变压器主磁通感应的电动势 $\dot{E}_1$ 可用励磁电流 $\dot{I}_0$ 在励磁阻抗上产生的负压降来表示，即

$$\dot{E}_1 = -\dot{I}_0(R_m + jX_m) = -\dot{I}_0 Z_m \tag{4-24}$$

式中，R_m 为铁耗等效电阻或励磁电阻，X_m 是对应主磁通的电抗，称为励磁电抗。

参照式（4-16），则励磁电抗可写为

$$X_m = \omega L_m = \omega \frac{N_1 \Phi_m}{\sqrt{2} I_0} = \omega \frac{N_1}{\sqrt{2} I_0} \times \frac{\sqrt{2} I_0 N_1}{R_m} = 2\pi f N_1^2 \frac{\mu_{Fe} S_m}{l_m} \tag{4-25}$$

式中，l_m 为主磁通回路的长度；S_m 为主磁通回路的截面积；μ_{Fe} 为主磁路铁磁材料的磁导率。因主磁通路径主要是由硅钢片构成的铁心磁路，磁导率 μ_{Fe} 很大，主磁路的磁阻很小。由式（4-25）可知，在相同频率和匝数的情况下，变压器的励磁电抗 X_m 远远大于其一次侧绕组漏电抗 X_1。

此外，由于铁心磁路存在饱和现象，主磁路磁导率 μ_{Fe} 会随磁路的饱和程度而变化。当磁路不饱和时，单位励磁电流产生主磁通的能力一定，即 μ_{Fe} 为恒定值，表现为励磁电抗 X_m 是常数。当磁路饱和时，μ_{Fe} 随磁路饱和而变小，即单位励磁电流产生主磁通的能力减弱，磁阻增大，于是励磁电抗 X_m 减小。可见，励磁电抗 X_m 不是常数。励磁电阻 R_m 的数值也随主磁通 Φ_m 的大小变化。所以变压器运行时，只有当电源电压为额定值时，X_m 和 R_m 才是常数。

由前面的分析可知 $E_1 = I_0(R_m+jX_m) = I_0 Z_m$，因励磁阻抗比一次侧绕组漏阻抗大很多，即 $Z_m >> Z_1$，且 $X_m >> R_m$，则忽略 R_m 得 $E_1 \approx I_0 X_m$。再结合式（4-18），可得 $U_1 \approx E_1 \approx I_0 X_m$。由此可见，在额定电压下，励磁电流 I_0 的大小主要取决于励磁电抗 X_m。由于励磁电流 I_0 是滞后性质的无功电流，希望其数值小点为好，这样可以提高变压器运行时的功率因数和效率。因此，一般将励磁电抗 X_m 设计得较大。

9. 变压器空载运行时的等效电路

把式（4-24）代入式（4-18），可得

$$\begin{aligned}
\dot{U}_1 &= -\dot{E}_1 + \dot{I}_0(R_1 + jX_1) \\
&= \dot{I}_0(R_m + jX_m) + \dot{I}_0(R_1 + jX_1) \\
&= \dot{I}_0(Z_m + Z_1)
\end{aligned} \qquad (4\text{-}26)$$

根据式（4-26）可画出变压器空载运行时的等效电路，如图 4-8 所示。

图 4-8 中的励磁电阻 R_m 是一个等效电阻，它反映了变压器铁耗的大小。根据电路定律可得变压器铁耗的表达式为

$$p_{Fe} = I_0^2 R_m \qquad (4\text{-}27)$$

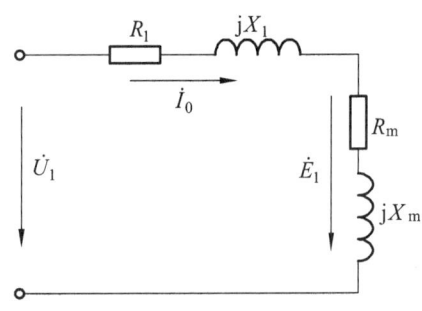

图 4-8 变压器空载运行时的等效电路

4.2.3 变压器的负载运行

变压器一次侧绕组接电源，二次侧绕组接负载，称为变压器负载运行，如图 4-9 所示。负载阻抗 $Z_L = R_L + jX_L$，其中 R_L 是负载电阻，X_L 是负载电抗。

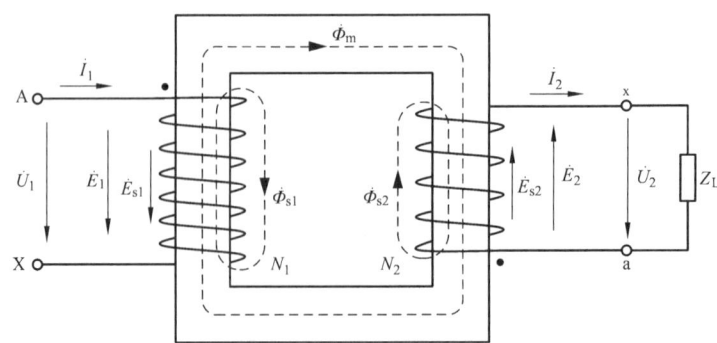

图 4-9 单相变压器负载运行的示意图

1. 负载运行时的磁动势及一、二次侧电流关系

变压器带负载运行时，其负载两端的电压为

$$\dot{U}_2 = \dot{I}_2 Z_L = \dot{I}_2 (R_L + jX_L) \qquad (4\text{-}28)$$

式中，$\dot{I}_2$ 是变压器二次侧电流，又称为负载电流。

变压器负载运行时，一次、二次侧绕组都有电流流过，都会产生磁动势。按照安培环路定律，负载时，铁心中的主磁通 $\dot{\Phi}_m$ 是由这两个磁动势共同产生的。即

$$\dot{F}_1 + \dot{F}_2 = \dot{F}_0 \qquad (4\text{-}29)$$

式中，一次侧绕组磁动势 $\dot{F}_1 = \dot{I}_1 N_1$；二次侧绕组磁动势 $\dot{F}_2 = \dot{I}_2 N_2$；一次、二次侧绕组合成磁动势为 $\dot{F}_0$，即负载时的励磁磁动势。

励磁磁动势 $\dot{F}_0$ 的数值取决于铁心中的主磁通 $\dot{\Phi}_m$，而 $\dot{\Phi}_m$ 的大小又取决于一次侧所加电压 $\dot{U}_1$ 的大小。因负载运行时，一次侧电流是 $\dot{I}_1$，不再是 $\dot{I}_0$，一次侧回路电动势平衡方程变为

$$\dot{U}_1 = -\dot{E}_1 + \dot{I}_1 Z_1 \qquad (4\text{-}30)$$

在设计电力变压器时，把一次侧漏阻抗 Z_1 设计得很小，即使在额定负载下运行时，$I_{1N}Z_1$ 还是很小，仍然存在 $U_1 \approx E_1 = 4.44 f N_1 \Phi_m$。由此可见，从空载到负载因电源电压 U_1 不变，其主磁通 $\dot{\Phi}_m$ 的值基本不变。这就是说，负载与空载时的励磁磁动势相差不大，仍用同一符号 $\dot{F}_0$ 表示，即 $\dot{F}_0 = \dot{I}_0 N_1$。于是，式（4-29）可以写成

$$\dot{I}_1 N_1 + \dot{I}_2 N_2 = \dot{I}_0 N_1 \qquad (4\text{-}31)$$

式（4-29）或式（4-31）是变压器负载运行时的磁动势平衡方程。式（4-31）可改写为

$$\dot{I}_1 N_1 = \dot{I}_0 N_1 + (-\dot{I}_2 N_2) \qquad (4\text{-}32)$$

上式说明，一次侧绕组磁动势 $\dot{F}_1 = \dot{I}_1 N_1$ 由两个分量组成：一为励磁磁动势 $\dot{F}_0 = \dot{I}_0 N_1$ 部分，用来产生主磁通 $\dot{\Phi}_m$，因为从空载到负载主磁通变化不大，则产生主磁通的励磁磁动势 $\dot{F}_0$ 数值也变化不大；另一分量为 $-\dot{F}_2 = -\dot{I}_2 N_2$ 部分，它用来平衡二次侧绕组磁动势 $\dot{F}_2$，称为负载分量。负载分量的大小与二次侧绕组磁动势 $\dot{F}_2$ 一样，但方向相反，它随负载变化而变化。在额定负载时，变压器的励磁电流 $I_0 = (0.02 \sim 0.1)I_{1N}$，因此 F_0 在数值上比 F_1 小得多，即 F_1 中主要部分是负载分量。

对式（4-31）进行变换，可得 $\dot{I}_1 + \dfrac{N_2}{N_1} \dot{I}_2 = \dot{I}_0$，即

$$\dot{I}_1 = \dot{I}_0 + \left(-\dfrac{N_2}{N_1} \dot{I}_2\right) = \dot{I}_0 + \left(-\dfrac{1}{k} \dot{I}_2\right) = \dot{I}_0 + \dot{I}_L \qquad (4\text{-}33)$$

式中，$\dot{I}_L = -\dfrac{1}{k} \dot{I}_2$ 称为一次侧电流的负载分量；k 为变压器的变比。

式（4-33）表明：变压器负载运行时，一次侧电流包含两个分量，即励磁电流 $\dot{I}_0$ 和负载电流 $\dot{I}_L$。从功率平衡角度看，二次侧绕组有电流，意味着有功率输出，一次侧绕组应增大相应的电流，即增加输入功率，才能达到功率平衡。

变压器负载运行时，由于 $I_0 \ll I_1$，因此可认为一、二次侧电流关系为 $\dot{I}_1 \approx -\dfrac{\dot{I}_2}{k}$。该式说明变压器一、二次侧电流的有效值 I_1、I_2 为正比关系（变比 k 为常数），当二次侧的负载增加（I_2 变大）时，一次侧电流 I_1 会自动随之增加。

2. 负载时二次侧电压、电流的关系

与一次侧类似，二次侧绕组磁动势 $\dot{F}_2 = \dot{I}_2 N_2$ 除了产生主磁通外，还产生了只交链二次侧绕组的漏磁通 $\dot{\Phi}_{s2}$。漏磁通的路径包括了一段铁磁材料和一段非铁磁介质，可以近似认为是线性磁路，且漏磁阻很大。$\dot{\Phi}_{s2}$ 会在二次侧绕组中感应出漏电势 $\dot{E}_{s2}$，$\dot{\Phi}_{s2}$ 与 $\dot{E}_{s2}$ 的正方向如图 4-9 所示，两者符合右手螺旋关系。

参照式（4-13）和（4-14），可得

$$\dot{E}_{s2} = -j\frac{\omega N_2}{\sqrt{2}}\dot{\Phi}_{s2m} = -j4.44 f N_2 \dot{\Phi}_{s2m} \qquad (4-34)$$

上式还可以写成

$$\dot{E}_{s2} = -j\omega L_{s2}\dot{I}_2 = -j\dot{I}_2 X_2 \qquad (4-35)$$

式中，$L_{s2} = \dfrac{N_2 \Phi_{s2m}}{\sqrt{2} I_2}$ 称为二次侧绕组的漏电感；$X_2 = \omega L_{s2}$ 称为二次侧绕组的漏电抗。

与一次侧绕组漏电抗 X_1 一样，当角频率 ω 恒定时，$X_2 \propto \mu_0$，为一常数，数值也很小。

二次侧绕组的电阻用 R_2 表示，当 $\dot{I}_2$ 流过 R_2 时，产生的压降为 $\dot{I}_2 R_2$。根据电路定律，参照图 4-9 中二次侧回路各电磁量的正方向，可列出二次侧回路的电动势平衡方程为

$$\dot{U}_2 = \dot{E}_2 + \dot{E}_{s2} - \dot{I}_2 R_2 = \dot{E}_2 - \dot{I}_2(R_2 + jX_2) = \dot{E}_2 - \dot{I}_2 Z_2 \qquad (4-36)$$

式中，$Z_2 = R_2 + jX_2$ 称为二次侧绕组的漏阻抗。

3. 变压器负载运行时的基本方程式

综合前面推导出的各电磁量关系，可得出变压器带负载稳态运行时的基本方程式：

$$\left.\begin{aligned}
\dot{U}_1 &= -\dot{E}_1 + \dot{I}_1 Z_1 = -\dot{E}_1 + \dot{I}_1(R_1 + jX_1) \\
\dot{U}_2 &= \dot{E}_2 - \dot{I}_2 Z_2 = \dot{E}_2 - \dot{I}_2(R_2 + jX_2) \\
k &= \frac{E_1}{E_2} \\
\dot{I}_1 &+ \frac{\dot{I}_2}{k} = \dot{I}_0 \\
\dot{E}_1 &= -\dot{I}_0 Z_m = -\dot{I}_0 (R_m + jX_m) \\
\dot{U}_2 &= \dot{I}_2 Z_L
\end{aligned}\right\} \qquad (4-37)$$

在变压器稳态运行时,上述各电磁关系是同时存在的。若已知其中一些物理量,可联立方程求出另一些物理量。

4. 变压器负载运行时的电磁关系

综上所述,对变压器负载运行时一、二次侧的电磁关系归纳总结如图 4-10 所示。

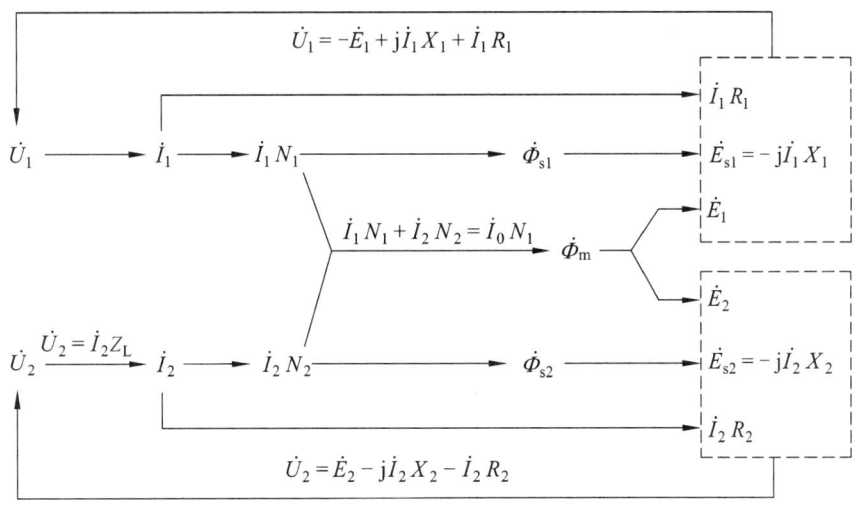

图 4-10 变压器负载运行时的电磁关系

5. 折算法

1)为什么要折算?如何折算?

采用式(4-37)所列举的 6 个方程对变压器进行定量计算时很不方便,通常采用折算方法获得变压器的等效电路来简化计算。

由变压器带负载稳态运行时的基本电磁关系可知,一、二次侧没有电的直接联系,它们之间的联系只有磁路,靠磁耦合把二者联系起来。为了建立等效电路,简化分析、计算过程,我们能不能找到一个桥梁把它们从电路上直接联系起来呢?答案是肯定的,这个桥梁就是由主磁通感应产生的一、二次侧电动势 E_1 和 E_2。仔细观察它们的表达式:$E_1 = 4.44fN_1\Phi_m$、$E_2 = 4.44fN_2\Phi_m$,二者唯一的区别就是匝数不同。那么,试想一下,如果把二次侧绕组的实际匝数 N_2 换成 N_1,是不是换算后的二次侧电动势 E_2'(折算后的参数加"′")就和 E_1 相等了。以此为桥梁就可以把一、二次侧从电路上连在一起了,从而可得到变压器的等效电路。

2)电流的折算

把二次侧绕组的匝数 N_2 换成 N_1,折算要保证磁动势关系不能变,可得

$$\dot{I}_2' N_1 = \dot{F}_2 = \dot{I}_2 N_2 \tag{4-38}$$

于是,二次侧电流折算前、后的关系为

$$\dot{I}_2' = \frac{N_2}{N_1}\dot{I}_2 = \frac{1}{k}\dot{I}_2 \tag{4-39}$$

这样，一次侧绕组不受任何影响，折算后的磁动势平衡方程为 $\dot{I}_1 N_1 + \dot{I}'_2 N_1 = \dot{I}_0 N_1$，对该式左右两边消去 N_1，可得

$$\dot{I}_1 + \dot{I}'_2 = \dot{I}_0 \tag{4-40}$$

上式把磁动势平衡方程变成了很简单的电流平衡关系。保持绕组磁动势不变而假想改变其匝数和电流的方法称为折算法。如果保持二次侧绕组磁动势不变，而假想它的匝数与一次侧绕组匝数相同的折合算法，称为二次侧向一次侧折算。当然也可以一次侧向二次侧折算，不过前者更常用。

3）电动势的折算

二次侧电动势折算前的值为 $E_2 = 4.44 f N_2 \Phi_m$，其折算后的值为 $E'_2 = 4.44 f N_1 \Phi_m$。显然，$\dfrac{E'_2}{E_2} = \dfrac{N_1}{N_2} = k$，所以

$$E'_2 = k E_2 = E_1 \tag{4-41}$$

4）阻抗的折算

由电压平衡方程式 $\dot{U}_2 = \dot{E}_2 - \dot{I}_2 Z_2 = \dot{I}_2 Z_L$，可得 $\dot{E}_2 = \dot{I}_2 (Z_2 + Z_L)$，于是有 $Z_2 + Z_L = \dfrac{\dot{E}_2}{\dot{I}_2}$。对其进行折算，可得

$$Z'_2 + Z'_L = \dfrac{\dot{E}'_2}{\dot{I}'_2} = \dfrac{k \dot{E}_2}{\dfrac{\dot{I}_2}{k}} = k^2 \dfrac{\dot{E}_2}{\dot{I}_2} = k^2 (Z_2 + Z_L) = k^2 Z_2 + k^2 Z_L \tag{4-42}$$

于是，折算后的变压器阻抗与折算前的关系为 $Z'_2 = k^2 Z_2$，$Z'_L = k^2 Z_L$。

上式表明，阻抗类的物理量从二次侧折算到一次侧时放大了 k^2 倍。但折算前后，转子的功率因数角没有变化，因为

$$\varphi'_2 = \arctan \dfrac{X'_2}{R'_2} = \arctan \dfrac{k^2 X_2}{k^2 R_2} = \arctan \dfrac{X_2}{R_2} = \varphi_2 \tag{4-43}$$

5）端电压的折算

根据式（4-36），可得

$$\dot{U}'_2 = \dot{E}'_2 - \dot{I}'_2 Z'_2 = k \dot{E}_2 - \dfrac{1}{k} \dot{I}_2 k^2 Z_2 = k(\dot{E}_2 - \dot{I}_2 Z_2) = k \dot{U}_2 \tag{4-44}$$

显然，电压类的物理量从二次侧折算到一次侧时放大了 k 倍。

由上述分析可知，电流、电动势、电压、阻抗等物理量进行折算时，只是大小改变了，其相位或阻抗角均保持不变。

同理，也可以一次侧向二次侧折算，其折算关系如下：$\dot{I}'_1 = k \dot{I}_1$，$\dot{U}'_1 = \dfrac{1}{k} \dot{U}_1$，$R'_1 = \dfrac{1}{k^2} R_1$，

$X'_1 = \frac{1}{k^2}X_1$, $R'_m = \frac{1}{k^2}R_m$, $X'_m = \frac{1}{k^2}X_m$。

6）折算前后功率关系不变

折算时除了保证磁动势关系不能变，还要保证功率关系不变，这是折算的原则。下面以单相变压器二次侧有功功率 P_2、铜耗 p_{Cu2} 为例进行分析。

$$P_2 = U'_2 I'_2 \cos\varphi'_2 = kU_2 \frac{1}{k} I_2 \cos\varphi_2 = U_2 I_2 \cos\varphi_2 \quad (4\text{-}45)$$

$$p_{Cu2} = I'^2_2 R'_2 = (\frac{1}{k}I_2)^2 k^2 R_2 = I_2^2 R_2 \quad (4\text{-}46)$$

显然，折算前、后二次侧的有功功率和铜耗大小都没有改变。

综上所述，折算法是电机分析时常用的一种方法，它不会改变变压器运行的物理本质。既不改变电源向变压器输入的功率，也不改变变压器向负载的输出功率，更不会改变它自身的损耗。

6. 折算后的基本方程式

采用折算法将变压器二次侧参数折算到一次侧，其基本方程式换算如下：

$$\left.\begin{aligned}
\dot{U}_1 &= -\dot{E}_1 + \dot{I}_1 Z_1 = -\dot{E}_1 + \dot{I}_1(R_1 + jX_1) \\
\dot{U}'_2 &= \dot{E}'_2 - \dot{I}'_2 Z'_2 = \dot{E}'_2 - \dot{I}'_2(R'_2 + jX'_2) \\
\dot{E}_1 &= \dot{E}'_2 \\
\dot{I}_1 + \dot{I}'_2 &= \dot{I}_0 \\
\dot{E}_1 &= -\dot{I}_0 Z_m = -\dot{I}_0(R_m + jX_m) \\
\dot{U}'_2 &= \dot{I}'_2 Z'_L
\end{aligned}\right\} \quad (4\text{-}47)$$

7. 等效电路

1）T 型等效电路

根据式（4-47），以 $\dot{E}_1 = \dot{E}'_2$ 为桥梁，将一、二次侧电路画在一起就得到了变压器的等效电路，如图 4-11 所示。这个电路看上去形状像字母 T，故称为 T 型等效电路。

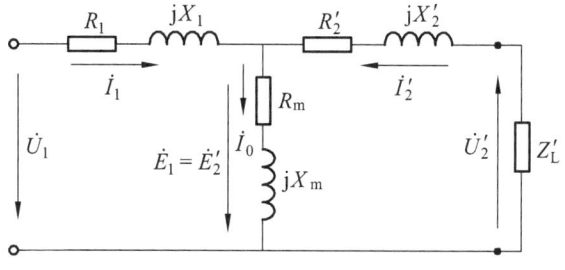

图 4-11 变压器的 T 型等效电路

由变压器的 T 型等效电路可以看出，一、二次侧绕组似乎真有了电路的联系，使用等效电路对变压器进行参数计算非常方便、简单。需要注意的是，对于三相变压器，T 型等效电路是其某一相的等效电路（图 4-11 中参数均为相值），且只适用于分析变压器带对称负载稳态运行。

2）简化等效电路

变压器负载运行时，$I_1 \gg I_0$、$Z_m \gg Z_2' + Z_L'$，为了简化分析，可忽略 I_0。这样一来，就可以认为中间支路因 Z_m 无限大而断开，于是 T 型等效电路变成了如图 4-12（a）所示的简化等效电路。

如果令

$$\left.\begin{aligned} R_k &= R_1 + R_2' = R_1 + k^2 R_2 \\ X_k &= X_1 + X_2' = X_1 + k^2 X_2 \\ Z_k &= Z_1 + Z_2' = R_k + jX_k \end{aligned}\right\} \quad (4\text{-}48)$$

式中，Z_k 可通过变压器的短路实验求得，因此称为短路阻抗；R_k 为短路电阻；X_k 为短路电抗。用短路阻抗表示的简化等效电路如图 4-12（b）所示。

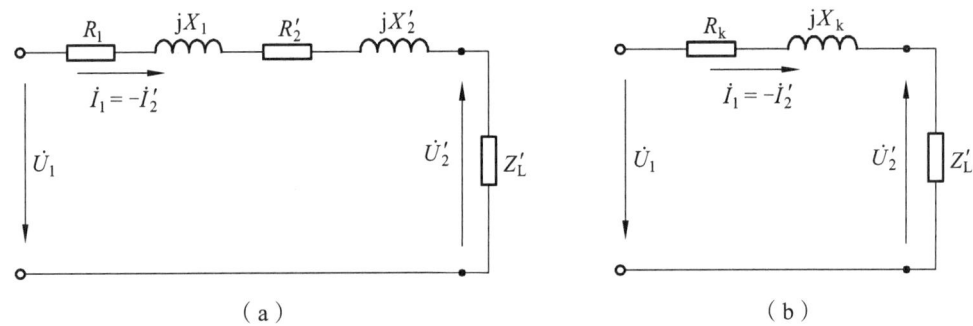

图 4-12　变压器的简化等效电路

注意，不能使用简化等效电路对变压器进行空载运行分析。简化等效电路虽然有些误差，但在工程应用上已足够准确，因其计算量少，应用得比较广泛。

例 4-2　一台单相变压器，已知 $R_1 = 2.19\ \Omega$，$X_1 = 15.4\ \Omega$，$R_2 = 0.15\ \Omega$，$X_2 = 0.964\ \Omega$，$N_1 = 876$ 匝，$N_2 = 260$ 匝，当 $\cos\varphi_2 = 0.8$（滞后）时，副边电流 $I_2 = 180\ \text{A}$，$U_2 = 6\,000\ \text{V}$。试用简化等效电路求 $\dot{U}_1$ 和 $\dot{I}_1$。

解：（1）变压器的变比为

$$k = \frac{N_1}{N_2} = \frac{876}{260} = 3.37$$

则二次侧折算到一次侧的参数为

$$R_2' = k^2 R_2 = 3.37^2 \times 0.15 = 1.704\ (\Omega)$$

$$X_2' = k^2 X_2 = 3.37^2 \times 0.964 = 10.948\ (\Omega)$$

$$\dot{U}_2' = k\dot{U}_2 = 3.37 \times 6000\angle 0° = 20220\angle 0°\ (\text{V})$$

$$\dot{I}'_2 = \frac{1}{k}\dot{I}_2 = \frac{1}{3.37} \times 180\angle -36.67° = 53.412\angle -36.67° \text{（A）}$$

根据图 4-12（a）所示的简化等效电路来进行计算，可得

$$\dot{I}_1 = -\dot{I}'_2 = -53.412\angle -36.67° = 53.412\angle 143.33° \text{（A）}$$

$$\begin{aligned}\dot{U}_1 &= -\dot{U}'_2 + \dot{I}_1(Z_1 + Z'_2) = -\dot{U}'_2 + \dot{I}_1(R_1 + jX_1 + R'_2 + jX'_2) \\ &= -20220\angle 0° + 53.412\angle 143.33° \times (2.19 + j15.4 + 1.704 + j10.948) \\ &= -21250\angle 2.7° \text{（V）}\end{aligned}$$

8. 变压器负载运行时的相量图

根据式（4-47），再结合所给定的具体已知条件，便可画出变压器的相量图。例如，已知 $\dot{U}_2$、$\dot{I}_2$、$\cos\varphi_2$（滞后）、变比 k 及 R_1、X_1、R'_2、X'_2、R_m、X_m，可按如下步骤来绘制相量图：

（1）画出 $\dot{U}'_2$ 和 $\dot{I}'_2$，其夹角为 φ_2（由 $\cos\varphi_2$ 滞后，可知 $\dot{I}'_2$ 滞后 $\dot{U}'_2$）；

（2）根据二次侧电动势平衡方程，在 $\dot{U}'_2$ 相量上，加上与 $\dot{I}'_2$ 相量平行的 $\dot{I}'_2 R'_2$，再加上超前 $\dot{I}'_2$ 相量 90° 的 $j\dot{I}'_2 X'_2$，得出 $\dot{E}'_2$；

（3）$\dot{E}_1 = \dot{E}'_2$；

（4）在超前 $\dot{E}_1$ 相量 90° 的位置画出主磁通 $\dot{\Phi}_m$；

（5）根据 $\dot{I}_0 = -\dot{E}_1/Z_m$，画出 $\dot{I}_0$ 相量，它超前 $\dot{\Phi}_m$ 一个很小的铁耗角 α；

（6）画出 $-\dot{I}'_2$，再根据 $\dot{I}_1 = -\dot{I}'_2 + \dot{I}_0$，画出 $\dot{I}_1$ 相量；

（7）画出 $-\dot{E}_1$，在 $-\dot{E}_1$ 相量上加上与 $\dot{I}_1$ 平行的 $\dot{I}_1 R_1$，再加上超前 $\dot{I}_1$ 相量 90° 的 $j\dot{I}_1 X_1$ 得到 $\dot{U}_1$。

通过上述 7 个步骤就完成了变压器负载运行时的相量图，如图 4-13 所示。在整个绘制过程中，每画一个相量都是以其对应的基本方程式为根据。相量图最大的优点就是直观，它把式（4-47）中 6 个方程式的相互关系清清楚楚地表现出来了。

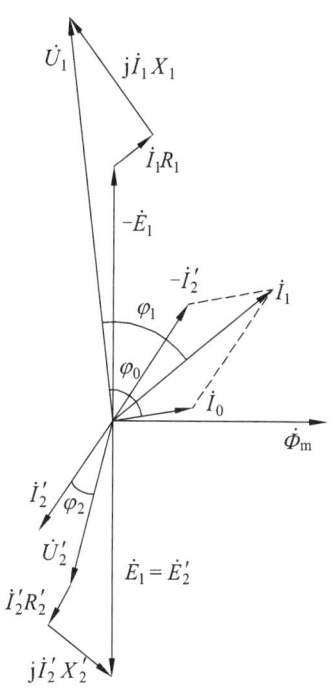

图 4-13 变压器负载运行时的相量图（感性负载）

4.3 变压器参数的测定

前面我们已经推导出了变压器的等效电路，为了利用等效电路去分析变压器的运行特性，就必须先已知参数 R_1、X_1、R'_2、X'_2、R_m、X_m。对于已制成的变压器，可通过空载实验和短路实验来测定其参数。

4.3.1 变压器的空载实验

1. 空载实验的目的

空载实验时测量 U_{1N}、U_{20}、I_0、p_0,再通过计算可求出变压器的变比 k、励磁阻抗 Z_m、励磁电阻 R_m 和励磁电抗 X_m 等参数。空载实验可以在高压侧做,也可以在低压侧做。为安全起见,通常在低压侧做空载实验。

2. 在低压侧做空载实验

1)实验线路

图 4-14 为在低压侧做单相变压器空载实验的接线图,图 4-15 为在低压侧做三相变压器空载实验的接线图。实验时,低压侧绕组加上额定电压 U_{2N},高压侧绕组开路,测量空载电流 I_0、空载输入功率 p_0 及高压侧空载电压 U_{10}(即 U_{1N})。注意:在做三相变压器空载实验时,各相空载电流可能不等,在数据处理时,I_0 取三相空载电流的平均值。

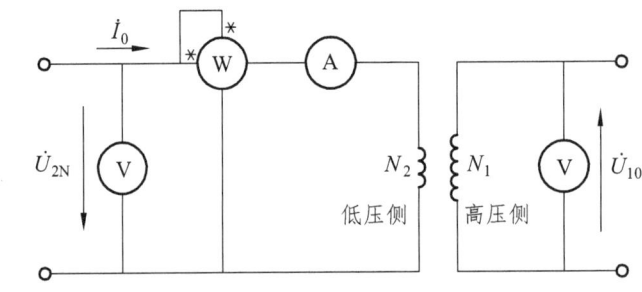

图 4-14 单相变压器空载实验线路(低压侧做)

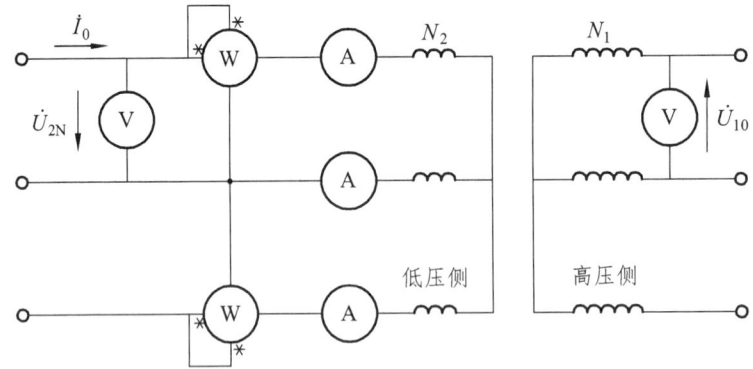

图 4-15 三相变压器空载实验线路(低压侧做)

2)实验数据分析

空载实验时,变压器没有输出有功功率,根据图 4-16 可知:从电源上输入的有功功率全部都消耗在低压侧绕组铜耗 $I_0^2 R_2$ 和铁心中的铁耗 $I_0^2 R_{m低}$ 这两部分。由于 $R_2 \ll R_{m低}$,因此 $I_0^2 R_2 \ll I_0^2 R_{m低}$,故可以忽略铜耗,认为变压器空载实验时输入功率 p_0 近似等于铁耗 p_{Fe}。于是，便可根据测量的数据计算出变压器的参数。

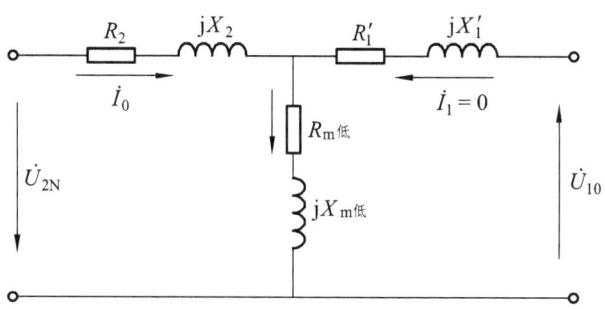

图 4-16　低压侧做空载实验时变压器的等效电路

对于单相变压器，其变比为 $k = \dfrac{U_{10}}{U_{2N}}$。

由于 $Z_2 \ll Z_{m低}$、$R_2 \ll R_{m低}$，根据图 4-16 可得低压侧励磁阻抗、励磁电阻的表达式为

$$Z_{m低} \approx Z_2 + Z_{m低} = \frac{U_{2N}}{I_0} \quad (4\text{-}49)$$

$$R_{m低} \approx R_2 + R_{m低} = \frac{p_0}{I_0^2} \quad (4\text{-}50)$$

则励磁电抗为

$$X_{m低} = \sqrt{\left|Z_{m低}\right|^2 - R_{m低}^2} \quad (4\text{-}51)$$

上述计算出来的数据是低压侧（二次侧）的参数，最后还要折算到高压侧还原为一次侧的实际值：$Z_m = k^2 Z_{m低}$，$R_m = k^2 R_{m低}$，$X_m = k^2 X_{m低}$。

注意：对于三相变压器，Z_m、R_m、X_m 是指某一相的参数。由图 4-15 可知，实验测定的电压、电流都是线值，需根据其绕组连接形式，先换算成相值；用二表法测出的功率也是三相的总功率，需除以 3 得到一相的功率。再按照上述方法计算得到变压器的变比及励磁阻抗值。

4.3.2　变压器的短路实验

1. 短路实验的目的及实验线路

短路实验的目的是测取变压器的短路电流 I_k、短路电压 U_k 和短路损耗 p_k，再通过计算可求出短路阻抗 Z_k、短路电阻 R_k 和短路电抗 X_k。为了安全和方便，变压器短路实验一般在高压侧做。单相和三相变压器的短路实验线路分别如图 4-17 和图 4-18 所示。

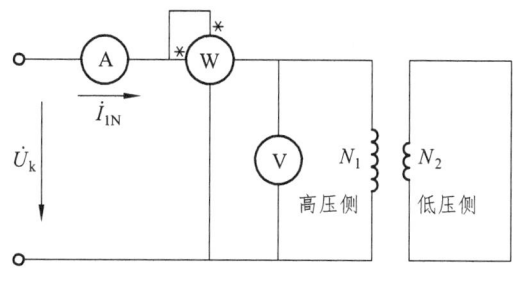

图 4-17　单相变压器短路实验线路（高压侧做）

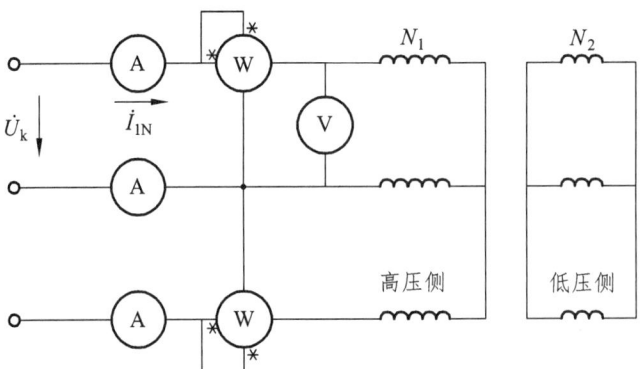

图 4-18 三相变压器短路实验线路（高压侧做）

2. 短路电流

由变压器的简化等效电路可知，当高压侧（一次侧）施加额定电压 U_{1N}，低压侧带负载 Z_L，此时的一次侧电流 $\dot{I}_1$ 为

$$\dot{I}_1 = \frac{\dot{U}_{1N}}{Z_k + Z'_L} \tag{4-52}$$

我们知道，变压器正常运行时，$Z_k \ll Z'_L$，再结合式（4-52）可知，$\dot{I}_1$ 主要取决于负载 Z_L。如果把变压器的二次侧短接（$Z_L = 0$），此时的一次侧电流 $\dot{I}_1$ 有个特定的称谓，叫变压器的稳态短路电流，用 $\dot{I}_k$ 表示。其大小为

$$I_k = \frac{U_{1N}}{|Z_k|} \tag{4-53}$$

由于 Z_k 很小，短路电流数值 I_k 非常大，为额定电流的十几倍甚至几十倍，这是一种故障状态。因此，做短路实验时，要把一次侧电流限制为额定值，所施加的电压要降低为 U_k，显然 $U_k \ll U_{1N}$。

实验步骤：低压侧先短路，高压侧（一次侧）再施加电压，从零逐渐升高电压，直到一次侧电流 $I_k = I_{1N}$ 为止，停止升压，测量此时的 I_k、U_k 及输入功率 p_k。

3. 短路实验数据处理

变压器短路实验时的等效电路如图 4-19 所示。通常可认为：

$$R_1 \approx R'_2 = \frac{1}{2}R_k, \quad X_1 \approx X'_2 = \frac{1}{2}X_k$$

短路实验时，二次侧不输出有功功率，一次侧输入的有功功率全部消耗在一次侧绕组铜

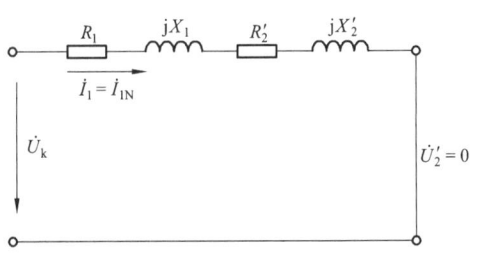

图 4-19 变压器短路实验时的等效电路

耗 $I_1^2 R_1$、二次侧绕组铜耗 $I_2^2 R_2'$、铁心中的铁耗 $I_0^2 R_m$ 这三部分。由于短路电流 $I_k = I_{1N}$，因此铜耗等于额定负载时的铜耗；同时，由于 $U_k << U_{1N}$，主磁通比正常运行时小得多，所以铁耗比正常时也小得多，与铜耗相比可以忽略不计。因此，可认为短路实验时输入的功率 p_k 近似等于变压器的铜耗 $p_{Cu} = I_{1N}^2 (R_1 + R_2') = I_{1N}^2 R_k$。

根据实验测量的数据可计算出变压器的短路阻抗。对于单相变压器，短路阻抗为

$$|Z_k| = \frac{U_k}{I_{1N}} \tag{4-54}$$

短路电阻为

$$R_k = \frac{p_k}{I_{1N}^2} \tag{4-55}$$

则短路电抗为

$$X_k = \sqrt{|Z_k|^2 - R_k^2} \tag{4-56}$$

由于绕组的电阻随温度变化，而短路实验一般在室温下进行，故测得的电阻应换算到国家标准规定的基准工作温度 75 ℃ 时的值。

对于铜线变压器，换算公式为

$$R_{k75℃} = \frac{234.5 + 75}{234.5 + \theta} R_k \tag{4-57}$$

对于铝线变压器，换算公式为

$$R_{k75℃} = \frac{228 + 75}{228 + \theta} R_k \tag{4-58}$$

式中，θ 为实验时的环境温度；R_k 为温度是 θ 时测得的短路电阻值。

因此，75℃ 时的短路阻抗为

$$Z_{k75℃} = \sqrt{R_{k75℃}^2 + X_k^2} \tag{4-59}$$

注意：与空载实验一样，对于三相变压器，Z_k、R_k、X_k 是指某一相的参数。因此，按上述方法计算时要采用相电压、相电流和一相的功率。

4. 变压器的短路电压（阻抗电压）

短路实验时，当短路电流 $I_k = I_{1N}$ 时，外加电压 U_k 称为短路电压或阻抗电压，通常用一次侧额定电压的百分值表示，则为

$$u_k = \frac{U_k}{U_{1N}} \times 100\% \tag{4-60}$$

阻抗电压 u_k 是变压器的一个很重要的参数，它标注在变压器的铭牌上。其大小反映了变

压器在额定负载运行时漏阻抗压降的大小。从运行角度来看，希望 u_k 小一些，使变压器输出电压随负载变化波动小一些。但 u_k 太小时，变压器的短路电流会很大。一般中小型电力变压器 $u_k = 4\% \sim 10\%$，大容量变压器 $u_k = 12.5\% \sim 17.5\%$。

例 4-3 一台 $S_N = 750$ kVA，$U_{1N}/U_{2N} = 10/0.4$ kV，Y/△连接的三相变压器。在低压侧做空载实验，数据为：$U_{20} = 400$ V，$I_{20} = 65$ A，$p_0 = 3.9$ kW；在高压侧做短路实验，数据为：$U_{1k} = 450$ V，$I_{1k} = 43$ A，$p_k = 10.2$ kW，求变压器的参数：R_m、X_m、R_k、X_k。（不考虑温度影响）

解：① 求三相变压器的参数要先换算成单相，我们用下标"ϕ"表示相值，则有 $U_{20\phi} = U_{20}$，$I_{20\phi} = I_{20}/\sqrt{3}$，$p_{0\phi} = p_0/3$。于是可得低压侧的参数为

$$R_{m低} = \frac{p_{0\phi}}{I_{20\phi}^2} = \frac{p_0}{3\left(\frac{I_{20}}{\sqrt{3}}\right)^2} = \frac{p_0}{I_{20}^2} = \frac{3.9 \times 1000}{65^2} \approx 0.923 \ (\Omega)$$

$$|Z_{m低}| = \frac{U_{20\phi}}{I_{20\phi}} = \frac{\sqrt{3}U_{20}}{I_{20}} = \frac{\sqrt{3} \times 400}{65} \approx 10.658 \ (\Omega)$$

$$X_{m低} = \sqrt{|Z_{m低}|^2 - R_{m低}^2} = \sqrt{10.658^2 - 0.923^2} \approx 10.618 \ (\Omega)$$

$$k = \frac{U_{1N\phi}}{U_{2N\phi}} = \frac{U_{1N}}{\sqrt{3}U_{2N}} = \frac{10\ 000}{\sqrt{3} \times 400} \approx 14.434$$

则折算到高压侧为

$$R_m = k^2 R_{m低} = 192.298 \ (\Omega), \quad X_m = k^2 X_{m低} = 2\ 212.158 \ (\Omega)$$

② 将短路实验数据换算成相值，有 $U_{1k\phi} = U_{1k}/\sqrt{3}$，$I_{1k\phi} = I_{1k}$，$p_{k\phi} = p_k/3$。于是可得高压侧的参数为

$$R_k = \frac{p_{k\phi}}{I_{1k\phi}^2} = \frac{p_k}{3I_{1k}^2} = \frac{10.2 \times 1000}{3 \times 43^2} \approx 1.839 \ (\Omega)$$

$$|Z_k| = \frac{U_{1k\phi}}{I_{1k\phi}} = \frac{U_{1k}}{\sqrt{3}I_{1k}} = \frac{450}{\sqrt{3} \times 43} \approx 6.042 \ (\Omega)$$

$$X_k = \sqrt{|Z_k|^2 - R_k^2} = \sqrt{6.042^2 - 1.839^2} \approx 5.755 \ (\Omega)$$

4.4 标幺值

4.4.1 标幺值的定义

在对电机和变压器进行工程计算时，既可采用实际值表示各物理量的大小，也可采用标幺值表示它们的大小。标幺值是指某一个物理量的实际值与其对应的基值之比。标幺值的定

义式为

$$标幺值 = \frac{该物理量的实际值}{该物理量的基值} \tag{4-61}$$

由上式可知，标幺值为相对值，无量纲，它表示的是一个物理量达到其基值的某种程度。例如，一台单相变压器二次侧的电流 $I_2 = 100\text{ A}$，如果选 200 A 作为其基值，则该电流的标幺值为 $I_2 = \frac{100}{200} = 0.5$。这就意味着，该电流只达到了其基值的一半，还有进一步增加负载的空间。

4.4.2 标幺值的基值

由式（4-61）可知，求一个物理量的标幺值关键是选取它的基值。电机和变压器中通常选各物理量的额定值作为基值。

1. 以额定值作为基值

（1）相（线）电压的基值分别是对应相（线）电压的额定值；
（2）相（线）电流的基值分别是对应相（线）电流的额定值；
（3）单相（三相）功率的基值分别是单相（三相）的额定功率，视在（有功、无功）功率的基值是一样的，都选额定视在功率 S_N 作为基值。

2. 阻抗的基值是相值

一次绕组阻抗的基值选用：

$$Z_{1N} = \frac{U_{1N\phi}}{I_{1N\phi}} \tag{4-62}$$

二次绕组阻抗的基值选用：

$$Z_{2N} = \frac{U_{2N\phi}}{I_{2N\phi}} \tag{4-63}$$

注意：式（4-62）、式（4-63）中的下标"ϕ"表示相值。对于三相变压器，不同的绕组连接形式，Z_{1N}、Z_{2N} 的计算式不同，下面以 Y/△ 连接为例来说明。

一次侧绕组为星形连接，则有 $Z_{1N} = \frac{U_{1N\phi}}{I_{1N\phi}} = \frac{U_{1N}}{\sqrt{3}I_{1N}}$。

二次侧绕组为三角形连接，则有 $Z_{2N} = \frac{U_{2N\phi}}{I_{2N\phi}} = \frac{U_{2N}}{\frac{I_{2N}}{\sqrt{3}}} = \frac{\sqrt{3}U_{2N}}{I_{2N}}$。

综上所述，电机和变压器中各物理量基值的选择归纳总结如表 4-1 所示。

表 4-1　电机和变压器中各物理量的基值

项目	一次侧	二次侧
功率	S_N	S_N
线电压	U_{1N}	U_{2N}
相电压	$U_{1N\phi}$	$U_{2N\phi}$
线电流	I_{1N}	I_{2N}
相电流	$I_{1N\phi}$	$I_{2N\phi}$
阻抗	$Z_{1N} = \dfrac{U_{1N\phi}}{I_{1N\phi}}$	$Z_{2N} = \dfrac{U_{2N\phi}}{I_{2N\phi}}$

4.4.3　采用标幺值的优点

（1）能直观地看出变压器带负载的情况。

采用标幺值表示电压、电流时，可以直观地看出变压器的运行情况。例如，两台正在运行的变压器，不知道它们的额定值，仅知道其标幺值分别为 $\underline{U}_{1\alpha}=1$、$\underline{I}_{1\alpha}=1$ 和 $\underline{U}_{1\beta}=1$、$\underline{I}_{1\beta}=0.6$。我们立即就能判定，第一台变压器已处于额定负载下运行，而第二台变压器仅带了 60%的额定负载，即欠载运行。通常称 $\underline{I}=1$ 为满载，$\underline{I}=0.5$ 为半载，$\underline{I}>1$ 为过载。

值得注意的是，变压器负载运行时，一、二次侧电流大小相差 $1/k$ 倍，而一、二次侧电流的基值也同样相差 $1/k$ 倍，故 $\underline{I}_1 = \underline{I}_2 = \beta$。$\beta$ 称为负载系数，它反映了变压器所带负载的大小。

（2）线值与其相值的标幺值相等。

三相变压器中，由于绕组连接形式的不同，其线值与相值可能不相等。如果用标幺值表示，由于线值的基值也对应线值（见表 4-1），于是线值的标幺值与其相值标幺值相等。同理，交流电路中某个物理量的幅值、有效值的标幺值也彼此相等。

（3）采用标幺值，等效电路中各物理量不需要折算。

下面，我们以 U_2 为例来证明折算前后的标幺值是一样的。

由前面的分析可知：$U_2' = kU_2$，则其标幺值为

$$\underline{U}_2' = \frac{U_2'}{U_{1N}} = \frac{kU_2}{kU_{2N}} = \frac{U_2}{U_{2N}} = \underline{U}_2 \qquad (4\text{-}64)$$

式中，因 U_2' 为折算到一次侧的物理量，故其基值选用一次侧的额定电压 U_{1N}。

同理，我们还可以证明 $\underline{R}_2' = \underline{R}_2$，$\underline{X}_2' = \underline{X}_2$，$\underline{I}_2' = \underline{I}_2$，$\underline{E}_2' = \underline{E}_2$。由此可见，用标幺值表示电压、电流、阻抗等参数的大小时，就不需要再进行折算了。

（4）便于一些参数的记忆。

在变压器的运行分析中，短路阻抗标幺值是非常重要的一个参数，那么它有什么特点可以方便我们记住它呢？我们知道，在短路实验时，短路电流 $I_k = I_{1N}$，即 $\underline{I}_k = 1$，则短路阻抗 Z_k 的标幺值为

$$\underline{Z_k} = \frac{Z_k}{Z_{1N}} = \frac{Z_k}{\dfrac{U_{1N}}{I_{1N}}} = \frac{I_{1N} Z_k}{U_{1N}} = \frac{U_k}{U_{1N}} = \underline{U_k} = u_k \tag{4-65}$$

式（4-65）证明了变压器的短路阻抗标幺值与短路电压标幺值相等，式中 u_k 为阻抗电压，它是变压器的铭牌数据之一。

（5）不同容量的变压器参数变化范围小，有可比性。

对于电力变压器，容量从几十千伏安到几十万千伏安，电压从几百伏到几十万伏，相差极其悬殊，它们的物理参数也相差悬殊。采用标幺值表示时，不同容量变压器的物理参数标幺值都在一个较小的范围内，大型变压器实际值大，基值也大；小型变压器实际值小，基值也小。例如，$\underline{Z_k} = 0.04 \sim 0.14$，$\underline{I_0} = 0.02 \sim 0.1$，显然用标幺值表示时，这些参数变化范围小，有可比性。

4.5 变压器的运行性能

可通过两条运行特性来说明变压器的运行性能，一条是外特性；一条是效率特性。而衡量变压器运行性能好坏的主要指标有电压变化率和效率，下面依次加以说明。

4.5.1 变压器的电压变化率

为了表示二次端电压 U_2 随负载电流 I_2 变化的程度，引入电压变化率的概念。电压变化率用 ΔU 表示，它是指变压器一次侧加额定电压，空载与负载时二次侧端电压之差（$U_{20} - U_2$）与二次侧额定电压 U_{2N} 的比值，通常用百分值表示。即

$$\Delta U = \frac{U_{20} - U_2}{U_{2N}} \times 100\% = \frac{U_{2N} - U_2}{U_{2N}} \times 100\% = \frac{U_{1N} - U_2'}{U_{1N}} \times 100\% \tag{4-66}$$

由变压器的简化等效电路可知：$\dot{U}_1 = \dot{I}_1 (R_k + jX_k) + (-\dot{U}_2')$，其相量图如图 4-20 所示。图中我们引入一个辅助直角三角形 ABC。因电力变压器中，$I_1 Z_k$ 很小，故可以认为 $\Delta U \approx \dfrac{\overline{AB}}{U_{1N}}$。于是：

$$\Delta U = \frac{I_1 R_k \cos\varphi_2 + I_1 X_k \sin\varphi_2}{U_{1N}} \times 100\% \tag{4-67}$$

式（4-67）的分子、分母均除以 I_{1N}，可得

$$\begin{aligned}\Delta U &= \frac{I_1}{I_{1N}} \left(\frac{R_k \cos\varphi_2 + X_k \sin\varphi_2}{Z_{1N}} \right) \times 100\% \\ &= \beta (\underline{R_k} \cos\varphi_2 + \underline{X_k} \sin\varphi_2) \times 100\%\end{aligned} \tag{4-68}$$

式中，$\beta = \dfrac{I_1}{I_{1N}} = \dfrac{I_2}{I_{2N}} = \dfrac{I_1}{I_{1N}} = \dfrac{I_2}{I_{2N}}$，称为负载系数。

由式（4-68）可知，电压变化率 ΔU 不仅与变压器本身参数（R_k、X_k）有关，还与负载大小（β）及负载性质（φ_2）有关。在电力变压器中，一般 $X_k \gg R_k$，也就是说 $X_k \sin\varphi_2$ 对 ΔU 的影响程度更大。下面分情况说明不同负载对电压变化率的影响。

（1）变压器带纯电阻负载（$\varphi_2 = 0$）时，$\cos\varphi_2 = 1$、$X_k \sin\varphi_2 = 0$，$\Delta U > 0$，且很小，即端电压变化很小。

（2）变压器带感性负载（$\varphi_2 > 0$）时，$\cos\varphi_2 > 0$，$\sin\varphi_2 > 0$，$\Delta U > 0$，而且 φ_2 角越大，端电压变化也越大。

（3）带容性负载（$\varphi_2 < 0$）时，$\cos\varphi_2 > 0$、$\sin\varphi_2 < 0$，因此 ΔU 可能为正值、也可能为负值，还可能为 0。当 $|X_k \sin\varphi_2| > |R_k \cos\varphi_2|$ 时，ΔU 为负值，这意味着二次侧端电压 $U_2 > U_{2N}$，而且 φ_2 角绝对值越大，端电压变化也越大。

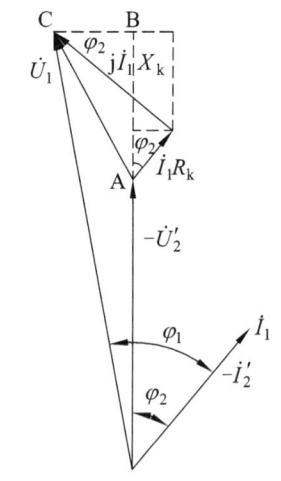

图 4-20 变压器的简化相量图

电压变化率 ΔU 是表征变压器运行性能的主要指标之一，它的大小反映了变压器供电的稳定性。为了保证二次侧端电压的变化在允许范围内，通常在变压器高压侧设置抽头和分接开关，通过调节高压侧绕组匝数来调节二次侧端电压。之所以在变压器高压侧设置抽头和分接开关，是因为高压绕组套在最外面，便于引出；而且高压侧电流相对也比较小，抽头的引线及分接开关载流部分的导体截面也很小，开关触点易于制造。

4.5.2 变压器的外特性

变压器带负载运行时，由于一、二次绕组存在漏阻抗，故变压器内部将产生阻抗压降，使二次侧端电压发生变化。当电源电压和负载的功率因数恒定时，二次侧端电压 U_2 随负载电流 I_2 变化的关系曲线 $U_2 = f(I_2)$ 称为变压器的外特性。

由式（4-66）可知，变压器的二次侧端电压 U_2 与电压变化率 ΔU 密切相关。在很多场合都是通过 ΔU 来求得 U_2。

$$\Delta U = \dfrac{U_{2N} - U_2}{U_{2N}} = 1 - \dfrac{U_2}{U_{2N}} \rightarrow U_2 = (1 - \Delta U) U_{2N} \tag{4-69}$$

下面根据 ΔU 的大小来分析变压器的外特性。

（1）变压器带纯电阻负载时，$\Delta U > 0 \rightarrow U_2 < U_{2N}$，即随着负载电流 I_2 增大，U_2 减小，故图 4-21 中对应的外特性（$\cos\varphi_2 = 1$）是下降的。同时，因 ΔU 很小，所以下降的幅度不大。

（2）带感性负载时，$\Delta U > 0 \rightarrow U_2 < U_{2N}$，即随着 I_2 增大，U_2 减小，故图 4-21 中对应的外特性[$\cos\varphi_2 = 0.8$（滞后）]也是下降的。同时，ΔU 相对于纯电阻负载时更大，所以其外特性

下降的幅度也更大。

（3）带容性负载时，因 ΔU 可能为正值、负值，还可能为 0，即随着 I_2 增大，U_2 可能减小、增大，也可能不变，所以其外特性可能下降、上翘，还可能平直。例如，图 4-21 中对应的外特性[$\cos\varphi_2 = 0.8$（超前）]是上翘的，说明 $U_2 > U_{2N}$，即 $\Delta U < 0$。

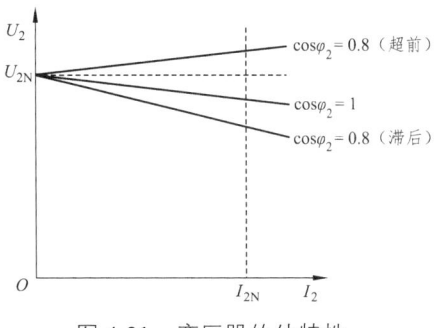

图 4-21 变压器的外特性

4.5.3 变压器的效率特性

变压器输出功率 P_2 与输入功率 P_1 之比称为变压器的效率 η，即

$$\eta = \frac{P_2}{P_1} \times 100\% = \left(1 - \frac{\sum p}{P_1}\right) \times 100\% \tag{4-70}$$

式中，$\sum p$ 为变压器的总损耗，主要包括铁耗 p_{Fe} 和铜耗 p_{Cu} 两大类。

变压器的铁耗与外加电源电压的大小有关，而与负载大小基本无关。当电源电压一定时，铁耗就基本不变了，因此铁耗又称为不变损耗。而变压器铜耗的大小与负载电流的平方成正比，因此铜耗又称为可变损耗。

式（4-70）还可以写成

$$\eta = \left(1 - \frac{\sum p}{P_1}\right) \times 100\% = \left(1 - \frac{p_{Fe} + p_{Cu}}{P_2 + p_{Fe} + p_{Cu}}\right) \times 100\% \tag{4-71}$$

由于没有机械损耗，所以变压器的效率比旋转电机高，一般中、小型电力变压器效率在 95%以上，大型变压器效率可达到 99%以上。工程上常采用间接法测定变压器的效率，即先测出各种损耗，再利用式（4-71）计算效率。为便于计算，可采取以下几个假定：

（1）以额定电压下的空载损耗作为铁耗，即 $p_{Fe} \approx p_0$，并认为铁耗保持不变。

（2）以额定电流时的短路损耗 p_{kN} 作为额定电流时的铜耗 p_{Cu}，并认为铜耗与负载电流的平方成正比，即：$p_{Cu} = I_1^2 R_k = \left(\frac{I_1}{I_{1N}}\right)^2 I_{1N}^2 R_k = \beta^2 p_{kN}$。

（3）计算 P_2 时，忽略负载运行时二次侧端电压的变化，即输出功率为

$$P_2 = U_{2N} I_2 \cos\varphi_2 = \frac{I_2}{I_{2N}} U_{2N} I_{2N} \cos\varphi_2 = \beta S_N \cos\varphi_2 \tag{4-72}$$

经过上述假定后，式（4-71）可变为

$$\eta = \left(1 - \frac{p_0 + \beta^2 p_{kN}}{\beta S_N \cos\varphi_2 + p_0 + \beta^2 p_{kN}}\right) \times 100\% \tag{4-73}$$

对于给定的变压器，S_N、p_0 和 p_{kN} 是一定的，所以效率与负载大小和功率因数有关。当功率因数一定时，效率 η 与负载系数 β 之间的关系曲线 $\eta = f(\beta)$，称为变压器的效率特性，如图 4-22 所示。由图可知，空载运行时，$\beta = 0$，$P_2 = 0$，$\eta = 0$。负载运行时，随着输出功率的增大，铜耗也增加，但由于此时 β 较小，铜耗没有输出功率增加得快，因此效率仍是增加的；当负载增加到某个值时，效率达到最大；负载再增大，铜耗大，成了损耗中的主要部分，因此效率随着负载增加反而降低了。

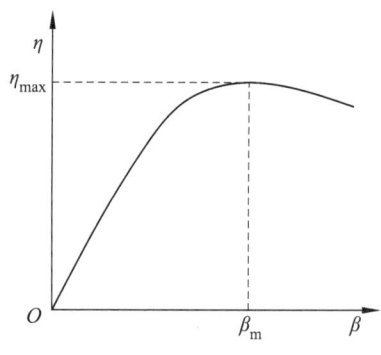

图 4-22 变压器的效率特性曲线

由此可见，效率特性是一条具有最大值的曲线，最大值出现在 $\dfrac{d\eta}{d\beta} = 0$ 处。将式（4-73）对 β 取一阶导数，并令其为零，可得变压器产生最大效率的条件为：$\beta_m^2 p_{kN} = p_0$，即

$$\beta_m = \sqrt{\dfrac{p_0}{p_{kN}}} \tag{4-74}$$

式中，β_m 为变压器最大效率时的负载系数。式（4-74）表明，当铜耗等于铁耗，即可变损耗等于不变损耗时，变压器效率最高。此时将相关参数带入式（4-73）可得

$$\eta_{max} = \left(1 - \dfrac{2p_0}{\beta_m S_N \cos\varphi_2 + 2p_0}\right) \times 100\% \tag{4-75}$$

实际变压器常年接在电网上，铁耗总是存在的，而铜耗却随负载变化。一般变压器不可能总在额定负载下运行，因此为保证变压器的运行性能，提高全年的经济效益，变压器的铁耗应设计得小些，一般取 $\beta_m = 0.5 \sim 0.6$。

例 4-4 一台 $S_N = 125$ MVA，$U_{1N}/U_{2N} = 110/10$ kV，Y/△连接的三相变压器，空载电流 $I_0 = 0.02$，空载损耗 $p_0 = 133$ kW，短路电压（阻抗电压）$u_k = 10.5\%$，短路损耗 $p_{kN} = 600$ kW。试求：

（1）短路阻抗和励磁阻抗的标幺值；

（2）带额定负载且 $\cos\varphi_2 = 0.8$（滞后）时的二次侧电压及效率。

解：（1） $p_0^* = \dfrac{p_0}{S_N} = \dfrac{133 \times 10^3}{125 \times 10^6} = 1.064 \times 10^{-3}$

$p_k^* = \dfrac{p_k}{S_N} = \dfrac{600 \times 10^3}{125 \times 10^6} = 4.8 \times 10^{-3}$

则：$R_m^* = \dfrac{p_0^*}{I_0^{*2}} = \dfrac{1.064 \times 10^{-3}}{0.02^2} = 2.66$

$Z_m^* = \dfrac{U_0^*}{I_0^*} = \dfrac{1}{0.02} = 50$

$$\underline{X}_\mathrm{m} = \sqrt{\underline{Z}_\mathrm{m}^2 - \underline{R}_\mathrm{m}^2} = 49.93$$

$$\underline{R}_\mathrm{k} = \frac{p_\mathrm{k}}{\underline{I}_\mathrm{k}^2} = \frac{4.8 \times 10^{-3}}{1^2} = 0.0048$$

$$\underline{Z}_\mathrm{k} = \frac{U_\mathrm{k}}{\underline{I}_\mathrm{k}} = u_\mathrm{k} = 0.105$$

$$\underline{X}_\mathrm{k} = \sqrt{\underline{Z}_\mathrm{k}^2 - \underline{R}_\mathrm{k}^2} = 0.1049$$

（2） $\Delta U = \beta(\underline{R}_\mathrm{k}\cos\varphi_2 + \underline{X}_\mathrm{k}\sin\varphi_2) \times 100\%$

$\qquad = 1 \times (0.0048 \times 0.8 + 0.1049 \times 0.6) \times 100\% = 6.678\%$

则：$U_2 = (1 - \Delta U)U_{2\mathrm{N}} = (1 - 0.06678) \times 10 \times 10^3 = 9332.2$ （V）

$$\eta = (1 - \frac{p_0 + \beta^2 p_{\mathrm{kN}}}{\beta S_\mathrm{N}\cos\varphi_2 + p_0 + \beta^2 p_{\mathrm{kN}}}) \times 100\%$$

$$= (1 - \frac{133 \times 10^3 + 1^2 \times 600 \times 10^3}{1 \times 125 \times 10^6 \times 0.8 + 133 \times 10^3 + 1^2 \times 600 \times 10^3}) \times 100\% = 99.27\%$$

4.6 三相变压器的磁路系统及连接组别

由于电力系统采用三相制，因此三相变压器在实际中应用最为广泛。三相变压器在对称负载下运行时，三相的电压、电流、电动势等参数大小相等、相位互差 120º，因此可以只取其中一相进行分析。从这个意义上讲，单相变压器的基本方程式、等效电路、相量图以及运行特性的分析方法和结论完全适用于三相变压器。

4.6.1 三相变压器的磁路系统

三相变压器按其磁路系统结构的不同可分为两类：三相磁路彼此无关联的组式变压器和三相磁路彼此关联的心式变压器。

1. 三相组式变压器

三相组式变压器是由三台同容量的单相变压器组成的，其磁路为组式磁路，如图 4-23 所示。每相主磁通都有自己独立的磁路，当一次侧施加三相对称电压时，各相的主磁通 $\dot{\Phi}_\mathrm{A}$、$\dot{\Phi}_\mathrm{B}$、$\dot{\Phi}_\mathrm{C}$ 必然对称。由于磁路三相对称，因此三相空载电流也是对称的。

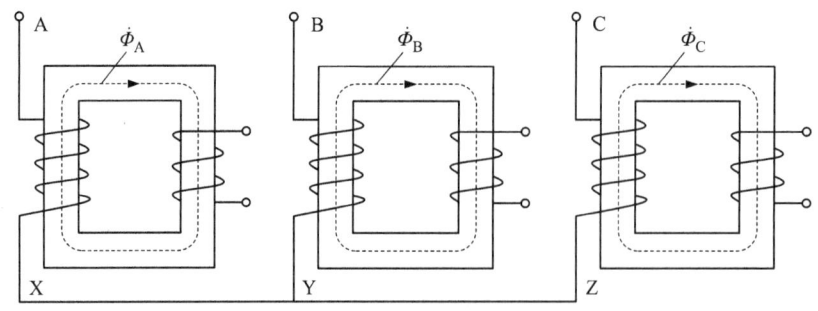

图 4-23 三相组式变压器的磁路

2. 三相心式变压器

把三台单相变压器的铁心按图 4-24（a）的方式放在一起，各相磁通都会与中间的那条铁心柱构成回路。中间铁心柱的磁通为三相磁通之和。因施加的三相电压是对称的，故

$$\dot{\Phi}_A + \dot{\Phi}_B + \dot{\Phi}_C = 0 \tag{4-76}$$

因此，中间的铁心柱可以拿掉，对三相磁路不会产生影响。这样一来，每相有一个铁心柱，三个铁心柱用铁轭连接起来构成的三相磁路为心式磁路，如图 4-24（b）所示。在实际制造时，为了简化工艺，把图 4-24（b）所示的三个铁心柱布置在一个平面内，如图 4-24（c）所示，这就是常用的三相心式变压器的铁心。

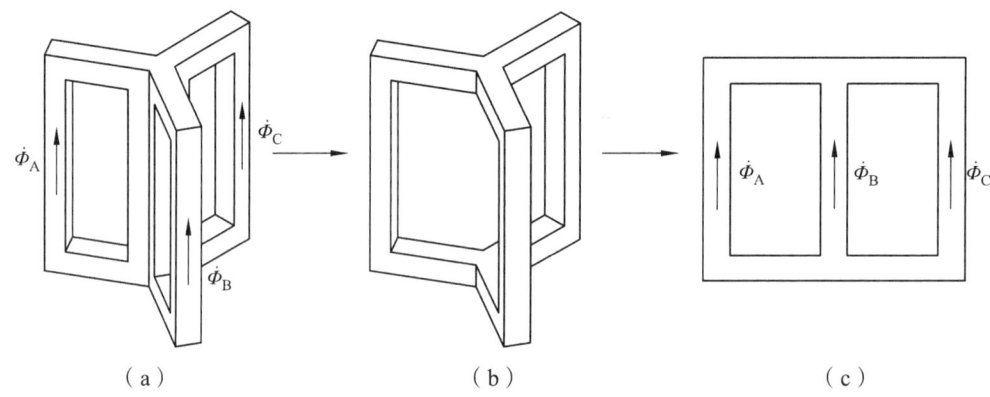

图 4-24 三相心式变压器的磁路

在三相心式变压器中，磁路彼此相关且三相磁路长度不相等。中间 B 相磁路最短，两边 A、C 两相较长，磁阻也较大。当外施对称三相电压时，因三相磁路不对称，三相空载电流便不相等，但由于空载电流很小，它的不对称对变压器负载运行的影响极小，因此可忽略不计。与组式变压器相比，三相心式变压器具有效率高、占地少、成本低、运行维护方便等优点，故应用广泛。

4.6.2 三相变压器的连接组别

两台或多台变压器并联运行时，除了要知道原、副边绕组的连接方法外，还需知道原、

副边绕组对应的线电势之间的相位关系，以便确定各台变压器能否并联运行。变压器的连接组就是用来表征上述信息的一种标志，它包含两部分：原、副边绕组的连接法和连接组标号。

1. 变压器绕组的连接法

三相变压器的绕组一般有两种连接法：星形（用字母 Y 或 y 表示）和三角形（用字母 D 或 d 表示）。在绕组的连接中，绕组首端和尾端的标志规定如表 4-2 所示。

表 4-2　变压器绕组首端和尾端的标志

绕组名称	单相变压器		三相变压器		中性点
	首端	尾端	首端	尾端	
原边绕组	A	X	A、B、C	X、Y、Z	N
副边绕组	a	x	a、b、c	x、y、z	n

原、副边绕组作星形连接时，三个尾端 X、Y、Z（或 x、y、z）连接在一起，三个首端 A、B、C（或 a、b、c）向外引出，如图 4-25（a）所示。

原、副边绕组作三角形连接时，将一相绕组的尾端和另一相绕组的首端连接在一起，顺次连接成一个闭合回路，然后从首端 A、B、C（或 a、b、c）向外引出，如图 4-25（b）、（c）所示。在（b）图中，三相绕组按 $A \to X \to C \to Z \to B \to Y \to A$ 的顺序连接，称为逆序；在图（c）中，三相绕组按 $A \to X \to B \to Y \to C \to Z \to A$ 的顺序连接，称为顺序。

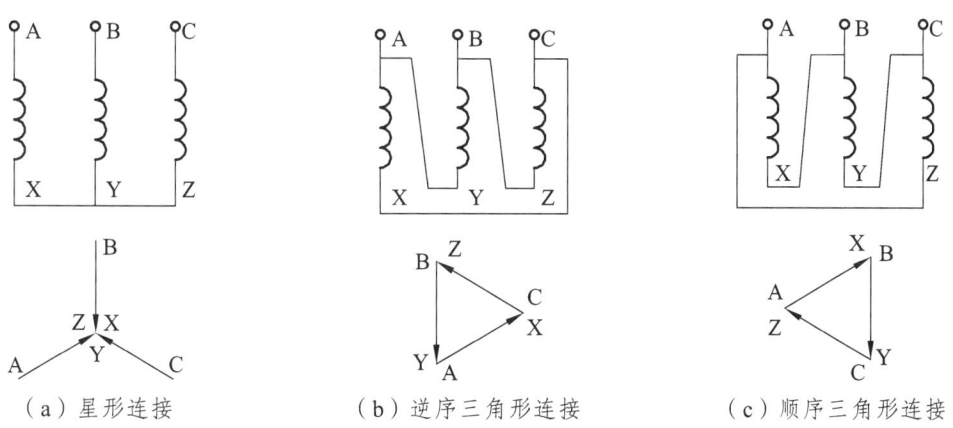

（a）星形连接　　　（b）逆序三角形连接　　　（c）顺序三角形连接

图 4-25　三相绕组的连接法及相量图

在判定变压器的连接组别时，要先描述其连接法，通常将原边绕组连接符号写在前面（大写字母表示），副边绕组连接符号写在后面（小写字母表示），中间以"/"隔开。例如，Y/d、Y/y 等。此外，若星形连接的中性点向外引出，则用 YN（或 yn）表示。

2. 单相变压器的连接组

首先讨论单相变压器的连接组，因为它是研究三相变压器连接组的基础。单相变压器的连接组是用副边电势与原边电势之间的相位差来区分的。

单相变压器首端和尾端的标法有两种：一种是将原、副边绕组的同极性端都标为首端（或尾端）；另一种是将原、副边绕组的异极性端标为首端（或尾端），如图 4-26 所示。但是，不论采用哪种标法，在研究原、副边电势的相位关系时，都规定各绕组电势从首端指向尾端。即原边绕组电势从 A 指向 X 为 $\dot{E}_{AX}$，简化记为 $\dot{E}_A$；同理，副边绕组电势用 $\dot{E}_a$ 表示。为了形象表示原、副边绕组电势的相位关系，通常采用"时钟表示法"，如图 4-27 所示。即把原边电势 $\dot{E}_A$ 看成时钟的长针，始终指向 12 点，副边电势 $\dot{E}_a$ 看成短针，它所指的数字作为连接组的"标号"。

在图 4-26（a）中，原、副边绕组的首端为同极性端，则 $\dot{E}_A$ 与 $\dot{E}_a$ 同相位，采用时钟表示法可知：$\dot{E}_A$ 作为长针指向 12 点，$\dot{E}_a$ 作为短针也指向 12 点，故该单相变压器的连接组记为 I/I 0；在图 4-26（b）中，原、副边绕组的首端为异极性端，则 $\dot{E}_A$ 与 $\dot{E}_a$ 反相位，即 $\dot{E}_A$ 指向 12 点，$\dot{E}_a$ 指向 6 点，故该单相变压器的连接组记为 I/I 6。

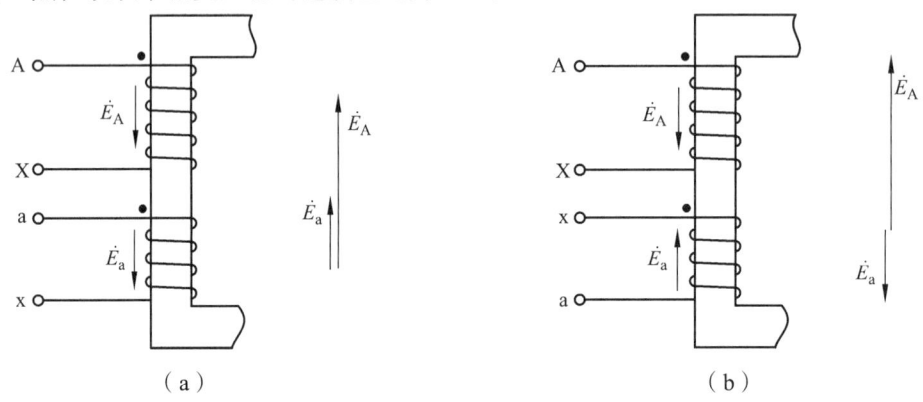

图 4-26 单相变压器的同极性端和连接组

3. 三相变压器的连接组

三相绕组采用不同的连接法，原、副边绕组线电动势 $\dot{E}_{AB}$ 与 $\dot{E}_{ab}$ 之间会出现不同的相位差，根据二者的相位关系可把三相变压器分成各种不同的连接组别。理论和实践证明，无论采用星形连接法还是三角形连接法，其原、副边线电动势的相位差总是 30° 的倍数。因此，仍采用时钟表示法来标志三相变压器原、副边

图 4-27 判别连接组号的时钟法

绕组线电动势的相位关系。即规定原边线电动势 $\dot{E}_{AB}$ 为长针，始终指向"12"，副边线电动势 $\dot{E}_{ab}$ 作为短针，它所指的数字表示为三相变压器连接组的"标号"，如图 4-27 所示。显然，该数字乘以 30° 就是 $\dot{E}_{AB}$ 与 $\dot{E}_{ab}$ 的相位差。故

$$三相变压器的连接组标号 = \frac{\dot{E}_{AB} 与 \dot{E}_{ab} 顺时针方向夹角}{30°} \tag{4-77}$$

例 4-5 画相量图判定图 4-28（a）所示三相变压器的连接组别。

解：在图 4-28（a）所示的三相变压器绕组连接图中，上下对着的原、副边绕组套在同一

铁心柱上，该变压器为 Y/y 连接，且原、副边绕组的首端为同极性端。因此，套在同一铁心柱上的原、副边绕组的电动势相位相同，即 $\dot{E}_A$ 与 $\dot{E}_a$ 同相、$\dot{E}_B$ 与 $\dot{E}_b$ 同相、$\dot{E}_C$ 与 $\dot{E}_c$ 同相，并以此画出相量图，如图 4-28（b）所示。画图时，将 A 和 a 连在一起，根据线电动势和相电动势的相量关系，确定原、副边线电动势 $\dot{E}_{AB}$ 和 $\dot{E}_{ab}$。由相量图可知，相量 $\dot{E}_{AB}$ 与 $\dot{E}_{ab}$ 的顺时针方向夹角为 0°，根据式（4-77）可知该变压器的连接组别为 Y/y0。

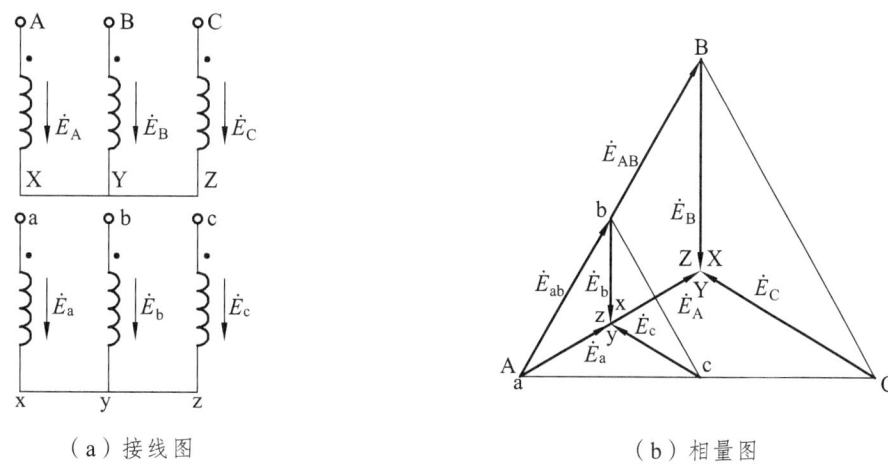

（a）接线图　　　　　　　　　（b）相量图

图 4-28　Y/y0 连接组

例 4-6　画相量图判定图 4-29（a）所示三相变压器的连接组别。

解： 由图 4-29（a）可知，该三相变压器为 Y/y 连接，且原、副边绕组的首端为异极性端。因此，套在同一铁心柱上的原、副边绕组的电动势相位相反，即 $\dot{E}_A$ 与 $\dot{E}_a$ 反相、$\dot{E}_B$ 与 $\dot{E}_b$ 反相、$\dot{E}_C$ 与 $\dot{E}_c$ 反相，并以此画出相量图，如图 4-29（b）所示。画图时，将 A 和 a 连在一起，根据线电动势和相电动势的相量关系，确定原、副边线电动势 $\dot{E}_{AB}$ 和 $\dot{E}_{ab}$。由相量图可知，相量 $\dot{E}_{AB}$ 与 $\dot{E}_{ab}$ 的顺时针方向夹角为 180°，故该变压器的连接组别为 Y/y6。

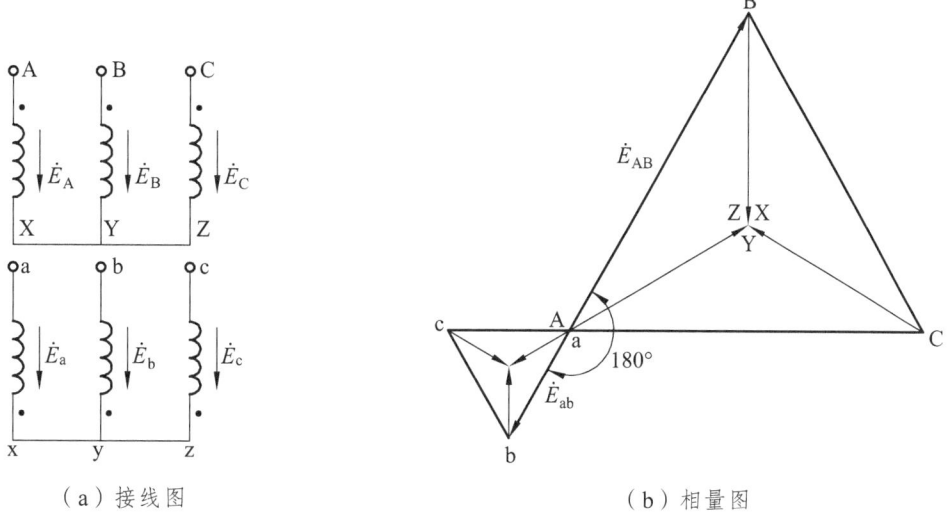

（a）接线图　　　　　　　　　（b）相量图

图 4-29　Y/y6 连接组

例 4-7 画相量图判定图 4-30（a）所示三相变压器的连接组别。

解： 由图 4-30（a）可知，该三相变压器为 Y/d 连接，副边绕组为逆序的三角形接法，且原、副边绕组的首端为同极性端。因此，套在同一铁心柱上的原、副边绕组的电动势相位相同，即 $\dot{E}_A$ 与 $\dot{E}_{ac}$ 同相、$\dot{E}_B$ 与 $\dot{E}_{ba}$ 同相、$\dot{E}_C$ 与 $\dot{E}_{cb}$ 同相，并以此画出相量图，如图 4-30（b）所示。画图时，将 A 和 a 连在一起，根据线电动势和相电动势的相量关系，确定原、副边线电动势 $\dot{E}_{AB}$ 和 $\dot{E}_{ab}$。由相量图可知，相量 $\dot{E}_{AB}$ 与 $\dot{E}_{ab}$ 的顺时针方向夹角为 330°，故该变压器的连接组别为 Y/d11。

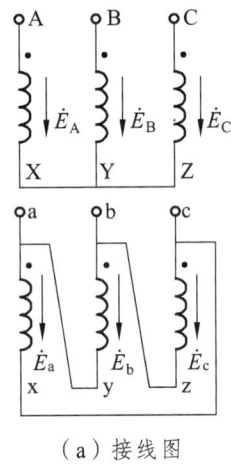
（a）接线图

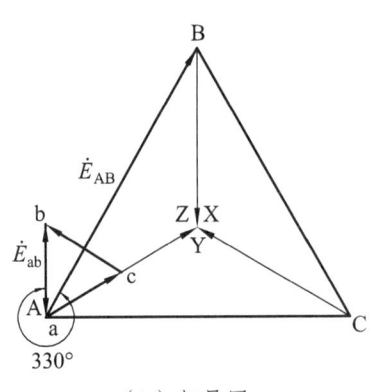
（b）相量图

图 4-30　Y/d11 连接组

例 4-8 画相量图判定图 4-31（a）所示三相变压器的连接组别。

解： 由图 4-31（a）可知，该三相变压器为 Y/d 连接，副边绕组为顺序的三角形接法，且原、副边绕组的首端为同极性端。因此，套在同一铁心柱上的原、副边绕组的电动势相位相同，即 $\dot{E}_A$ 与 $\dot{E}_{ab}$ 同相、$\dot{E}_B$ 与 $\dot{E}_{bc}$ 同相、$\dot{E}_C$ 与 $\dot{E}_{ca}$ 同相，并以此画出相量图，如图 4-31（b）所示。画图时，将 A 和 a 连在一起，根据线电动势和相电动势的相量关系，确定原、副边线电动势 $\dot{E}_{AB}$ 和 $\dot{E}_{ab}$。由相量图可知，相量 $\dot{E}_{AB}$ 与 $\dot{E}_{ab}$ 的顺时针方向夹角为 30°，故该变压器的连接组别为 Y/d1。

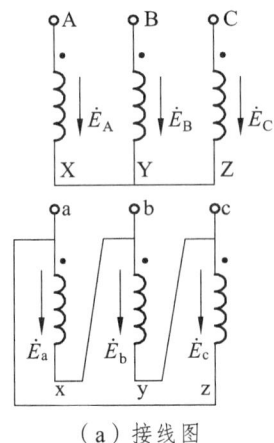
（a）接线图　　　　　　　　　　（b）相量图

图 4-31　Y/d1 连接组

综上所述，画相量图判定三相变压器连接组别的步骤总结如下：
①连接原、副边绕组接线端 A、a，建立原、副边电动势之间的联系；
②根据原边绕组的接法，画出原边各绕组的电动势相量图；
③根据原、副边绕组的同极性端，确定原、副边对应电动势的相位关系；
④结合副边绕组的接法，画出副边各绕组的电动势相量图；
⑤找出原、副边线电动势 $\dot{E}_{AB}$ 与 $\dot{E}_{ab}$ 顺时针方向的夹角，确定变压器的连接组号。

三相变压器作 Y/y 连接时，可以得到 Y/y0、Y/y2、Y/y4、Y/y6、Y/y8、Y/y10 等几种连接组别，时钟标号都是偶数；而作 Y/d 连接时，可以得到 Y/d1、Y/d3、Y/d5、Y/d7、Y/d9、Y/d11 等几种连接组别，时钟标号都是奇数。

三相电力变压器的标准连接组为 Y/yn0、Y/d11、YN/d11、YN/y0、Y/y0。Y/yn0 连接组的低压侧可引出中性线，成为三相四线制，用作配电变压器时可兼供动力和照明负载。Y/d11 连接组常用于低压侧电压超过 400 V 的线路中。YN/d11 连接组的原边绕组有中线引出，方便电力系统的高压侧接地，主要用于高压输电线路中。

4.7 三相变压器的连接法对电势波形的影响

前面在分析单相变压器的空载电流时，曾经指出：当外加电压 u_1 为正弦波时，和它相平衡的电势 e_1 以及感应该电势的主磁通 ϕ 也应是正弦波。但由于变压器铁心的饱和关系，空载电流 i_0 呈尖顶波，它除含有基波 i_{01} 外还有较大的 3 次谐波电流 i_{03}。各相的 3 次谐波电流用 i_{03A}、i_{03B}、i_{03C} 表示，则有：

$$\left.\begin{array}{l} i_{03A} = I_{03m}\sin 3\omega t \\ i_{03B} = I_{03m}\sin 3(\omega t - 120°) = I_{03m}\sin 3\omega t \\ i_{03C} = I_{03m}\sin 3(\omega t - 240°) = I_{03m}\sin 3\omega t \end{array}\right\} \quad (4\text{-}78)$$

可见，三相空载电流的 3 次谐波是同相位同大小的。

在三相变压器中，由于原边绕组的连接法不同，空载电流中的 3 次谐波分量不一定能流通，这将影响主磁通与相电势的波形；并且这种影响不仅与绕组的连接法有关，还与三相变压器的磁路系统有关，下面分别予以说明。

4.7.1 Y/y 连接的三相变压器

由于变压器原边绕组为 Y 连接又无中线，故 3 次谐波电流不能流通，于是空载电流波形就接近正弦波。此时，利用变压器的磁化曲线作出的主磁通波形为一平顶波，如图 4-32 所示。平顶波的主磁通中除含有基波磁通 ϕ_1 外，还有一定分量的 3 次谐波磁通 ϕ_3。

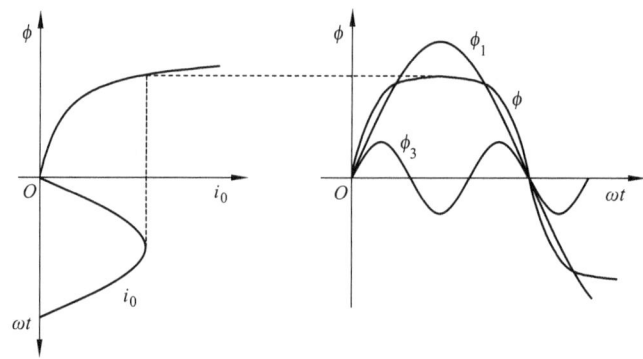

图 4-32 磁路饱和时正弦空载电流产生的主磁通波形

1. 三相组式变压器

在三相组式变压器中，由于三相磁路彼此独立，三次谐波磁通 ϕ_3 和主磁通 ϕ 沿同一磁路闭合，如图 4-23 所示。由于磁路的磁阻小，故三次谐波磁通较大，再加上三次谐波的频率 f_3 为基波频率的 3 倍，所以由它所感应的三次谐波相电势 e_3 就相当大。同时，基波磁通 ϕ_1 也会感应产生基波相电势 e_1，二者都呈正弦波，叠加之后使相电势 e 的波形呈尖顶波，如图 4-33 所示。显然，相电势波形发生了畸变，幅值升高很多，可能使变压器的绕组绝缘击穿。

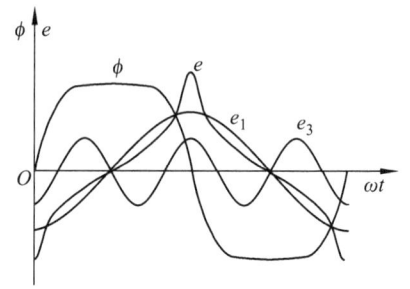

图 4-33 平顶波主磁通产生的相电势波形

2. 三相心式变压器

在三相心式变压器中，由于三相磁路彼此互相联系，三相的三次谐波磁通又彼此同相位同大小，不能沿铁心闭合，只能借助变压器油、油箱壁等形成回路，如图 4-34 所示。由于这些磁路的磁阻很大，故三次谐波磁通 ϕ_3 很小，因

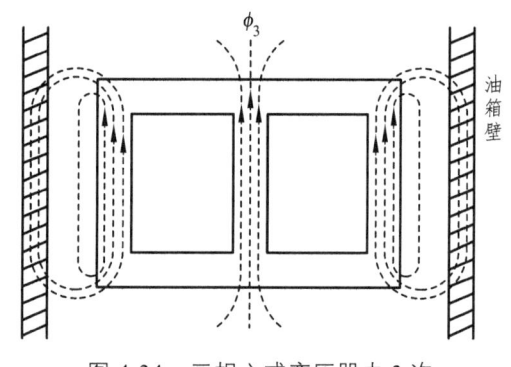

图 4-34 三相心式变压器中 3 次谐波磁通的路径

此主磁通 ϕ 仍接近于正弦波，由其感应产生的相电势波形也接近于正弦波。但必须指出，由于三次谐波磁通沿油箱壁闭合，这会造成涡流损耗增大，从而降低变压器的效率。

通过以上分析可以看出，三相组式变压器是不能采用 Y/y 连接的，而三相心式变压器可以采用 Y/y 连接（为保证运行性能，仅适用于 1 800 kVA 以下场合）。

4.7.2 D/y 和 Y/d 连接的三相变压器

当三相变压器采用 D/y 连接时，原边空载电流中的 3 次谐波分量 i_{03} 可以流通，如图 4-35

所示。于是，励磁电流 i_0 的波形呈尖顶波，主磁通 ϕ 的波形呈正弦波，则由它感应的原、副边相电势的波形也都呈正弦波。

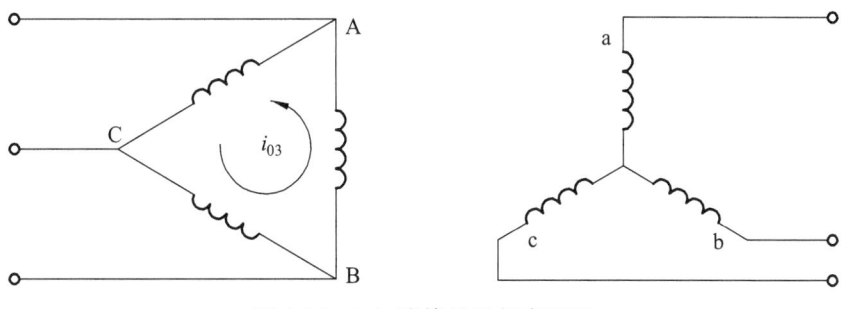

图 4-35 D/y 连接的三相变压器

当三相变压器采用 Y/d 连接时，原边空载电流中的三次谐波分量不能流通，因此 i_0 呈正弦波，主磁通 ϕ 呈平顶波，原、副边相电势均呈尖顶波，即相电势中含有 3 次谐波分量 e_3。因副边为三角形连接，e_3 在三角形绕组内产生 3 次谐波电流 i_3，如图 4-36 所示，此电流具有励磁电流的性质（因为原边绕组中无 3 次谐波电流流通，无法平衡副边绕组的 i_3）。这时，变压器的励磁电流可由原边正弦形的 i_0 和副边的 3 次谐波电流 i_3 叠加合成，显然合成后它呈尖顶波，故产生的主磁通波形接近正弦波，则由它感应的原、副边相电势的波形也都接近正弦波。

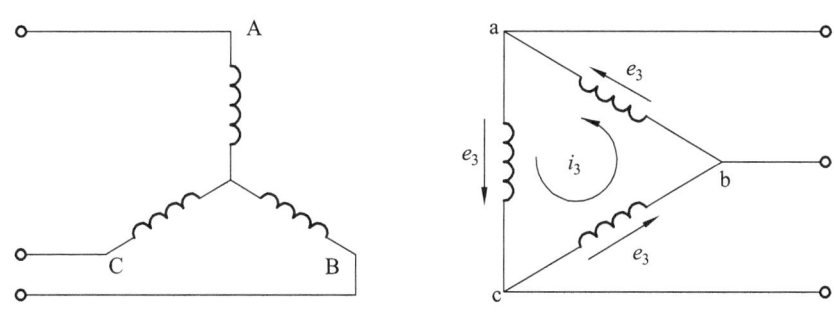

图 4-36 Y/d 连接的三相变压器

4.7.3 YN/y 和 Y/yn 连接的三相变压器

当三相变压器采用 YN/y 连接时，原边空载电流中的 3 次谐波分量 i_{03} 可以经中性线流通，于是主磁通呈正弦波，原、副边相电势的波形也都呈正弦波。

当三相变压器采用 Y/yn 连接时，副边中性线中有 3 次谐波电流 i_3 流通。此时的主磁通由原边正弦形的 i_0 和副边的 i_3 共同建立，因此主磁通的波形接近正弦波，原、副边相电势的波形也都接近正弦波。

4.8 变压器的并联运行

发电厂和变电所中，常常采用多台变压器并联运行的方式。并联运行是将两台或多台变压器的一次侧和二次侧分别接到公共的母线上，同时对负载供电，图 4-37 是两台变压器并联运行时的接线图。

并联运行的优点有：（1）提高供电的可靠性，检修方便。当某台变压器发生故障时，可以把它从电网上切除进行检修，其他变压器仍可继续运行，而不中断正常供电。（2）可以根据负载的大小调整投入并联运行变压器的台数，以提高运行效率。（3）可以减少总的备用容量，并可随着用电量的增加分批安装新的变压器，以减少初期投资。

4.8.1 变压器并联运行的理想条件

并联运行时，各台变压器的容量和结构型式可以不同，但希望达到的理想情况如下：
（1）空载时并联运行的各变压器之间无环流，以免增加绕组铜耗。
（2）带负载后，各并联变压器的负载系数相等，即负载分配合理，各变压器所分担的负载按各自容量大小成正比例分配，从而使并联组的容量得到充分发挥。

要达到上述的理想并联运行情况，并联运行的各变压器必须满足如下条件：
（1）各变压器的变比应相等。
（2）各变压器的连接组号必须相同。
（3）各变压器的短路阻抗标幺值要相等，且短路阻抗角也相等。

若满足了前两个条件，则可保证空载时变压器绕组之间无环流。满足第 3 个条件时，各台变压器能合理分担负载。在实际并联运行过程中，同时满足以上 3 个条件既不容易也不现实，因此，除第 2 条必须严格满足外，其余两条允许稍有差异，下面分别讨论。

4.8.2 不满足并联运行理想条件时的运行分析

为简单起见，在分析某一条件不满足时，假设其他条件都是满足的，并且以两台变压器并联运行为例进行分析。

1. 变比不等时的并联运行

图 4-37 所示为两台变压器并联运行时的接线图，变压器二次侧经刀闸 K′ 接负载，其中 β 变压器的二次侧通过开关 K 接到公共母线上。

若把开关 K 打开，假设两台变压器的变比不等，即 $k_\alpha \neq k_\beta$，则它们的二次侧空载电压也不相等，即 $U_{20\alpha} \neq U_{20\beta}$。于是开关 K 两边的电压为：

$$\Delta \dot{U}_2 = \dot{U}_{20\alpha} - \dot{U}_{20\beta} = \frac{-\dot{U}_1}{k_\alpha} - \frac{-\dot{U}_1}{k_\beta} = \dot{U}'_{1\beta} - \dot{U}'_{1\alpha} \tag{4-79}$$

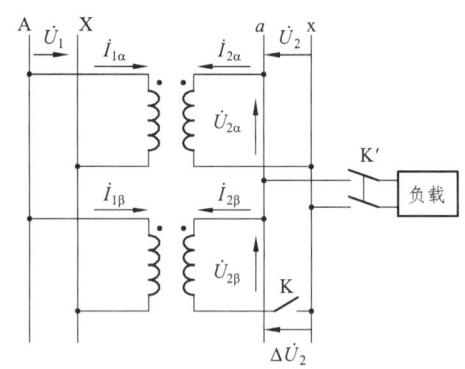

图 4-37　两台变压器并联运行时的接线图

如果把 K 合上，两台变压器的二次侧闭合回路中就会产生与 $\Delta \dot{U}_2$ 同方向的环流，它不经过负载，不对外传递功率。可将两台变压器的一次侧各物理量折算到二次侧，得到等效电路如图 4-38 所示。由该等效电路可知，环流 $\dot{I}_c$ 的大小为：

$$\dot{I}_c = \frac{\Delta \dot{U}_2}{Z'_{k\alpha} + Z'_{k\beta}} = \frac{\dot{U}'_{1\beta} - \dot{U}'_{1\alpha}}{Z'_{k\alpha} + Z'_{k\beta}} \tag{4-80}$$

由于变压器的短路阻抗值很小，即使 $\Delta \dot{U}_2$ 的数值不大时，产生的环流也会比较大。这既占用了变压器容量，又增加了变压器的损耗，是很不利的。

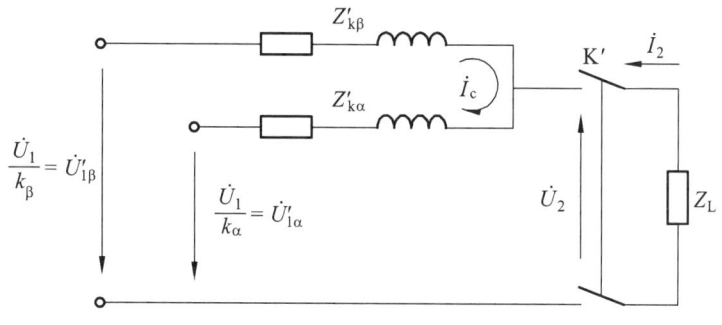

图 4-38 变压器变比不等时并联运行的等效电路

2. 连接组号不同时的并联运行

前面已经说明，变压器并联运行时，二次侧不能存在空载环流，也就是说必须使 $\Delta \dot{U}_2 = 0$。又因为 $\Delta \dot{U}_2 = \dot{U}_{20\alpha} - \dot{U}_{20\beta}$ 是相量差，故 $\dot{U}_{20\alpha}$ 和 $\dot{U}_{20\beta}$ 必须同大小同相位。显然，两台变压器的变比相等（$k_\alpha = k_\beta$）只能保证 $\dot{U}_{20\alpha}$ 和 $\dot{U}_{20\beta}$ 的大小相等。那么，如何能保证二者的相位也相同呢？

由前述可知，变压器连接组号一定时，二次侧电压对一次侧电压有固定的相位关系。并联运行时，各变压器的一次侧并接在同一电网上，显然它们的一次侧电压是相同的。但如果各变压器的连接组号不同，则它们二次侧电压之间的相位至少相差 30°。例如，把连接组号为 Y/y0 和 Y/d11 的两台变压器并联，则它们二次侧电压的相量图如图 4-39 所示。根据式（4-80）可得：

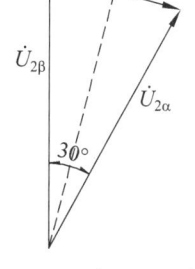

图 4-39 Y/y0 与 Y/d11 并联时二次侧电压相量图

$$\dot{I}_c = \frac{\Delta \dot{U}_2}{Z'_{k\alpha} + Z'_{k\beta}} = \frac{2\dot{U}_{2\alpha} \times \sin 15°}{Z_{k\alpha} + Z_{k\beta}} = \frac{2 \times \sin 15°}{0.05 + 0.05} = 5.2$$

上式中，各变压器的短路阻抗标幺值取 $Z_{k\alpha} = Z_{k\beta} = 0.05$（经验值），求出的空载环流达额定电流的 5.2 倍，致使变压器严重发热，甚至会烧毁绕组，因此连接组号不同的变压器绝对不允许并联。

3. 短路阻抗标幺值不等时的并联运行

若并联运行的各变压器变比相等，连接组号相同，则它们的二次侧不存在空载环流，其等效电路如图 4-40 所示。

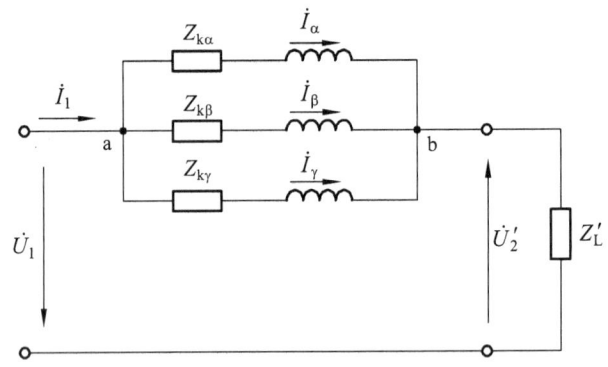

图 4-40 变压器并联运行的简化等效电路

根据并联电路端电压相等，可得

$$\dot{I}_\alpha Z_{k\alpha} = \dot{I}_\beta Z_{k\beta} = \dot{I}_\gamma Z_{k\gamma} = \dot{U}_{ab} \tag{4-81}$$

则有

$$\dot{I}_\alpha : \dot{I}_\beta : \dot{I}_\gamma = \frac{1}{Z_{k\alpha}} : \frac{1}{Z_{k\beta}} : \frac{1}{Z_{k\gamma}} \tag{4-82}$$

若采用标幺值来表示，则式（4-81）、式（4-82）可写成：

$$\underline{I}_\alpha \underline{Z}_{k\alpha} = \underline{I}_\beta \underline{Z}_{k\beta} = \underline{I}_\gamma \underline{Z}_{k\gamma} = \underline{U}_{ab} \tag{4-83}$$

$$\underline{I}_\alpha : \underline{I}_\beta : \underline{I}_\gamma = \frac{1}{\underline{Z}_{k\alpha}} : \frac{1}{\underline{Z}_{k\beta}} : \frac{1}{\underline{Z}_{k\gamma}} \tag{4-84}$$

由式（4-84）可知，并联运行的各台变压器所分担的负载大小与其短路阻抗标幺值成反比，即短路阻抗标幺值小的变压器分担的负载大，而短路阻抗标幺值大的变压器分担的负载小。显然，若要使各台并联变压器合理分担负载，即 $\underline{I}_\alpha = \underline{I}_\beta = \underline{I}_\gamma$，则要求 $\underline{Z}_{k\alpha} = \underline{Z}_{k\beta} = \underline{Z}_{k\gamma}$。

例 4-9 现有两台变比相等、组号相同的变压器：$S_{N\alpha} = 50 \text{ kVA}$、$u_{k\alpha} = 5\%$，$S_{N\beta} = 40 \text{ kVA}$、$u_{k\beta} = 4\%$。若将二者并联运行，试求：① 哪一台先达到满载？② 在都不过载的情况下，并联组的总容量为多少？

解：① 各并联变压器所分担的负载大小与其短路阻抗标幺值成反比，且已知 $u_{k\alpha} > u_{k\beta}$，故第 2 台变压器先达到满载。

② 第 2 台变压器达到满载时，$\underline{I}_\beta = 1$，则第 1 台分担的负载大小为

$$\frac{\underline{I}_\alpha}{\underline{I}_\beta} = \frac{\underline{Z}_{k\beta}}{\underline{Z}_{k\alpha}} = \frac{u_{k\beta}}{u_{k\alpha}} = \frac{0.04}{0.05} = 0.8$$

即 $\underline{I}_\alpha = 0.8$。又因为

$$\underline{I}_\alpha = \frac{I_\alpha}{I_{N\alpha}} = \frac{I_\alpha U_{N\alpha}}{I_{N\alpha} U_{N\alpha}} = \frac{S_\alpha}{S_{N\alpha}} = \underline{S}_\alpha$$

于是，第 2 台达到满载时，$\underline{S}_\beta = \underline{I}_\beta = 1$，$\underline{S}_\alpha = \underline{I}_\alpha = 0.8$。故并联组的总容量为

$$S_\text{总} = S_\alpha + S_\beta = \underline{S}_\alpha \cdot S_{N\alpha} + \underline{S}_\beta \cdot S_{N\beta} = 0.8 \times 50 + 1 \times 40 = 80 \text{（kVA）}$$

4. 短路阻抗角对并联运行的影响

由图 4-40 可知，$\dot{I}_1 = \dot{I}_\alpha + \dot{I}_\beta + \dot{I}_\gamma$，且各台变压器的短路阻抗角正切值为

$$\tan\varphi_k = \frac{X_{k\alpha}}{R_{k\alpha}} = \frac{X_{k\beta}}{R_{k\beta}} = \frac{X_{k\gamma}}{R_{k\gamma}} \tag{4-85}$$

若各变压器的短路阻抗角相等，则合成后的总电流 $\dot{I}_1$ 最大，如图 4-41（a）所示。若各变压器的短路阻抗角不相等，则合成后的总电流 $\dot{I}_1$ 会相应减少，如图 4-41（b）所示。因此，变压器并联运行时，为使并联组的总容量达到最大，各变压器的短路阻抗角也要相等。

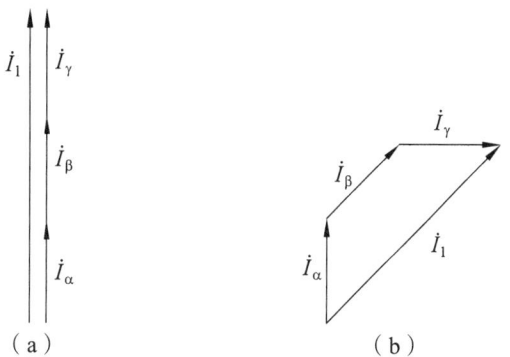

图 4-41 变压器并联运行时的合成电流

习　题

4-1　什么叫变压器的主磁通，什么叫漏磁通？空载和负载时，主磁通的大小取决于哪些因素？

4-2　变压器的励磁电抗和漏电抗各对应于什么磁通？对于已经制成的变压器，它们是否为常数？

4-3　一台 50 Hz 的变压器接到 60 Hz 的电源上运行时，若额定电压不变，问励磁电流、铁耗、漏抗会怎样变化？

4-4　试分析变压器运行时，电源电压降低对铁心饱和程度、励磁电流、励磁阻抗和铁耗有什么影响？

4-5　为什么变压器的空载损耗可近似看成铁耗，短路损耗可近似看成铜耗？

4-6　电力变压器的效率与哪些因素有关？何时效率最高？

4-7　为了得到正弦形的感应电动势，当铁心饱和与不饱和时，空载电流各呈什么波形？为什么？

4-8 在导出变压器的等效电路时，为什么要进行折算？折算是在什么条件下进行的？

4-9 有一台单相变压器，$S_N = 250$ kVA，$U_{1N}/U_{2N} = 10/0.4$ kV，试计算原、副绕组的额定电流 I_{1N}、I_{2N}。

4-10 某三相变压器，额定容量 $S_N = 5\,000$ kVA，$U_{1N}/U_{2N} = 10/6.3$ kV，Y/d 连接，试求：① 一次、二次侧的额定电流；② 一次、二次侧的额定相电压和相电流。

4-11 某台单相变压器，已知其参数为：$R_1 = 2.19\ \Omega$，$X_1 = 15.4\ \Omega$，$R_2 = 0.15\ \Omega$，$X_2 = 0.964\ \Omega$，$N_1 = 876$ 匝，$N_2 = 260$ 匝，$R_m = 1\,250\ \Omega$，$X_m = 12\,600\ \Omega$。当二次侧电压 $U_2 = 6\,000$ V，电流 $I_2 = 180$ A，且 $\cos\varphi_2 = 0.8$（滞后）时：① 画出折算到高压侧的 T 型等效电路；② 分别用 T 型等效电路和简化等效电路求 $\dot{U}_1$ 和 $\dot{I}_1$，并比较其结果。

4-12 有一台 $S_N = 1\,000$ kVA，$U_{1N}/U_{2N} = 10/6.3$ kV 的单相变压器，额定电压下的空载损耗为 4.9 kW，空载电流为 0.05（标幺值），额定电流下 75 ℃ 时的短路损耗为 14 kW，短路电压为 5.2%。设折算后一次和二次绕组的电阻相等，漏电抗亦相等，试计算：① 折算到一次侧时 T 型等效电路的参数；② 用标幺值表示时简化等效电路的参数；③ $\cos\varphi_2 = 0.8$（滞后）时，求变压器的额定电压变化率和额定效率；④ 变压器的最大效率和发生最大效率时负载的大小（$\cos\varphi_2 = 0.8$）。

4-13 根据下列连接组号画出变压器的原、副边绕组接线图。
① Y/d5；② D/y1；③ Y/y8

4-14 已知 A、B、C 为正相序，试画相量图判定题图 4-42 中三相变压器的连接组别。

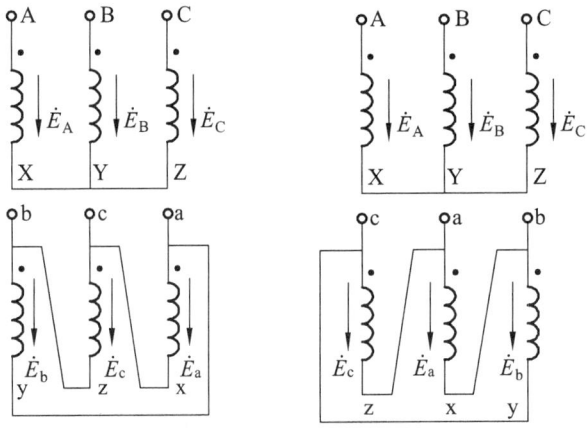

图 4-42

4-15 某变电所有 3 台变压器，已知数据如下：

变压器 A　　$S_N = 3\,200$ kVA，$U_{1N}/U_{2N} = 35/6.3$ kV，$u_k = 6.9\%$；

变压器 B　　$S_N = 5\,600$ kVA，$U_{1N}/U_{2N} = 35/6.3$ kV，$u_k = 7.5\%$；

变压器 C　　$S_N = 3\,200$ kVA，$U_{1N}/U_{2N} = 35/6.3$ kV，$u_k = 7.6\%$；

这 3 台变压器的连接组号都是 Y/y0，求：① 变压器 A 与变压器 B 并联运行，当总负载为 8\,000 kVA 时，每台变压器各分担多少负载？② 3 台变压器并联运行时，在不允许任何一台过载的条件下，输出的最大负载是多少？

第 5 章 交流旋转电机的共同理论

交流旋转电机通常是指异步电机和同步电机，它们的定子绕组称为交流电枢绕组（因其感应交流电而得名）。虽然这两种电机的工作原理、转子结构、励磁方式有所不同，但它们定子绕组的结构及定子中所发生的电磁现象、能量转换机理等方面却是完全相同的。因此，可以采用统一的观点来分析交流绕组的共同问题。在学习异步电机和同步电机之前，先把它们的共同之处（交流绕组的共同理论）加以学习是十分必要的。

本章主要讲解交流绕组的连接规律；正弦磁场下交流绕组的感应电动势、感应电动势中的高次谐波及其消除方法；通有正弦电流时单相绕组的磁动势，以及通有三相对称交流电流时三相绕组的磁动势。

5.1 交流绕组的构成原则和基本概念

5.1.1 交流绕组的构成原则

绕组构成了电机的电路部分，是电机的核心，要分析交流电机的原理和运行问题，必须先对交流绕组的构成和连接规律有一个基本的了解。交流绕组的形式虽然各不相同，但它们的构成原则却基本相同，这些原则有：

（1）良好的导电性能和绝缘性能；
（2）导体数一定的情况下，能获得较大的基波电动势和基波磁动势；
（3）在三相绕组中，对基波而言，三相电动势必须对称，即三相的幅值相等而相位互差120°电角度，并且三相的阻抗也要求相等；
（4）电动势和磁动势的波形力求接近正弦波，为此要求电动势和磁动势中的谐波分量尽量小；
（5）用铜量少，机械强度可靠，散热条件好；
（6）制造工艺简单，检修方便。

总之，上述对交流绕组的要求，可归纳为对绕组感应电动势和产生磁动势的要求。交流电机的电枢绕组就是根据以上要求进行安排的。

5.1.2 交流绕组的类别

交流绕组的种类很多，按相数分，有单相、两相、三相和多相绕组；按槽内层数分，有单层绕组、双层绕组；按绕法，可分为叠绕组和波绕组；按每极下每相所占的槽数是整数还是分数的情况分，又有整数槽和分数槽两种形式。尽管交流绕组种类很多，但由于三相双层绕组能较好地满足对交流绕组的基本要求，所以现代动力用交流电机一般多采用三相双层绕组。本章以同步电机为例，着重介绍三相整数槽交流绕组。

5.1.3 交流绕组的基本概念

1. 线 圈

交流绕组通常是由分布地嵌在定子槽内的许多线圈组成，如图 5-1 所示。

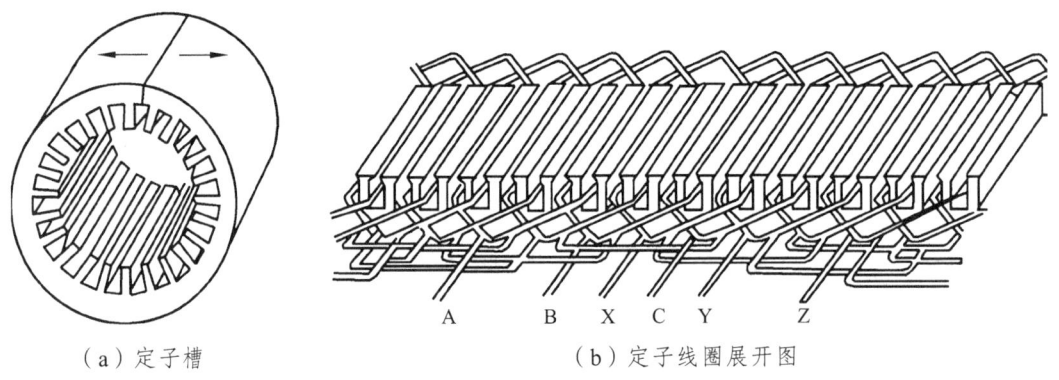

(a) 定子槽　　　　　　　　　　(b) 定子线圈展开图

图 5-1 交流绕组分布示意图

图 5-2（a）是一个单匝线圈，它有两根导体，该导体嵌放在定子槽里，因它切割气隙磁场产生感应电动势，故称有效边；而露在槽外的前后端连接线，称为端部，它不切割气隙磁场，仅起连接有效边的作用。为了增加电机容量，单匝线圈很少使用，多采用多匝（N_K 匝）线圈，如图 5-2（b）（c）所示。与单匝线圈相同，嵌放在定子槽里的直线部分称为线圈有效

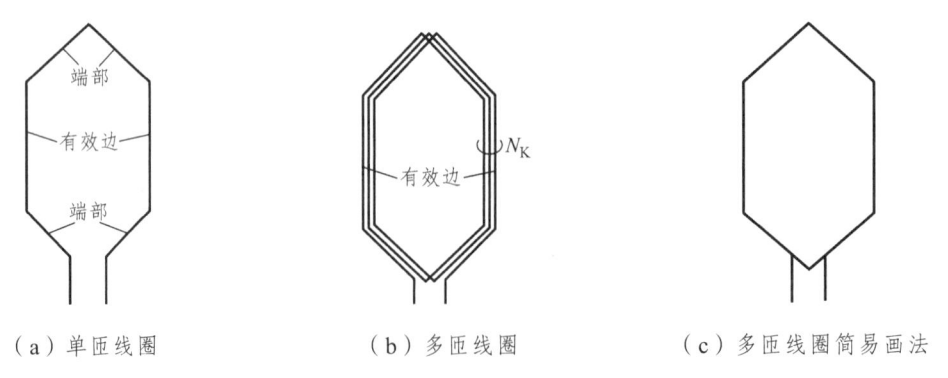

(a) 单匝线圈　　　　　(b) 多匝线圈　　　　　(c) 多匝线圈简易画法

图 5-2 单个线圈的构成

边,但与单匝线圈不同的是,每个有效边含 N_K 根导体。因此,一个线圈不管有多少匝串联,它都只有两个有效边,并按照一定规律放在相应的两个槽内。

2. 电角度和机械角度

电机的圆周在几何上讲为360°,这种角度称为机械角度。但从电磁观点看,若磁场在空间上按正弦规律分布,则导体切割一对磁极,在其中产生的感应电动势亦按正弦变化一周,即经过了360°电角度,因此一对磁极所占有的空间是360°电角度。若电机有 p 对磁极,则电机圆周按电角度计算就为 $p \times 360°$ 电角度,故

$$电角度 = p \times 机械角度 \tag{5-1}$$

3. 节距 y_1

一个线圈两条有效边所跨定子内圆的距离称节距,记作 y_1,用所占槽数计算。节距应接近或等于极距。如图 5-3 所示,$y_1 = \tau$ 的绕组称为整距绕组;$y_1 < \tau$ 的绕组称短距绕组;$y_1 > \tau$ 的绕组称长距绕组。因长距绕组较为费材料,通常用整距或短距绕组。

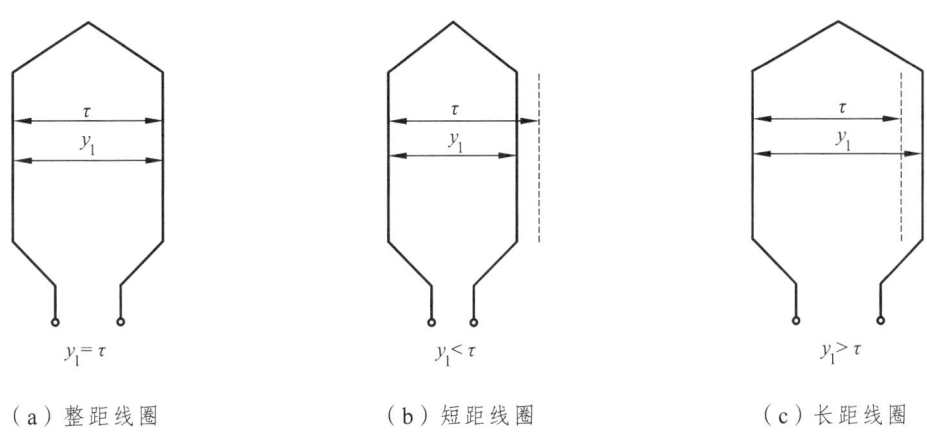

(a) 整距线圈　　　　　(b) 短距线圈　　　　　(c) 长距线圈

图 5-3　不同节距的线圈

4. 极距 τ

与直流电机相似,相邻两磁极轴线之间沿定子内圆跨过的距离称为极距 τ,可用其所占的槽数表示,如图 5-4 所示。如定子槽数为 Q,极对数为 p,则

$$\tau = \frac{Q}{2p} \tag{5-2}$$

5. 槽距角 α

定子铁心上相邻两槽沿定子内圆相距的电角度称槽距角,记作 α,如图 5-4 所示。设定子铁心总槽数为 Q,则有

$$\alpha = \frac{p \times 360°}{Q} \quad (5\text{-}3)$$

6. 每极每相槽数 q

每一极下每相所占有的槽数称每极每相槽数，记作 q。若定子的相数为 m，则有：

$$q = \frac{Q}{2pm} \quad (5\text{-}4)$$

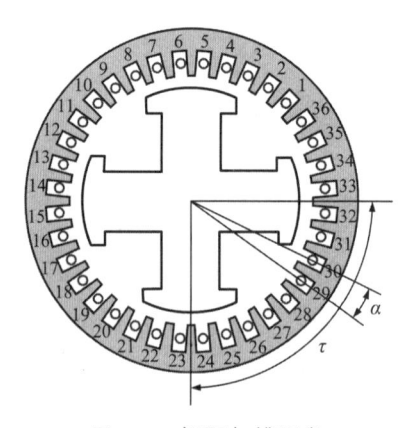

图 5-4　极距与槽距角

显然，每极每相槽数 $q=1$ 是集中绕组，$q>1$ 是分布（分散布置）绕组。如变压器就属于集中绕组，它相当于在一个很深的槽中纵向放入若干导体，纵向看各导体空间位置一致。对交流电机来说，当 $q=2$ 时，每相有两个在空间错开一个槽距角 α 的线圈相串联，称为分布绕组（横向看两线圈不重叠，彼此差一个 α 角），如图 5-5 所示。

7. 相　带

一个极距 τ 内属于每相的槽所占的区域称为相带。因为一个极距为 180° 电角度，而三相绕组每个极距内共有三个相带（对称的需要），则每个相带占有 60° 电角度，这样排列的对称三相绕组称为 60° 相带绕组，如图 5-5 所示。一般的三相异步电动机大都采用这种 60° 相带的三相绕组。

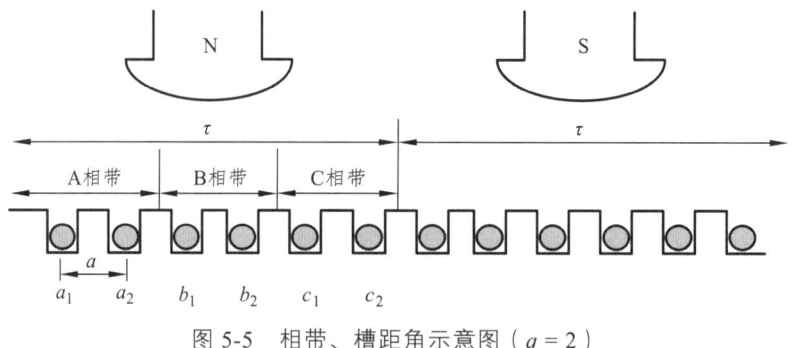

图 5-5　相带、槽距角示意图（$q=2$）

8. 线圈组

每对磁极下每相有 q 个线圈串联构成一个线圈组。线圈组是组成每相支路的重要单元，后续研究相电动势时会重点分析。例如，若每槽中只放置一个线圈边，每极每相槽数 $q=2$，则说明每对极下每相有 2 个相邻的线圈串联组成一个线圈组，如图 5-6 所示。显然，每相支路都是由一个或多个这样的线圈组串联组成的，如下图中的 A 相支路是由 2 个线圈组串联组成的。

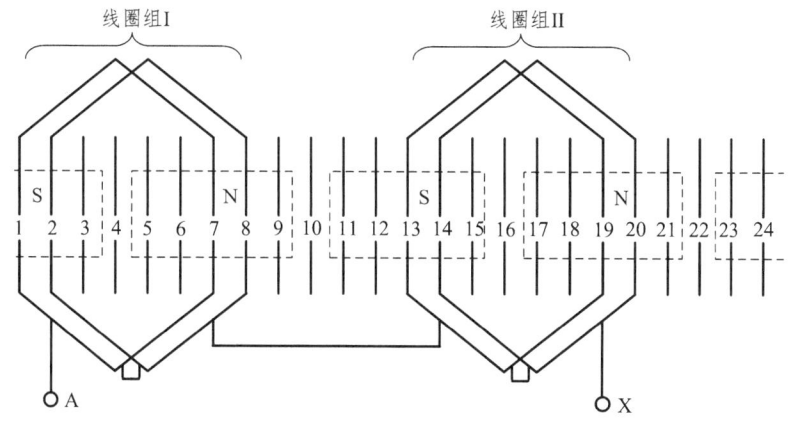

图 5-6　线圈组示意图（$q=2$）

5.2 三相单层集中整距绕组

单层绕组的特点是每个定子槽内只放有一根有效边，因此，每一个线圈需占用两个槽（一个线圈有两根有效边），故整个绕组的线圈数等于总槽数的一半。

由于每个槽内仅放置一个有效边，不需要层间绝缘，这就提高了槽的利用率，同时也没有层间绝缘击穿的问题，增加了电机工作的可靠性，此外单层绕组嵌线也比较方便。但由于其节距一般做成整距，不能利用它来消除谐波，因此单层绕组一般用在 10 kW 以下的异步电动机中。本节先从最简单的三相单层集中整距绕组入手，着重分析整距绕组的放置规律，并推导出单个导体、单个线圈的基波电动势以及谐波电动势的计算公式，为后续分析分布绕组奠定基础。

5.2.1 三相单层集中整距绕组的特点

为了说清楚三相单层交流绕组的连接规律，我们先从最简单的"三相单层集中整距"绕组来分析。其特点如下：

三相——A、B、C 三相；
单层——每个槽中只放一根线圈有效边；
集中——每一相只有一个线圈；
整距——线圈的节距等于一个极距。

在这种情况下，三相绕组是由三个单相集中的绕组线圈组成，为了使三相绕组感应的电动势幅值相等、相位互差 120° 电角度，要求三个相绕组的匝数必须相等，而且每相绕组的轴线应彼此互差 120° 电角度。例如一台 $p=1$ 的电机，电枢槽数 $Q=6$，则每极每相槽数 $q=Q/2pm=6/(2\times3)=1$（$q=1$ 称之为集中绕组），取节距 $y_1=\tau=Q/2p=3$（整距），若连成单层绕组，其绕组排列分布如图 5-7 所示。

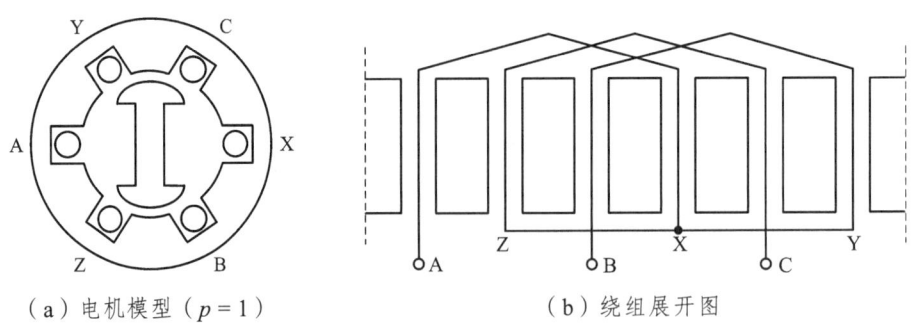

（a）电机模型（$p=1$）   （b）绕组展开图

图 5-7   三相单层集中整距绕组分布示意图

由图 5-7 可知，每相绕组只有一个集中线圈构成，三个线圈均匀地分布在定子槽内，彼此相差 120°电角度。三个相绕组的首端引出，尾端接成 Y 形。$p=1$ 的情况比较简单，那么 $p=2$，又该怎么放置三相绕组呢？例如一台 $p=2$ 的电机，电枢槽数 $Q=12$，则每极每相槽数 $q=Q/2pm=12/(4\times3)=1$（仍为集中绕组），取节距 $y_1=\tau=Q/2p=3$（整距），若连成单层绕组，其绕组排列分布如图 5-8 所示。

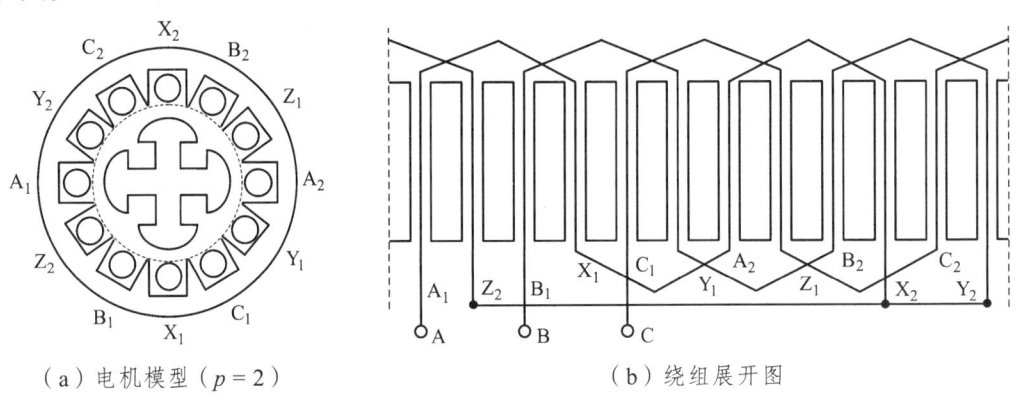

（a）电机模型（$p=2$）   （b）绕组展开图

图 5-8   三相单层集中整距绕组分布示意图

当 $p=2$ 时，共有 4 个磁极，则每极下有 3 个槽，共需要 12 个槽。为保证三相对称，必须按 120°电角度去对称放置三相绕组，如图 5-8 所示。这种情况下，两对极下共有三相集中绕组线圈 A_1X_1、B_1Y_1、C_1Z_1；A_2X_2、B_2Y_2、C_2Z_2。A_1X_1、A_2X_2 两套串联之后构成 A 相绕组；B_1Y_1、B_2Y_2 两套串联之后构成 B 相绕组；C_1Z_1、C_2Z_2 两套串联之后构成 C 相绕组。三相绕组首端引出，尾端接成 Y 形。

由上述分析可知，三相单层集中整距绕组的放置规律是比较简单的，完全按照空间上对称的原则放置三相绕组。

5.2.2   单个线圈的感应电动势

搞清楚了集中整距绕组的放置规律之后，我们来分析一下线圈中感应电动势的产生机理。先从一根导体产生的感应电动势入手，再推导出单个线圈的感应电动势。

1. 一根导体的感应电动势

图 5-9 为一台两极同步发电机的简单模型,转子是由直流电源励磁形成的主磁极(简称主极),定子槽中放有若干个有效导体。当转子由原动机拖动以后,形成一逆时针方向旋转的磁场(转速为 n_1)。而定子导体将反方向(顺时针)切割该旋转磁场从而产生感应电动势,这就是同步发电机的原理。以 A 导体为例,通过右手定则可判断出此时的感应电动势极性为穿出纸面。那么这个感应电动势的频率有多少?幅值有多大呢?下面我们来分析一下。

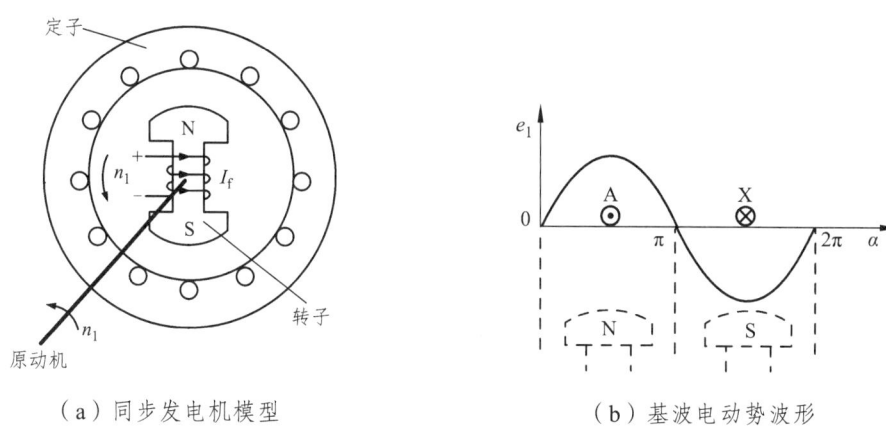

(a)同步发电机模型　　　　　　(b)基波电动势波形

图 5-9　两极同步发电机的简单模型及基波电动势波形

1)导体感应电动势的频率

若 $p=1$,则电角度等于机械角度,转子转一周(主磁极旋转一周)导体中的感应电动势会交变一次,于是导体中电动势交变的频率应为:$f=n_1/60$。若电机为 p 对极,则转子每旋转一周,导体中感应电动势将交变 p 次,此时电动势的频率为:

$$f = \frac{pn_1}{60} \tag{5-5}$$

2)导体感应电动势的有效值

要计算电动势的大小,首先要确定气隙磁密 b_δ 的大小。与直流电机类似,由直流励磁 I_f 产生的磁密波形为平顶波,将其用傅里叶级数分解成一系列奇次(一般记作 v 次,$v=1,3,5,\dots$)谐波磁密,如图 5-10 所示。

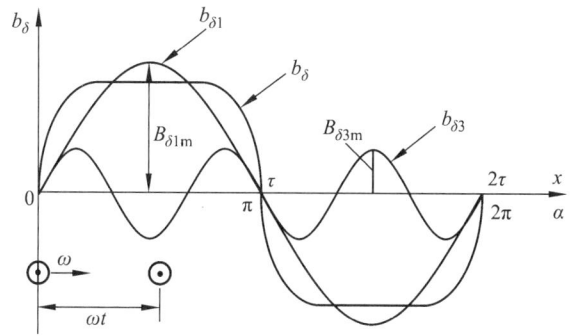

图 5-10　主磁极产生的气隙磁密波形

根据图 5-10，可将气隙磁密 b_δ 用傅里叶级数的形式写成：

$$b_\delta = b_{\delta 1} + b_{\delta 3} + \cdots = B_{\delta 1m}\sin\alpha + B_{\delta 3m}\sin 3\alpha + \cdots \tag{5-6}$$

因基波磁密含量远远大于其他奇次谐波磁密，故下面重点分析一根导体的基波感应电动势的计算方法。在图 5-10 中，导体以 $\omega(2\pi n_1/60)$ 的角速度在空间上切割磁场，在时间 t 时刻，导体所在位置 $\alpha = \omega t$，此刻导体 A 所在处的气隙基波磁密为：

$$b_{\delta 1} = B_{\delta 1m}\sin\alpha = B_{\delta 1m}\sin\omega t$$

于是，A 导体中基波感应电动势的瞬时值为：

$$e_{A1} = b_{\delta 1}lv = B_{\delta 1m}lv\sin\omega t$$

则单根导体中基波感应电动势的有效值为：

$$E_{A1} = \frac{1}{\sqrt{2}}E_{1m} = \frac{1}{\sqrt{2}}B_{\delta 1m}lv \tag{5-7}$$

由图 5-10 可得磁密 $b_{\delta 1}$ 的平均值为：

$$B_{1av} = \frac{1}{\pi}\int_0^\pi B_{\delta 1m}\sin\omega t\, \mathrm{d}\omega t = \frac{1}{\pi}\left[-B_{\delta 1m}\cos\omega t\right]_0^\pi = \frac{2}{\pi}B_{\delta 1m} \tag{5-8}$$

而且，

$$v = 2p\tau\frac{n_1}{60} = 2\tau f \tag{5-9}$$

将式（5-8）、(5-9) 代入式（5-7）可得：

$$E_{A1} = \frac{1}{\sqrt{2}}B_{\delta 1m}lv = \frac{1}{\sqrt{2}}\frac{\pi B_{1av}}{2}l \times 2\tau f = 2.22 fB_{1av}l\tau = 2.22 f\Phi_1 \tag{5-10}$$

2. 单个线匝的感应电动势

一个线匝是由两根有效导体边组成的，线匝的两个引出线分别叫作头和尾，为保证整个线匝的感应电动势最大，须将这两根导体边放置在不同磁性的磁极下，如图 5-11（a）所示。

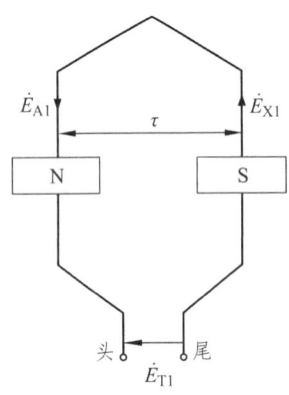

（a）单个线匝的感应电动势

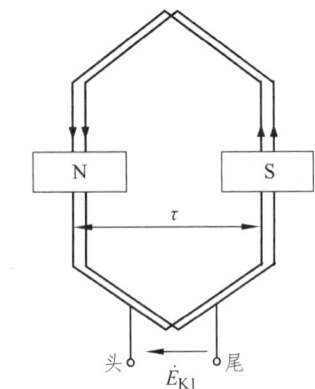

（b）单个线圈的感应电动势（$N_K = 2$）

图 5-11 整距线匝、线圈的感应电动势

那么在知道了一根导体的电动势之后,由两根导体组成的单个线匝的电动势为:$\dot{E}_{T1} = \dot{E}_{A1} - \dot{E}_{X1} = 2\dot{E}_{A1}$。其有效值为:

$$E_{T1} = 2E_{A1} = 2 \times 2.22 f\Phi_1 = 4.44 f\Phi_1 \qquad (5\text{-}11)$$

3. 单个线圈的感应电动势

如图 5-11(b)所示的线匝不止一匝,而是由 N_K 匝串联起来构成了所谓的整距线圈。整个线圈的引出线仍为两根,一头一尾。再结合式(5-11)可得其基波感应电动势的有效值为:

$$E_{K1} = 4.44 fN_K\Phi_1 \qquad (5\text{-}12)$$

5.2.3 谐波感应电动势

在实际电机中,由于种种原因,同步电机的主极磁场在气隙中不是正弦分布,而是呈礼帽形(平顶波)分布,如图 5-12 所示。此时的绕组感应电动势中除基波外,还有一系列高次谐波电动势。虽然,这些谐波电动势的含量比基波电动势小很多,但它们会影响线电压波形的正弦度、降低供电质量、增高温升等,必须想办法加以消除。

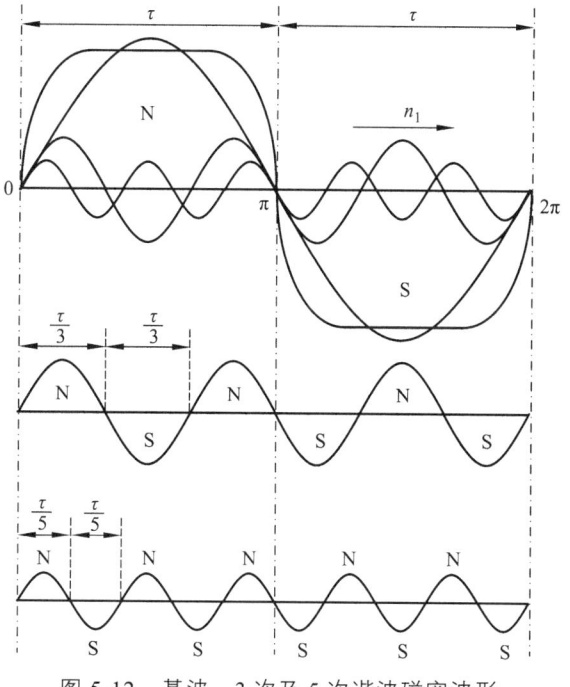

图 5-12 基波、3 次及 5 次谐波磁密波形

1. 各次谐波磁密的特点

根据图 5-12 可知:ν 次谐波磁动势的极距 $\tau_\nu = \dfrac{1}{\nu}\tau$;$\nu$ 次谐波磁动势的极对数为 $p_\nu = \nu p$;ν

次谐波磁动势的频率为 $f_\nu = \nu f$；ν 次谐波磁密的幅值 $B_{\delta\nu m} = \frac{1}{\nu} B_{\delta 1m}$。各次谐波感应电动势的计算可根据这些关系直接得出。

2. 各次谐波电动势的有效值

根据谐波磁密与基波磁密的关系，再结合式（5-10）可得单根导体中 ν 次谐波感应电动势的有效值为

$$E_{A\nu} = 2.22 f_\nu B_{\nu av} l \tau_\nu = 2.22 \nu f \Phi_\nu$$

则参照式（5-12）可得单个线圈中 ν 次谐波感应电动势的有效值为：

$$E_{K\nu} = 4.44 f_\nu N_K \Phi_\nu = 4.44 \times \nu f N_K \Phi_\nu$$

3. 3 及 3 的倍次谐波电动势的消除

由图 5-12 可知，在各次谐波当中，3 次谐波磁密含量最大，因此，由其感应出的 3 次谐波电动势含量也较大，下面我们来分析一下 3 次谐波电动势的消除方法。图 5-13 为三相的基波与 3 次谐波电动势波形，由图可见，3 次谐波电动势（e_{A3}、e_{B3}、e_{C3}）在相位上彼此相差 $3 \times 120° = 360°$，即它们同相位、同大小。即：$e_{A3} = e_{B3} = e_{C3}$。

图 5-13 三相的基波与 3 次谐波电动势波形

下面我们来分析 3 次谐波电动势对线电动势的影响。可按三相绕组的接法分两种情况讨论，如图 5-14 所示。

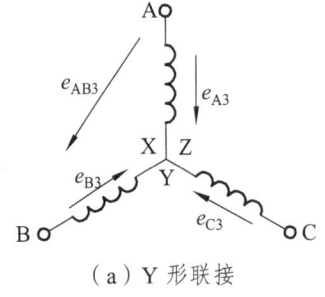
（a）Y 形联接

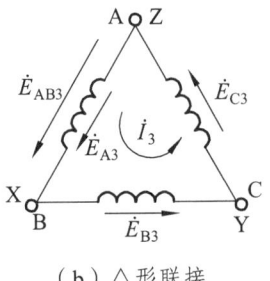
（b）△形联接

图 5-14 三相绕组中的 3 次谐波电动势与电流

当三相绕组为 Y 形联接时，由于 3 次谐波线电动势 $e_{AB3} = e_{A3} - e_{B3} = 0$，故线电动势中不存在 3 及 3 的倍次谐波电动势。

当三相绕组为△形联接时，由于 $E_{A3} = E_{B3} = E_{C3} = E_3$，故三次谐波电动势能在其闭合的三角形回路中产生环流 I_3，其值为：

$$I_3 = \frac{E_{A3} + E_{B3} + E_{C3}}{Z_{A3} + Z_{B3} + Z_{C3}} = \frac{3E_3}{3Z_3} = \frac{E_3}{Z_3}$$

上式中，$Z_{A3} = Z_{B3} = Z_{C3} = Z_3$ 是各相的 3 次谐波阻抗。

由图 5-14（b）可得此时的 3 次谐波线电动势为：

$$E_{AB3} = E_{A3} - I_3 Z_3 = E_3 - \frac{E_3}{Z_3} \times Z_3 = 0$$

由此可见，不管三相对称绕组是 Y 形联接还是△形联接，其线电动势中都不存在 3 及 3 的倍次谐波电动势，这正是三相对称绕组的优点所在。但是，对于△形联接的三相对称绕组，由于其三角形闭合回路里有环流流过，会引起附加损耗，降低电机的效率，故现代大型三相同步发电机的绕组多采用 Y 形联接。

5.2.4 集中绕组的缺点

上面我们分析了三相单层集中整距绕组的放置规律，并推导出了单个线圈的基波感应电动势有效值的计算式。总体上讲，集中绕组放置起来比较简单，理论分析起来也比较容易理解。那么，单层集中整距绕组能否满足交流绕组的要求呢？显然，答案是否定的。因为存在 5、7、11 次等高次谐波感应电动势，不能使线电压接近正弦，需要想办法削去各高次谐波电动势；此外集中绕组还存在发热集中、散热困难，不能有效利用电枢表面空间等缺陷。因此，在实际电机中集中绕组很少采用，这里只是满足简化理论分析的需要，为下面分析单层分布绕组做好铺垫。

5.3 三相单层分布整距绕组

根据上一节的分析，我们知道采用"集中"的方式放置交流绕组存在很多弊端。那么，我们把原来集中放置在一个槽里的绕组分散放置在相邻的若干槽内，再采用一定的规律连接起来构成一相绕组，这种绕组放置方式称为"分布"。分布绕组能够有效利用电枢表面空间，便于绕组散热；此外，分布的方式能有效削弱谐波的作用，对改善线电压波形比较有利。三相单层分布整距绕组多用在 10 kW 以下的异步电机中。下面，我们以一个实例来分析单层分布绕组的放置规律。

现有一台交流电机的定子槽数 $Q = 24$，极数 $2p = 4$，如图 5-15 所示，试绘制三相单层分布绕组的电动势星形相量图及其绕组展开图。

5.3.1 电动势星形相量图

电动势星形相量图是分析交流绕组的有效方法，它的具体画法是：按照相邻两导体的基波电动势相差 α 电角度的规律，把定子电枢上各槽内导体电动势分别用相量表示，这些相量构成一个辐射星形图，如图 5-16 所示。

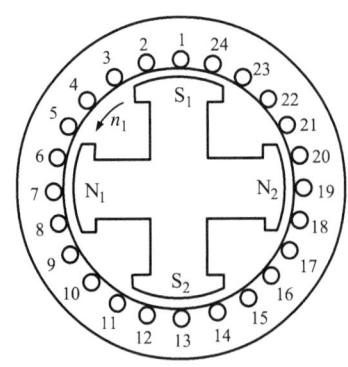

图 5-15 $p=2$、$Q=24$ 的电机模型

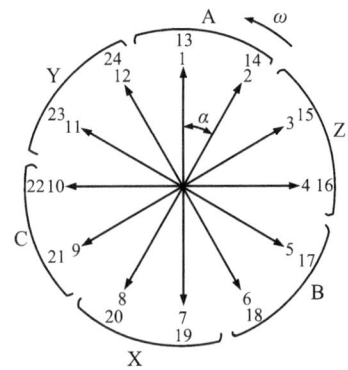

图 5-16 基波电动势星形相量图

依据前面的分析，因 $Q=24$，$p=2$，则每对极覆盖范围为 12 个槽，如图 5-15 所示，因此可画出如图 5-16 所示的电动势星形相量图，其内圆分布导体 1～12，相当于一对 N-S 极下的有效导体在空间上构成了一个圆周 360°（也可认为一对极磁路是闭合的，空间上磁路圈成了一周 360°）；其外圆分布导体 13～24，相当于另一对 N-S 极下的有效导体在空间上又构成了一个圆周 360°。因图纸上只能画出一个 360°，另一个 360° 只能叠加在原来的圆周之上（可以用图层的概念来理解）。则

槽距角 $\alpha = \dfrac{p \times 360°}{Q} = \dfrac{2 \times 360°}{24} = 30°$

每极每相槽数 $q = \dfrac{Q}{2pm} = \dfrac{24}{2 \times 2 \times 3} = 2$

结合图 5-15 所示的电机模型结构，顺转向看 1 号导体在空间上超前 24 号导体 30°电角度，因此 1 号导体的基波电动势在时间相量图上将滞后 24 号导体 30°电角度（转子磁极总是先切割后面的导体再切割前面的导体），如图 5-16 所示。从电动势星形相量图可以看出：电动势星形图的一个圆周为电角度 360°，即相当一对磁极 360°的电角度。所以，1～12 号槽电动势相量和 13～24 号槽电动势相量重合，也就是说，若有 p 对极，星形相量图就要重合 p 次。

5.3.2 利用星形相量图安排单层分布绕组

我们采用常见的 60°相带法，可将星形图分成 6 等份，即每等份为 60°电角度，这 60°范围内的相量及其对应的导体将属于一相的。这里需要注意的是：三相绕组在空间上彼此相隔 120°电角度，每相绕组的两个有效线圈边间隔 180°电角度（整距的需要）。且前面已求出 $q=2$，即每个磁极下、每相分得 2 个槽放置线圈导体。由上述分析，可得出按相带划分的各相所属槽号分配表 5-1。

表 5-1 按相带划分的各相所属槽号分配表

极数	相带					
	A	Z	B	X	C	Y
第一对极	1　2	3　4	5　6	7　8	9　10	11　12
第二对极	13　14	15　16	17　18	19　20	21　22	23　24

根据上表可知：A 相带的一个槽和 X 相带的一个对应槽嵌放一个整距线圈。如 1-7、2-8、13-19、14-20。这样的话，A、X 相带第一对极有两个线圈（由 $q=2$ 决定，对应槽 1-7、2-8）串联构成一个线圈组 A_1X_1（内部是串联的电路形式）。同理，A、X 相带第二对极也有两个线圈（对应槽 13-19、14-20）串联构成一个线圈组 A_2X_2，如图 5-17 所示。显然，A 相共有 2 个线圈组，这两个线圈组再连接起来就可以构成一相绕组了。那么，该如何将它们联接起来呢？很明显有两种联接形式，要么串联起来，要么并联起来。若要求发电机发出高电压，则可以把属于同一相的 2 个线圈组串联起来（图中实线联接），叫一路串联绕组，此时并联支路数 $a=1$，发出的总电压是每个线圈组电压的两倍；若要求发电机发出大电流，则可以把属于同一相的 2 个线圈组并联起来（图中虚线连接），此时并联支路数 $a=2$，发出的总电流是每个线圈组电流的两倍。

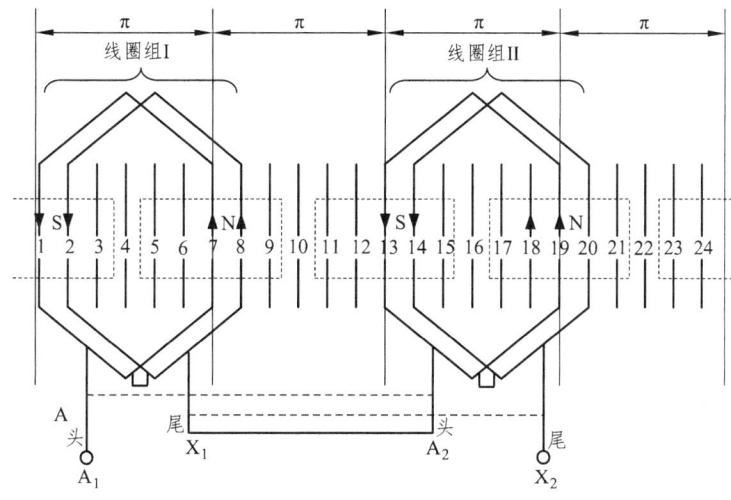

图 5-17 单层分布绕组的一相绕组展开图

这里需要说明的是：B 相、C 相的绕组连接方法与 A 相完全一样。对于单层绕组，一对极下 6 个相带可以组成 3 个线圈组（A_1X_1、B_1Y_1、C_1Z_1），这三个线圈组对称分配给三相，一相有一个线圈组。如果一台电机有 p 对极，则每相应有 p 个线圈组，可以根据需要将它们进行串联或并联。因此，单层绕组的最大并联支路数为 $a_{max}=p$（p 个线圈组全部并联）；最小并联支路数为 $a_{min}=1$（p 个线圈组全部串联）。若设每相并联支路数为 a，则每相每支路有 $\frac{p}{a}$ 个线圈组串联；而每个线圈组又由 q 个相邻的线圈串联构成，每个线圈有 N_K 匝，故每相每支路的串联线圈匝数为：

$$N_1=\left(\frac{p}{a}\right)\times q\times N_K \tag{5-13}$$

因单层绕组一个线圈有两根有效导体,每根导体嵌放在一个槽内,故三相单层绕组的线圈数 S 等于定子电枢总槽数 Q 的一半,即 $S = \dfrac{Q}{2}$。

例 5-1 一台三相四极异步电机的定子绕组为单层分布整距绕组形式,$Q = 36$,$N_K = 5$,每相并联支路数 $a = 1$。则每相有多少个线圈组串联?每个线圈组有多少个线圈串联?每相有多少个线圈串联?每相有多少匝线圈串联?

解: 因为 $p = 2$,所以每相共有 2 个线圈组。

又因为每相并联支路数 $a = 1$,所以每相有 2 个线圈组串联。

而且,$q = \dfrac{Q}{2pm} = \dfrac{36}{2 \times 2 \times 3} = 3$

则每个线圈组有 3 个线圈串联。

综上所述,每相共有 2×3 = 6 个线圈串联,每相共有 $N_1 = 6 \times 5 = 30$ 匝线圈串联。

5.3.3 单层分布整距绕组相电动势的计算

1. 单个线圈组基波电动势的计算

从上面分布绕组的例子已经看到,单层分布绕组的每相在每对极范围里不止一个整距线圈,而是有 q 个整距线圈分布开放置在相邻的槽内。在电路上把这几个分布的整距线圈彼此串联起来,组成一个线圈组。以 $q = 3$ 为例,如图 5-18(a)是在电机的定子槽里相邻地放了 3 个整距线圈 1-1′、2-2′、3-3′,它们头尾相串联,构成线圈组,如图 5-18(b)所示,相邻两个整距线圈的槽距角为 α。

对于单个整距线圈基波电动势有效值的计算,前面已推导出其计算式。显然,图 5-18 所示的 3 个整距线圈的基波电动势有效值大小是一样的,但它们在空间上彼此错开,因此它们在切割同一磁感应线时,就会有先有后。也就是说,这种先后顺序决定了相邻线圈感应出的基波电动势在时间相位上彼此相差 α 电角度,如图 5-18(c)所示。由 3 个整距线圈串联构成的线圈组,其线圈组基波电动势相量用 $\dot{E}_{q1}$ 表示,则有:

$$\dot{E}_{q1} = \dot{E}_{K11} + \dot{E}_{K12} + \dot{E}_{K13}$$

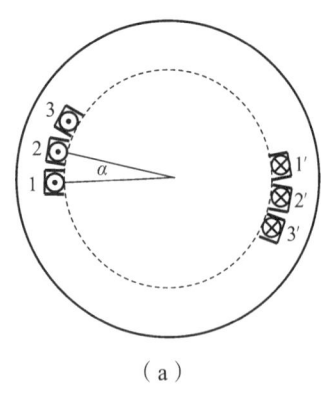

(a)

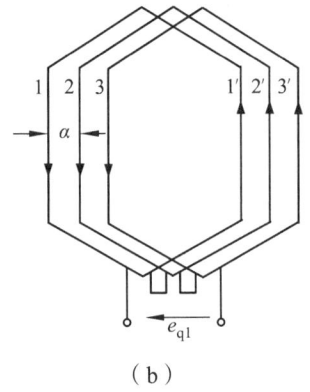

(b)

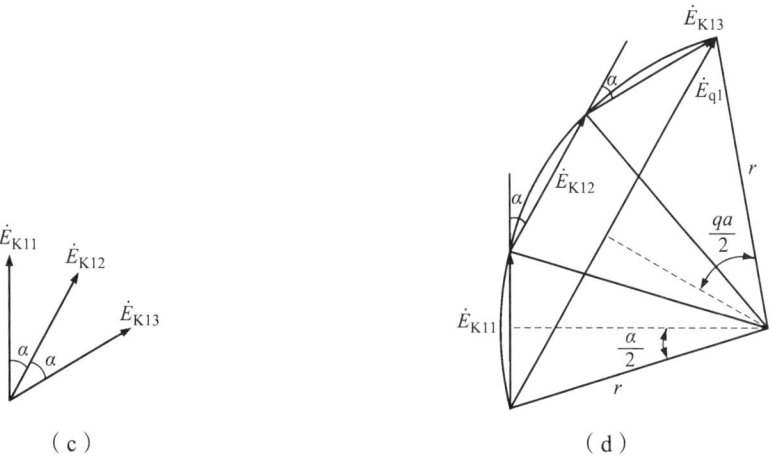

（c） （d）

图 5-18 分布整距线圈组的基波电动势

如图 5-18（d）所示为 $\dot{E}_{q1}$ 由三个线圈相量之和叠加的过程。为推导出一个通用的公式，这里假定有 q 个整距线圈在定子上依次分布，根据它们之间的几何关系可作出图 5-18（d）所示的由各整距线圈基波电动势相量组成的多边形外切圆。假设外切圆的半径为 r，则有：

$$E_{K1} = 2r \cdot \sin\frac{\alpha}{2} \qquad E_{q1} = 2r \cdot \sin\frac{q\alpha}{2}$$

如果把这 q 个整距线圈集中起来放在一个槽里（集中绕组），那么每个线圈的基波电动势大小相等、相位相同，则此时的线圈组总基波电动势 $E_{q1} = qE_{K1}$（代数和）。很显然，同样数量的线圈分布放置（相量和）与集中放置（代数和）获得的线圈组总基波电动势是不一样的，它们的有效值存在如下关系：

$$\frac{E_{q1}}{qE_{K1}} = \frac{2r\sin\frac{q\alpha}{2}}{q \cdot 2r\sin\frac{\alpha}{2}} = \frac{\sin q\frac{\alpha}{2}}{q\sin\frac{\alpha}{2}}$$

从而，可得：

$$E_{q1} = qE_{K1}\frac{\sin q\frac{\alpha}{2}}{q\sin\frac{\alpha}{2}} = qE_{K1}k_{d1}$$

上式中：

$$k_{d1} = \frac{\sin q\frac{\alpha}{2}}{q\sin\frac{\alpha}{2}} \tag{5-14}$$

称作绕组的基波分布因数，它是一个小于 1 的数。即整距线圈分布时的总基波电动势比集中时的基波电动势小。从基波感应电动势有效值大小上看，可以把 q 个整距线圈分布放置的情况等效为集中放置在一起，但是这个集中在一起的线圈组的总匝数不是 qN_K，而是 qN_Kk_{d1}（等效匝数）。综上所述，分布整距线圈组的总基波电动势有效值为：

$$E_{q1} = 4.44 fq N_K k_{d1} \Phi_1 \qquad (5\text{-}15)$$

2. 分布整距线圈组的谐波电动势

如前所述，定子上的每个整距线圈除了感应产生基波电动势之外，还会感应出一系列奇次谐波电动势。由上面的分析可知，当各整距线圈分布放置后，线圈组的基波电动势要比集中放在一起时减小了，相当于打了一个折扣（分布因数<1）。那么，各奇次谐波电动势如何呢？下面我们来分析一下。首先，我们从前面的分析知道：谐波磁动势的极对数是基波的 v 倍，即等于 vp。由槽距角的概念不难推出处于谐波磁场中相邻两槽的槽距角为 $v\alpha$。接下来可参照绕组的基波分布因数公式（5-14）推导出 v 次谐波分布因数 k_{dv} 为：

$$k_{dv} = \frac{\sin q \dfrac{v\alpha}{2}}{q \sin \dfrac{v\alpha}{2}} \qquad (5\text{-}16)$$

显然，上式是一个通用表达式。若令 $v=1$，很明显就是基波的分布因数。

经过分析可知，整距线圈分布放置后，与基波一样，各次谐波电动势也要打个 k_{dv} 折扣，其折扣量和基波一样吗？下面以 $q=3$，$\alpha=20°$ 的分布绕组为例对比一下基波和各次谐波的绕组分布因数。按式（5-16）求得基波与各次谐波的分布因数为：

$$k_{d1} = 0.96, \quad k_{d3} = 0.667, \quad k_{d5} = 0.218, \quad k_{d7} = -0.177, \quad \ldots$$

上述计算数据表明，采用分布绕组之后，基波电动势被削减了 4%；3 次谐波电动势被削减了约 33%；5 次谐波电动势被削减了约 78%；7 次谐波电动势被削减了约 82%。值得说明的是：3 次谐波电动势虽然被削减的少些，但由于采用三相对称绕组联接形式，线电动势里不会出现 3 次谐波电动势（本书 5.2.3 小节已分析过原因）。

综上所述，采用分布绕组后，基波、各次谐波电动势均比集中绕组减小了，但基波电动势减小的不多，而各高次谐波被大大削减，显然采用分布绕组对改善电动势波形有利。图 5-19 是分布绕组改善电动势波形的示意图，以 $q=3$ 为例，如果单个线圈中的电动势波形是

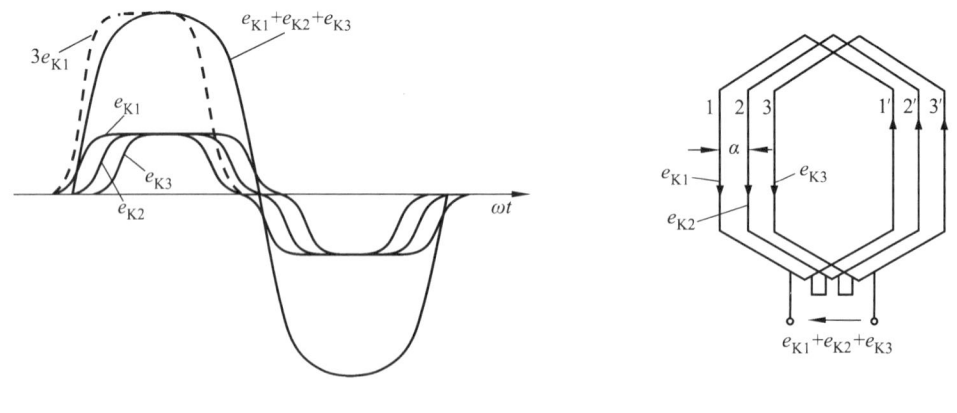

（a）波形合成示意图　　　　　（b）线圈分布示意图

图 5-19　分布绕组改善电动势波形示意图

平顶波，则：集中放置时合成的线圈组电动势就是单个的 3 倍，波形仍然是平顶波（图中虚线）；而分布放置时合成的线圈组电动势是 3 个线圈电动势的相量叠加，因三者彼此错开 α 角，故叠加之后的波形接近正弦波（图中实线）。由此可见，分布绕组确实能够改善相电动势的波形。

3. 单层分布整距绕组相电动势的计算

1）每相基波电动势

如图 5-17 所示，每对极下有三个线圈组，对称分配给三相（A、B、C），也就是说，每对极下每相有一个线圈组。若电机有 p 对极，那么每相就共有 p 个线圈组。若绕组的并联支路数为 a，则每相每支路有 $\dfrac{p}{a}$ 个线圈组串联在一起，故单层分布整距绕组每相的基波电动势有效值为：

$$E_{\phi 1} = \left(\dfrac{p}{a}\right) E_{q1} = \left(\dfrac{p}{a}\right) \times 4.44 f q N_{\mathrm{K}} k_{\mathrm{d}1} \Phi_1 \\ = 4.44 f \left(\dfrac{pq N_{\mathrm{K}}}{a}\right) k_{\mathrm{d}1} \Phi_1 = 4.44 f N_1 k_{\mathrm{d}1} \Phi_1 \quad (5\text{-}17)$$

上式中，$N_1 = \dfrac{pq N_{\mathrm{K}}}{a}$ 是每相（A 或 B 或 C 相）绕组串联的总匝数。

2）每相谐波电动势

由前面的分析可知，每对极下每相的线圈组中 ν 次谐波电动势的有效值为：

$$E_{q\nu} = q E_{\mathrm{K}\nu} k_{\mathrm{d}\nu} = 4.44 \nu f q N_{\mathrm{K}} k_{\mathrm{d}\nu} \Phi_\nu \quad (5\text{-}18)$$

再参照式（5-17）可得单层分布整距绕组每相的谐波电动势有效值为：

$$E_{\phi\nu} = \left(\dfrac{p}{a}\right) E_{q\nu} = 4.44 \nu f N_1 k_{\mathrm{d}\nu} \Phi_\nu \quad (5\text{-}19)$$

例 5-2 某三相交流电机，采用单层分布整距绕组，$Q = 36$，$N_{\mathrm{K}} = 3$，并联支路数 $a = 1$，$2p = 4$，试计算：（1）每相每支路有多少个线圈串联？（2）采用分布绕组后，5 次、7 次谐波电动势相对于集中时分别被削弱了多少？

解：（1）因为该电机为单层分布绕组，且 $p = 2$，所以每相共有 2 个线圈组；且已知 $a = 1$，则每相每支路有 2 个线圈组串联。

又因为 $q = \dfrac{Q}{2pm} = \dfrac{36}{4 \times 3} = 3$

所以每相每支路有 $2 \times 3 = 6$ 个线圈串联。

（2）槽距角 $\alpha = \dfrac{p \times 360°}{Q} = \dfrac{2 \times 360°}{36} = 20°$

$$k_{d5} = \frac{\sin q \dfrac{5\alpha}{2}}{q \sin \dfrac{5\alpha}{2}} = \frac{\sin(3 \times \dfrac{5 \times 20°}{2})}{3 \times \sin(\dfrac{5 \times 20°}{2})} = \frac{\sin 150°}{3\sin 50°} = 0.2176$$

$$k_{d7} = \frac{\sin q \dfrac{7\alpha}{2}}{q \sin \dfrac{7\alpha}{2}} = \frac{\sin(3 \times \dfrac{7 \times 20°}{2})}{3 \times \sin(\dfrac{7 \times 20°}{2})} = \frac{\sin 210°}{3\sin 70°} = -0.1774$$

因此，5 次谐波电动势相对于集中时被削弱了 78.24%；7 次谐波电动势相对于集中时被削弱了 82.26%。

5.4 三相双层分布短距绕组

上一节我们分析了三相单层分布整距绕组的特点，它确实能够削弱谐波，改善相电动势波形，但不能彻底消除高次谐波，只能应用到 10 kW 以下的小型异步电机中。若要完全消除某高次谐波，就要采用另外一种绕组放置形式——短距，本节着重分析双层分布短距绕组的特点。

双层绕组是指电机的每个定子槽分为上下两层，线圈的一个边嵌放在某槽的上层，另一边嵌放在相隔一定槽数的另一槽的下层。对于采用双层绕组的电机，由于其每个槽可嵌放两个线圈边，所以双层绕组的线圈数和槽数正好相等，即 $S = Q$。这一点与直流电机相似。

双层绕组的优点很多，比如可以充分利用定子槽的空间、增大电机容量、电压波形正弦度较好等。但其最显著的优点是线圈可以任意短距，如果短距设计得适当，对改善电动势波形很有好处，所以容量在 10 kW 以上的交流电机大都采用双层短距分布绕组。

5.4.1 三相双层分布短距绕组的放置规律

下面以一个具体实例来说明三相双层分布短距绕组的连接规律。已知三相电机定子槽数 $Q = 36$，$p = 2$[见图 5-20（a）]，节距 $y_1 = 7$ 个槽，并联支路数 $a = 1$，试连成三相双层分布短距绕组。

（1）计算槽距角 α。

$$\alpha = \frac{p \times 360°}{Q} = \frac{2 \times 360°}{36} = 20°$$

（2）绘制基波电动势星形相量图。

对双层绕组的基波电动势星形图，每个相量代表一个短距线圈的基波电动势（因一个槽里有两根导体边），而不是一根导体的电动势。画好的短距线圈基波电动势星形相量图如图 5-20（b）所示。

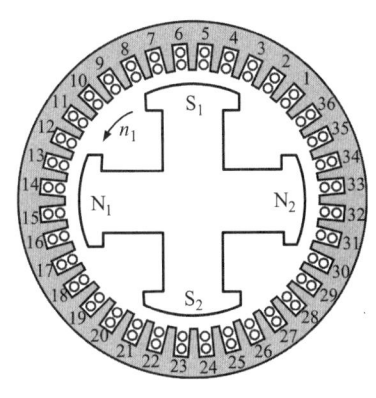
（a）电机模型

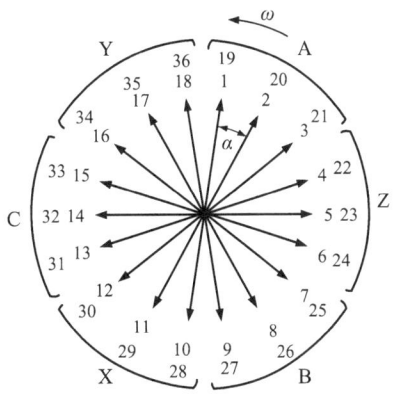
（b）基波电动势星形相量图

图 5-20　$p=2$、$Q=36$ 的电机模型及其基波电动势星形相量图

（3）按 60°相带法分相。

每极每相槽数 q 为：$q = \dfrac{Q}{2mp} = \dfrac{36}{2 \times 3 \times 2} = 3$

极距为：$\tau = \dfrac{Q}{2p} = \dfrac{36}{4} = 9$（槽）

显然，节距 $y_1 = 7 < \tau$，为短距绕组。

（4）绘制绕组展开图。

首先，如图 5-21 中画出 36 根等长、等距的实线、虚线，实线代表放在槽内上层的线圈边；虚线代表放在槽内下层的线圈边。然后，根据设定的线圈节距，把属于同一线圈的上下层边连成线圈。例如，第 1 槽的上层边与第 8 槽的下层边相联（因 $y_1 = 7$，一个线圈的两个边相隔 7 个槽），叫第 1 线圈。把上层边在第 2 槽的线圈叫第 2 线圈，依此类推，如图 5-21 所示。最后，根据之前划分的相带，把每个相带里的线圈彼此串联起来，构成一个极相组。所谓极相组，就是每极下每相由 q 个线圈串联所组成的线圈组。图 5-21 仅画出了 A 相的极相组，B 相、C 相与 A 相相似。

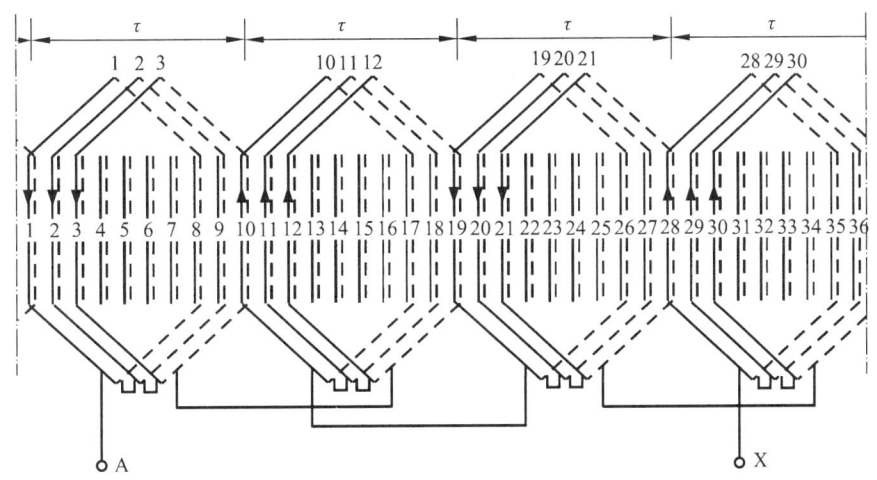

图 5-21　三相双层分布短距绕组的一相绕组展开图

（5）确定绕组的并联支路数。

由图 5-21 可知，双层绕组的每对极下每相有 2 个线圈组（单层绕组每对极下每相只有 1 个线圈组，可将双层认为是两个单层的叠加），故本例中每相共有 $2p$（$2\times2=4$）个线圈组。根据需要，可以把它们并联，也可以把它们串联起来。显然，并联支路数最少是 $a=1$，最多是 $a=4$。双层绕组的并联支路数最多是 $a=2p$。按本例中要求 $a=1$，即属于 A 相的 4 个线圈组串联起来；且要求 $p=2$，则各极相组之间串联方法应为"首首相连，尾尾相连"，见图 5-21。

5.4.2 短距线圈的电动势

1. 单个短距线圈的基波电动势

如图 5-22（a）为一短距线圈，线圈的节距 $y_1=y\tau=y\pi$（以电角度计，$\tau=\pi$），其中 $0<y<1$。两个有效边及整个短距线圈的基波电动势相量图如 5-22（b）所示，$\dot{E}_{A1}$、$\dot{E}_{X1}$ 分别是线圈两有效边导体 A、X 的基波电动势相量，$\dot{E}_{K1}$ 是短距线圈的基波电动势。

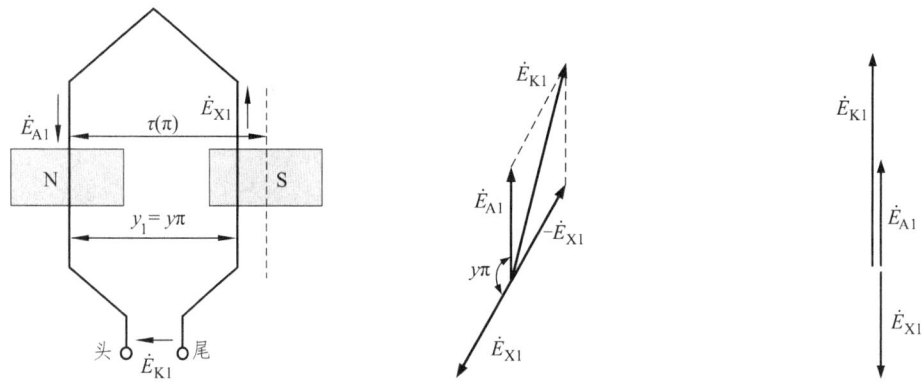

（a）短距线圈　　　　（b）基波电动势相量（短距）　　（c）基波电动势相量（整距）

图 5-22　短距线圈及基波电动势相量

根据图 5-22（b）所规定的电动势正方向，短距线圈的基波电动势相量 $\dot{E}_{K1}$ 为：

$$\dot{E}_{K1} = \dot{E}_{A1} - \dot{E}_{X1} = E_{A1}\angle 0° - E_{X1}\angle y\pi$$

则短距线圈的基波电动势有效值为：

$$E_{K1} = 2E_{A1}\sin\left(y\frac{\pi}{2}\right) = 4.44fN_K\sin\left(y\frac{\pi}{2}\right)\Phi_1 = 4.44fN_K k_{p1}\Phi_1 \quad (5-20)$$

式中：$k_{p1} = \sin\left(y\dfrac{\pi}{2}\right)$ 为基波节距因数。

当把线圈做成短距时，基波节距因数 $k_{p1}<1$；整距线圈时（$y=1$），基波节距因数 $k_{p1}=1$。线圈一般都不做成长距（为了节省用铜量）。

如图 5-22（c）所示，整距时线圈基波电动势为 $2E_{A1}$，当线圈采用短距后，如图 5-22（b）所示，线圈两个有效边中感应电动势相位差 $y\pi$ 电角度，所以短距线圈的基波电动势有效值是 $E_{K1}=2E_{A1}k_{p1}$，从这个意义上，可把短距线圈基波电动势看成是整距线圈的基波电动势打了一个 k_{p1} 折扣。

2. 单个短距线圈的谐波电动势

如前所述，v 次谐波的节距因数为：

$$k_{pv}=\sin v\left(y\frac{\pi}{2}\right) \tag{5-21}$$

则短距线圈的谐波电动势有效值为：

$$E_{Kv}=4.44vfN_{K}k_{pv}\Phi_{v} \tag{5-22}$$

5.4.3 三相双层分布短距绕组相电动势的计算

1. 单个短距线圈组的基波电动势

前面我们已经获得了单个短距线圈的基波电动势 $E_{K1}=4.44fN_{K}k_{p1}\Phi_{1}$，则单个短距线圈组的基波电动势有效值为：

$$E_{q1}=qE_{K1}\cdot k_{d1}=4.44fqN_{K}k_{p1}k_{d1}\Phi_{1} \tag{5-23}$$

2. 双层分布短距绕组的一相基波电动势

由前面的分析可知，双层绕组每对极下每相有 2 个线圈组，对于 p 对极的电机来说每相一共有 $2p$ 个线圈组。若该电机的绕组并联支路数为 a，则每相的每条支路共有 $2p/a$ 个线圈组串联起来，于是双层分布短距绕组的一相基波电动势有效值为：

$$E_{\phi 1}=\left(\frac{2p}{a}\right)E_{q1}=4.44f\left(\frac{2pq}{a}N_{K}\right)k_{p1}k_{d1}\Phi_{1}=4.44fN_{1}k_{dp1}\Phi_{1} \tag{5-24}$$

式中：$N_{1}=\dfrac{2pqN_{K}}{a}$ ——双层绕组每相串联的总匝数；$k_{dp1}=k_{p1}k_{d1}$ ——双层绕组的基波绕组因数。

3. 双层分布短距绕组的一相谐波电动势

前面我们已经获得了单个短距线圈的谐波电动势 $E_{Kv}=4.44vfN_{K}k_{pv}\Phi_{v}$，则单个短距线圈组的谐波电动势有效值为：

$$E_{qv}=qE_{Kv}\cdot k_{dv}=4.44vfqN_{K}k_{pv}k_{dv}\Phi_{v} \tag{5-25}$$

则双层分布短距绕组的一相谐波电动势有效值为：

$$E_{\phi\nu} = \left(\frac{2p}{a}\right)E_{q\nu} = 4.44\nu f N_1 k_{dp\nu} \Phi_\nu \tag{5-26}$$

5.4.4 短距绕组的优点

相对于整距绕组，短距绕组除了节省用铜量之外，还可以彻底消除某次谐波，对改善电动势的波形质量非常有利。下面我们来分析一下短距绕组是如何消除谐波的。

假如我们现在要消除 ν 次谐波，那么只需让 $E_{\phi\nu}=0$ 即可，推导过程如下：

因为 $E_{\phi\nu} = 4.44\nu f N_1 k_{dp\nu} \Phi_\nu = 0$，所以 $k_{dp\nu} = k_{d\nu} \times k_{p\nu} = 0$。

由此可得

$$k_{p\nu} = \sin(\nu \frac{y\pi}{2}) = 0 \quad \rightarrow \quad \frac{\nu \cdot y\pi}{2} = k\pi \quad (k = 1, 2, 3, \ldots)$$

则有

$$y = \frac{2k}{\nu} \tag{5-27}$$

由前面的分析可知，线圈的节距 $y_1 = y\tau$，$0 < y < 1$。为了使短距线圈的基波电动势有效值尽量接近整距线圈的，y 值应该尽量接近 1。再结合式（5-27）可知：$2k = \nu - 1$ 最为合适，即 $y = \frac{\nu-1}{\nu} = 1 - \frac{1}{\nu}$。

显然，若要消除 5 次谐波，则 $y = \frac{5-1}{5} = \frac{4}{5}$，即 $y_1 = \frac{4}{5}\tau$ 即可；若要消除 7 次谐波，则 $y = \frac{7-1}{7} = \frac{6}{7}$，即 $y_1 = \frac{6}{7}\tau$ 即可；以此类推。由此可见，要想消除 ν 次谐波，应选 $y_1 = \left(1 - \frac{1}{\nu}\right)\tau$ 的节距。需要说明的是，通常采用 $y_1 = \frac{5}{6}\tau$ 的短距绕组来同时消弱 5、7 次谐波，效果比较好。

例 5-3 有一台三相异步电机，$2p = 2$，$n = 3000$ r/min，$Q = 60$，每相串联总匝数 $N_1 = 20$，$f_N = 50$ Hz，每极气隙基波磁通 $\Phi_1 = 1.505$ Wb，试求：

（1）整距时基波的绕组因数和相电动势有效值；

（2）若要消除 5 次谐波，节距 y_1 应选多大？此时的基波电动势为多大？

解：（1）极距　$\tau = \frac{Q}{2p} = \frac{60}{2} = 30$（槽）

每极每相槽数　$q = \frac{Q}{2pm} = \frac{60}{2\times 3} = 10$

槽距角　$\alpha = \frac{p \times 360°}{Q} = \frac{1 \times 360°}{60} = 6°$

整距时，绕组的基波短距因数 $k_{p1} = 1$，

基波分布因数 $k_{d1} = \dfrac{\sin\dfrac{q\alpha}{2}}{q\sin\dfrac{\alpha}{2}} = \dfrac{\sin\dfrac{10\times 6°}{2}}{10\times\sin\dfrac{6°}{2}} = 0.9553$

整距时基波绕组因数 $k_{dp1} = k_{d1}k_{p1} = 1\times k_{d1} = 0.9553$

整距时基波相电动势有效值为：

$$E_{\phi 1} = 4.44 fN_1 k_{dp1}\Phi_1 = 4.44\times 50\times 20\times 0.9553\times 1.505 = 6383.5 \text{ V}$$

（2）若要消除 5 次谐波，则取 $y_1 = \left(1-\dfrac{1}{\nu}\right)\tau = \left(1-\dfrac{1}{5}\right)\times 30 = 24$（槽）

短距时的基波短距因数 $k_{p1} = \sin(y\dfrac{\pi}{2}) = \sin(\dfrac{4}{5}\times\dfrac{\pi}{2}) = \sin 72° = 0.951$

短距时的基波相电动势为：

$$E_{\phi 1} = 4.44 fN_1 k_{d1}k_{p1}\Phi_1 = 4.44\times 50\times 20\times 0.9553\times 0.951\times 1.505 = 6070.7 \text{ V}$$

5.5 交流旋转电机的磁场

5.5.1 同步电机的磁场——机械旋转磁场

前面 5.2 节已经分析了同步发电机的工作原理，其简单模型如图 5-23 所示。由其工作原理可知，同步电机的定子绕组之所以能够发出三相对称的交流电，是因为定子绕组在空间上是三相对称的，且最重要的是因为电机的气隙磁场是空间上旋转的磁场，而不是静止磁场。下面分析一下该旋转磁场的特点。

首先，这个磁场是由转子绕组产生的，是外界的直流电源通过转子轴上的集电环通入到转子绕组里的，它本身是静止的恒定磁场；其次，转子由外界原动机拖动旋转，所以该磁场也和转子一起旋转

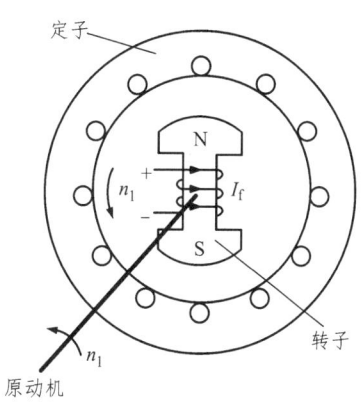

图 5-23 同步电机的简单模型

起来了，其转速与原动机拖动转子旋转的速度一样，因此可称之为机械旋转磁场。同时，定子上的绕组切割该旋转磁场进而产生三相对称交流电。必须注意，同步发电机要发出三相对称交流电首先要有起关键作用的旋转磁场，其决定了发出交流电的大小、性质、频率等。同步发电机发出交流电的频率为：

$$f = \dfrac{pn_1}{60} \tag{5-28}$$

式中：n_1 为原动机的转速，也是转子旋转磁场的速度，p 为电机的极对数。也就是说，旋转磁场的速度直接决定了电流的频率。

由上面的分析可知，同步发电机中的机械旋转磁场切割定子对称三相绕组使其产生了对称的三相交流电。那么，反过来看看，如果在交流电机的定子绕组里通入三相对称交流电流，会不会产生空间上旋转的磁场呢？下面我们来分析一下。

5.5.2 异步电机的磁场——电气旋转磁场

根据上面的分析，我们将频率为 f 的三相对称交流电流通入到异步电机的三相定子绕组里，定子绕组采用最简单的集中整距绕组形式，每相只有一个线圈，三相绕组接成 Y 形。见图 5-24。

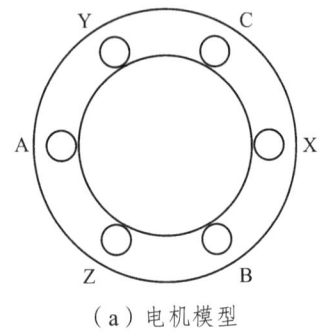
（a）电机模型

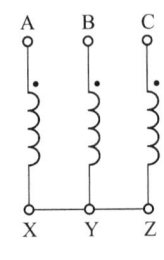
（b）三相对称绕组

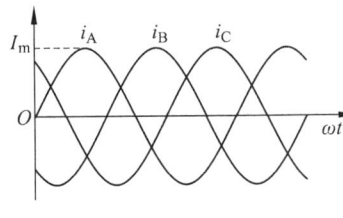
（c）三相对称电流

图 5-24 异步电机模型

我们规定，电流从定子绕组的首端（A、B、C）流入为正，从尾端（X、Y、Z）流入为负。下面我们在一个电流周期内找几个特殊时间点来分析一下。

如图 5-24（c）所示，当 $\omega t = 0°$ 时，$i_A = 0$，$i_B < 0$，$i_C > 0$，对应在图 5-25（a）中将各相绕组的电流标出来，用右手螺旋定则判断出磁力线方向，可看成此刻空间上产生了一对等效磁极：右边为 N 极、左边为 S 极，见图 5-25（a）。

以此类推，当 $\omega t = 60°$ 时，$i_A > 0$，$i_B < 0$，$i_C = 0$，用右手螺旋定则判断出此时的等效磁极如图 5-25（b）所示；当 $\omega t = 120°$ 时，$i_A > 0$，$i_B = 0$，$i_C < 0$，用右手螺旋定则判断出此时的等效磁极如图 5-25（c）所示；当 $\omega t = 180°$ 时，$i_A = 0$，$i_B > 0$，$i_C < 0$，用右手判断出此时的等效磁极如图 5-25（d）所示；当 $\omega t = 240°$ 时，$i_A < 0$，$i_B > 0$，$i_C = 0$，用右手判断出此时的等效磁极如图 5-25（e）所示；当 $\omega t = 300°$ 时，$i_A < 0$，$i_B = 0$，$i_C > 0$，用右手判断出此时的等效磁极如图 5-25（f）所示；当 $\omega t = 360°$ 时，情况正好与 $\omega t = 0°$ 一样，等效磁极回到了 $\omega t = 0°$ 时的位置。

仔细观察这 6 个时刻的磁场示意图，不难发现，随着时间的推移，等效磁极在空间上旋转起来（转向为逆时针），即旋转方向与绕组内通入电流的相序一致（A→B→C）。当电流变化一个周期（$\omega t = 0° \sim 360°$），磁场刚好旋转了一周。若已知电流的频率为 f（Hz），显然，此时磁场的旋转速度为：$n_1 = 60f$（r/min）。

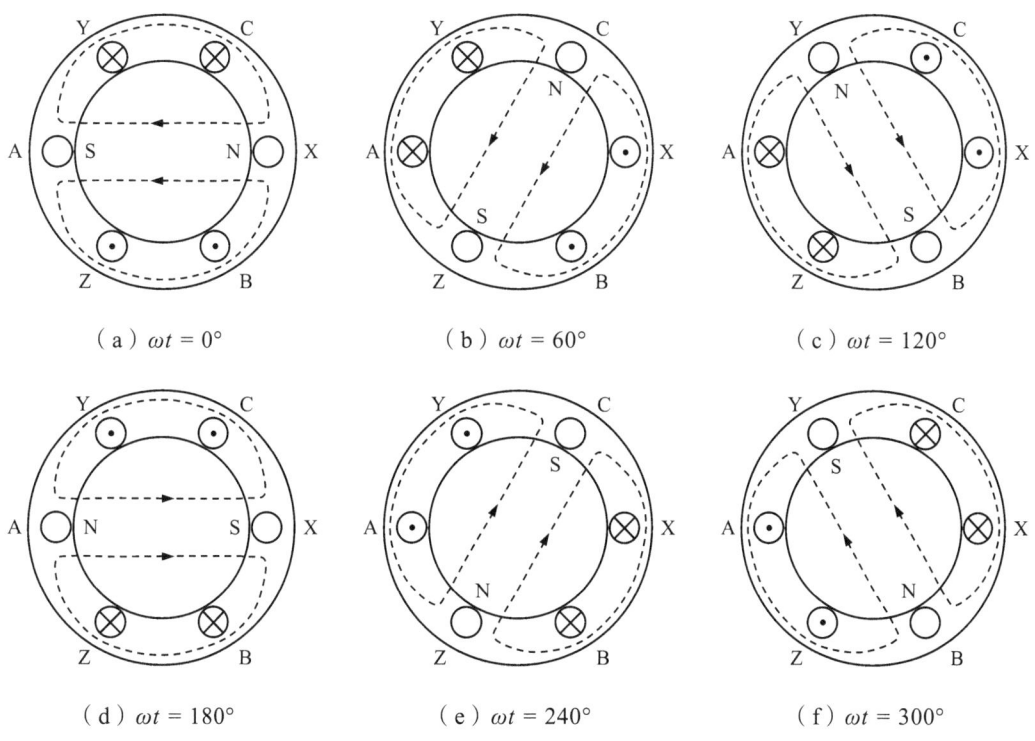

图 5-25 不同时刻的异步电机磁场示意图（$p=1$）

上面分析的是一对极（$p=1$）的情况，那么 $p=2$ 时，又是什么情况呢？在 A、B、C 三相绕组 A_1X_1、B_1Y_1、C_1Z_1 上分别顺串三个匝数相同的绕组 A_2X_2、B_2Y_2、C_2Z_2，组成新的三相对称绕组，按前面分析过的绕组放置方法嵌放到定子槽里，如图 5-26 所示。仍然按照上面的分析方法，在三相绕组中通入三相对称的交流电流。下面我们找几个时间点来分析一下。

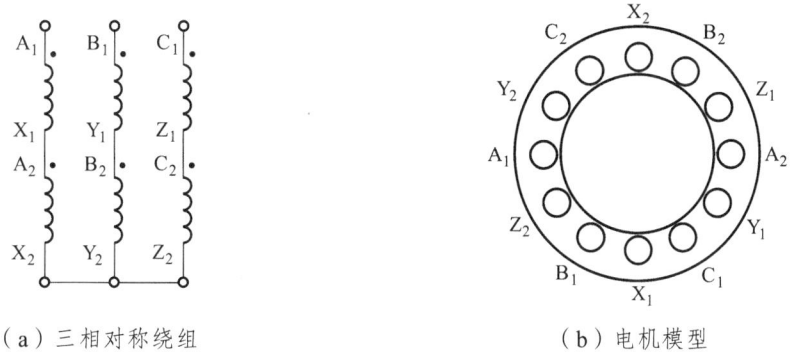

图 5-26 异步电机简单模型（$p=2$）

当 $\omega t = 0°$ 时，$i_A = 0$，$i_B < 0$，$i_C > 0$，在图 5-27（a）中将各相绕组的电流标出来，再用右手判断出磁力线方向，可得出此时的等效磁极有四个，即 $p=2$。以此类推，当 $\omega t = 180°$ 时，$i_A = 0$，$i_B > 0$，$i_C < 0$，用右手判断出此时的等效磁极如图 5-27（b）所示；当 $\omega t = 300°$ 时，$i_A < 0$，$i_B = 0$，$i_C > 0$，用右手判断出此时的等效磁极如图 5-27（c）所示。

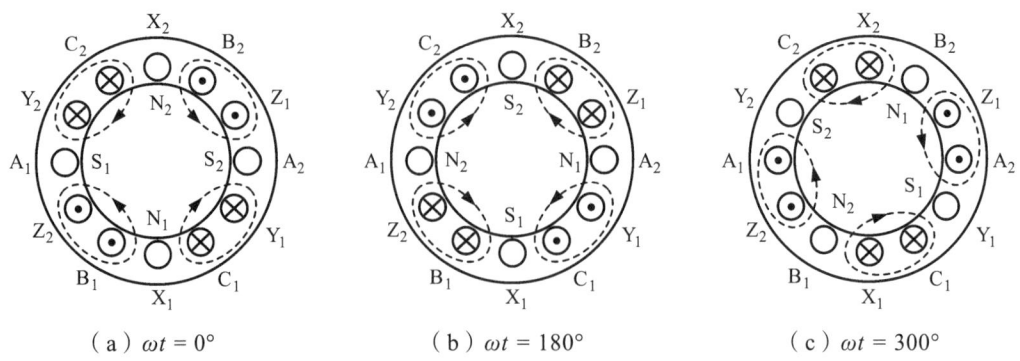

图 5-27 不同时刻的异步电机磁场示意图（$p=2$）

仔细观察这 3 个时刻的磁场示意图，不难发现，当 $p=2$ 时，随着时间的推移，等效磁极在空间上旋转的速度放慢了，电流变化到 180°时，磁场只转到了 90°位置；电流变化到 300°时，磁场只转到了 150°位置。以此类推，当电流变化一个周期（$\omega t=0°\sim360°$），磁场刚好旋转了半周。显然，此时磁场的旋转速度为：$n_1=60\dfrac{f}{2}$（r/min）。照此推理，若每相绕组再串联一个匝数相同的绕组，则磁场的旋转速度还会再次减慢（因为极对数又增多了，这也是异步电机"变极"的原理）。不难证明，异步电机定子旋转磁场的速度为：

$$n_1=60\dfrac{f}{p} \tag{5-29}$$

很明显，上式与同步电机发出电流的频率 $f=\dfrac{pn_1}{60}$ 是完全一致的，从而也从侧面说明了电、磁感应的一致性。

5.5.3 关于交流电机的磁极

前面已经学习过直流电机的结构，将电机拆开后会看到实际存在的主磁极，其装设在定子上。而在交流电机中，其磁极与直流电机明显不同。对于同步电机，其磁极装设在转子上，由直流电源来励磁，产生的磁场本身是静止的，由原动机拖动转子带其一起旋转，故称为机械旋转磁场。对于异步电机，其磁极是虚拟等效的，电机拆开后看不到磁极。在其定子绕组里通入三相对称交流电流后会产生空间上旋转的磁场，该磁场是自己主动旋转的，与同步电机的被动旋转不同。因其由三相对称电流产生，故称为电气旋转磁场，其旋转速度与电流频率和极对数有关，如式（5-29）所示，也称为同步转速，记作 n_1。n_1 的方向取决于定子电流的相序，也就是说，改变定子电流的相序就可以改变旋转磁场的转向。

5.6 单相集中整距绕组的磁动势

上节我们采用图解的方法分析了异步电机中旋转磁场的产生，很直观地掌握了电气旋转磁场的产生原理。但对旋转磁场的来源——磁动势的具体特征还不甚了解。下面我们从单相集中整距绕组入手，来深层次分析交流绕组的磁动势。

5.6.1 磁动势的表示方法

以最简单的电机绕组即单层集中整距绕组为例，如图 5-28（a）所示为一台三相两极的电机模型，定子上每相只有一个单层集中整距线圈。为分析方便，图中只画出了 A 相绕组，B、C 相的分析方法与 A 相完全相同。

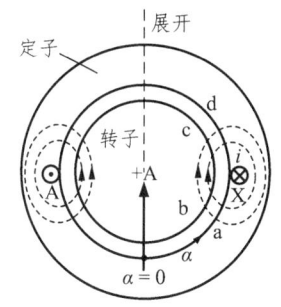 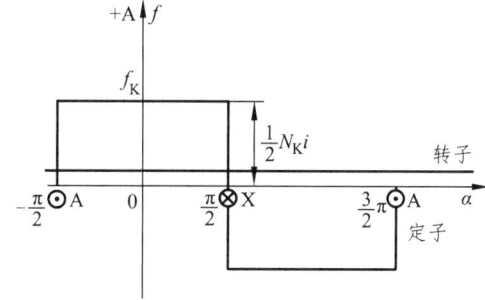

（a）通入电流的一相整距线圈　　　　（b）线圈磁动势沿圆周方向的空间分布

图 5-28　一相整距线圈及其磁动势空间分布图

当线圈 AX 中通入电流 i 时，若线圈的匝数为 N_K，则根据安培环路定理可知线圈产生的磁动势为 $N_K i$，它在电机内部产生了一个两极磁场，如图 5-28（a）所示。由于气隙磁路的磁阻比铁心磁路的磁阻大得多，可忽略铁心上的磁压降，则根据安培环流定律，认为总的磁动势 $N_K i$ 全部降落在两段气隙（图中 ab 段、cd 段）中，则每段气隙磁动势的大小为 $\frac{1}{2}N_K i$。这里我们规定磁力线方向由定子进入转子为正，反之为负。这样一来，ab 段气隙的磁动势为 $+\frac{1}{2}N_K i$，而 cd 段气隙的磁动势为 $-\frac{1}{2}N_K i$。

下面我们在定子内圆表面建立空间坐标，以 A 相绕组轴线（简称相轴，可用右手螺旋定则判断其位置）+A 与定子内表面的交点作为空间坐标的原点 $\alpha = 0$。沿图 5-28（a）的虚线把气隙圆周展开成直线，用横坐标表示沿气隙圆周方向的空间距离，用空间电角度 α 来衡量，纵坐标 f 表示气隙磁动势的大小，如图 5-28（b）所示。则有：

$$\left.\begin{array}{l}-\dfrac{\pi}{2} \leqslant \alpha \leqslant \dfrac{\pi}{2}: \quad f(\alpha) = f_K = \dfrac{1}{2}N_K i \\ \dfrac{\pi}{2} \leqslant \alpha \leqslant \dfrac{3\pi}{2}: \quad f(\alpha) = -f_K = -\dfrac{1}{2}N_K i\end{array}\right\} \quad (5\text{-}30)$$

式中，f_K 为气隙磁动势的幅值。

根据式（5-30）可画出整距线圈的气隙磁动势空间分布如图 5-28（b）所示，显然，通入电流的线圈，它所产生的气隙磁动势沿圆周分布是一个矩形波，以线圈的有效边为界，气隙磁动势发生突变。

5.6.2 用傅里叶级数分解矩形波磁动势

为分析方便，图 5-28（b）所示的矩形波磁动势可用傅里叶级数分解，若坐标原点取在线圈中心线上，横坐标取空间电角度 α，可得基波和一系列奇次谐波，如图 5-29 所示。

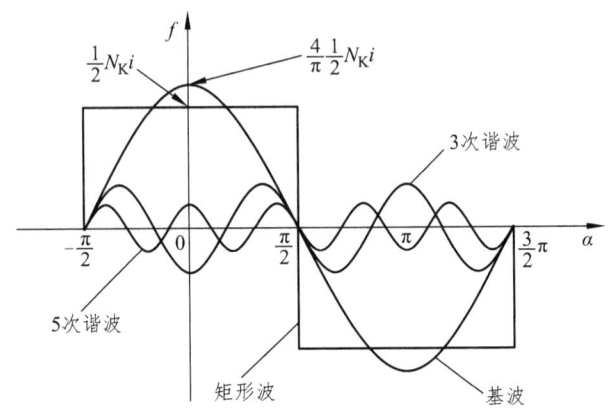

图 5-29 矩形波磁动势分解

矩形波磁动势的傅里叶展开式为：

$$f(\alpha) = \frac{4}{\pi} f_K \cos\alpha - \frac{4}{\pi}\frac{1}{3} f_K \cos 3\alpha + \frac{4}{\pi}\frac{1}{5} f_K \cos 5\alpha - \cdots \\ = f_{K1} + f_{K3} + f_{K5} + \cdots \tag{5-31}$$

此外，还可以分解出 7 次、9 次等谐波，图 5-29 中只画出了基波、3 次及 5 次谐波。根据上述分析可得出如下结论：

（1）基波磁动势的幅值为 $\frac{4}{\pi} f_K$，它是矩形波磁动势幅值的 $\frac{4}{\pi}$ 倍；谐波磁动势幅值为基波幅值的 $\frac{1}{\nu}$ 倍；

（2）基波磁动势的波长与原矩形波磁动势波长一样，磁极对数亦相同；谐波的波长为基波的 $\frac{1}{\nu}$，极对数为基波的 ν 倍。

5.6.3 线圈中通入交流电产生脉振磁动势

上面我们分析的情况是在线圈 AX 中通入一个固定电流 i，知道了电机内部会产生一个矩形波形状的磁动势。那么，如果在线圈 AX 中通入交变电流 $i = \sqrt{2}I\cos\omega t$，又会是什么情况呢？显然，因 i 随时间交变，此时气隙段的总磁动势 $N_\text{K}i$ 也会随时间变化。即每一时刻的气隙磁动势仍是矩形波分布，但其幅值会随时间变化，如图 5-30 分别示意出 $\omega t=0°$，$\omega t=90°$，$\omega t=180°$ 这三个时刻的气隙磁动势分布波。参照式（5-30）可得磁动势表达式：

$$f_\text{K} = \frac{1}{2}N_\text{K}i = \frac{1}{2}\sqrt{2}N_\text{K}I\cos\omega t \tag{5-32}$$

仍然可按照傅里叶级数分解方法，分别将各个时刻的矩形波磁动势分解为基波和各次谐波。

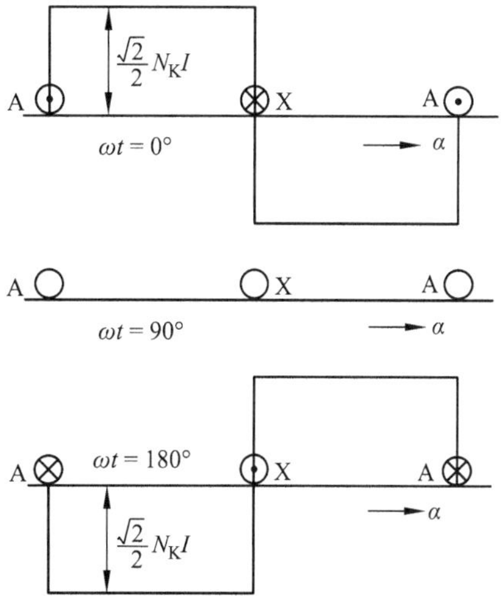

图 5-30 不同时刻气隙磁动势的波形

1. 基波磁动势

$$f_\text{K1} = \frac{4}{\pi}f_\text{K}\cos\alpha = \frac{4}{\pi}\frac{\sqrt{2}}{2}N_\text{K}I\cos\omega t\cos\alpha = F_\text{K1}\cos\omega t\cos\alpha \tag{5-33}$$

式中：$F_\text{K1} = \frac{4}{\pi}\frac{\sqrt{2}}{2}N_\text{K}I = 0.9N_\text{K}I$ 为基波磁动势的最大振幅，$F_\text{K1}\cos\omega t$ 是基波磁动势的振幅，它随时间作余弦变化。

2. 3 次谐波磁动势

$$f_\text{K3} = -\frac{1}{3}\frac{4}{\pi}f_\text{K}\cos3\alpha = -F_\text{K3}\cos\omega t\cos3\alpha \tag{5-34}$$

式中：$F_\text{K3} = \frac{1}{3}\frac{4}{\pi}\frac{\sqrt{2}}{2}N_\text{K}I = \frac{1}{3}F_\text{K1}$ 为 3 次谐波磁动势的最大振幅，$F_\text{K3}\cos\omega t$ 是 3 次谐波磁动势的振幅，它也随时间作余弦变化。

3. 5 次谐波磁动势

$$f_\text{K5} = \frac{1}{5}\frac{4}{\pi}f_\text{K}\cos5\alpha = F_\text{K5}\cos\omega t\cos5\alpha \tag{5-35}$$

式中：$F_\text{K5} = \frac{1}{5}\frac{4}{\pi}\frac{\sqrt{2}}{2}N_\text{K}I = \frac{1}{5}F_\text{K1}$ 为 5 次谐波磁动势的最大振幅，$F_\text{K5}\cos\omega t$ 是 5 次谐波磁动势的振幅，它也随时间作余弦变化。

根据上面的分析，矩形波磁动势可表示为：

$$\begin{aligned}f(\alpha) &= f_\text{K1} + f_\text{K3} + f_\text{K5} + \cdots \\ &= F_\text{K1}\cos\omega t\cos\alpha - F_\text{K3}\cos\omega t\cos3\alpha + F_\text{K5}\cos\omega t\cos5\alpha - \cdots\end{aligned} \tag{5-36}$$

综上所述，单个线圈通入交流电流时所产生的磁动势波是一个在空间按矩形波分布、波的位置在空间不动（总位于线圈轴线+A 处）、但波幅的大小和正负随时间变化的磁动势波，波幅交变的频率与电流的频率一致。这种磁动势称为脉振磁动势。从其表达式来看，脉振磁动势既是空间函数又是时间函数。

5.6.4 脉振磁动势分解为两个旋转磁动势

以基波脉振磁动势分析，式（5-33）$f_{K1} = F_{K1}\cos\omega t\cos\alpha$ 进行三角函数"积化和差"运算，可得：

$$\begin{aligned}f_{K1} &= F_{K1}\cos\omega t\cos\alpha \\ &= \frac{1}{2}F_{K1}\cos(\alpha-\omega t) + \frac{1}{2}F_{K1}\cos(\alpha+\omega t) \\ &= f'_{K1} + f''_{K1}\end{aligned} \qquad (5\text{-}37)$$

1. 表达式 $f'_{K1} = \frac{1}{2}F_{K1}\cos(\alpha-\omega t)$ 的性质

从 f'_{K1} 表达式来看，它有两个变量：一个是空间电角度 α；另一个是时间电角度 ωt。为了简化分析，我们可假设时间变量 ωt 等于某个常数，即研究此时刻的磁动势波形分布。以此类推，再研究下个时刻，并画出不同时刻的磁动势分布波形，从而找到其变化规律。

当 $\omega t = 0°$ 时，即 $f'_{K1} = \frac{1}{2}F_{K1}\cos\alpha$，此刻 f'_{K1} 幅值位于 $\alpha = 0°$ 位置，大小为 $\frac{1}{2}F_{K1}$，如图5-31中的实线所示。当 $\omega t = 90°$ 时，$f'_{K1} = \frac{1}{2}F_{K1}\cos(\alpha-90°)$，$f'_{K1}$ 在空间上按 $\cos(\alpha-90°)$ 规律分布，其幅值大小没变，仍为 $\frac{1}{2}F_{K1}$，但幅值位置移到了 $\alpha = 90°$ 处，也就是沿着 α 正方向前移了 $90°$，如图5-31中的虚线所示。

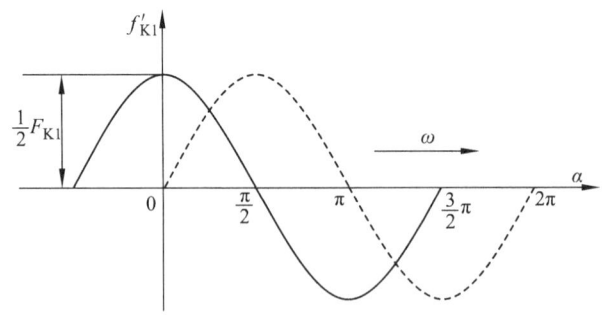

图5-31 沿 α 正方向移动的磁动势波

由图5-31可以看出，当时间电角度 ωt 变化时，磁动势 f'_{K1} 的幅值大小不会发生变化，但是其位置会随时间变化。我们只要令 $\cos(\alpha-\omega t)=1$，就能找到磁动势幅值的位置，这时 $(\alpha-\omega t)=0°$，解之可得 $\alpha = \omega t$。显然，当 $\omega t = 0°$ 时，f'_{K1} 幅值位于 $\alpha = 0°$ 的地方；而当 $\omega t = 90°$ 时，f'_{K1} 幅值位于 $\alpha = 90°$ 的地方。由此可见，在空间按余弦分布的磁动势 f'_{K1} 是随时间的推移

沿 α 正方向前移的一个行波,它移动的速度与电流的角频率 ω 完全相等。我们通常称这种磁动势波为圆形旋转磁动势(电机是旋转的,因其幅值大小恒定,在空间上的运动轨迹为圆形),又因 f'_{K1} 是沿 α 正方向移动的,故 f'_{K1} 可称作圆形正转磁动势。

2. 表达式 $f''_{K1} = \frac{1}{2} F_{K1} \cos(\alpha + \omega t)$ 的性质

对比 f'_{K1} 可发现,f''_{K1} 仅仅是 $\cos(\alpha + \omega t)$ 不同,其幅值的大小也是恒定为 $\frac{1}{2} F_{K1}$。仿照前面的分析,令 $\cos(\alpha + \omega t) = 1$ 即可找到其幅值的位置,解之可得 $\alpha = -\omega t$。也就是说,当 $\omega t = 0°$ 时,f''_{K1} 幅值位于 $\alpha = 0°$ 的地方;而当 $\omega t = 90°$ 时,f''_{K1} 幅值位于 $\alpha = -90°$ 的地方。由此可见,f''_{K1} 是随时间的变化沿 α 反方向移动的一个行波,它移动的速度为 $-\omega$,因此 f''_{K1} 可称作圆形反转磁动势。

综上所述,一个脉振磁动势波,可分解为两个波长与原脉振波完全相同,分别朝相反方向旋转的旋转波,旋转角速度分别为 ω 和 -ω,每个旋转波的幅值是原脉振波幅值的一半。

可用空间矢量表示一个脉振磁动势分解成两个旋转磁动势,如图 5-32 所示,图中分别表示出三个时刻 $\omega t = 0°$、$\omega t = 30°$、$\omega t = 60°$ 的脉振磁动势矢量的分解。$\dot{F}_{K1}$ 称脉振磁动势矢量,$\dot{F}'_{K1}$ 称作正转磁动势矢量,$\dot{F}''_{K1}$ 称反转磁动势矢量,矢量的长度等于对应磁动势波的幅值,矢量的位置代表磁动势波正幅值所在的位置,即

$$\dot{F}_{K1} = \dot{F}'_{K1} + \dot{F}''_{K1} \tag{5-38}$$

当线圈中电流为正的最大值,即 $\omega t = 0°$ 时,脉振波的波幅为正的最大值,此时两个旋转波的正波幅正好都转到 $\alpha = 0°$ 的位置,即在通电线圈的轴线处,两个旋转波重叠在一起,如图 5-32(a)所示。由图 5-32 中的三个时刻可见,脉振磁动势 $\dot{F}_{K1}$ 的位置始终没变(位于 $\alpha = 0°$ 处),只是波幅随时间变化。

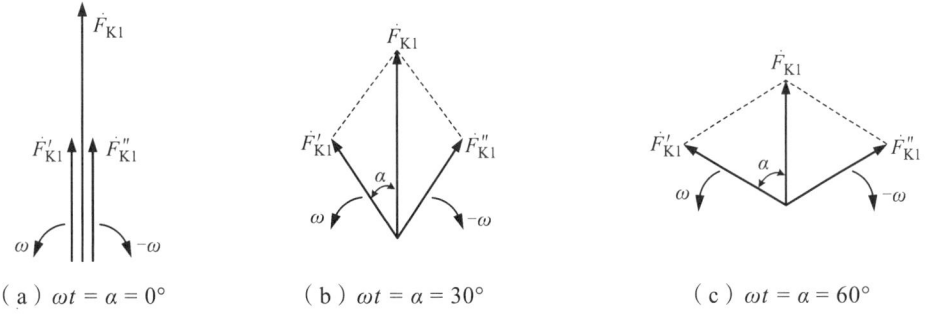

图 5-32 各时刻采用矢量形式表示的脉振磁动势及其分解矢量

5.7 三相集中整距绕组的磁动势

上节我们分析了单层集中整距绕组的一相磁动势,其基波表达式为 $f_{K1} = F_{K1} \cos\omega t \cos\alpha$,

性质为脉振磁动势。那么，如图5-33所示的定子三相绕组中通入三相对称的交流电流产生的磁动势又是怎样的呢？下面我们参照单相脉振磁动势的分析方法来合成三相磁动势，并研究其特点。

5.7.1 相轴的概念

相轴是指某相绕组线圈产生的磁场的主轴线，可用右手螺旋定则判断其位置和方向。例如，在图5-33中，A相绕组线圈的电流由X端流入，从A端流出，用右手螺旋定则判断出其相轴位置为右手大拇指所指方向，即垂直位置。同理，可用右手螺旋定则判断出B相、C相的相轴位置，分别在 $\alpha = 120°$、$\alpha = 240°$ 的地方，如图5-33所示。这里需要特别注意的是，α 的正方向为逆时针方向（A、B、C三相电流的正相序方向），图中已标出。

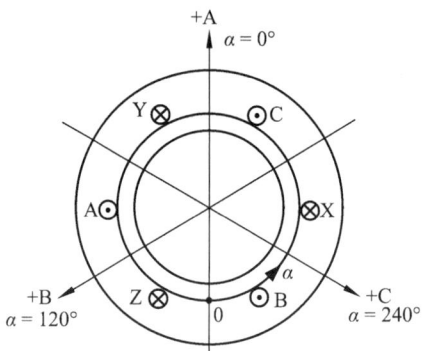

图5-33 三相集中整距绕组模型及各相的相轴

5.7.2 三相合成的基波磁动势

向图5-33所示的三相绕组中通入三相对称的交流电流 i_A、i_B、i_C。

$$\left.\begin{aligned} i_A &= \sqrt{2}I\cos\omega t \\ i_B &= \sqrt{2}I\cos(\omega t - 120°) \\ i_C &= \sqrt{2}I\cos(\omega t - 240°) \end{aligned}\right\} \quad (5\text{-}39)$$

根据前面的分析可知，A相、B相、C相这三个单相绕组中通入交流电流之后，每相分别会在空间上产生一个单相脉振磁动势。因三相电流空间对称，故三个脉振磁动势的幅值大小相等，都是 $F_{K1} = 0.9N_K I$，其幅值都位于各自的相轴位置。它们的表达式为：

$$\left.\begin{aligned} f_{A1} &= F_{K1}\cos\omega t\cos\alpha \\ f_{B1} &= F_{K1}\cos(\omega t - 120°)\cos(\alpha - 120°) \\ f_{C1} &= F_{K1}\cos(\omega t - 240°)\cos(\alpha - 240°) \end{aligned}\right\} \quad (5\text{-}40)$$

下面我们用数学解析法来分析三相合成的基波磁动势的特点，将式（5-40）中的三个单相

脉振磁动势分别进行三角函数"积化和差"分解变换并相加,如下式:

$$\left.\begin{aligned}
f_1 &= f_{A1} + f_{B1} + f_{C1} \\
&= \frac{1}{2}F_{K1}\cos(\alpha - \omega t) + \frac{1}{2}F_{K1}\cos(\alpha + \omega t) \\
&\quad + \frac{1}{2}F_{K1}\cos(\alpha - \omega t) + \frac{1}{2}F_{K1}\cos(\alpha + \omega t - 240°) \\
&\quad + \frac{1}{2}F_{K1}\cos(\alpha - \omega t) + \frac{1}{2}F_{K1}\cos(\alpha + \omega t - 120°) \\
&= \frac{3}{2}F_{K1}\cos(\alpha - \omega t) \\
&= F_1\cos(\alpha - \omega t)
\end{aligned}\right\} \quad (5\text{-}41)$$

式(5-41)中三个单相脉振磁动势共分解有 6 个空间上旋转的磁动势,其中 3 个正转、另外 3 个是反转。仔细观察发现,3 个正转的磁动势表达式完全相同;而 3 个反转的磁动势空间上刚好相差 120°电角度,可见三者是空间对称的,相加之后等于零。于是,只剩下 3 个正转的磁动势,它们幅值相等、转速相等、转向相同,故可进行叠加。叠加后可得三相合成的基波磁动势 $f_1 = F_1\cos(\alpha - \omega t)$,显然,这是一个正转的圆形旋转磁动势,其幅值为:

$$F_1 = \frac{3}{2}F_{K1} = \frac{3}{2} \times 0.9 N_K I = 1.35 N_K I \quad (5\text{-}42)$$

由上面的分析可知:

(1) A 相、B 相、C 相绕组都各自产生了一个脉振磁动势,但三相合成却产生圆形旋转磁动势;

(2) 三相合成基波磁动势的波长和单相脉振磁动势的一样,即极对数是一样的;

(3) 每相的脉振磁动势幅值大小随时间变化,而三相合成基波磁动势的幅值是恒定的;

(4) 三相合成基波磁动势的旋转方向为+α 方向,旋转角速度为 ω,其单位为 rad/s。由于分析电机时习惯用 r/min 来表示转速,下面我们来转换一下。设三相合成基波磁动势的旋转速度为 n_1(r/min),电机的极对数 $p = 1$,则有:

$$n_1 = 60\frac{\omega}{2\pi} = 60\frac{2\pi f}{2\pi} = 60 f \quad (5\text{-}43)$$

若电机的极对数 $p > 1$,则

$$n_1 = 60\frac{\omega}{2\pi \cdot p} = 60\frac{2\pi f}{2\pi \cdot p} = 60\frac{f}{p} \quad (5\text{-}44)$$

显然,三相合成基波磁动势的旋转速度 n_1 的表达式与前面 5.5 节中推导出来的完全一样。

(5) 根据 $f_1 = F_1\cos(\alpha - \omega t)$ 可找出三相合成基波磁动势的位置。令 $\cos(\alpha - \omega t) = 1$,则有:$\alpha = \omega t$,即三相合成基波磁动势 f_1 的幅值在 $\alpha = \omega t$ 处。例如,当 $\omega t = 0°$ 时,f_1 的幅值位于 $\alpha = 0°$ 的地方;当 $\omega t = 120°$ 时,f_1 的幅值位于 $\alpha = 120°$ 的地方;而当 $\omega t = 240°$ 时,f_1 的幅值位于 $\alpha = 240°$ 的地方。也就是说,当某相电流达到正最大值时,三相合成基波磁动势的正幅值刚好位于该相的相轴处。由此可见,合成的基波磁动势的转向总是从电流的超前相转到滞后相,若要改变其旋转方向,只需改变电流的相序,即把从电网接到电机的三根引线中对调任意两根即可。

5.7.3 三相合成的谐波磁动势

1. 三相的 3 次谐波磁动势

前面已经分析过，3 次谐波的极对数是基波的 3 倍，因此 3 次谐波的电角度是对应基波电角度的 3 倍，即 $\alpha_3 = 3\alpha$。于是，可参照上面分析三相合成基波磁动势的方法来研究三相合成的 3 次谐波磁动势。

结合前面的傅里叶级数分解式（5-31）可写出各相 3 次谐波脉振磁动势的表达式为：

$$\left. \begin{aligned} f_{A3} &= -F_{K3}\cos\omega t \cos 3\alpha \\ f_{B3} &= -F_{K3}\cos(\omega t - 120°)\cos 3(\alpha - 120°) = -F_{K3}\cos(\omega t - 120°)\cos 3\alpha \\ f_{C3} &= -F_{K3}\cos(\omega t - 240°)\cos 3(\alpha - 240°) = -F_{K3}\cos(\omega t - 240°)\cos 3\alpha \end{aligned} \right\} \quad (5\text{-}45)$$

上式中：$F_{K3} = \dfrac{1}{3}F_{K1}$ 是每相 3 次谐波脉振磁动势的最大振幅。

把三相的 3 次谐波脉振磁动势相加即可合成 3 次谐波磁动势，用 f_3 表示，则有：

$$\begin{aligned} f_3 &= f_{A3} + f_{B3} + f_{C3} \\ &= -F_{K3}\cos\omega t \cos 3\alpha - F_{K3}\cos(\omega t - 120°)\cos 3\alpha - F_{K3}\cos(\omega t - 240°)\cos 3\alpha \\ &= -F_{K3}\cos 3\alpha[\cos\omega t + \cos(\omega t - 120°) + \cos(\omega t - 240°)] = 0 \end{aligned} \quad (5\text{-}46)$$

由式（5-46）可知，因三相电流在空间上互差 120°电角度，使得三相的 3 次谐波磁动势彼此相互抵消了。同理，各相 3 的倍次（如 9 次、15 次）谐波脉振磁动势也都相互抵消了，故三相合成的磁动势中不含 3 次及 3 的倍次谐波。这也正是三相绕组的优势所在。

2. 三相的 5 次谐波磁动势

5 次谐波的极对数是基波的 5 倍，因此 5 次谐波的电角度是对应基波电角度的 5 倍，即 $\alpha_5 = 5\alpha$。则各相的 5 次谐波脉振磁动势为：

$$\begin{aligned} f_{A5} &= F_{K5}\cos\omega t \cos 5\alpha \\ f_{B5} &= F_{K5}\cos(\omega t - 120°)\cos 5(\alpha - 120°) \\ f_{C5} &= F_{K5}\cos(\omega t - 240°)\cos 5(\alpha - 240°) \end{aligned} \quad (5\text{-}47)$$

上式中：$F_{K5} = \dfrac{1}{5}F_{K1}$ 是每相 5 次谐波脉振磁动势的最大振幅。把三相的 5 次谐波脉振磁动势相加即可合成 5 次谐波磁动势，用 f_5 表示，则有：

$$\begin{aligned} f_5 &= f_{A5} + f_{B5} + f_{C5} \\ &= F_{K5}\cos\omega t\cos 5\alpha + F_{K5}\cos(\omega t - 120°)\cos(5\alpha + 120°) + F_{K5}\cos(\omega t - 240°)\cos(5\alpha + 240°) \\ &= \dfrac{F_{K5}}{2}[3\cos(5\alpha + \omega t) + \cos(5\alpha - \omega t) + \cos(5\alpha - \omega t + 240°) + \cos(5\alpha - \omega t + 120°)] \\ &= \dfrac{3}{2}F_{K5}\cos(5\alpha + \omega t) = F_5\cos(5\alpha + \omega t) \end{aligned} \quad (5\text{-}48)$$

上式中：$F_5 = \frac{3}{2}F_{K5} = \frac{3}{2} \times \frac{1}{5} \times F_{K1}$ 是三相合成的 5 次谐波磁动势的幅值。很明显，5 次谐波磁动势是一个空间上反转的圆形磁动势，其旋转速度可以这样求取：令 $\cos(5\alpha + \omega t) = 1$，则 $\alpha = -\frac{1}{5}\omega t$。于是，

$$\frac{d\alpha}{dt} = -\frac{1}{5}\omega \qquad (5\text{-}49)$$

上式表明，三相合成的 5 次谐波磁动势的旋转角速度为基波的 1/5，方向与基波相反。

以此类推，三相合成的第 11 次、17 次等 $\nu = （6k\text{-}1）$次（k 为自然数）谐波。它们都是空间上反转的圆形旋转磁动势，转速是三相合成基波磁动势的 $\frac{1}{\nu}$。

3. 三相的 7 次谐波磁动势

参照上面的分析方法，各相的 7 次谐波脉振磁动势为：

$$\left.\begin{array}{l} f_{A7} = -F_{K7}\cos\omega t \cos 7\alpha \\ f_{B7} = -F_{K7}\cos(\omega t - 120°)\cos 7(\alpha - 120°) = -F_{K7}\cos(\omega t - 120°)\cos(7\alpha - 120°) \\ f_{C7} = -F_{K7}\cos(\omega t - 240°)\cos 7(\alpha - 240°) = -F_{K7}\cos(\omega t - 240°)\cos(7\alpha - 240°) \end{array}\right\} \quad (5\text{-}50)$$

上式中：$F_{K7} = \frac{1}{7}F_{K1}$ 是每相 7 次谐波脉振磁动势的最大振幅。把三相的 7 次谐波脉振磁动势相加即可合成 7 次谐波磁动势，用 f_7 表示，则有：

$$\begin{aligned} f_7 &= f_{A7} + f_{B7} + f_{C7} \\ &= -F_{K7}\cos\omega t \cos 7\alpha - F_{K7}\cos(\omega t - 120°)\cos(7\alpha - 120°) - F_{K7}\cos(\omega t - 240°)\cos(7\alpha - 240°) \\ &= -\frac{F_{K7}}{2}[3\cos(7\alpha - \omega t) + \cos(7\alpha + \omega t) + \cos(7\alpha + \omega t - 240°) + \cos(7\alpha + \omega t - 120°)] \\ &= -\frac{3}{2}F_{K7}\cos(7\alpha - \omega t) = -F_7\cos(7\alpha - \omega t) \end{aligned} \quad (5\text{-}51)$$

上式中：$F_7 = \frac{3}{2}F_{K7} = \frac{3}{2} \times \frac{1}{7} \times F_{K1}$ 是三相合成的 7 次谐波磁动势的幅值。显然，7 次谐波磁动势是一个空间上正转的圆形磁动势，其旋转速度为：

$$\frac{d\alpha}{dt} = \frac{d\left(\frac{1}{7}\omega t\right)}{dt} = \frac{1}{7}\omega \qquad (5\text{-}52)$$

上式表明，三相合成的 7 次谐波磁动势的旋转角速度为基波的 1/7，方向与基波相同。

以此类推，三相合成的第 13 次、19 次等 $\nu = （6k+1）$次（k 为自然数）谐波。它们都是空间上正转的圆形旋转磁动势，转速是三相合成基波磁动势的 $\frac{1}{\nu}$。

注意：在实际的三相电机当中，三相合成的基波磁动势含量要远远大于谐波磁动势，且谐波次数越高，含量越低，故今后分析电机时只要考虑 5 次、7 次谐波的影响就够了。

5.7.4 多相绕组磁动势的合成规律

总结一下上面的三相磁动势合成过程，不难发现，最终合成的基波、各次谐波磁动势在空间上都是圆形旋转磁动势，要么正转、要么反转。究其原因，是因为在合成的过程当中，各相脉振磁动势分解出来的正转分量 f'_K 或反转分量 f''_K 被相互抵消了，只剩下了一个旋转分量（可以是正转或者反转）被叠加。显然，这个各相叠加后的旋转分量在空间上就是圆形旋转磁动势。再深层次地分析一下，这些旋转分量之所以能够被相互抵消是因为各相绕组是对称的，而且通入的交变电流也是对称的。那么，如果各相绕组不对称（匝数不同或空间位置不对称），通入对称的交流电流会不会产生圆形旋转磁动势呢？下面，我们用一个实例来分析一下。

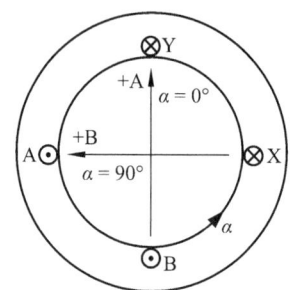

图 5-34 两相绕组电机模型

例 5-4 图 5-34 为一电机模型，其绕组为两相集中整距绕组，且两相绕组匝数不同（$N_A > N_B$），若给两相绕组分别通入交变电流 $i_A = \sqrt{2}I\cos\omega t$、$i_B = \sqrt{2}I\cos(\omega t - 90°)$，求两相合成的基波磁动势。

解：首先，用右手螺旋定则判断出各相的相轴位置，A 相相轴在 $\alpha = 0°$ 的位置，B 相相轴在 $\alpha = 90°$ 的位置，如图 5-34 所示。显然，A 相绕组产生的基波磁动势为脉振磁动势，B 相绕组产生的基波磁动势也是脉振磁动势，它们的表达式为：

$$f_{A1} = F_{A1}\cos\omega t\cos\alpha = 0.9N_A I\cos\omega t\cos\alpha$$

$$f_{B1} = F_{B1}\cos(\omega t - 90°)\cos(\alpha - 90°) = 0.9N_B I\cos(\omega t - 90°)\cos(\alpha - 90°)$$

将上述二式进行三角函数"积化和差"分解并相加，可得：

$$\begin{aligned}f_{A1} + f_{B1} &= 0.45N_A I\cos(\alpha - \omega t) + 0.45N_A I\cos(\alpha + \omega t) \\ &\quad + 0.45N_B I\cos(\alpha - \omega t) + 0.45N_B I\cos(\alpha + \omega t - 180°) \\ &= 0.45(N_A + N_B)I\cos(\alpha - \omega t) + 0.45(N_A - N_B)I\cos(\alpha + \omega t)\end{aligned}$$

我们来分析一下这个合成结果，很明显，它的第一项是一个正转的圆形旋转磁动势 F'_1，其幅值为 $0.45(N_A + N_B)I$，旋转角速度为 ω；合成结果的第二项是一个反转的圆形旋转磁动势 F''_1，其幅值为 $0.45(N_A - N_B)I$，旋转角速度为 $-\omega$。也就是说，这两相合成出来的基波磁动势有两个空间上旋转的分量，它们的转速大小相等，转向相反，这一点与脉振磁动势很像。但不同的是，这两个旋转分量的幅值大小不相等，而脉振磁动势分解出来的两个旋转分量的幅值却是相等的。显然，这两相合成出来的基波磁动势既不是圆形旋转磁动势，也不是脉振磁动势。下面，我们用 $\dot{F}_1$ 来表示合成基波磁动势，则有：$\dot{F}_1 = \dot{F}_1' + \dot{F}_1''$，通过作图来说明该合成磁动势的运动轨迹。

图 5-35 表明，这两相合成出来的基波磁动势 $\dot{F}_1$ 是一个空间上正转的椭圆形旋转磁动势，其旋转角速度为 ω。当 $\alpha = 0°$ 时，$\dot{F}_1$ 的幅值达最大值；当 $\alpha = 90°$ 时，$\dot{F}_1$ 的幅值达最小值。

分析其原因，造成这一后果是因为两相绕组不对称（匝数不相等）。设想如果 $N_A = N_B$，则上例的结果将改写成：合成的基波磁动势为空间上正转的圆形旋转磁动势（因为反转分量 $\dot{F}_1''$ 被抵消了）。

不难证明，在上例中，若两相绕组对称，但通入的电流不对称（两相电流的相位差不是 90°）时，产生的合成基波磁动势也是一个椭圆形旋转磁动势。

综上所述，对多相绕组磁动势的合成规律总结如下：多相（包含单相）交流绕组产生的合成基波磁动势，总可以看作是正转磁动势分量 $\dot{F}_1'$ 和反转磁动势分量 $\dot{F}_1''$ 的合成。多相合成的基波磁动势不外乎以下三种情况：

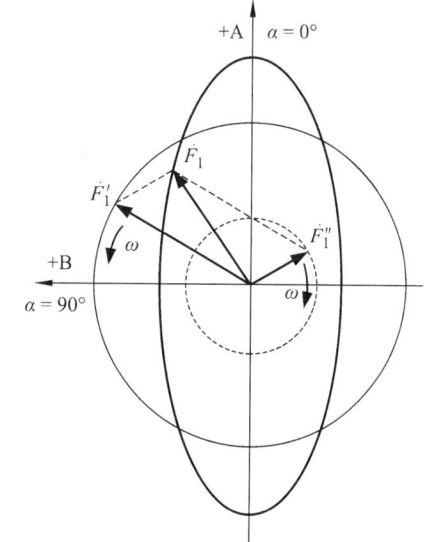

图 5-35　椭圆形旋转磁动势

（1）当 $F_1'' = 0$（或 $F_1' = 0$）时，合成的基波磁动势为正转（或反转）圆形旋转磁动势；
（2）当 $F_1' = F_1'' \neq 0$ 时，合成的基波磁动势为脉振磁动势；
（3）当 $F_1' \neq 0$、$F_1'' \neq 0$，且 $F_1' \neq F_1''$ 时，合成的基波磁动势为椭圆形旋转磁动势。

总之，在对称绕组中通入对称交变电流，一定会产生基波圆形旋转磁动势，其旋转方向取决于所通入电流的相序。

5.8　三相分布绕组的磁动势

为简化分析，上一节所研究的三相合成磁动势对应的绕组是三相单层集中整距绕组，是最简单的电机绕组，此时每相只有一个集中整距线圈，电机的极对数 $p = 1$。实际三相电机的绕组要比这个复杂得多，但它们是空间上对称的三相绕组，因此，上一节所研究得出的结论同样适用于三相对称的分布绕组。由前面的分析可知，实际三相电机的绕组多采用单层分布整距、双层分布短距这两种，下面我们来研究一下它们产生的磁动势。

5.8.1　单层分布整距线圈组的磁动势

由前面的分析可知：把每对极下属于同一相的 q 个线圈串联起来，就构成了一个线圈组。显然，每个线圈产生的磁动势大小相等，它们所不同的是这 q 个线圈在空间上彼此相隔 α 电角度。因此，这 q 个线圈串联构成线圈组时，它们合成的总磁动势并不等于每个线圈磁动势的 q 倍，而是等于这 q 个线圈磁动势的矢量和。很明显，求它们合成磁动势的方法与求线圈组电动势的方法相同。

由本书 5.6 节可知，单个线圈的基波磁动势幅值为：$F_{K1} = 0.9 N_K I$。参照前面求线圈组电动势的方法可得单个线圈组产生的基波磁动势最大幅值为：

$$F_{q1} = q F_{K1} \cdot k_{d1} \tag{5-53}$$

同理，单个线圈组产生的各次谐波磁动势最大幅值为：

$$F_{q\nu} = q F_{K\nu} \cdot k_{d\nu} = q \frac{1}{\nu} F_{K1} k_{d\nu} \tag{5-54}$$

5.8.2 一相单层分布整距绕组的基波磁动势

若已知电机的极对数为 p，每相绕组的并联支路数为 a，通入每相绕组的总电流为 I，下面我们来分析一相分布绕组产生的基波磁动势的最大幅值。

由前面的分析可知，一相绕组的每条并联支路是由 $\frac{p}{a}$ 个线圈组串联起来构成的，流过该支路的电流为 $\frac{I}{a}$，则一条并联支路产生的基波磁动势幅值为：$\left(\frac{p}{a}\right) q F_{K1}^{*} k_{d1}$，这里 $F_{K1}^{*} = 0.9 N_K \frac{I}{a}$。显然，其他并联支路也产生同样的基波磁动势。于是，一相绕组的所有并联支路产生的基波总磁动势最大幅值为：

$$F_{\phi 1 \text{总}} = \left(\frac{p}{a}\right) q F_{K1}^{*} k_{d1} \times a = \left(\frac{p}{a}\right) q \times 0.9 N_K \frac{I}{a} \times k_{d1} \times a = 0.9 \left(\frac{p}{a}\right) q N_K I k_{d1} = 0.9 N_1 I k_{d1} \tag{5-55}$$

式中：$N_1 = \left(\frac{p}{a}\right) q N_K$ 为一相单层分布绕组的串联匝数。

这里需要说明一点，式（5-55）表示的一相绕组基波磁动势所对应的磁极为 p 对极，而电机学中所研究的磁动势通常都是针对一对极（N-S）而言的，故一相单层分布绕组产生的基波磁动势最大幅值为：

$$F_{\phi 1} = 0.9 \frac{N_1 k_{d1}}{p} I \tag{5-56}$$

5.8.3 三相单层分布整距绕组的磁动势

由前面的分析可知，若三相绕组是对称的，通入的三相电流也是对称的，则它们所合成的基波磁动势为圆形旋转磁动势，其幅值为：

$$F_1 = \frac{3}{2} \times F_{\phi 1} = \frac{3}{2} \times 0.9 \frac{N_1 k_{d1}}{p} I = 1.35 \frac{N_1 k_{d1}}{p} I \tag{5-57}$$

再结合式（5-54）、（5-56）、（5-57）可得三相单层分布绕组的 v 次谐波磁动势幅值为

$$F_v = \frac{1}{v} \times \frac{3}{2} \times F_{\phi v} = \frac{1}{v} \times \frac{3}{2} \times 0.9 \frac{N_1 k_{dv}}{p} I = \frac{1}{v} \times 1.35 \frac{N_1 k_{dv}}{p} I \tag{5-58}$$

5.8.4 三相双层分布短距绕组的磁动势

我们知道单个整距线圈的基波磁动势幅值为 $F_{K1} = 0.9 N_K I$。参照前面求短距线圈电动势的方法可得单个短距线圈产生的基波磁动势最大幅值为

$$F_{K1短} = F_{K1} \cdot k_{p1} = 0.9 N_K I \cdot k_{p1} \tag{5-59}$$

同理，单个短距线圈组产生的基波磁动势最大幅值为

$$F_{q1短} = q F_{K1短} \cdot k_{d1} = q \times 0.9 N_K I k_{dp1} \tag{5-60}$$

因一相双层短距绕组是由 $\dfrac{2p}{a}$ 个线圈组串联起来构成的，故结合式（5-55）可得一相双层分布短距绕组产生的基波总磁动势最大幅值为

$$F_{\phi 1短总} = \left(\frac{2p}{a}\right) \times q \times 0.9 N_K I k_{dp1} = 0.9 N_1 I k_{dp1} \tag{5-61}$$

上式中：$N_1 = \left(\dfrac{2p}{a}\right) q N_K$ 为一相双层分布短距绕组的串联匝数。与上面分析单层分布绕组基波磁动势的情况相同，式（5-61）表示的一相双层分布短距绕组基波总磁动势所对应的磁极为 p 对极，故折算到一对极下的一相双层分布短距绕组的基波磁动势最大幅值为

$$F_{\phi 1短} = 0.9 \frac{N_1 k_{dp1}}{p} I \tag{5-62}$$

由上一节的分析可知，对称的三相分布短距绕组里面通入对称的三相交流电流，它产生的基波磁动势为圆形旋转磁动势，再结合式（5-57）、（5-62）可得三相双层分布短距绕组产生的基波磁动势幅值为

$$F_{1短} = \frac{3}{2} \times F_{\phi 1短} = \frac{3}{2} \times 0.9 \frac{N_1 k_{dp1}}{p} I = 1.35 \frac{N_1 k_{dp1}}{p} I \tag{5-63}$$

同理，可得三相双层分布短距绕组的 v 次谐波磁动势幅值为：

$$F_{\nu\text{短}} = \frac{1}{\nu} \times \frac{3}{2} \times 0.9 \frac{N_1 k_{\text{dp}\nu}}{p} I = \frac{1}{\nu} \times 1.35 \frac{N_1 k_{\text{dp}\nu}}{p} I \tag{5-64}$$

例 5-5 一台三相异步电动机，$p=3$，$Q=36$，定子为双层分布短距绕组，$y=5/6$，每相绕组串联匝数 $N_1=72$，绕组中通入三相对称交流电流。试求：当每相电流有效值为 20A 时，三相合成磁动势的基波、3、5 次谐波的幅值和转速。

解：每极每相槽数 $\quad q = \dfrac{Q}{2pm} = \dfrac{36}{6 \times 3} = 2$

槽距角 $\quad \alpha = \dfrac{p \times 360°}{36} = \dfrac{3 \times 360°}{36} = 30°$

基波分布因数 $\quad k_{d1} = \dfrac{\sin\dfrac{q\alpha}{2}}{q\sin\dfrac{\alpha}{2}} = \dfrac{\sin\dfrac{2 \times 30°}{2}}{2 \times \sin\dfrac{30°}{2}} = 0.966$

基波节距因数 $\quad k_{p1} = \sin(y\dfrac{\pi}{2}) = \sin(\dfrac{5}{6} \times \dfrac{\pi}{2}) = 0.966$

基波绕组因数 $\quad k_{dp1} = k_{d1} k_{p1} = 0.966 \times 0.966 = 0.933$

则三相合成基波磁动势的幅值为：

$$F_1 = 1.35 \frac{N_1 k_{dp1}}{p} I = 1.35 \times \frac{72 \times 0.933}{3} \times 20 = 604.6 \text{（安匝/对极）}$$

三相合成基波磁动势的转速为：$n_1 = \dfrac{60f}{p} = \dfrac{60 \times 50}{3} = 1000 \text{ r/min}$

因定子绕组为三相对称绕组，故三相合成磁动势中不含 3 次谐波，即 $f_3 = 0$。

5 次谐波绕组因数为：

$$k_{dp5} = k_{d5} k_{p5} = \frac{\sin q\dfrac{5\alpha}{2}}{q \sin\dfrac{5\alpha}{2}} \times \sin(5 \times y\dfrac{\pi}{2}) = \frac{\sin(2 \times \dfrac{5 \times 30°}{2})}{2 \times \sin\dfrac{5 \times 30°}{2}} \times \sin(5 \times \dfrac{5}{6} \times \dfrac{\pi}{2}) = 0.067$$

则三相合成的 5 次谐波磁动势幅值为：

$$F_5 = \frac{1}{5} \times 1.35 \frac{N_1 k_{dp5}}{p} I = \frac{1}{5} \times 1.35 \times \frac{72 \times 0.067}{3} \times 20 = 8.683 \text{（安匝/对极）}$$

三相合成的 5 次谐波磁动势的转速为：$n_5 = \dfrac{1}{5}n_1 = \dfrac{1}{5} \times \dfrac{60f}{p} = \dfrac{60 \times 50}{5 \times 3} = 200 \text{ r/min}$

习 题

5-1 为什么整距线圈产生的电动势最大？

5-2 为什么对称三相绕组线电动势中不存在3及3的倍数次谐波？为什么同步发电机三相绕组多采用 Y 形接法而不采用△接法？

5-3 绕组分布与短距为什么能够改善电动势波形？若要完全消除电动势中的第 v 次谐波，应采用什么方法？

5-4 某台电机采用三相双层分布短距绕组，已知：$Q = 36$，$2p = 2$，$y_1 = 14$，$N_K = 2$，$f_N = 50$ Hz，$\Phi_1 = 1.315$ Wb，$a = 1$。试求：① 单根导体基波电动势；② 单个线匝基波电动势；③ 单个线圈基波电动势；④ 单个线圈组基波电动势；⑤ 绕组每相基波电动势。

5-5 某三相交流电机，采用双层分布短距绕组，$Q = 36$，$y = 4/5$，$N_K = 3$，并联支路数 $a = 2$，$2p = 4$，试计算：① 每相每支路有多少个线圈串联？② 采用短距绕组后，5 次、7 次谐波电动势相对于整距时分别被削弱了多少？

5-6 一台三相同步发电机，电枢采用双层分布绕组，已知电枢槽数 $Q = 24$，$p = 1$，为了满足同时削弱 5、7 次谐波的要求，y_1 选择短距。已知每槽有 60 根导体，并联支路数 $a = 2$，频率 $f = 50$ Hz，基波每极磁通量 $\Phi_1 = 0.004$ Wb。试求：①每相绕组的基波电动势有效值；②5 次谐波电动势被削弱了多少？

5-7 一台三相同步发电机，$f = 50$ Hz，$n_N = 1\,500$ r/min，$q = 3$，$y = 8/9$，每相串联匝数 $N_1 = 108$，Y 接法，每极磁通量 $\Phi_1 = 1.015 \times 10^{-2}$ Wb。试求：①电机的极对数；②定子槽数；③基波相电势和线电势的有效值。

5-8 脉振磁动势和旋转磁动势各有哪些基本特性？产生脉振磁动势、圆形旋转磁动势和椭圆形旋转磁动势的条件有什么不同？

5-9 空间互差 90°电角度的两相绕组，如图 5-36 所示，已知它们的匝数相等。若分别通入电流 $i_A = \sqrt{2}I\sin(\omega t - 10°)$ 和 $i_B = \sqrt{2}I\sin(\omega t - 100°)$，试在图中画出 A、B 两相的相轴，并分析两相合成的基波磁动势的性质。

5-10 如图 5-37 所示的三相对称绕组，现在绕组中分别通入以下电流：$i_A = \sqrt{2}I\cos\omega t$，$i_B = \sqrt{2}I\cos(\omega t - 120°)$，$i_C = \sqrt{2}I\cos(\omega t - 240°)$。① 试在图中画出 A、B、C 三相的相轴，求出三相合成基波磁动势的表达式并说明其性质；② 在图中画出 $\omega t = 150°$ 时三相合成基波磁动势的幅值位置。

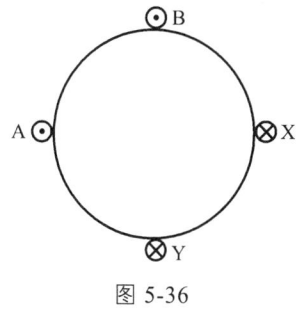

图 5-36

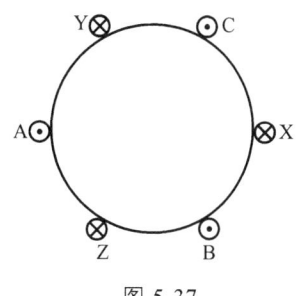

图 5-37

5-11 一台三相两极同步发电机，$P_N = 5 \times 10^4$ kW，$f_N = 50$ Hz，$U_N = 10.5$ kV，星形联接，$\cos\varphi_N = 0.85$，定子为双层分布短距绕组，$Q = 72$ 槽，$N_K = 1$，$y_1 = 7\tau/9$，$a = 2$。试求当定子电流为额定值时，三相合成磁动势的基波、3、5、7 次谐波的幅值和转速，并说明转向。

5-12 一台 Y 联接的三相双层分布绕组同步发电机，$2p = 4$，$Q = 36$ 槽，$y = 7/9$，$N_K = 3$，并联支路数 $a = 1$，基波频率 $f_1 = 50$ Hz，基波磁通量 $\Phi_1 = 0.75$ Wb，定子相电流的有效值为 30 A。试求：① 基波绕组因数 k_{dp1}；② 基波线电动势 E_{L1}；③ 单相绕组的基波磁动势幅值 $F_{\phi 1}$；④ 三相绕组合成的基波磁动势幅值 F_1。

第 6 章 三相异步电机

异步电机名称中的"异步"二字来源于其转子转速与气隙旋转磁场速度之间存在差异。又因其定子、转子之间没有电的直接联系,是借助于定子、转子之间的电磁感应作用实现机电能量转换的(这一点与变压器类似),故又称之为感应电机。因异步电机内部的电磁感应机理与变压器相似,故本章参照变压器的分析方法来研究异步电机。本章主要讲解三相异步电机的结构、基本工作原理和运行状态,着重分析三相异步电动机空载、堵转(短路)、正常运行时的基本电磁关系,进而推导其等效电路;并以等效电路为依托,分析三相异步电动机的功率、转矩和工作特性,为后续异步电动机交流拖动系统的学习奠定基础。

6.1 异步电机的分类、结构、额定值

异步电机是一种交流电机,有异步电动机和异步发电机之分。因异步发电机的性能较差,所以异步电机主要作电动机使用,特殊情况下也可作发电机使用。它具有结构简单、坚固耐用、使用方便、运行可靠、效率高、易于制造和维修、价格低廉、功率密度高等优点,它和同容量的直流电动机相比,重量仅为直流电动机的一半,价格为直流电动机的1/3。因其优点显著、性能突出,在工农业生产及日常生活中有着广泛应用,是最常见的一种电动机。当然,它也存在如下缺点:调速性能差,功率因数低且恒为滞后(异步电机运行时,必须从电网吸收滞后性的无功功率建立磁场,它的功率因数总是小于1)。近年来,随着电力电子变频技术的日趋成熟,异步电动机调速性能差的缺点正被克服,在很多场合正取代传统的直流电机调速系统。如:高速动车组、大功率电力机车等现代交通工具都采用异步牵引电机驱动。

6.1.1 异步电机的分类

异步电动机的种类很多,从不同角度看,有不同的分类,如图 6-1 所示:

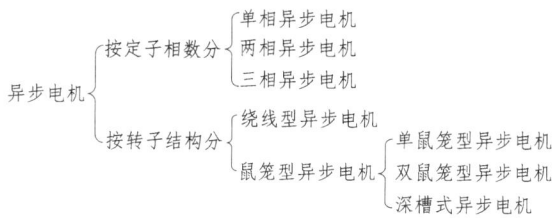

图 6-1 异步电机的分类

6.1.2 三相异步电动机的结构

三相异步电动机的基本结构有两大部分：定子——固定不转的部分；转子——旋转的部分。转子装在定子内腔里，由轴承支撑在两个端盖上，能够自由转动。定子与转子之间必须有一定的间隙以供转子旋转，该间隙通常称之为电机的气隙，这一点与直流电机一样。

三相异步电动机的主要结构部件有定子三相绕组、定子铁心、机座、转子铁心、转子绕组及转轴等，如图 6-2 所示。

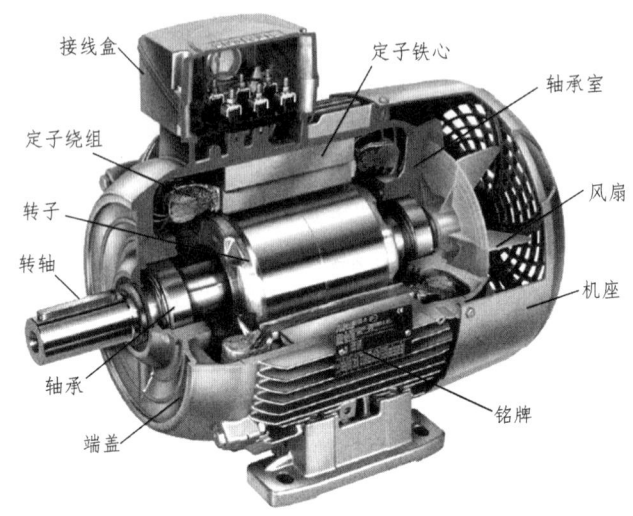

图 6-2 鼠笼型异步电机的剖视图

1. 定 子

三相异步电动机的定子主要由定子绕组、定子铁心、机座等组成。

（1）定子绕组为三相对称交流绕组，其主要作用是：通入三相对称交流电产生旋转磁场。定子三相绕组的构成、联接规律及其产生旋转磁场的原理在上一章节已介绍过。大、中型容量异步电动机定子绕组常采用 Y 接法，只有三根引出线。中、小容量异步电动机定子绕组通常有六根引出线，根据实际需要可接成 Y 形或△形。

（2）定子铁心：电机主磁路的一部分，用以嵌放定子绕组。为降低定子铁心中的铁耗（磁滞损耗和涡流损耗），定子铁心通常采用 0.5 mm 厚的硅钢片冲制后叠装而成，冲片的两面一般涂有绝缘漆作为片间绝缘。中小型异步电机定子铁心一般采用整圆的冲片叠成；大型异步电机的定子铁心一般采用扇形冲片拼成。在每个冲片内圆均匀地开槽，使叠装后的定子铁心内圆均匀地形成许多形状相同的槽，用以嵌放定子绕组。槽的形状如图 6-3（a）所示，制作完成的定子铁心如图 6-3（b）所示。

（3）机座：固定和支撑定子铁心和端盖，同时作为电机的磁路部分，并发散电机运行中产生的热量。机座一般为铸铁件，为了搬运及安装的方便，机座上一般都铸有或焊有底座，同时安装有吊攀环。

（4）端盖：安装在机座的两端，它的材料和加工方法与机座相同，一般为铸铁件。端盖上的轴承室里安装了轴承来支撑转子，以使定子和转子得到较好的同心度，保证转子在定子内腔里正常运转。端盖除了起支撑作用外，还起着保护定、转子绕组的作用。

（5）轴承：连接转动部分与不动部分，目前大都采用滚动轴承以减少摩擦。

 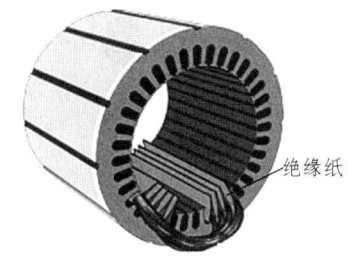

（a）定子铁心冲片　　　　　　　（b）定子铁心

图 6-3　异步电机的定子铁心及冲片

2. 转　子

异步电动机的转子由转子铁心、转子绕组和转轴三部分组成。转子按结构分鼠笼型转子和绕线型转子。

1）转子铁心

转子铁心也是异步电动机主磁路的一部分，它和定子铁心一样也采用 0.5 mm 厚、表面涂绝缘漆、导磁性能较好的硅钢片叠装而成，如图 6-4 所示。铁心固定在转轴或转子支架上。整个转子铁心的外表呈圆柱形。

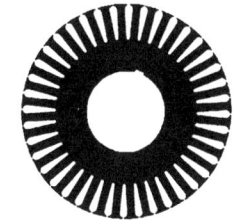

图 6-4　异步电机的转子铁心冲片

2）转子绕组

转子绕组的主要作用是：切割旋转磁场，产生感应电动势和电流，并在磁场的作用下受力而使转子转动。转子绕组的结构可分为绕线型转子绕组和鼠笼型转子绕组两种类型。这两种转子各有特点。

① 鼠笼型绕组：结构简单，制造方便，经济耐用。

鼠笼型绕组是自行闭合的短路绕组。每个转子槽中插入一根导条，在伸出铁心两端的槽口处用两个端环把所有导条都连接起来。如果去掉铁心，整个绕组外形像个松鼠笼子，故称鼠笼型转子。小型异步电动机一般采用铸铝转子，导条、端环及端环上的风叶铸在一起，如图 6-5（a）所示。大、中型异步电动机采用铜导条与端环焊接构成，如图 6-5（b）所示。鼠笼型转子上无滑环，导条与转子槽间不需绝缘，所以结构简单、制造方便、运行可靠。

② 绕线型绕组：结构复杂，价格贵，但转子回路可引入外加电阻来改善起动和调速性能。如图 6-6 所示。

绕线型转子绕组也是三相对称交流绕组，通常接成 Y 形，嵌于转子铁心槽内。转子绕组的三条引出线分别接到与转轴绝缘的三个滑环（又称集电环）上，通过三个静止电刷可使转子绕组回路接入附加电阻或电抗，用以改善电动机的起动性能，或调节电动机的转速，其接线示意图如图 6-7 所示。

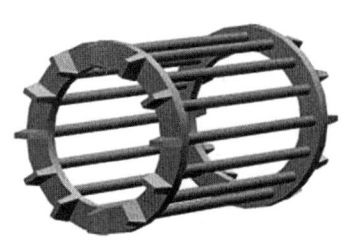
（a）铸铝鼠笼型转子

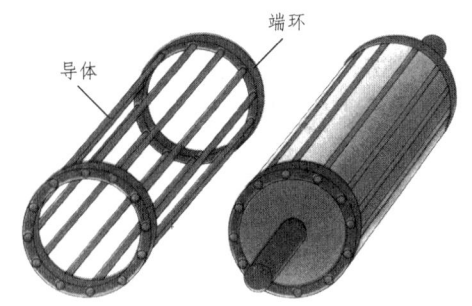
（b）铜导条焊接鼠笼型转子

图 6-5 鼠笼型转子

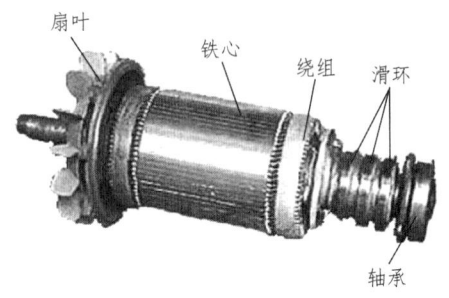
图 6-6 绕线型转子

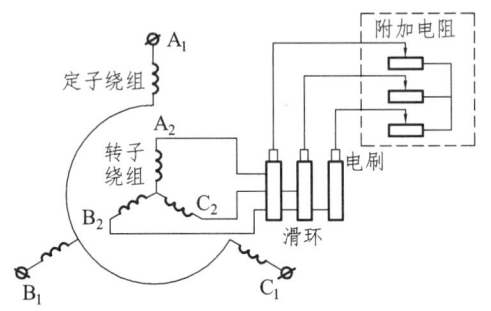
图 6-7 绕线型转子外接附加电阻示意图

3. 气　隙

异步电机气隙是指定、转子之间的空气段。气隙大小对异步电机的性能影响很大，气隙越大，磁阻越大，要产生同样大小的磁场，就需要较大的励磁电流，因励磁电流是无功电流，从而使电动机的功率因数变差。

由于气隙的存在，异步电机的磁路磁阻远比变压器的大，故异步电机的励磁电流也比同容量变压器的大得多。为了降低电机的空载（励磁）电流和提高电机的功率，气隙应尽可能小。但气隙太小又可能造成定、转子在运行中发生摩擦，因此异步电机气隙长度应为定、转子在运行中不发生机械摩擦所允许的最小值，通常异步电机的气隙为 0.2 mm ~ 2 mm。

6.1.3 异步电机的铭牌及额定值

铭牌可以说是一台电机的身份证，它一般铆装在机座上，上面会标明电机的一些额定值、电机型号、定子相数、绕组接法（Y/△）、温升及绝缘等级、生产厂家等信息。异步电机的额定值主要有：

（1）额定功率（P_N）：指电动机在额定运行时，转轴上输出的机械功率。单位为 kW。

（2）额定电压（U_N）：指电动机在额定运行时，定子绕组应加的线电压。单位为 V。

（3）额定电流（I_N）：指电动机在额定电压、额定频率下轴端输出额定功率时，流入定子绕组的线电流。单位为 A。

（4）额定频率（f_N）：额定状态下电源的交变频率，我国的电网频率为 50 Hz。
（5）额定转速（n_N）：指在额定状态下运行时的转子转速。单位为 r/min。
（6）额定功率因数 $\cos\varphi_N$：电动机额定状态运行时，定子侧的功率因数。
（7）额定效率（η_N）：指电动机在额定状态运行时的效率。

三相异步电动机的额定功率：

$$P_N = \sqrt{3}U_N I_N \cos\varphi_N \eta_N \tag{6-1}$$

三相异步电动机额定输出转矩：

$$T_{2N} = 9550 \frac{P_N}{n_N} \tag{6-2}$$

例 6-1 如何根据电机的铭牌进行定子的接线？

解：若电动机的定子出线盒有六个端子，并已知其首、末端，可按下两种情况讨论。

（1）当电动机铭牌上标明"电压 380/220 V，接法 Y/△"时，这种情况下，究竟是接成 Y 或△，要看电源电压（线电压）的大小。如果电源电压为 380 V，则接成 Y，此时每相绕组的相电压为 $380/\sqrt{3}=220$ V；若电源电压为 220 V 时，则接成△，此时每相绕组的相电压为 220 V。如图 6-8 所示。可见，这两种接法的目的都是让每相绕组承担的相电压均为 220 V，保证绕组不承受过压。

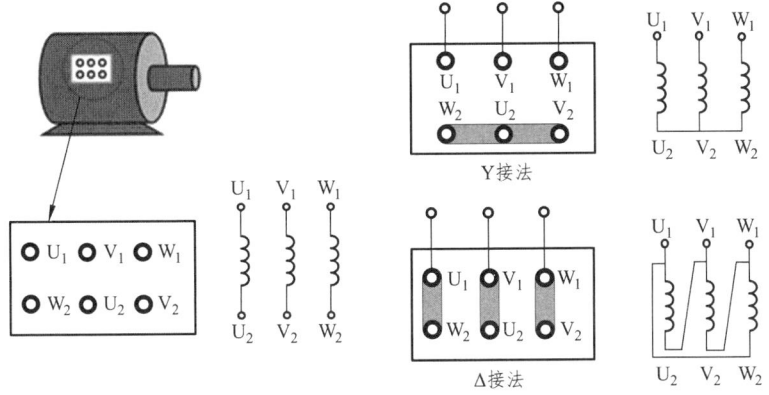

图 6-8 异步电机定子接线方式

（2）当电动机铭牌上标明"电压 380 V，△接法"时，则只有这一种△接法。但是在电动机起动过程中，可以接成 Y 接法，接在 380 V 电源上（此做法可用来降低相绕组上的起动电压，降低起动电流，保护电机），起动完毕，恢复△接法。

6.2 三相异步电机的基本工作原理和运行状态

6.2.1 三相异步电机的基本工作原理

将三相异步电机的定子绕组接到三相交流电源上，将流入三相对称的交流电流，会产生旋转磁场，该旋转磁场以同步转速 n_1 在空间上旋转，它切割转子导体并在转子导体中产生感应电动势和转子电流 i，转子电流有功分量与旋转磁场相互作用产生电磁力 f，从而产生电磁转矩 T_{em} 使转子旋转起来，这就是三相异步电动机的工作原理，如图 6-9 所示。

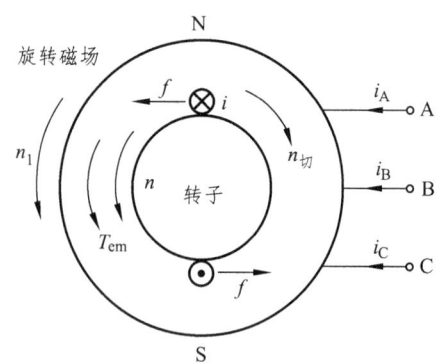

旋转磁场切割转子导体并在其中产生感应电动势，感应电动势的方向用右手定则判断（注意：分析时应站在转子角度，用参照物的概念可知此时相当于转子反方向切割定子旋转磁场）。转子电流与旋转磁场作用而产生电磁转矩，使转子以转速 n 旋转，把电能转换成机械能。由左手定则判断电磁转矩的方向可知：转子的旋转方向与旋转磁场的旋转方向相同。

图 6-9 异步电动机的工作原理（简化模型）

三相异步电动机的转速 n 总是略低于旋转磁场转速（即同步转速）n_1，以便旋转磁场能够切割转子导体而在其中产生感应电动势和电流，从而产生电磁转矩来拖动转子旋转。如果转子的转速 n 与旋转磁场转速 n_1 相等，转向又相同，则旋转磁场与转子导体之间没有相对运动，因而转子导体中就不会产生感应电动势和电流，电机的电磁转矩也将为零，电机也就不能旋转了。可见，异步电机产生电磁转矩的必要条件是：一是要有旋转磁场；二是旋转磁场的同步转速 n_1 和转子的转速 n 应不相等，即：$n_1 \neq n$。这也正是异步电机名称中"异步"二字的来历。

6.2.2 三相异步电机的三种运行状态

我们把旋转磁场转速 n_1 和转子转速 n 的差值称为转差，转差与旋转磁场转速 n_1 的比值称为转差率，用 s 来表示，即

$$s = \frac{n_1 - n}{n_1} = 1 - \frac{n}{n_1} \quad (6-3)$$

转差率 s 是异步电机的一个非常重要的参数。s 的大小可以反映异步电动机所带机械负荷的大小；s 所处的范围也可以反映异步电机的工作状态。当异步电机拖动的负载发生变化时，转子转速会发生变化，转差率随之变化，使得转子导体的电动势、电流和电磁转矩均发生相应的变化。按转差率的正负、大小，异步电机可分为电动机、发电机和电磁制动三种工作状态，如图 6-10 所示。

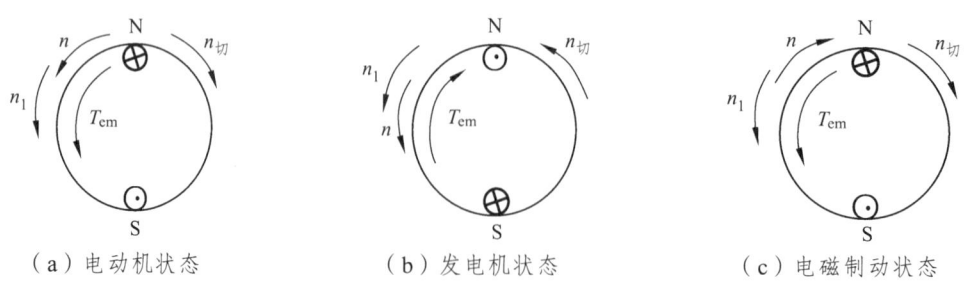

（a）电动机状态　　　　　（b）发电机状态　　　　　（c）电磁制动状态

图 6-10 异步电机的三种工作状态（简化模型）

1. 电动机状态（$0 < n < n_1$，即 $0 < s < 1$）

如图 6-10（a）所示，转子导体以 $n_{切}$ 反方向切割旋转磁场，导体中将产生感应电动势和感应电流（可用右手定则判断出电动势即电流的有功分量方向），该电流（N 极下转子导条有功电流分量穿入纸面，表示为 ⊗）与气隙磁场相互作用而产生电磁力（即电磁转矩）（可用左手定则判断出转子受力方向），电磁转矩能克服负载阻转矩而拖动转子旋转起来，也称拖动性质的电磁转矩，此时电机从轴上输出机械功率，根据能量守恒定律，该电机一定从电网吸收电功率。

如果转子被加速到 n_1，此时转子导体与旋转磁场同步旋转，它们之间无相对切割，因而导体中无感应电动势，也就没有电流，电磁转矩将变为零。因此在电动机状态，转速 n 不可能达到同步转速 n_1。由此可见，作电动机运行时，转速 n 为正（与旋转方向相同）且在 $0 \sim n_1$ 的范围内变化，从而转差率 s 在 $0 \sim 1$ 的范围内变化。

在额定工作状态下，转差率 s 的数值通常都是很小的，中、小型三相异步电动机的转差率 s 约为 $0.01 \sim 0.07$，转子转速与同步转速相差不大。空载时，因阻力矩很小，转子转速很高，转差率 s 则更小，约为 $0.004 \sim 0.007$，可以认为转子转速近似等于同步转速。三相异步电动机的转速可用转差率来计算，即

$$n = (1-s)\, n_1 \tag{6-4}$$

例 6-2 已知某台异步电动机的额定频率为 50 Hz，额定转速为 970 r/min，问该电机的极数是多少？额定转差率是多少？

解： 因异步电机工作在电动机状态时，其额定转速 n_N 与同步转速 n_1 很接近（n_N 略小于 n_1），故 $n_1 = 1000$ r/min，则：

$\because n_1 = 60 \dfrac{f}{p}$，且 $f = 50$ Hz $\quad \therefore p = 3$，极数为 6 极。

额定转差率为：$s_N = \dfrac{n_1 - n_N}{n_1} = \dfrac{1000 - 970}{1000} = 0.03$

2. 发电机状态（$n > n_1$、$s < 0$）

如果异步电机的转轴上不是接机械负载，而是用一原动机拖动异步电机的转子以大于同步转速 n_1 的速度与旋转磁场同方向旋转，即 $n > n_1$、$s < 0$，如图 6-10（b）所示。此时，转子导体切割旋转磁场的方向与电动机状态时相反，从而导体上感应电动势、电流的方向与电动机状态相反，由左手定则可判断此时的电磁转矩方向与转子转向相反，电磁转矩变为制动性质。为了克服电磁转矩的制动作用，使转子能继续旋转下去，原动机就必须不断地向电机转轴输入机械功率，而电机则把输入的机械功率转换为电功率输出给电网，此时电机处于发电机状态。

3. 电磁制动状态（$n < 0$、$s > 1$）

如果在外力的作用下，使转子逆着旋转磁场方向转动，即 $n < 0$、$s > 1$，如图 6-10（c）所示。此时，转子导体中的感应电动势、电流与在电动机状态下的相同。但由于转子转向与旋

转磁场方向相反，电磁转矩表现为制动转矩，此时电机运行于电磁制动状态，即由转轴从原动机输入机械功率的同时又从电网吸收电功率（可由电流方向与电动机状态时相同判断），两者都变成了电机内部的损耗。

在实际的生产活动中，异步电机绝大多数都是作为电动机运行。异步发电机的性能不如同步发电机优越，因此仅用在特殊场合。而电磁制动则是吊车等设备工作时的一种特殊运行状态。表6-1是异步电机三种工作状态的特点总结。

表 6-1 异步电机的三种工作状态

状态	电动机	发电机	电磁制动
实现方法	定子绕组接对称电源	外力使电机快速旋转	外力使电机沿磁场反方向旋转
转速	$0<n<n_1$	$n>n_1$	$n<0$
转差率	$0<s<1$	$s<0$	$s>1$
电磁转矩	拖动	制动	制动
能量关系	电能转变为机械能	机械能转变为电能	电能和机械能变成内部消耗

例 6-3：一台 50 Hz、八极的三相异步电动机，额定转差 $s_N = 0.043$，问该机的额定转速是多少？当该机运行在 700 r/min 时处于何种工作状态？当该机运行在 800 r/min 时，又处于什么工作状态？当该机运行在起动时，其转差率是多少？

解：因为 $n_1 = \dfrac{60 f_1}{p} = \dfrac{60 \times 50}{4} = 750 \text{ r/min}$

所以 $n_N = (1 - s_N) n_1 = (1 - 0.043) \times 750 = 717 \text{ r/min}$

当 $n = 700$ r/min 时，$s = \dfrac{n_1 - n}{n_1} = \dfrac{750 - 700}{750} = 0.067$，此时电机处于电动机状态；

当 $n = 800$ r/min 时，$s = \dfrac{n_1 - n}{n_1} = \dfrac{750 - 800}{750} = -0.067$，此时电机处于发电机状态；

因为电动机起动时 $n = 0$，所以 $s = \dfrac{n_1 - n}{n_1} = \dfrac{750}{750} = 1$

6.3 三相异步电机转子静止时的电磁关系

三相异步电动机的定、转子之间没有电的直接联系，它们之间的联系是通过电磁感应关系而实现的，这一点和变压器相似。其定子绕组相当于变压器的原绕组，转子绕组相当于变压器的副绕组。本章节就是利用这种相似性，以先前学习过的变压器运行理论为基础，先分析异步电动机运行时的物理过程，从转子静止时的异步电机开始，分别分析定子侧（采用转子绕组开路的方法即相当于变压器空载运行）、转子侧（采用转子绕组短路的方法即相当于变压器负载短路）的电磁关系，并分别画出它们各自的等效电路和相量图；再研究转子旋转时的电磁情况（这一点与变压器不同，其转子、定子频率不一致），最后通过绕组折算、频率折算而得出其等效电路。为后续分析异步电动机的能量转换过程，电磁转矩和运行性能提供理论基础。本节以绕线型异步电机为例分析转子开路、堵转（短路）等状态时的电磁关系。

6.3.1 异步电机的磁路

当异步电机定子上的三相对称绕组接到三相对称交流电源时，定子绕组中便流过对称的三相电流，产生旋转磁动势而在气隙中建立圆形旋转磁场。按照磁通经过的路径和介质，可分为主磁通 Φ_m 和漏磁通（包括定子漏磁通 Φ_{s1} 与转子漏磁通 Φ_{s2}）两大类，磁通路径如图 6-11 所示。

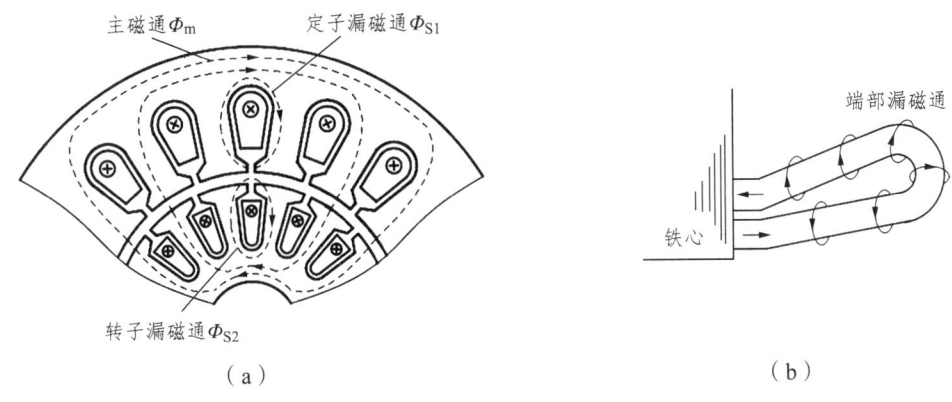

图 6-11 异步电机的主磁通与漏磁通

1. 主磁通

由基波旋转磁动势产生，并通过气隙与定子绕组和转子绕组同时交链的基波磁通称为主磁通，用 Φ_m 表示。由它实现定、转子间的能量传递。主磁通经过的路径包括两处气隙、两个定子齿、两个转子齿、定子磁轭和转子磁轭等五部分。

2. 漏磁通

（1）定子漏磁通。

仅与定子绕组交链的磁通称为定子漏磁通，用 Φ_{s1} 表示。

（2）转子漏磁通。

当转子绕组中有电流流过时，会产生转子磁动势，它大部分会与定子磁动势共同作用产生主磁通。此外还有一小部分只与转子绕组交链，产生转子漏磁通，用 Φ_{s2} 表示。

需要说明的是，若转子绕组开路，则转子回路无电流流过，此时不会产生转子漏磁通。

6.3.2 转子绕组开路时的电磁关系

1. 电磁过程

将转子绕组回路打开，如图 6-12 所示。此时，在定子旋转磁场的作用下，转子回路有感应电动势 $\dot{E}_2$，但无感应电流 $\dot{I}_2$，因此也就没有电磁转矩，故转子不会旋转（转子静止不动）。

这种状态下的异步电机与空载运行时的变压器非常类似，定子绕组相当于变压器的一次绕组，转子绕组相当于二次绕组，见图 6-12 所示（图中已标明有关物理量的参考方向）。

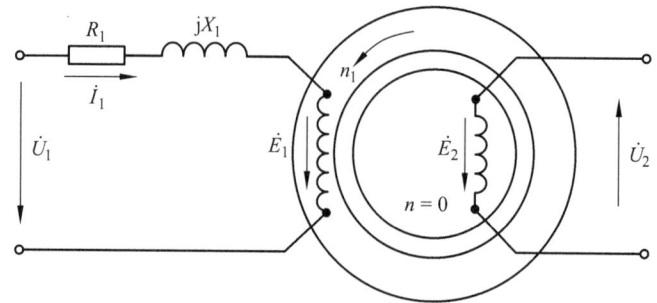

图 6-12 异步电机转子开路时的电路示意图（以 A 相为例）

当定子绕组接相电压为 U_1 的三相对称交流电源时，便有三相对称空载电流 I_0 流过定子绕组，在气隙中建立旋转磁场，其主磁通为 $\varPhi_m$，它以同步转速同时切割定、转子绕组，在定、转子绕组中分别感应出电动势 $\dot{E}_1$、$\dot{E}_2$。规定定子侧参数以下标"1"表示，转子侧参数以下标"2"表示，则定、转子每相电动势有效值及相量表达式分别为：

$$E_1 = 4.44 f_1 N_1 k_{dp1} \varPhi_m \tag{6-5}$$

$$E_2 = 4.44 f_1 N_2 k_{dp2} \varPhi_m \tag{6-6}$$

$$\dot{E}_1 = -j 4.44 f_1 N_1 k_{dp1} \dot{\varPhi}_m \tag{6-7}$$

$$\dot{E}_2 = -j 4.44 f_1 N_2 k_{dp2} \dot{\varPhi}_m \tag{6-8}$$

式中，-j 表示电动势在时间上滞后主磁通 $\varPhi_m$ 90°电角度。与变压器相似，定子、转子每相电动势之比叫电压变比，用 k_e 表示，即：

$$k_e = \frac{E_1}{E_2} = \frac{N_1 k_{dp1}}{N_2 k_{dp2}} \tag{6-9}$$

于是：

$$E_1 = k_e E_2 \tag{6-10}$$

旋转磁场产生的定子漏磁通 $\varPhi_{s1}$ 也是交变磁通，在定子绕组上感应定子漏电动势 $\dot{E}_{s1}$，与变压器相似，也引入漏电抗参数 X_1，可将 $\dot{E}_{s1}$ 看作定子电流 $\dot{I}_0$ 在定子漏电抗 X_1 上的压降，在相位上滞后 $\dot{I}_0$ 90°电角度，于是，每相漏电动势相量表达式为：

$$\dot{E}_{s1} = -j \dot{I}_0 X_1 \tag{6-11}$$

空载电流除了产生漏电抗压降外，还在定子每相绕组电阻 R_1 上产生电阻压降 $I_0 R_1$。由于转子绕组开路无电流流过，则转子每相感应电动势就等于转子每相输出电压，即 $U_2 = E_2$。

上述电磁关系如图 6-13 所示。

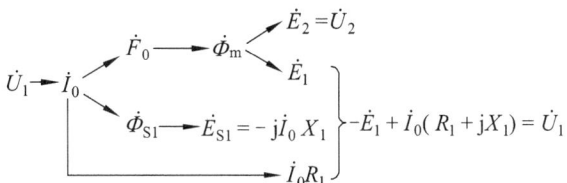

图 6-13 转子绕组开路时的电磁关系示意图

2. 电动势平衡方程式和等效电路

由图 6-12、图 6-13 所示的电磁关系，可列出转子绕组开路时定子每相绕组的电动势平衡方程式：

$$\dot{U}_1 = -\dot{E}_1 + \dot{I}_0(R_1 + jX_1) = -\dot{E}_1 + \dot{I}_0 Z_1 \qquad (6\text{-}12)$$

式中，$Z_1 = R_1 + jX_1$ 为定子每相绕组的漏阻抗。

与变压器类似，异步电动机的空载电流 $\dot{I}_0$ 主要用来建立旋转磁场，故也称之为励磁电流。在转子绕组开路时，它可分解为有功分量 $\dot{I}_{0a}$ 与无功分量 $\dot{I}_{0\gamma}$。$\dot{I}_{0a}$ 其值比较小，主要是满足铁耗的需要；$\dot{I}_{0\gamma}$ 建立磁动势产生主磁通。它们的关系如下：

$$\dot{I}_0 = \dot{I}_{0a} + \dot{I}_{0r} \qquad (6\text{-}13)$$

和变压器一样，定子每相电动势也可表示为励磁阻抗压降的形式：

$$-\dot{E}_1 = \dot{I}_0(R_m + jX_m) = \dot{I}_0 Z_m \qquad (6\text{-}14)$$

式中，Z_m、R_m、X_m 分别为定子每相的励磁阻抗、励磁电阻和励磁电抗。

由式（6-12）、（6-14）可写出定子一相电压平衡方程式为：

$$\dot{U}_1 = -\dot{E}_1 + \dot{I}_0 Z_1 = \dot{I}_0 Z_m + \dot{I}_0 Z_1 = \dot{I}_0(Z_m + Z_1) \qquad (6\text{-}15)$$

综上所述，可画出异步电动机转子绕组开路时的每相等效电路如图 6-14 所示。

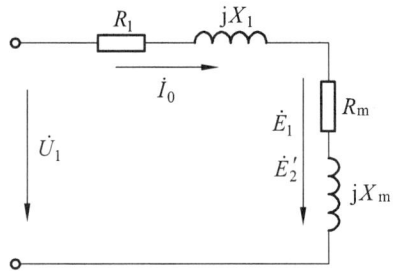

图 6-14 异步电机转子开路时的定子每相等效电路

6.3.3 转子堵转（短路）时的电磁关系

堵转是指施加外力堵住转子让转子不转的现象，而实际上异步电动机转子本身是短路的。此时的异步电动机与运行在短路状态的变压器非常相似，其电路示意图如图 6-15 所示（图中已标明有关物理量的参考方向）。

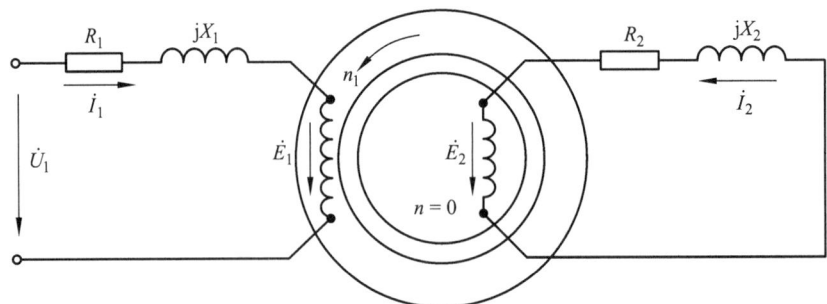

图 6-15　异步电机转子堵转（短路）时的电路示意图（以 A 相为例）

1. 定子、转子磁动势的合成

当定子接到三相电源，其绕组就流过三相对称电流 I_1，在气隙中建立的基波旋转磁动势 F_1 幅值为：

$$F_1 = \frac{3}{2} \frac{4}{\pi} \frac{\sqrt{2}}{2} \frac{N_1 k_{\mathrm{dp1}}}{p} I_1 = 1.35 \frac{N_1 k_{\mathrm{dp1}}}{p} I_1 \tag{6-16}$$

它以同步转速 n_1 在空间上逆时针旋转，在定、转子绕组中分别感应出电动势 $\dot{E}_1$、$\dot{E}_2$。在转子回路闭合的情况下，转子绕组流过三相对称电流 $\dot{I}_2$，也将建立起一个圆形基波旋转磁场，其磁动势幅值为：

$$F_2 = \frac{m_2}{2} \frac{4}{\pi} \frac{\sqrt{2}}{2} \frac{N_2 k_{\mathrm{dp2}}}{p} I_2 = \frac{m_2}{2} \times 0.9 \frac{N_2 k_{\mathrm{dp2}}}{p} I_2 \tag{6-17}$$

磁动势 $\dot{F}_2$ 的转速为 $n_2 = 60 f_2 / p$，f_2 为转子电流的频率，m_2 为转子绕组的相数。

由于转子堵转不动，定子基波磁场以同一转速 n_1 切割定、转子绕组，故它们的感应电动势频率相同，即 $f_2 = f_1$。而且，转子绕组极对数总是设计得与定子的相同（否则不能产生稳定的电磁转矩）。于是，$n_2 = n_1$，即转子磁动势 $\dot{F}_2$ 与定子磁动势 $\dot{F}_1$ 转速相同。此外，逆时针旋转的定子基波旋转磁场切割转子绕组，其感应出的电动势和电流的相序与定子电流的相序相同，则由三相转子电流 $\dot{I}_2$ 产生的旋转磁动势 $\dot{F}_2$ 也以逆时针方向旋转，与定子磁动势 $\dot{F}_1$ 转向相同且转速相等。由此可见，$\dot{F}_1$ 与 $\dot{F}_2$ 在空间上相对静止，它们一前一后地旋转着，可称它们为同步旋转。

因此，$\dot{F}_1$ 和 $\dot{F}_2$ 可以矢量叠加，共同产生合成基波磁动势 $\dot{F}_0$，从而可得磁动势平衡方程式为：

$$\dot{F}_1 + \dot{F}_2 = \dot{F}_0 \tag{6-18}$$

上式可以改写成：

$$\dot{F}_1 = \dot{F}_0 + (-\dot{F}_2) \tag{6-19}$$

上式可看成定子磁动势由两个分量组成：一个分量大小与 $\dot{F}_2$ 一样，而方向与 $\dot{F}_2$ 相反，用 $-\dot{F}_2$ 表示，它的作用是抵消转子磁动势对主磁通的影响；另一个分量就是励磁磁动势 $\dot{F}_0$，它是用来产生气隙旋转磁密的。因异步电动机从空载到额定负载时,定子绕组漏阻抗压降变化不大,故 E_1 基本保持不变。而与之相对应的主磁通和产生主磁通的励磁电流变化也不大,所以负载时的励磁电流 I_m 与空载电流 I_0 相差不大,可近似认为相等。为分析起来方便,统一将异步电机的励磁电流表示为 I_0。则有:

$$F_0 = \frac{3}{2}\frac{4}{\pi}\frac{\sqrt{2}}{2}\frac{N_1 k_{dp1}}{p}I_0 = 1.35\frac{N_1 k_{dp1}}{p}I_0 \tag{6-20}$$

显然,合成的励磁磁动势 $\dot{F}_0$ 与 $\dot{F}_1$、$\dot{F}_2$ 旋转方向一致、转速相等。

2. 电磁过程

转子堵转(短路)时,其定子侧的每相感应电动势、相电压、相漏电动势,以及定子侧的电压平衡方程式均与转子开路时基本相同(只是 I_0 换成 I_1 即可),不同的是转子侧有了电流,多了一些相应的参数。下面我们重点研究转子侧的电磁关系。与定子侧类似,转子电流 I_2 也会产生转子漏磁通 Φ_{s2},它会在转子绕组内感应出漏电动势 E_{s2}。转子侧每相漏电动势同样可用漏电抗压降表示:

$$\dot{E}_{s2} = -j\dot{I}_2 X_2 \tag{6-21}$$

上式中,X_2 为转子每相漏电抗。此外,转子每相绕组上也会产生电阻压降 $I_2 R_2$。

综上所述,可将异步电动机在转子堵转(短路)时的电磁关系用图 6-16 表示。

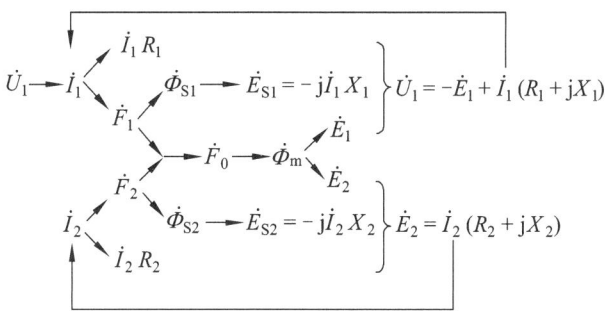

图 6-16 转子堵转(短路)时的电磁关系示意图

3. 转子绕组的折算

异步电机定子、转子之间没有电路上的直接连接,只是通过磁路联系起来。为了建立等效电路,简化分析、计算过程,与变压器相似,采用折算的方法,异步电动机一般把转子折算到定子侧,即相当于换上一个新转子,它的相数、每相串联匝数以及绕组系数都分别和定子的一样(三相、$N_1 k_{dp1}$)。新换的转子中,每相的感应电动势为 $\dot{E}_2'$、电流为 $\dot{I}_2'$,转子漏阻抗为 $Z_2' = R_2' + jX_2'$,但产生的转子旋转磁动势必须和原转子产生的 $\dot{F}_2$ 一样,不能影响定子侧,故折算的原则是:保证折算前后转子磁动势、有功及无功功率、损耗等均保持不变。

1)电流的折算

根据磁动势平衡方程式 $\dot{F}_1 + \dot{F}_2 = \dot{F}_0$,并将式(6-16)、(6-17)、(6-20)各参数表达式代入,

可得：

$$\frac{3}{2}\frac{4}{\pi}\frac{\sqrt{2}}{2}\frac{N_1 k_{dp1}}{p}\dot{I}_1 + \frac{m_2}{2}\frac{4}{\pi}\frac{\sqrt{2}}{2}\frac{N_2 k_{dp2}}{p}\dot{I}_2 = \frac{3}{2}\frac{4}{\pi}\frac{\sqrt{2}}{2}\frac{N_1 k_{dp1}}{p}\dot{I}_0 \quad (6\text{-}22)$$

按照折算的做法，将转子的相数、每相串联匝数以及绕组系数都换成和定子一样，且保证 $\dot{F}_2$ 不变。即：

$$\frac{m_2}{2}\frac{4}{\pi}\frac{\sqrt{2}}{2}\frac{N_2 k_{dp2}}{p}\dot{I}_2 = \frac{3}{2}\frac{4}{\pi}\frac{\sqrt{2}}{2}\frac{N_1 k_{dp1}}{p}\dot{I}_2' \quad (6\text{-}23)$$

将式（6-23）代入式（6-22）中。

$$\frac{3}{2}\frac{4}{\pi}\frac{\sqrt{2}}{2}\frac{N_1 k_{dp1}}{p}\dot{I}_1 + \frac{3}{2}\frac{4}{\pi}\frac{\sqrt{2}}{2}\frac{N_1 k_{dp1}}{p}\dot{I}_2' = \frac{3}{2}\frac{4}{\pi}\frac{\sqrt{2} N_1 k_{dp1}}{2p}\dot{I}_0 \quad (6\text{-}24)$$

上式化简后，可得：

$$\dot{I}_1 + \dot{I}_2' = \dot{I}_0 \quad (6\text{-}25)$$

显然，折算后的电流平衡方程式与变压器的完全一样。通过绕组折算，定、转子之间好像真的有了电路上的联系，其实不然，式（6-25）的关系只是存在于等效电路上的联系，依此可得出等效电路及方便地进行工程分析和计算。

根据前面的折算，依据式（6-23）可求出转子电流折算前 $\dot{I}_2$ 和折算后 $\dot{I}_2'$ 的关系：

$$\dot{I}_2' = \frac{m_2}{3}\frac{N_2 k_{dp2}}{N_1 k_{dp1}}\dot{I}_2 = \frac{1}{k_i}\dot{I}_2 \quad (6\text{-}26)$$

上式中，k_i 为异步电机的电流变比，k_e、k_i 的关系如下：

$$k_i = \frac{I_2}{I_2'} = \frac{3 N_1 k_{dp1}}{m_2 N_2 k_{dp2}} = \frac{3}{m_2}k_e \quad (6\text{-}27)$$

上式（6-27）中 m_2 是转子绕组的相数，只有绕线型三相异步电动机的转子绕组是三相，而鼠笼型异步电动机的转子绕组一般不是三相，而是 m_2 相（后面会详细分析原因）。对于绕线型异步电机，因其 $m_2 = 3$，故 $k_e = k_i$。

2）电动势的折算

折算前：$E_2 = 4.44 f_1 N_2 k_{dp2} \Phi_m$

折算后：$E_2' = 4.44 f_1 N_1 k_{dp1} \Phi_m$

显然，$\dfrac{E_2'}{E_2} = \dfrac{N_1 k_{dp1}}{N_2 k_{dp2}} = k_e$

所以，$E_2' = k_e E_2 = E_1$。与变压器类似，电压类的量从转子（二次侧）折算到定子（一次侧）时放大了 k_e 倍。

3）阻抗的折算

由图 6-15 所示的转子短路时的电路示意图，可得：

$$Z_2' = R_2' + jX_2' = \frac{\dot{E}_2'}{\dot{I}_2'} = \frac{k_e \dot{E}_2}{\frac{\dot{I}_2}{k_i}} = k_e k_i (R_2 + jX_2) = k_e k_i R_2 + j k_e k_i X_2$$

于是，折算后的转子阻抗与折算前的关系为：

$$R_2' = k_e k_i R_2, \quad X_2' = k_e k_i X_2$$

上式表明，与变压器类似，阻抗类的量从转子（二次侧）折算到定子（一次侧）时放大了 $k_e k_i$ 倍。折算前后，转子的功率因数角没有变化，证明如下式：

$$\varphi_2' = \arctan \frac{X_2'}{R_2'} = \arctan \frac{k_e k_i X_2}{k_e k_i R_2} = \varphi_2 \tag{6-28}$$

4. 基本方程式、等效电路和相量图

1）基本方程式

通过上述分析，即通过绕组折算，可用一个等效电路来模拟只有磁耦合而无电联系的定、转子电路。转子堵转（短路）时的异步电动机，在转子折算后的每相基本方程式为：

$$\left. \begin{aligned} \dot{U}_1 &= -\dot{E}_1 + \dot{I}_1(R_1 + jX_1) \\ \dot{E}_1 &= -\dot{I}_0(R_m + jX_m) \\ \dot{E}_2' &= k_e \dot{E}_2 = \dot{E}_1 \\ \dot{E}_2' &= \dot{I}_2'(R_2' + jX_2') \\ \dot{I}_1 + \dot{I}_2' &= \dot{I}_0 \end{aligned} \right\} \tag{6-29}$$

2）等效电路

根据上述五个方程式，可画出如图 6-17（a）所示的转子堵转（短路）时的异步电动机每相等效电路。

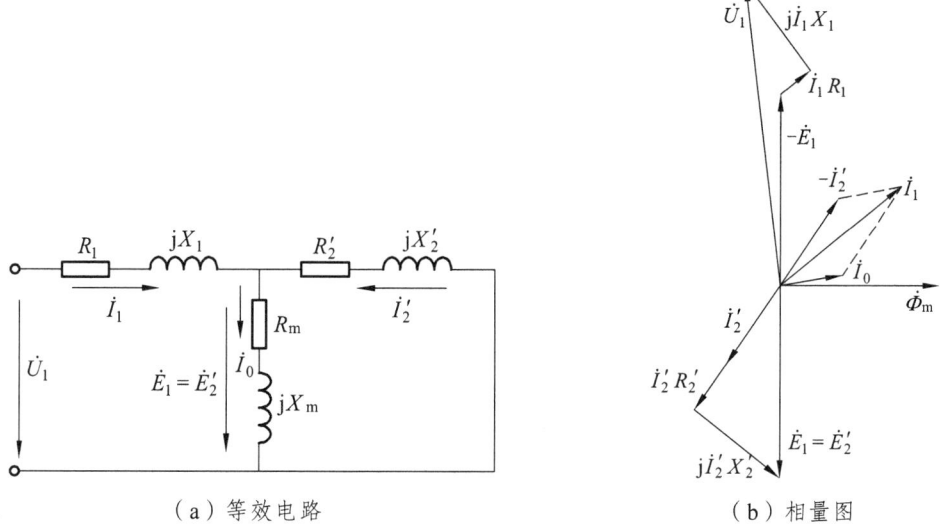

(a) 等效电路　　　　　　　　(b) 相量图

图 6-17　转子堵转（短路）时异步电机的每相等效电路和相量图

3）相量图

为直观转子堵转（短路）时的异步电动机每相各物理量的关系，根据式（6-29），可画出如图6-17（b）所示的相量图。

需要特别说明的是：转子绕组开路、转子堵转（短路）只是用来分析异步电机时的两种特殊状态，而这两种特殊状态并没有太多的实际意义。转子堵转时，因异步电机的定子、转子漏阻抗都比较小，如果对定子绕组施加额定电压，这时定、转子的电流都很大，时间一长电机就会烧毁。但在异步电动机参数测量时采用的转子堵转（短路）实验，为了不使电动机定、转子电流过大，在定子侧施加的电压必须较低（不能超过 $0.4U_{1N}$），以限制定、转子绕组中的电流，保护电机。

6.4 三相异步电机转子旋转时的电磁关系

上面分析的转子绕组开路、转子堵转这两种状态对应的一个共同点就是转子静止不动。此时，旋转磁场切割转子绕组的速度为 n_1，因此转子绕组中感应出来的电流、电动势的频率为：

$$\frac{pn_1}{60} = f_1 \tag{6-30}$$

显然，在转子静止不转的情况下，转子绕组感应出来的电流、电动势的频率与定子上的频率相同，都是 f_1，其原因是由转子切割旋转磁场的速度决定的（式6-30说明了这一点）。那么，现在我们把堵转转子的销钉去掉，会出现什么情况呢？根据前面的分析，不难得出答案：转子会在旋转磁场的作用下，沿着旋转磁场的转向以低于同步转速 n_1 的转速 n 稳定地运行。下面我们来分析此时电动机内部的电磁过程。

6.4.1 转子回路

1. 转子频率与转差率

当转子旋转时，旋转磁场不是以同步转速 n_1、而是以旋转磁场与转子的转速差 $\Delta n(n_1-n)$ 切割转子绕组。由式（6-30）可知此时转子绕组感应电动势、电流的频率 f_2（称为转子频率）为：

$$f_2 = \frac{p(n_1-n)}{60} = \frac{n_1-n}{n_1} \times \frac{pn_1}{60} = sf_1 \tag{6-31}$$

由此可见，f_2 与转差率 s 成正比，故它又称为转差频率。当转子堵转时，$s=1$，则 $f_2=f_1$。当电机处于电动机运行状态时，转子转速 n 比较接近 n_1，则 s 很小，$f_2 \ll f_1$。

2. 转子感应电动势

转子旋转时，转子每相绕组的感应电动势 E_{2s} 为：

$$E_{2s} = 4.44 f_2 N_2 k_{dp2} \Phi_m = s \times 4.44 f_1 N_2 k_{dp2} \Phi_m = sE_2 \qquad (6\text{-}32)$$

可见，当主磁通 Φ_m 基本不变时，E_{2s} 与转差率 s 成正比，s 越小，即转速 n 越高，E_{2s} 越小。

3. 转子漏电抗

由于电抗与频率成正比，故转子旋转时的转子每相漏电抗 X_{2s} 为：

$$X_{2s} = 2\pi f_2 L_2 = s \times 2\pi f_1 L_2 = sX_2 \qquad (6\text{-}33)$$

式（6-33）中，L_2 为转子每相漏电感。可见，当转子转速不同时，转子漏电抗是个变数，它与转差率成正比变化。对于正常运行的异步电动机，$X_{2s} \ll X_2$。

4. 转子电流

转子每相电流 $\dot{I}_{2s}$ 由转子每相电动势 $\dot{E}_{2s}$ 产生，它们的频率同为 f_2。转子绕组直接短路时，只有转子自身漏阻抗限制 $\dot{I}_{2s}$（由图 6-18 可知），故：

$$\dot{I}_{2s} = \frac{\dot{E}_{2s}}{R_2 + jX_{2s}} = \frac{s\dot{E}_2}{R_2 + jsX_2} \qquad (6\text{-}34)$$

5. 转子的功率因数

$$\cos\varphi_2 = \frac{R_2}{\sqrt{R_2^2 + X_{2s}^2}} = \frac{R_2}{\sqrt{R_2^2 + (sX_2)^2}} \qquad (6\text{-}35)$$

图 6-18 是异步电机旋转时的定子、转子一相电路示意图（以 A 相为例），图中规定了各物理量的参考方向。很明显，定子、转子两侧不但绕组相数、每相串联匝数、绕组系数不同，而且频率也不同。

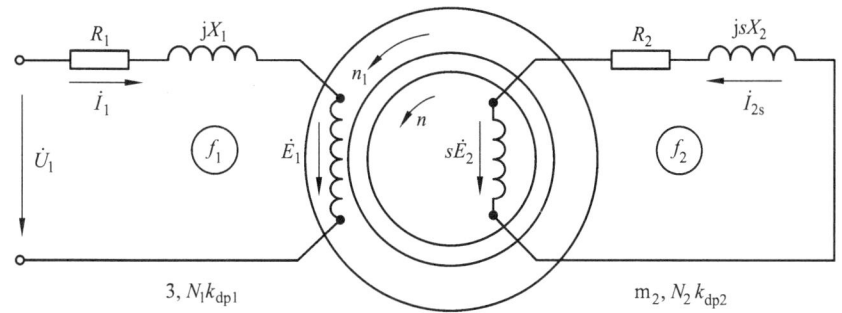

图 6-18　异步电机旋转时的定子、转子电路示意图（以 A 相为例）

6.4.2　定子、转子磁动势的平衡关系

我们前面已经分析过，当转子静止不动时，定、转子磁动势在空间上是相对静止的，它

们一起同步旋转，矢量叠加之后得到合成基波磁动势 $\dot{F}_0$。那么，当转子旋转起来后，定、转子磁动势之间的关系会不会发生变化呢？下面我们来分析一下。

异步电动机正常旋转时，定子旋转磁动势相对定子的转速为 n_1，转子感应电动势的频率为 $f_2 = sf_1$，转子上感应出来的三相对称电流 $\dot{I}_2$ 也会产生一个旋转磁动势 $\dot{F}_2$，$\dot{F}_2$ 相对于转子自身的转速为 $n_2 = 60f_2/p$，而转子相对于定子的转速为 n。如果设 n_2' 为转子磁动势 $\dot{F}_2$ 相对于定子的转速，则有：

$$n_2' = n_2 + n = \frac{60f_2}{p} + n = s\frac{60f_1}{p} + n = sn_1 + (1-s)n_1 = n_1 \qquad (6\text{-}36)$$

上式说明，无论转子转动与否，定子旋转磁动势 $\dot{F}_1$ 与转子旋转磁动势 $\dot{F}_2$，它们相对于定子来说在空间上都是同步的，以相同的转速 n_1 一前一后同步旋转，在空间上相对静止。因此，可以把 $\dot{F}_1$ 和 $\dot{F}_2$ 矢量叠加，得到一个合成总磁动势 $\dot{F}_0$。$\dot{F}_0$ 才是气隙的实际磁动势，磁动势平衡方程式与转子堵转（短路）时的形式是完全一样的，即 $\dot{F}_1 + \dot{F}_2 = \dot{F}_0$。

例 6-4 一台三相两极绕线型异步电动机，当接在 $f_N = 50$ Hz 的电源上运行时，转差率 $s = 0.01$，试问：（1）转子电流频率 f_2 为多少？（2）定子电流产生的基波旋转磁动势 $\dot{F}_1$ 相对于定子、转子的转速各为多少？（3）转子电流产生的基波旋转磁动势 $\dot{F}_2$ 相对于定子、转子的转速各为多少？

解： 因为 $n_1 = \dfrac{60f_N}{p} = 3000$ r/min

所以 $n = (1-s)n_1 = 0.99 \times 3000 = 2970$ r/min，

则有：

（1）$f_2 = sf_1 = 0.01 \times 50 = 0.5$ Hz

（2）定子基波旋转磁动势 $\dot{F}_1$ 相对于定子的转速为：$n_1 = 3000$ r/min；

定子基波旋转磁动势 $\dot{F}_1$ 相对于转子的转速为：$n_1 - n = 3000 - 2970 = 30$ r/min；

（3）转子基波旋转磁动势 $\dot{F}_2$ 相对于转子的转速为：$n_2 = \dfrac{60f_2}{p} = \dfrac{60 \times 0.5}{1} = 30$ r/min；

转子基波旋转磁动势 $\dot{F}_2$ 相对于定子的转速为：$n_2 + n = n_1 = 3000$ r/min

6.4.3 转子绕组的折算

经过上面的分析，我们知道：异步电机各有一套定子电路和转子电路，但两者之间无电的联系而只有磁的耦合，如图 6-18 所示。当转子旋转起来之后，转子感应电动势与定子感应电动势不仅大小不等，频率也不相同。如果要把定子、转子电路联系起来，使它们之间有电的联系，以画出它们的等效电路，便于进行简化分析，就必须对转子进行两次折算（这点与变压器不同，变压器因一、二次侧的频率相同，故只需要进行绕组折算即可）。第一是频率折算：将频率为 f_2 的转子折算为频率为 f_1（即转子往定子侧频率折算）；第二是绕组折算：把频率为 f_1 的转子各参量折算到定子上（与 6.3.3 节转子堵转时的折算方法一样）。经过这两次折算后，转子侧折算到定子侧的每相电动势 $\dot{E}_2'$ 就跟 $\dot{E}_1$ 完全相等，频率也一样。这样，定子、转子电路就能通过 $\dot{E}_1 = \dot{E}_2'$ 这个桥梁连在一起了。

1. 转子频率向定子频率的折算

因为 $f_2 = sf_1$，当 $s = 1$、即 $n = 0$ 时，$f_2 = f_1$。这个关系说明，转子频率与定子频率相等时，转子是静止的。所以，要进行转子各参量的频率折算，就是在转子产生的磁动势不变的情况下，用一个静止的转子代替原来旋转的转子。折算的原则是折算前、后转子磁动势 $\dot{F}_2$ 的转速、转向和空间相位都保持不变。前面已经分析过，转子旋转与否，$\dot{F}_2$ 的转速与转向均与定子磁动势 $\dot{F}_1$ 相同，故只要保证 $\dot{F}_2$ 的幅值、空间相位不变就可以了。而 $\dot{F}_2$ 由转子电流 $\dot{I}_2$ 产生，$\dot{F}_2$ 与 $\dot{F}_1$ 的空间相对位置与转子阻抗角有关。综上所述，对转子绕组进行频率折算的要求是用一个假想的静止转子取代旋转转子，但要保证其电流有效值大小、阻抗角与折算前旋转转子的相同。

下面，我们来重点分析一下产生转子磁动势的转子电流 $\dot{I}_{2s}$，根据图 6-19（a）所示的电路图，可得：

$$\dot{I}_{2s} = \frac{\dot{E}_{2s}}{R_2 + jX_{2s}} = \frac{s\dot{E}_2}{R_2 + jsX_2} \quad （对应的频率为 f_2） \tag{6-37}$$

为保证 $\dot{I}_{2s}$ 的大小与阻抗角不变，我们对上式进行等式变换，分子、分母同时除以 s，可得：

$$\dot{I}_{2s} = \frac{\dot{E}_2}{\dfrac{R_2}{s} + jX_2} = \dot{I}_2 \quad （对应的频率为 f_1） \tag{6-38}$$

如式（6-38）所示，经过等式变换后的 $\dot{I}_{2s}$ 变成了 $\dot{I}_2$，其有效值大小和阻抗角都没有变，原因是根据图 6-19（b）所示的电路，可得：

$$\varphi_2' = \arctan \frac{X_2}{\dfrac{R_2}{s}} = \arctan \frac{sX_2}{R_2} = \arctan \frac{X_{2s}}{R_2} = \varphi_2$$

显然，频率折算前后，转子阻抗角不变。

但式（6-38）所示，转子频率 f_2 变成了与定子一样的频率 f_1，这样的变化完全满足我们进行频率折算的初衷。仔细观察式（6-37）、式（6-38），不难发现：频率折算前的转子电阻由 R_2 变成频率折算后的 R_2/s，其数值大大增加了（因电动机正常工作时，s 都比较小）。

把 R_2/s 这个参量分解成两部分，如式（6-39）所示。一部分是转子绕组自身的电阻 R_2，其值跟频率无关，频率折算前、后都是 R_2，不会变。那么去掉这个 R_2 之后，频率折算后转子回路多出来了另一部分附加电阻 $\dfrac{1-s}{s}R_2$，如图 6-19（b）所示，这时转子相当于堵转（转子静止），频率就变为 f_1。

$$\frac{R_2}{s} = R_2 + \frac{1-s}{s}R_2 \qquad (6-39)$$

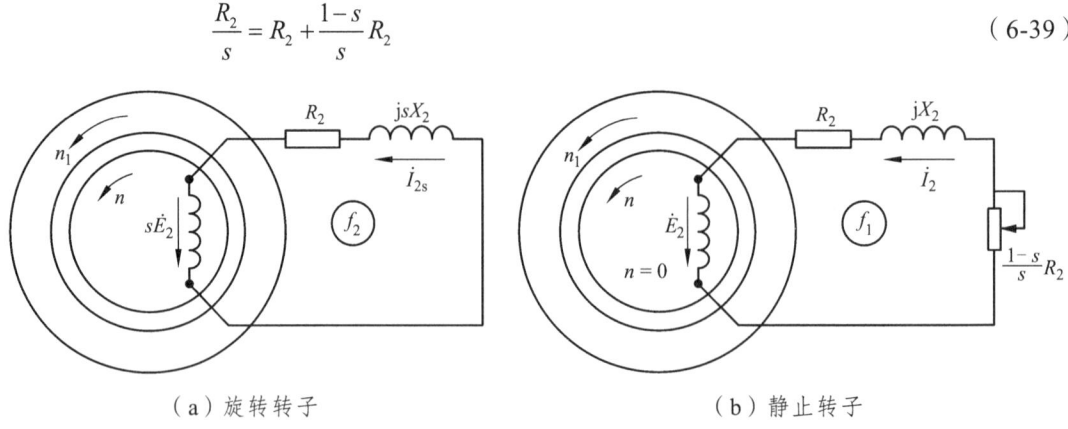

（a）旋转转子　　　　　　　　　　（b）静止转子

图 6-19　转子频率折算示意图

频率折算后转子回路中附加电阻 $\frac{1-s}{s}R_2$ 的物理意义：当转子回路有电流 I_2 流过时，会分别在 R_2、$\frac{1-s}{s}R_2$ 上产生有功消耗 $I_2^2 R_2$ 和 $I_2^2 \frac{1-s}{s}R_2$。前者表示转子绕组的铜耗，后者则是实际转子回路中并不存在的虚拟损耗，它等效于异步电动机所做的机械功率的大小。此虚拟损耗与转差率（转速）密切相关。具体分析如下：

当 $s=1$，即电机不转时，电机不会输出机械功率，此时该损耗为零。

当 $0<s<1$，即处于电动机状态时，电机会输出机械功率，此时该损耗为正值。

当 $-\infty<s<0$，即处于发电机状态时，电机会吸收机械功率，此时该损耗为负值。

当 $1<s<\infty$，即处于电磁制动状态时，电机也会吸收机械功率，此时该损耗也为负值。

因此，损耗 $I_2^2 \frac{1-s}{s}R_2$ 实质上是代表了异步电机的机械功率。故 $\frac{1-s}{s}R_2$ 是一个模拟电阻，用来模拟在转差率为 s 时，由转子回路所转化的总机械功率，并依此可判断异步电机所处的运行状态。

综上所述，对转子进行频率折算：就是在转子回路中串接一个阻值为 $\frac{1-s}{s}R_2$ 的模拟电阻并将转子堵转。经过这个处理后，转子频率由 f_2 变成了与定子一样的频率 f_1，而转子电流的大小、阻抗角、磁动势都没有改变，符合折算的原则。

2. 转子绕组向定子绕组的折算

经过频率折算后，异步电机的转子已变成一个等效的静止的转子，转子侧各参量的频率已与定子侧各参量相同。这种情况下的转子与前面分析过的转子堵转（短路）时的情况类似，若要把定子、转子这两套独立的电路连起来，还需要将转子绕组向定子绕组折算。具体做法与转子堵转（短路）时转子绕组向定子绕组的折算完全相同。这里不再赘述。经过频率折算、绕组折算后的异步电机定子、转子电路示意图如图 6-20 所示。

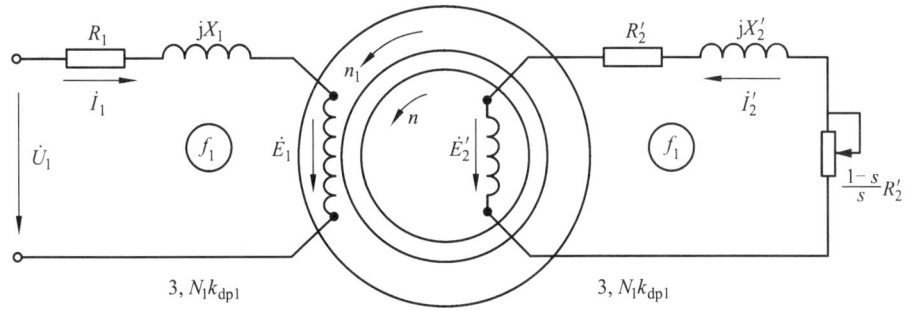

图 6-20 频率折算、绕组折算后的异步电机定子、转子电路示意图

6.4.4 基本方程式、等效电路和相量图

1. 基本方程式

与转子堵转（短路）时相比较，唯一的差别是对旋转转子进行了频率折算。在基本方程式中，除了转子回路电动势平衡方程式有所不同外，其他几个方程式的形式都是相同的。结合前面的分析，转子旋转时的基本方程式为：

$$\left.\begin{aligned}\dot{U}_1 &= -\dot{E}_1 + \dot{I}_1(R_1 + jX_1) \\ \dot{E}_1 &= -\dot{I}_0(R_m + jX_m) \\ \dot{E}_1 &= \dot{E}_2' \\ \dot{E}_2' &= \dot{I}_2'(\frac{R_2'}{s} + jX_2') \\ \dot{I}_1 + \dot{I}_2' &= \dot{I}_0 \end{aligned}\right\} \quad (6\text{-}40)$$

2. 等效电路

与变压器相似，异步电机定子、转子电路可通过 $\dot{E}_1 = \dot{E}_2'$ 这个桥梁连在一起。将经过两次折算后的转子电路（此时已和定子一样，为三相、频率 f_1、有效匝数 $N_1 k_{\mathrm{dp1}}$）和定子电路画在一个电路图上，显然定、转子之间有了电的直接联系，即可得到异步电动机的等效电路，如图 6-21 所示。

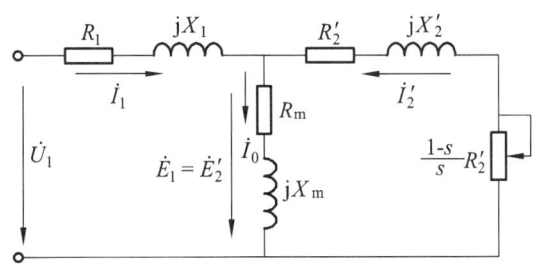

图 6-21 三相异步电机的 T 型等效电路

由图 6-21 所示的等效电路可看出：当异步电动机空载运行时，转子的转速接近同步转速，转差率 s 很小，R_2'/s 趋于∞，故转子电流可认为等于零，此时的定子电流就是励磁电流，电动机的功率因数很低，为 0.1~0.2。当电机运行在额定状态时，转差率 s=0.02~0.05，$R_2'/s=(20~50)R_2'$，等效电路中转子侧呈电阻性，功率因数 $\cos\varphi_2$ 较高。此时定子侧的功率因数 $\cos\varphi_1$ 也比较高，可达 0.8~0.85。

此外，利用等效电路还可分析主磁通 Φ_m 随转速 n 变化的情况。由于异步电动机定子漏阻抗 Z_1 不大，所以从空载到满载，定子电流在 Z_1 上产生的压降 I_1Z_1 与 U_1 相比是很小的，故可以认为 $U_1 \approx E_1$。换言之，当外施电源电压 U_1 恒定时，异步电机从空载到满载，主磁通 Φ_m 和相应的励磁电流 I_0 基本上是常数。但是，当异步电机起动或低速运行时，因 s 接近或等于 1，这时 U_1 全部降落在定子、转子漏阻抗上。由于定子、转子漏阻抗 $Z_1 \approx Z_2$，故定子、转子漏阻抗压降各近似为 $U_1/2$，使得 $E_1 \approx U_1/2$，主磁通 Φ_m 也变为空载或满载时的一半左右。

3. 简化等效电路

图 6-21 所示的"T"型等效电路是一个"先并联再串联"的复联电路，计算起来比较复杂。与变压器类似，在实际工程应用时常把励磁支路移到电源一侧，形成如图 6-22 所示的简化等效电路，以简化计算。但是，简化计算出来的定子、转子电流比用"T"型等效电路算出来的稍大。不过，对于容量较大的电机而言，这种误差是不大的，能满足工程上的需要。

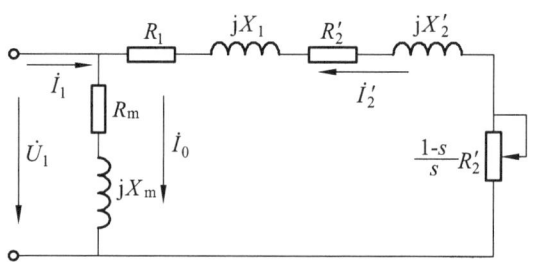

图 6-22 三相异步电机的简化等效电路

例 6-5：一台三相四极鼠笼型异步电动机，其数据为：$U_{1N}=380$ V，$P_N=10$ kW，$n_N=1452$ r/min，$f_N=50$ Hz，定子绕组△联接，$R_1=1.33$ Ω，$X_1=2.43$ Ω，$R_2'=1.12$ Ω，$X_2'=4.4$ Ω，$R_m=7$ Ω，$X_m=90$ Ω。试用简化等效电路计算其额定运行时的定子电流、转子电流、励磁电流、定子功率因数。

解：$s_N = \dfrac{n_1 - n_N}{n_1} = \dfrac{1500-1452}{1500} = 0.032$

$Z_2' = \dfrac{R_2'}{s_N} + jX_2' = \dfrac{1.12}{0.032} + j4.4 = 35 + j4.4$ Ω

根据异步电机的简化等效电路（图 6-22 所示），可得：

（1）转子额定相电流为：

$$-\dot{I}_2' = \dfrac{\dot{U}_1}{Z_1 + Z_2'} = \dfrac{380\angle 0°}{1.33 + j2.43 + 35 + j4.4} = 10.28\angle -10.65°\text{ A}$$

$$\therefore \dot{I}_2' = 10.28\angle 169.35° \text{ A}$$

（2）励磁电流为：

$$\dot{I}_0 = \frac{\dot{U}_1}{Z_m} = \frac{380\angle 0°}{7+j90} = 4.21\angle -85.55° \text{ A}$$

（3）定子额定相电流为：

$$\dot{I}_1 = \dot{I}_0 + (-\dot{I}_2') = 4.21\angle -85.55° + 10.28\angle -10.65° = 10.43 - j6.1 = 12.08\angle -30.32° \text{ A}$$

则定子额定线电流为：

$$I_{1N} = \sqrt{3} \times 12.08 = 20.92 \text{ A}$$

（4）定子额定功率因数为：

$$\cos\varphi_{1N} = \cos 30.32° = 0.86 \text{（滞后）}$$

4. 相量图

根据式（6-40）可画出异步电机正常运行时的相量图，如图6-23所示（图中还画出了定、转子磁动势的相量关系）。由图6-23可知：异步电机的定子电流 $\dot{I}_1$ 总是滞后于电源电压 $\dot{U}_1$ 一个 φ_1 角，这是由于要建立气隙旋转磁场需要从电源上吸收一定的滞后性无功功率。因此，异步电机对电源来说是一个感性负载。

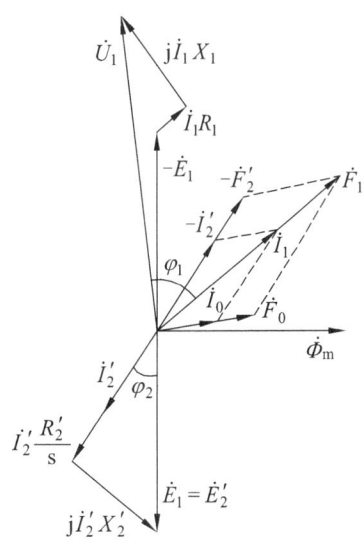

图6-23 三相异步电机的相量图

6.4.5 关于鼠笼型异步电机的参数

上面是以绕线型异步电机为例，完成了转子频率折算、绕组折算，最终获得了等效电路图。那么，这些由绕线型异步电机获得而来的公式、电路图、结论同样适用于鼠笼型异步电机。但用于分析鼠笼型异步电动机时，以下几个参数与绕线型异步电机有所不同。

1. 极对数

鼠笼型绕组中流过电流时同样会产生转子磁场，它的磁极对数取决于笼型导条中感应电流在空间上的分布情况，而此感应电流是由气隙合成磁场决定的。故鼠笼型转子绕组的极数取决于气隙合成磁场的极数，也就是说，鼠笼型转子绕组的极对数恒等于定子绕组的极对数 p。

2. 相数和并联支路数

因鼠笼型转子导条在转子圆周上是均匀分布的，若一对磁极范围内有 m_2 根导条（它们在空间上构成一个电动势星形图），转子就感应产生 m_2 相对称的感应电动势和电流。于是，

$$m_2 = \frac{Q}{p} \quad (Q 为转子槽数) \tag{6-41}$$

在多极电机中，在空间上共有 p 个电动势星形图，则每一相可由处于每个星形图相应位置的转子导条并联构成。显然，共有 p 个星形图，则每相会有 p 根转子导条相并联。故鼠笼型转子的并联支路数为 $a = p$。

3. 绕组匝数和绕组系数

由上面的分析可知，鼠笼型转子的每相仅有一根导条，即半匝，故鼠笼型绕组的每相匝数为 1/2。

而一根导条也就不存在分布、短距的问题，故鼠笼型转子绕组的绕组系数为 1。

将上述参数代入相应的公式即可对鼠笼型异步电机进行分析了，以绕线型异步电机为例获得而来的结论完全适用于鼠笼型异步电机。

6.5 三相异步电机的功率与转矩

异步电动机是一种将电能转化为机械能的机电能量转换装置，下面我们以能量守恒的观点去分析异步电动机的能量转换过程，着重说明其功率和转矩的平衡关系。

6.5.1 功率关系

在图 6-24 所示的异步电机"T"型等效电路中，当异步电动机以转速 n（转差率为 s）稳定运行时，设定电源电压为 U_1，流过定子的相电流为 I_1，则电源输入的总有功功率为：

$$P_1 = 3U_1 I_1 \cos\varphi_1 \tag{6-42}$$

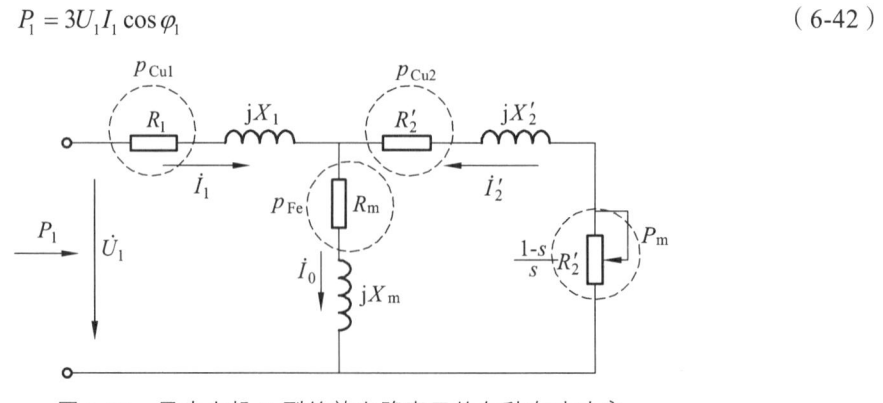

图 6-24 异步电机 T 型等效电路表示的各种有功功率

P_1 进入电动机后,首先会在定子绕组电阻上消耗一小部分铜耗 p_{Cu1}。

$$p_{\text{Cu1}} = 3I_1^2 R_1 \tag{6-43}$$

另一部分是铁耗 p_{Fe},与变压器类似,它主要是定子铁心的磁滞和涡流损耗。定子铁耗表现为等效电路中励磁电阻 R_m 上所消耗的有功功率,即

$$p_{\text{Fe}} = 3I_0^2 R_\text{m} \tag{6-44}$$

P_1 在去除掉定子铜耗 p_{Cu1}、定子铁耗 p_{Fe} 之后的功率则借助于气隙中的旋转磁场由定子侧传递到转子侧。因转子上这一功率是通过电磁感应而获得的,故称之为电磁功率,记作 P_{em},则有:

$$P_{\text{em}} = P_1 - p_{\text{Cu1}} - p_{\text{Fe}} \tag{6-45}$$

同时,由 T 型等效电路可以看出,传递到转子上的功率就是转子等效电路上的总有功功率,也就是电阻 R_2'/s 上的有功功率,因此有:

$$P_{\text{em}} = 3E_2' I_2' \cos\varphi_2' = m_2 E_2 I_2 \cos\varphi_2 = 3I_2'^2 \frac{R_2'}{s} \tag{6-46}$$

P_{em} 进入转子后,会在转子绕组电阻上产生转子铜耗 p_{Cu2},则有:

$$p_{\text{Cu2}} = 3I_2'^2 R_2' \tag{6-47}$$

异步电动机在正常运行时,$f_2 \ll f_1$,转子铁耗很小,可忽略不计。

电磁功率 P_{em} 去除转子铜耗之后,余下部分全部转化为异步电动机的总机械功率 P_m,则有:

$$P_\text{m} = P_{\text{em}} - p_{\text{Cu2}} \tag{6-48}$$

比较式(6-46)和式(6-47),可得:

$$p_{\text{Cu2}} = s P_{\text{em}} \tag{6-49}$$

上式表明,异步电动机额定运行时的转子铜耗仅占电磁功率很小一部分,它与转差率 s 成正比,故又称之为转差功率。但是,随着电动机转速的降低,转差率增大,转差功率也随之增大,后续的异步电机转子串电阻调速即是基于该理论。

将式(6-49)代入式(6-48),可得:

$$P_\text{m} = P_{\text{em}} - p_{\text{Cu2}} = (1-s) P_{\text{em}} \tag{6-50}$$

显然,上式表明总机械功率 P_m 占电磁功率 P_{em} 的绝大部分。由图 6-24 所示的异步电机 T 型等效电路还可得到 P_m 的另一个计算式。

$$P_\text{m} = 3I_2'^2 \frac{1-s}{s} R_2' \tag{6-51}$$

总机械功率 P_m 不能全部由转子轴输出给负载,还要扣除机械损耗 p_m 和附加损耗 p_a,之后才是电动机轴上输出的机械功率 P_2。机械损耗主要是由轴承摩擦及风阻摩擦等产生的。附加损耗是高次谐波磁通及漏磁通在铁心、机座及端盖等部分感应电动势和电流而引起的损耗。

附加损耗往往难以准确计算，通常估算约为电机额定功率的 0.5%~3%。

于是，异步电动机转子轴上输出的机械功率 P_2 为：

$$P_2 = P_m - p_m - p_a \tag{6-52}$$

综上所述，可得异步电动机的功率平衡关系为

$$P_2 = P_1 - p_{Cu1} - p_{Fe} - p_{Cu2} - p_m - p_a \tag{6-53}$$

异步电动机功率传递的全过程可用图 6-25 所示的功率流程图表示。

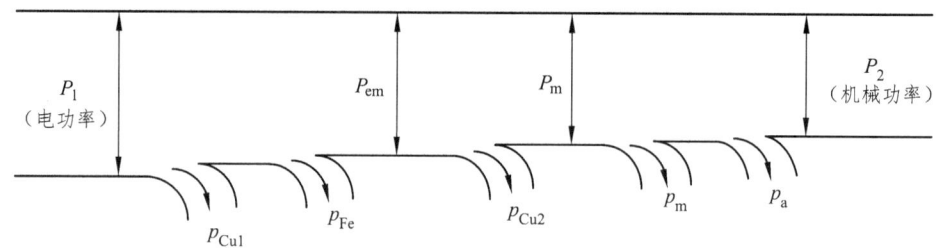

图 6-25　异步电机的功率流程图

由以上功率关系的定量分析中可以看出，异步电机运行时，其三个重要功率（电磁功率、转差功率、总机械功率）之间存在如下的比例关系。

$$P_{em} : p_{Cu2} : P_m = 1 : s : (1-s) \tag{6-54}$$

上式说明，在电磁功率一定的情况下，s 越小，则转差功率越小，总机械功率越大，此时电机的效率就越高。反之亦然。

6.5.2　转矩关系

1. 电磁转矩

异步电动机转轴上的各种机械功率除以转子机械角速度 Ω 即可得到相应的转矩。P_m 是借助于气隙旋转磁场由定子传递到转子上的总机械功率，与之相对应的总机械转矩称为电磁转矩，即

$$T_{em} = \frac{P_m}{\Omega} \tag{6-55}$$

式（6-55）中的 Ω 为转子机械角速度。

因为：

$$\Omega = \frac{2\pi n}{60} = \frac{2\pi(1-s)n_1}{60} = (1-s)\Omega_1 \tag{6-56}$$

上式中，Ω_1 为气隙合成旋转磁场的机械角速度（也称同步角速度），与转子机械角速度 Ω 不同。

所以，可得到一个重要的关系，即：

$$T_{em} = \frac{P_m}{\Omega} = \frac{(1-s)P_{em}}{(1-s)\Omega_1} = \frac{P_{em}}{\Omega_1} \quad (6\text{-}57)$$

式（6-57）表明，电磁转矩 T_{em} 既等于电磁功率 P_{em} 除以旋转磁场同步角速度 Ω_1，又等于总机械功率 P_m 除以转子机械角速度 Ω。前者是以旋转磁场对转子做功这一概念为依据的，因为旋转磁场以同步角速度旋转而驱动转子做功，这一功率即通过气隙传送到转子的电磁功率，故 $T_{em} = P_{em}/\Omega_1$。而后者则是以转子本身获得的总机械功率 P_m 来表示的，由于转子本身的机械角速度为 Ω，所以有 $T_{em} = P_m/\Omega$ 成立。

2. 转矩平衡

对功率表达式 $P_m = P_2 + p_m + p_a$ 两边同除以机械角速度 Ω，即可得出转矩关系式：

$$T_{em} = T_2 + T_m + T_a = T_2 + T_0 \quad (6\text{-}58)$$

式（6-58）中，T_2 为异步电动机转子轴上输出的转矩，$T_m + T_a = T_0$ 为异步电机的空载转矩。

$$T_2 = \frac{P_2}{\Omega} \quad (6\text{-}59)$$

3. 电磁转矩的物理表达式

由异步电机的等效电路可知：$P_{em} = m_2 E_2 I_2 \cos\varphi_2$，将其代入式（6-57）可得：

$$T_{em} = \frac{P_{em}}{\Omega_1} = \frac{m_2 E_2 I_2 \cos\varphi_2}{\frac{2\pi n_1}{60}} = \frac{m_2 \left(4.44 f_1 N_2 k_{dp2} \Phi_m\right) I_2 \cos\varphi_2}{\frac{2\pi n_1}{60}}$$

将 $n_1 = 60 f_1/p$ 代入上式，则有：

$$T_{em} = \frac{m_2}{\sqrt{2}} p N_2 k_{dp2} \Phi_m I_2 \cos\varphi_2 = C_T \Phi_m I_2 \cos\varphi_2 \quad (6\text{-}60)$$

式中：$C_T = \frac{m_2}{\sqrt{2}} p N_2 k_{dp2}$ 为转矩因数，对已制成的电动机，它为一常数。式（6-60）所表示的异步电机电磁转矩的表达式形式上与直流电动机电磁转矩表达式很相似。从式中可以看出，三相异步电动机的电磁转矩 T_{em} 的大小与气隙每极磁通量 Φ_m、转子相电流 I_2 以及转子功率因数 $\cos\varphi_2$ 这三者的乘积成正比。或者说，与气隙每极磁通量和转子电流的有功分量（$I_2\cos\varphi_2$）乘积成正比。

例 6-6 一台三相四极 50 Hz 异步电动机，$P_N = 75$ kW，$n_N = 1\,450$ r/min，$U_N = 380$ V，$I_N = 160$ A，定子 Y 接法。已知额定运行时，输出转矩为电磁转矩的 90%，$p_{Cu1} = p_{Cu2}$，$p_{Fe} = 2.1$ kW。试计算额定运行时的电磁功率、输入功率和功率因数。

解：转差率 $s = \dfrac{1\,500 - 1\,450}{1\,500} = 0.033\,3$

输出转矩 $T_2 = \dfrac{P_2}{\Omega} = \dfrac{P_N}{\Omega_N} = \dfrac{75 \times 10^3 \times 60}{2\pi \times 1450} = 494.2\ \text{N} \cdot \text{m}$

电磁功率 $P_{em} = T_{em}\Omega_1 = \dfrac{T_2}{0.9}\Omega_1 = \dfrac{494.2}{0.9} \times \dfrac{2\pi \times 1\,500}{60} = 86.21\ \text{kW}$

转子铜耗 $p_{Cu2} = sP_{em} = 0.033\,3 \times 86\,210 = 2\,870\ \text{W}$

定子铜耗 $p_{Cu1} = p_{Cu2} = 2\,870\ \text{W}$

输入功率 $P_1 = (p_{Cu1} + p_{Fe}) + P_{em} = (2\,870 + 2\,100 + 86\,210) = 91\,180\ \text{W}$

功率因数 $\cos\varphi_1 = \dfrac{P_1}{\sqrt{3}U_N I_N} = \dfrac{91\,180}{\sqrt{3} \times 380 \times 160} = 0.867$

6.6 三相异步电机的参数测定

前面我们已经推导出了异步电机的等效电路图，为了利用等效电路去计算异步电机的运行特性，就必须先已知参数 R_1、X_1、R_2'、X_2'、R_m、X_m。和变压器一样，对于已制成的异步电机可以通过堵转（短路）试验和空载试验来测定其参数。

6.6.1 堵转（短路）试验

堵转试验是通过销钉将转子堵住，不让其旋转，相当于对转子进行了短路，故又称之为短路试验，此时的转子电流比较大。短路试验的目的是测短路阻抗 Z_k、R_k、X_k。为了在做短路试验时不出现过电流，施加于定子的电压不能超过 $0.4U_{1N}$，然后逐渐降低电压。调节过程中，记录几组定子相电压 U_{1k}、定子相电流 I_{1k} 和定子输入功率 p_{1k} 的数据，从而可绘出异步电机的短路特性曲线 $I_{1k} = f(U_{1k})$ 及 $p_{1k} = f(U_{1k})$，如图 6-26 所示。注意，试验过程中还应按电桥法或伏安法测量定子绕组每相电阻 R_1 的大小。

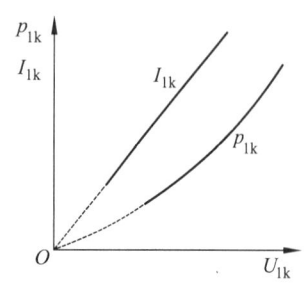

图 6-26 异步电机的短路特性曲线

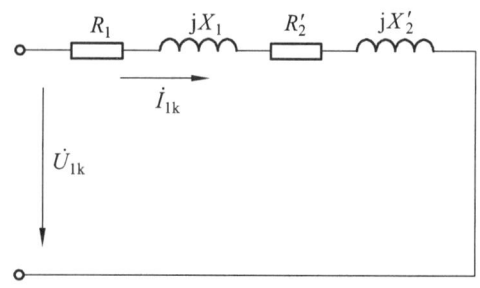

图 6-27 异步电机短路运行时的每相等效电路

异步电机堵转时，$s=1$，代表总机械功率的附加电阻 $(1-s)R_2'/s=0$，且 $Z_m \gg Z_2'$，故可以认为励磁支路开路，$I_0=0$。这种情况下的异步电机等效电路如图 6-27 所示。

短路试验时，$n=0$，所以机械损耗 $p_m=0$。又近似认为 $I_0=0$，则 $I_2'=I_1=I_{1k}$，所以铁耗 $p_{Fe} \approx 0$，可忽略不计。则定子侧输入功率 p_{1k} 全部消耗在定、转子的铜耗上。则有：

$$p_{1k}=3I_1^2 R_1+3(I_2')^2 R_2'=3I_{1k}^2 R_1+3I_{1k}^2 R_2'=3I_{1k}^2(R_1+R_2')=3I_{1k}^2 R_k$$

根据短路试验测得的数据，可计算出短路阻抗 Z_k、短路电阻 R_k 和短路电抗 X_k。

$$\left. \begin{aligned} |Z_k| &= \frac{U_{1k}}{I_{1k}} \\ R_k &= \frac{p_{1k}}{3I_{1k}^2} = R_1+R_2' \\ X_k &= \sqrt{|Z_k|^2-R_k^2} = X_1+X_2' \end{aligned} \right\} \quad (6\text{-}61)$$

从 R_k 中减去定子每相电阻 R_1，即得 R_2'。而对于 X_1 和 X_2'，在大中型异步电动机中，可认为：

$$X_1 \approx X_2' \approx \frac{X_k}{2} \quad (6\text{-}62)$$

6.6.2 空载试验

空载试验的目的是测励磁阻抗 R_m、X_m、机械损耗 p_m 和铁耗 p_{Fe}。试验时，电机的转轴上不加任何负载，即电动机处于空载运行，把定子绕组接到频率为 50 Hz 的三相对称电源上。当电源电压为额定值时，让电动机运行一段时间，使其机械损耗达到稳定值。再用调压器改变加在电动机定子绕组上的电压，使其从 (1.1～1.3)U_{1N} 逐渐下降至 $0.2U_{1N}$ 左右，直到电动机的转速发生明显的变化为止。调节过程中，记录几组定子相电压 U_1、空载相电流 I_0 及空载输入功率 p_0 数据，从而可绘出异步电机空载特性曲线 $I_0=f(U_1)$ 及 $p_0=f(U_1)$，如图 6-28 所示。

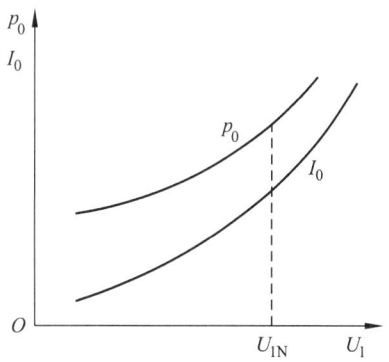

图 6-28 异步电机的空载特性曲线

由于异步电机处于空载状态，其转子电流很小，转子铜耗和附加损耗很小，可忽略不计。此时，定子侧输入的功率 p_0 消耗在定子铜耗 $3I_0^2 R_1$、铁耗 p_{Fe} 和机械损耗 p_m 中，即

$$p_0 = 3I_0^2 R_1 + p_{Fe} + p_m \quad (6\text{-}63)$$

下面，我们从输入功率 p_0 中减去定子铜耗 $3I_0^2 R_1$，余下的功率用 p_0' 表示，得

$$p_0' = p_0 - 3I_0^2 R_1 = p_{Fe} + p_m \quad (6\text{-}64)$$

上式中，p_{Fe} 会随着定子端电压 U_1 的改变而变化；而 p_m 的大小与电压 U_1 无关，只要电机的转速没有太大的变化，就可认为 p_m 是个常数。由于铁耗 p_{Fe} 可认为与磁密的平方成正比，故可近似地看作其与电机的端电压 U_1^2 成正比。从而可以把 p_0' 对 U_1^2 的关系画成曲线，如图 6-29 所示。把图 6-29 中的直线延长与纵轴交于点 o'，再过 o' 做一水平虚线，把曲线的纵坐标分成两部分。由于机械损耗 p_m 可近似认为是一常数，因此，虚线与横坐标轴之间的部分就

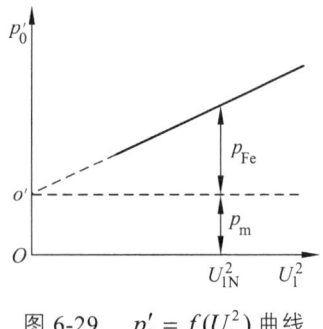

图 6-29　$p_0' = f(U_1^2)$ 曲线

表示机械损耗 p_m，而虚线与曲线之间的部分就是铁耗 p_{Fe}。这样就把 p_{Fe} 与 p_m 从 p_0 中分离出来。（注意：作图时请用坐标纸，尽量减小误差，以保证后续参数计算的精度）

当定子加额定电压时，可根据空载试验测得的数据 I_0、p_0 算出：

$$\left. \begin{array}{l} |Z_0| = \dfrac{U_{1N}}{I_0} \\ R_0 = \dfrac{p_0 - p_m}{3I_0^2} = \dfrac{p_{Cu1} + p_{Fe}}{3I_0^2} = R_1 + R_m \\ X_0 = \sqrt{|Z_0|^2 - R_0^2} \end{array} \right\} \quad (6\text{-}65)$$

式（6-65）中，p_0 是测得的三相功率，I_0、U_1 分别是定子侧的相电流和相电压。当异步电机空载运行时，$s \approx 0$，则 $R_2'/s \approx \infty$，因此可认为转子回路断开。从而根据图 6-30 所示的空载运行时的等效电路可看出，此时有：$R_0 = R_1 + R_m$，$X_0 = X_1 + X_m$。

而且，R_1、X_1 可从堵转（短路）试验中测得，于是：

$$\left. \begin{array}{l} X_m = X_0 - X_1 \\ R_m = R_0 - R_1 \end{array} \right\} \quad (6\text{-}66)$$

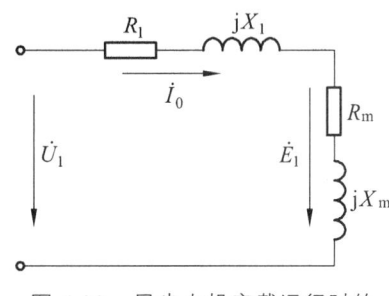

图 6-30　异步电机空载运行时的每相等效电路

值得说明的是，R_m 还可以通过作图法求出的 p_{Fe}（见图 6-29）代入下式求得。

$$R_m = \dfrac{p_{Fe}}{3I_0^2} \quad (6\text{-}67)$$

6.7　三相异步电机的工作特性

异步电动机的工作特性是指：在定子电压、频率均为额定值及定、转子均不外串电阻或

者电抗时，电动机的转速、定子电流、功率因数、电磁转矩、效率与输出功率的关系。即 $U_1=U_{1N}$、$f_1=f_N$ 时，n，I_1，$\cos\varphi_1$，T_{em}，$\eta=f(P_2)$ 的关系，如图 6-31 所示。对中、小型电动机，其工作特性可用直接带负载的办法测得。大容量电动机因受设备的限制，通常由空载和短路试验测出电动机的参数，然后再利用等效电路来计算出其工作特性。

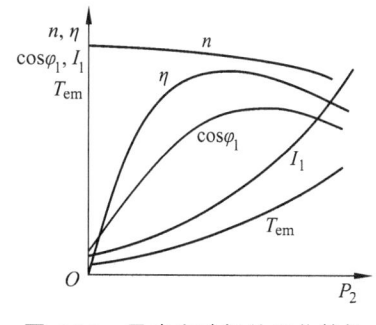

图 6-31 异步电动机的工作特性

6.7.1 转速特性 $n=f(P_2)$

当异步电动机空载时，输出功率 P_2 为零，电动机的电磁转矩只用于克服空载转矩。此时转子电流、转子铜耗很小，可忽略；转差率很小，接近于零，电动机的转速接近同步转速 n_1。随着负载的增加，P_2 增大，这时转子电动势、转子电流均增大，以产生足够大的电磁转矩来平衡负载转矩，相应的转速有所下降，但降得不多，s 增加并不是很大。故异步电机的转速特性 $n=f(P_2)$ 是稍微向下倾斜的一条近似直线的曲线，如图 6-32 所示。

6.7.2 定子电流特性 $I_1=f(P_2)$

当异步电动机空载时，转子电流 I_2 基本上为零，此时定子电流 I_1 可认为等于励磁电流 I_0。随着负载的增加，转速下降，转子电流增大，定子电流也随之增大（这一点与变压器类似）。当 P_2 较大时，定子电流几乎随 P_2 按正比例增加，如图 6-33 所示。

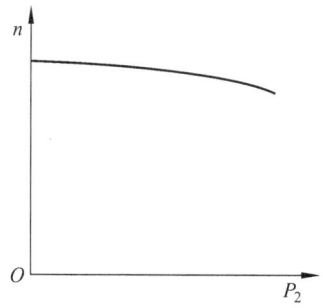

图 6-32 异步电机的转速特性

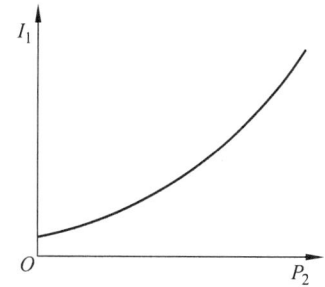

图 6-33 异步电机的定子电流特性

6.7.3 定子功率因数特性 $\cos\varphi_1=f(P_2)$

异步电机必须从电网上吸收滞后的电流来励磁，其功率因数永远小于 1。当其空载运行时，异步电机的定子电流基本上是励磁电流 I_0（主要是无功分量来建立磁场），故空载时功率因数很低，通常小于 0.2。随着 P_2 的增大，定子电流的有功分量增加，$\cos\varphi_1$ 增大，在额定负载附近，$\cos\varphi_1$ 达到最大值。当 P_2 继续增大时，转速下降会比较大（见图 6-32），转差率 s 变大，使转子回路的阻抗角 $\varphi_2 = \arctan\dfrac{sX_2}{R_2}$ 变大，则 $\cos\varphi_2$ 下降，从而使 $\cos\varphi_1$ 下降。定子功率因数曲线如图 6-34 所示。

6.7.4 电磁转矩特性 $T_{em} = f(P_2)$

稳定运行时，异步电机的转矩方程为：$T_{em} = T_2 + T_0$，且 $T_2 = P_2/\Omega$，所以有：

$$T_{em} = \frac{P_2}{\Omega} + T_0 = \frac{P_2}{\dfrac{2\pi n}{60}} + T_0 \tag{6-68}$$

当异步电动机空载时，电磁转矩 $T_{em} = T_0$。随着负载增加，P_2 增大，由于转速 n 变化不大（见图 6-31），再结合式（6-68）可知：电磁转矩 T_{em} 随 P_2 的变化近似地为一条直线。如图 6-35 所示。

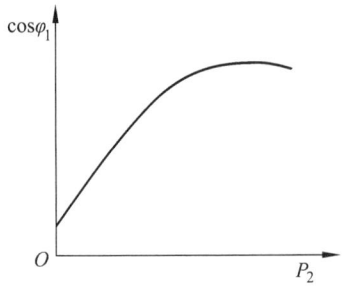

图 6-34　异步电机定子功率因数特性

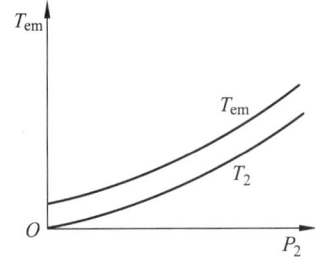

图 6-35　异步电机的转矩特性

6.7.5 效率特性 $\eta = f(P_2)$

异步电机的效率计算公式为：

$$\eta = \frac{P_2}{P_1} = \frac{P_2}{P_2 + p_{Cu1} + p_{Fe} + p_{Cu2} + p_m + p_a} \tag{6-69}$$

当异步电机空载运行时，$P_2 = 0$，$\eta = 0$。从空载运行到额定负载运行，由于主磁通变化很小，故铁耗可认为不变；又因在此过程中转速变化很小，故机械损耗也可认为不变。上述两项损耗统称为不变损耗。而定子、转子铜耗与各自电流的平方成正比，在此过程中变化很大，叫可变损耗。由电路知识可知，当不变损耗等于可变损耗时，电动机的效率达最大。对中小型异步电动机，大约 $P_2 = 0.75P_N$ 时，效率最高。如果 P_2（负载）继续增大，由于定子、转子铜耗增加很快，效率反而要降低，如图 6-36 所示。通常情况下，电动机的容量越大，效率越高。

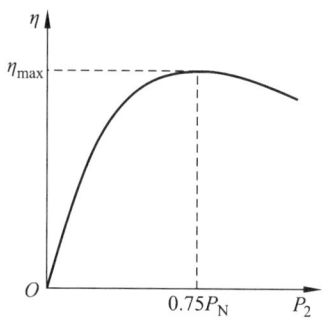

图 6-36 异步电机的效率特性

习 题

6-1 什么叫转差率？如何根据转差率来判断异步机的运行状态？

6-2 为什么相同容量的异步电机的空载电流要比变压器的大很多？

6-3 三相异步电机的转速变化时，由转子电流所产生的旋转磁动势在空间的转速是否改变？为什么？

6-4 在分析异步电动机时，转子边要进行哪些折算？为什么要进行这些折算？折算的原则是什么？

6-5 异步电机等效电路中的 $(1-s)R_2'/s$ 代表什么含义？能否用等值的电抗或电容代替？为什么？

6-6 什么叫转差功率？转差功率消耗到哪里去了？增大这部分消耗，异步电动机会出现什么现象？

6-7 一台三相绕线型异步电动机，转子开路时，在定子上加额定电压，从转子滑环上测得电压为 100 V，转子绕组 Y 接法，每相电阻 $R_2 = 0.6\ \Omega$，每相漏抗 $X_2 = 3.2\ \Omega$，当 $n = 1\ 450$ r/min 时，求转子电流的大小和频率、总机械功率。（提示：用频率折算的方法）

6-8 一台三相异步电动机的输入功率为 10.7 kW，定子铜耗为 450 W，铁耗为 200 W，转差率为 $s = 0.029$，试计算电动机的电磁功率、转子铜耗及总机械功率。

6-9 一台三相异步电动机，$P_N = 7\ 500$ W，额定电压 $U_N = 380$ V，定子绕组 △ 接法，频率为 50 Hz。额定负载运行时，定子铜耗 $p_{Cu1} = 474$ W，铁耗 $p_{Fe} = 231$ W，机械损耗 $p_m = 45$ W，附加损耗 $p_a = 37.5$ W，已知 $n_N = 960$ r/min，$\cos\varphi_N = 0.824$，试计算转子电流频率、转子铜耗、定子电流和电机的效率。

6-10 一台三相四极异步电动机，$P_N = 17$ kW，$U_N = 380$ V，定子绕组 △ 接法，频率为 50 Hz。额定运行时，定子铜耗 $p_{Cu1} = 700$ W，转子铜耗 $p_{Cu2} = 500$ W，铁耗 $p_{Fe} = 450$ W，机械损耗 $p_m = 150$ W，附加损耗 $p_a = 200$ W。试计算这台电机额定运行时的：① 额定转速 n_N；② 输出转矩 T_2；③ 空载转矩 T_0；④ 电磁转矩 T_{em}。

6-11 一台额定频率为 50 Hz 的三相异步电机，$R_2 = 0.1\ \Omega$，$X_2 = 0.5\Omega$，当定子绕组加额定

电压，转子绕组开路时的每相感应电动势为 100 V。设电机额定运行时 $n_N = 960$ r/min，转子转向与旋转磁场相同，问：① 此时电机运行在什么状态？② 此时转子每相电动势 E_{2s} 为多少？③ 此时转子每相电流 I_{2s} 是多少？

6-12 某额定频率为 50 Hz 的三相四极异步电动机，已知：$s = 0.03$，$P_1 = 6.5$ kW，$p_{Cu1} = 350$ W，$p_{Fe} = 170$ W，$p_m = 45$ W，忽略 p_a。求该异步电机此时的转速 n、电磁功率 P_{em}、电磁转矩 T_{em}、输出功率 P_2 及效率 η 为多少？

第 7 章

三相异步电动机的电力拖动

三相异步电动机是目前生产、生活中应用最为广泛的电动机,特别是近年来随着电力电子技术的发展和交流调速技术的日益成熟,使异步电动机在调速性能方面完全可与直流电动机相媲美。目前,异步电动机的电力拖动已被广泛应用在各个工业自动化领域。本章重点分析三相异步电动机电力拖动的有关问题,包括机械特性、起动、调速及制动等内容。

7.1 三相异步电动机的机械特性

7.1.1 三相异步电动机的电磁转矩表达式

1. 物理表达式

本书 6.5 节已根据电磁功率 P_{em}、电磁转矩 T_{em} 之间的关系对 T_{em} 的表达式进行了推导,式(6-60)即是电磁转矩的物理表达式。

$$T_{em} = \frac{P_{em}}{\Omega_1} = \frac{m_2}{\sqrt{2}} p N_2 k_{dp2} \Phi_m I_2 \cos\varphi_2 = C_T \Phi_m I_2 \cos\varphi_2 \tag{7-1}$$

式中,$C_T = \frac{m_2}{\sqrt{2}} p N_2 k_{dp2}$ 称为转矩因数,对于已制成的电动机,C_T 为常数。

式(7-1)表明异步电动机的电磁转矩 T_{em} 与主磁通 Φ_m 成正比,与转子电流的有功分量 $I_2\cos\varphi_2$ 成正比,其物理意义非常明确,所以该式称为电磁转矩的物理表达式。该表达式与直流电动机的电磁转矩公式 $T_{em} = C_T \Phi I_a$ 极为相似,常用它定性分析三相异步电动机的运行问题。

2. 参数表达式

异步电动机的电磁转矩 T_{em} 可用电磁功率 P_{em} 和同步角速度 Ω_1 表示为

$$T_{em} = \frac{P_{em}}{\Omega_1} = \frac{m_1 I_2'^2 R_2'/s}{2\pi f_1/p} \tag{7-2}$$

根据异步电动机的近似等效电路,可得转子电流的折算值为

$$I_2' = \frac{U_1}{\sqrt{\left(R_1 + \dfrac{R_2'}{s}\right)^2 + (X_1 + X_2')^2}} \qquad (7\text{-}3)$$

把式（7-3）代入式（7-2）中，可得

$$T_{em} = \frac{m_1 p U_1^2 \dfrac{R_2'}{s}}{2\pi f_1 \left[\left(R_1 + \dfrac{R_2'}{s}\right)^2 + (X_1 + X_2')^2\right]} \qquad (7\text{-}4)$$

式（7-4）反映了 T_{em} 与定子相电压 U_1、电源频率 f_1、电动机定转子参数以及转差率 s 之间的关系，因此称为电磁转矩的参数表达式。对于已经制成的异步电动机，其定转子参数等均不变，若 U_1 和 f_1 恒定，则由式（7-4）可绘出异步电动机的机械特性曲线，如图 7-1 所示。

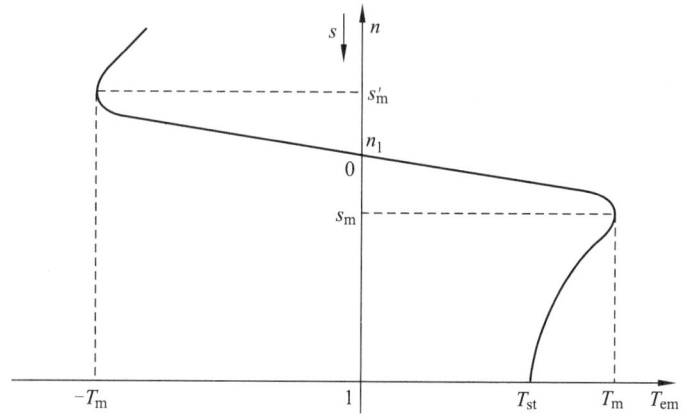

图 7-1　三相异步电动机的机械特性

当同步转速 n_1 为正时，机械特性曲线跨第一、二象限。在第一象限，$0<n<n_1$，$0<s<1$，T_{em} 和 n 均为正，电机处于电动机运行状态；在第二象限，$n>n_1$，$s<0$，n 为正值，T_{em} 为负值，电机处于发电机运行状态。机械特性方程式（7-4）为二次方程式，当转差率 s 为某个值时，电磁转矩 T_{em} 会达到最大值 T_m。在式（7-4）中，使 $\dfrac{dT_{em}}{ds}=0$，可求得最大转矩 T_m 和对应的转差率 s_m（称为临界转差率），即

$$s_m = \pm \frac{R_2'}{\sqrt{R_1^2 + (X_1 + X_2')^2}} \qquad (7\text{-}5)$$

$$T_m = \pm \frac{m_1 p U_1^2}{4\pi f_1 \left[\pm R_1 + \sqrt{R_1^2 + (X_1 + X_2')^2}\right]} \qquad (7\text{-}6)$$

式中，正号对应电动状态，负号对应发电状态。

通常，$R_1 \ll (X_1 + X_2')$，故式（7-5）、式（7-6）可近似写成

$$s_\mathrm{m} \approx \pm \frac{R_2'}{X_1 + X_2'} \tag{7-7}$$

$$T_\mathrm{m} \approx \pm \frac{m_1 p U_1^2}{4\pi f_1 (X_1 + X_2')} \tag{7-8}$$

由式（7-7）和式（7-8），可得出如下结论：

（1）当电动机各参数、频率不变时，T_m 与 U_1^2 成正比，而 s_m 保持不变，与 U_1 无关。

（2）当电源电压与频率不变时，T_m 和 s_m 都近似与 $(X_1 + X_2')$ 成反比。

（3）T_m 与 R_2' 无关，而 s_m 与 R_2' 成正比。所以对于绕线型异步电动机，当增加转子回路的电阻 R_2' 时，T_m 不变，s_m 则与 R_2' 成正比增大，使机械特性变软。

T_m 是异步电动机能产生的最大电磁转矩，若负载转矩 $L_\mathrm{L} > T_\mathrm{m}$，电动机将因承受不了而停转。为了保证电动机不会因短时过载而停转，一般电动机都具有一定的过载能力。显然，T_m 越大，电动机过载能力越强。通常把最大电磁转矩 T_m 与额定转矩 T_N 之比称为电动机的过载能力，用 K_T 表示，即

$$K_\mathrm{T} = \frac{T_\mathrm{m}}{T_\mathrm{N}} \tag{7-9}$$

K_T 是异步电动机很重要的参数，它反映了电动机短时过载能力的大小。一般电动机的 $K_\mathrm{T} = 1.7 \sim 2.2$，对于起重和冶金机械用的电动机 $K_\mathrm{T} = 2.2 \sim 2.8$。

此外，异步电动机还有另一个重要参数，即起动转矩 T_st，它是异步电动机起动瞬间的电磁转矩。此时，$s = 1$（$n = 0$），代入式（7-4），可得

$$T_\mathrm{st} = \frac{m_1 p U_1^2 R_2'}{2\pi f_1 [(R_1 + R_2')^2 + (X_1 + X_2')^2]} \tag{7-10}$$

由式（7-10）可得出如下结论：

（1）当电动机各参数和电源频率不变时，T_st 与 U_1^2 成正比。

（2）当电源电压与频率不变时，电抗参数 $X_1 + X_2'$ 越大，T_st 越小。

（3）在一定范围内增大 R_2' 时，T_st 会增大。

因此，对于绕线型异步电动机可以采用转子回路串电阻的方法，增大起动转矩 T_st，改善起动性能。对于鼠笼型异步电动机，不能在转子回路中串电阻，T_st 的大小只能在设计时考虑。起动转矩 T_st 与额定转矩 T_N 之比称为起动转矩倍数，用 K_st 表示，即

$$K_\mathrm{st} = \frac{T_\mathrm{st}}{T_\mathrm{N}} \tag{7-11}$$

K_st 是鼠笼型异步电动机的一个重要参数，它反映了电动机起动能力的大小，只有当 $T_\mathrm{st} > T_\mathrm{L}$ 时，电动机才能起动起来。对于某一型号的鼠笼型异步电动机，其 K_st 的数值可在产品目录中查出。一般的鼠笼型异步电动机 $K_\mathrm{st} = 1.0 \sim 2.0$，对于起重和冶金专用的鼠笼型异步电动机，$K_\mathrm{st} = 2.8 \sim 4.0$。

3. 实用表达式

在工程计算时，电动机的定转子参数 R_1、X_1、R_2'、X_2' 在产品手册中是查不到的，因此欲求其电磁转矩的参数表达式是比较困难的。为了能利用电动机的技术数据和铭牌数据求得电动机的机械特性，有必要推导出三相异步电动机电磁转矩的实用表达式。

用式（7-4）除以式（7-6），同时将式（7-5）代入，化简后得

$$T_{em} = \frac{2T_m\left(1+s_m\dfrac{R_1}{R_2'}\right)}{\dfrac{s}{s_m}+\dfrac{s_m}{s}+2s_m\dfrac{R_1}{R_2'}} = \frac{T_m\left(2+2s_m\dfrac{R_1}{R_2'}\right)}{\dfrac{s}{s_m}+\dfrac{s_m}{s}+2s_m\dfrac{R_1}{R_2'}} \tag{7-12}$$

一般情况下，$s_m = 0.1\sim 0.2$，$R_1 = R_2'$，所以 $2s_m\dfrac{R_1}{R_2'} \approx 0.2\sim 0.4$；而式（7-12）中对任意 s，都有 $\left(\dfrac{s}{s_m}+\dfrac{s_m}{s}\right) \geq 2$。因此，可忽略式（7-12）中的 $2s_m\dfrac{R_1}{R_2'}$，进一步化简后得

$$T_{em} = \frac{2T_m}{\dfrac{s}{s_m}+\dfrac{s_m}{s}} \tag{7-13}$$

式（7-13）中的 T_m 和 s_m 可由电动机额定数据方便地求得，故较为实用，称为电磁转矩的实用表达式。下面介绍 T_m 和 s_m 的求法。

若忽略空载转矩，则当 $s = s_N$ 时，$T_{em} = T_N$。代入式（7-13）中可得

$$T_N = \frac{2T_m}{\dfrac{s_N}{s_m}+\dfrac{s_m}{s_N}} \tag{7-14}$$

同时，由电机学知识可知

$$T_N = \frac{P_N}{\Omega} = \frac{P_N \times 10^3}{\dfrac{2\pi n_N}{60}} = 9550\frac{P_N}{n_N}(\text{N}\cdot\text{m}) \tag{7-15}$$

式（7-15）中的额定功率 P_N（kW）及额定转速 n_N（r/min）均可由产品目录查得，则可求得 $T_m = K_T T_N$。将其代入式（7-14）中，即可求出 s_m。

$$s_m = s_N(K_T \pm \sqrt{K_T^2 - 1}) \tag{7-16}$$

由于 $s_m > s_N$，故上式应取正号，于是

$$s_m = s_N(K_T + \sqrt{K_T^2 - 1}) \tag{7-17}$$

其中

$$s_N = \frac{n_1 - n_N}{n_1} \tag{7-18}$$

求出 T_m 和 s_m 后，式（7-13）便成为已知的机械特性方程式，只要给定一系列的 s 值，便

可求出相应的 T_{em} 值，即可绘出机械特性曲线。

上述异步电动机的 3 种电磁转矩表达式，应用场合有所不同。一般物理表达式适用于定性地分析 T_{em} 与 Φ_m、$I_2\cos\varphi_2$ 之间的关系；参数表达式适用于分析电动机参数变化对其运行性能的影响；而实用表达式适用于电动机机械特性的工程计算。

例 7-1 某三相鼠笼型异步电动机的数据为：$P_N = 7.5$ kW，$f_N = 50$ Hz，$n_N = 1\,440$ r/min，$K_T = 2.2$。若拖动 $T_L = 0.8T_N$ 的负载运行，试求电动机的转速为多少？

解：由 $n_N = 1\,440$ r/min 可知 $n_1 = 1\,500$ r/min，则

$$s_N = \frac{n_1 - n_N}{n_1} = \frac{1\,500 - 1\,440}{1\,500} = 0.04$$

$$s_m = s_N\left(K_T + \sqrt{K_T^2 - 1}\right) = 0.04\left(2.2 + \sqrt{2.2^2 - 1}\right) = 0.166$$

根据式（7-13）可解得

$$s = s_m\left[\frac{T_m}{T_{em}} \pm \sqrt{\left(\frac{T_m}{T_{em}}\right)^2 - 1}\right]$$

因 $s < s_m$，上式中应取负号；且 $T_m = K_T T_N = 2.2T_N$；忽略 T_0，$T_L = T_{em} = 0.8T_N$，则有

$$s = s_m\left[\frac{T_m}{T_{em}} - \sqrt{\left(\frac{T_m}{T_{em}}\right)^2 - 1}\right] = 0.166\left[\frac{2.2T_N}{0.8T_N} - \sqrt{\left(\frac{2.2T_N}{0.8T_N}\right)^2 - 1}\right] = 0.031$$

故 $n = n_1(1-s) = 1\,500 \times (1 - 0.031) = 1\,453.5$ r/min

7.1.2 三相异步电动机的固有机械特性

异步电动机的机械特性是指在一定条件下电动机的转速 n 和电磁转矩 T_{em} 之间的关系 $n = f(T_{em})$。由于异步电动机的转速 n 与转差率 s 存在一定的关系，所以其机械特性也常表示成 $T_{em} = f(s)$ 的形式。

固有机械特性是指在额定电压和额定频率下，定子和转子电路中不外接电阻或电抗时的机械特性，如图 7-2 所示，它可以看成由两部分组成。

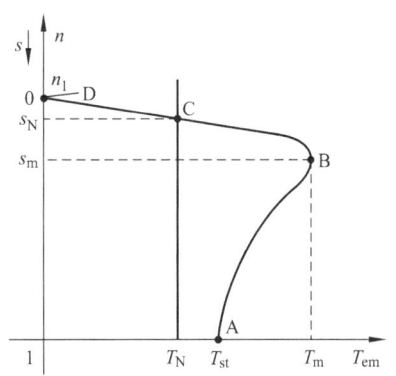

图 7-2 三相异步电动机的固有机械特性

① 当 $0 < s < s_m$ 时（图中 BD 段），机械特性近似为直线，称为机械特性的直线部分。此时随着 T_{em} 增大，n 降低，根据电力拖动系统稳定运行的条件可知该部分是能够稳定运行的，因此又称为工作部分。② 当 $s \geqslant s_m$ 时（图中 BA 段），机械特性为一曲线，称为机械特性的曲线部分。只有当电动机带通风机类负载时，才能在这一部分稳定运行；而对于恒转矩或恒功率负载，在这一部分则不能稳定运行，因此有时候这一部分也称为非工作部分。

为了描述机械特性的特点，下面着重研究几个反映电动机工作情况的特殊点。

（1）起动点 A。A 点是电动机起动瞬间对应的工作点。此时，$n = 0$、$s = 1$、$T_{em} = T_{st}$，起动电流 $I_{st} = (4\sim7)I_N$。

（2）最大转矩点 B。B 点是机械特性曲线中直线部分与曲线部分的分界点，也是电动机稳定运行的临界点。此时，$s = s_m$、$T_{em} = T_m$。

（3）额定运行点 C。C 点是电动机处于额定运行状态时的工作点。此时，$n = n_N$、$s = s_N$、$T_{em} = T_N$、定子电流 $I_1 = I_N$。电动机额定运行时，转差率很小，通常 $s_N = 0.01\sim0.07$，所以 n_N 略小于同步速 n_1，这说明了异步电动机固有机械特性的直线部分为硬特性。

（4）同步转速点 D。D 点是电动机处于理想空载运行时的工作点，也是电动机运行状态与发电机运行状态的转折点。此时，$n = n_1$、$s = 0$、$T_{em} = 0$、转子电流 $I_2 = 0$。异步电动机在实际空载运行时，由于存在空载转矩 T_0，因此工作点不可能达到这一点。

7.1.3 三相异步电动机的人为机械特性

人为机械特性是指人为地改变电源参数或电机参数而得到的机械特性。三相异步电动机的人为机械特性种类很多，这里介绍三种常见的人为机械特性。

1. 降低定子电压时的人为机械特性

由前面的分析可知，当定子电压 U_1 降低时，最大转矩 T_m 及起动转矩 T_{st} 与 U_1^2 成正比地降低，临界转差率 s_m 及同步速 n_1 与 U_1 无关而保持不变。因此可以得出降低定子电压时的人为机械特性，如图 7-3 所示。

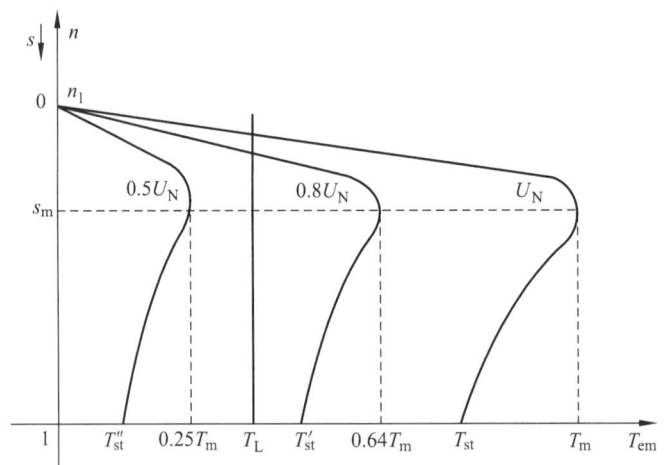

图 7-3 异步电动机降压时的人为机械特性

由图可见，其人为机械特性是一组通过 n_1 点、s_m 不变、T_m 及 T_{st} 均与 U_1^2 成正比下降的曲线簇。随着 U_1 降低，机械特性的直线部分斜率变大，即特性变软，电动机起动转矩倍数和过载能力均显著下降。如果电动机在额定负载下运行，当 U_1 降低后，n 下降，s 增大，I_2 将因转子电动势 $E_{2s} = sE_2$ 的增大而增大，从而引起 I_1 增大，导致电机过载。电动机如果长期欠压过载运行,势必会造成过热,缩短其使用寿命。另外,若 U_1 下降过多,可能出现 $T_m < T_L$,电动机将停转。

2. 转子回路串接对称电阻时的人为特性

该情况只适用于绕线型异步电动机,在其转子回路内串接三相对称电阻 R_Ω,由前面的分析可知,此时 n_1、T_m 不变,s_m 随 R_Ω 的增大而增大。因此可得到转子回路串接对称电阻时的人为机械特性,如图 7-4 所示。

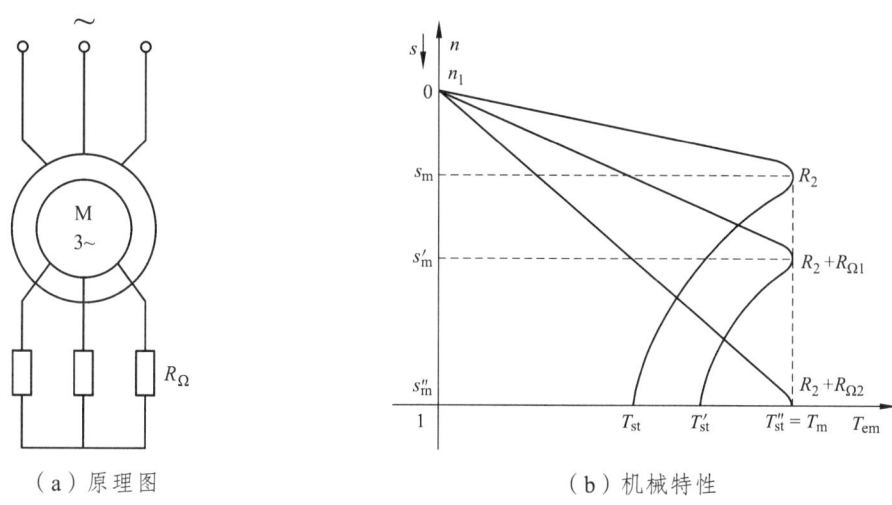

图 7-4 绕线型异步电动机转子回路串接对称电阻

由图可见,其人为机械特性也是一组通过 n_1 点、T_m 不变、s_m 随转子电阻增加而成比例增大的曲线簇。随着所串电阻的增大,机械特性直线部分斜率变大,即特性变软。同时,在一定范围内增大转子电阻,可以增大电动机的 T_{st},当所串电阻使其 $s_m = 1$ 时,对应的 T_{st} 将达到最大转矩 T_m,如果再增大转子电阻,T_{st} 反而会减小。

3. 定子回路串接对称电阻或电抗时的人为机械特性

在鼠笼型异步电动机定子回路中串接三相对称电阻或电抗,此时 n_1 不变,s_m、T_m 和 T_{st} 都将随外串电阻或电抗的增大而减小。因此可得到其对应的人为机械特性,如图 7-5 所示。

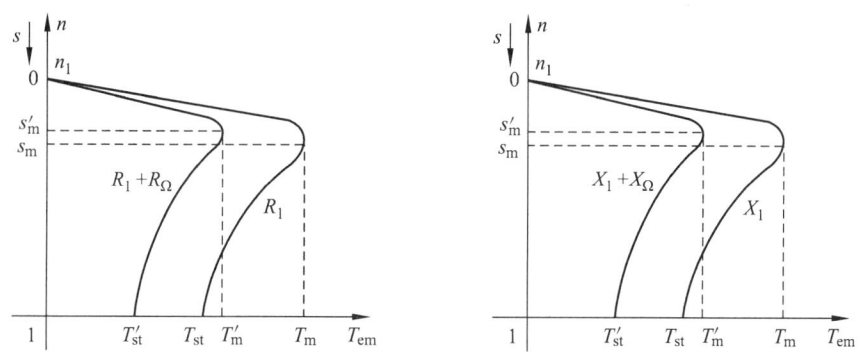

图 7-5 定子串对称电阻或电抗时的人为机械特性

7.2 三相异步电动机的起动

7.2.1 三相异步电动机起动要求

三相异步电动机起动时，$n=0$、$s=1$，旋转磁场以同步速切割转子绕组，在转子绕组中感应较大的电动势，产生较大的转子电流，定子电流（起动电流）也跟着增大，定子漏阻抗压降增加，定子感应电动势 E_1 减小，主磁通 $\varPhi_m$ 减小；同时由公式

$$\cos\varphi_2 = \frac{R_2'}{\sqrt{R_2'^2 + X_2'^2}} \quad (7\text{-}19)$$

可知，起动时功率因数很低，由 $T_{em} = C_T \varPhi_m I_2 \cos\varphi_2$ 可知，尽管起动电流很大，而起动转矩却不大，通常 $I_{st}=(4\sim7)I_N$，$T_{st}=(0.8\sim1.2)T_N$。因此三相异步电机的起动存在着起动电流很大而起动转矩不大的问题，这恰恰不能满足起动性能中对起动电流和起动转矩的要求，这点与直流电动机不同。

为了满足起动性能的要求，除小容量或轻载运行的三相异步电动机可以采用直接起动外，大部分电动机均需采取相应的起动措施。对于鼠笼型异步电动机，除直接起动外，通常采用降压起动，此外还可选用高起动性能的深槽式或双笼型电动机。对于绕线型异步电动机，可采用转子回路串电阻或频敏变阻器的方法达到减小起动电流同时提高起动转矩的目的。

7.2.2 三相鼠笼型异步电动机的直接起动

直接起动，也称全压起动，是指电动机直接加额定电压，定子回路不串任何电器元件时的起动。该方法操作简单，但起动电流大，起动转矩较小。

一般地，尽管直接起动时存在短时间较大的电流，由于三相异步电动机不存在换向问题，是可以承受的，但起动电流过大对电网冲击大，会使电网电压降低。这样，一方面影响了电动机本身，由于起动转矩 T_{st} 与电压的平方成正比，导致 T_{st} 下降更多，当负载较重时，电机将不能起动；另一方面影响了电网上的其它负载，如电灯会变暗，用电设备失常，重载的电动机可能停转等。因此，直接起动仅适用于小容量或轻载运行的鼠笼型异步电动机。

一般规定，额定功率小于 7.5 kW 的小容量鼠笼型异步电动机允许直接起动。对于额定功率大于 7.5 kW 的大容量鼠笼型异步电动机，可根据下式来判断电动机是否能够直接起动，K_I 为起动电流倍数，即若满足条件

$$K_I = \frac{I_{st}}{I_N} \leqslant \frac{1}{4}\left[3 + \frac{\text{电网总容量（kVA）}}{\text{电动机容量（kW）}}\right] \quad (7\text{-}20)$$

则电动机可以直接起动；否则必须采取其他起动方法。

7.2.3 三相鼠笼型异步电动机的降压起动

1. 定子串接电抗或电阻降压起动

1）原理及实现方法

三相鼠笼型异步电动机在定子回路中串接电抗或电阻，可起到分压的作用，从而降低定子绕组上的电压、达到减小起动电流的目的。需要说明的是，大容量电动机串电阻起动的能耗太大，多采用串电抗进行降压起动。

定子串电抗降压起动的原理图如图 7-6 所示。图中 QS 为隔离开关，起动时先合上开关 QS，保持接触器 KM 的主触点断开，将起动电抗 X_{st} 接入定子回路，可降低加在定子绕组上的电压，减小起动电流。起动结束后将 KM 主触点闭合，将电抗 X_{st} 短接，电动机正常运行。

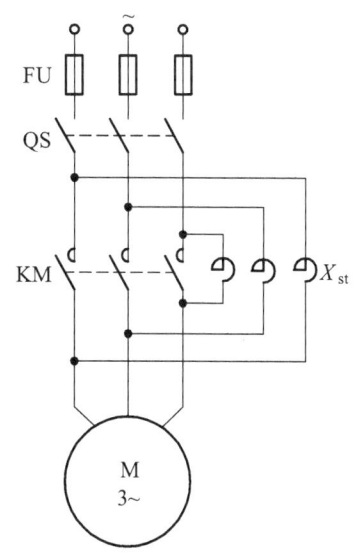

图 7-6 鼠笼型异步电动机串电抗降压起动原理图

2）起动电流和起动转矩的分析

设电动机直接起动时的起动电流为 I_{st}，起动转矩为 T_{st}，当串入电抗或电阻后，加在定子绕组上的电压下降为 $U_1=\dfrac{U_N}{k}$。因 I_{st} 正比于 U_1，而 T_{st} 与 U_1^2 成正比，故此时的 I'_{st} 和 T'_{st} 分别为

$$\left.\begin{array}{l}I'_{st} \propto U_1 = \dfrac{1}{k}I_{st} \\ T'_{st} \propto U_1^2 = \dfrac{1}{k^2}T_{st}\end{array}\right\} \tag{7-21}$$

由式（7-21）可知，该起动方法在减小 I_{st} 的同时会使 T_{st} 下降更多，因此仅适用于轻载起动的场合。同时，该起动方法具有起动平稳、运行可靠、结构简单、操作方便等优点，其中串电阻降压起动通常用于小容量电动机，串电抗降压起动通常用于大容量电动机。

2. 星-三角（Y-△）降压起动

1）原理及实现方法

Y-△降压起动是利用三相定子绕组的不同连接实现降压起动的一种方法。对于正常运行时定子绕组为△形连接的鼠笼型异步电动机，若起动时将其改接成 Y 形，则定子每相电压降为额定电压的 $1/\sqrt{3}$，从而实现了降压。Y-△降压起动原理

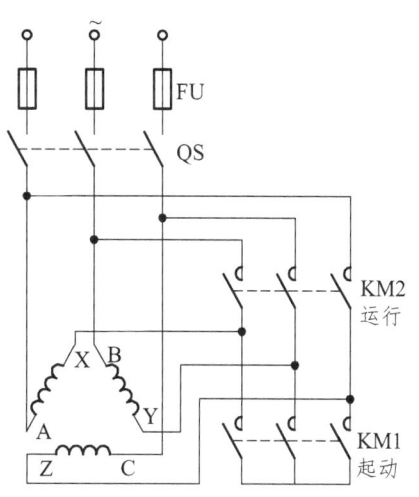

图 7-7 Y-△降压起动原理图

图如图 7-7 所示，电动机三相定子绕组的六个出线端 A、X，B、Y、C、Z 全部引出。起动时，首先合上开关 QS，再闭合 KM1 主触头（KM2 断开），使定子绕组接成 Y 形，实现降压起动；当转速上升至一定程度后，断开 KM1 主触头，闭合 KM2 主触头，将定子绕组接成△形，起动结束，电动机进入正常运行。要特别注意定子绕组六个接线端的接法，应使 Y 形和△形连接时定子绕组的电源相序不变，以保证电动机在起动、运行两状态时转向相同。

2）起动电流和起动转矩的分析

定子绕组△形接法（直接起动）和 Y 形接法（降压起动）的电压和电流关系如图 7-8 所示，下面来分析 Y-△降压起动与直接起动时起动电流和起动转矩之间的关系。

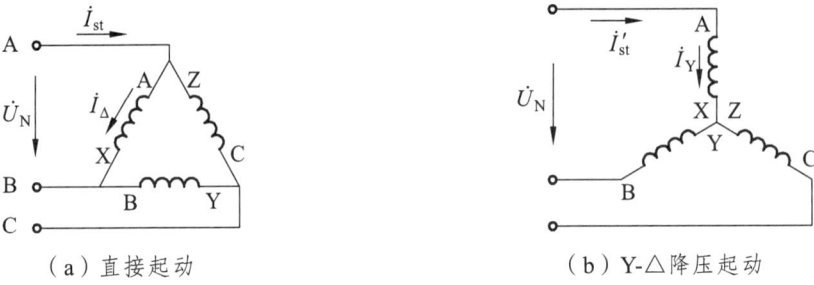

图 7-8　直接起动与 Y-△起动时的电压和电流关系

对于图 7-8（a），定子相电压 $U_1 = U_N$，每相起动电流为 $I_\triangle$，则 $I_{st} = \sqrt{3} I_\triangle$；对于图 7-8（b），$I'_{st} = I_Y$，$U'_1 = \dfrac{U_N}{\sqrt{3}}$。考虑到相电流与相电压成正比，则：

$$\frac{I'_{st}}{I_{st}} = \frac{I_Y}{\sqrt{3} I_\triangle} = \frac{I_\triangle / \sqrt{3}}{\sqrt{3} I_\triangle} = \frac{1}{3} \tag{7-22}$$

式（7-22）说明，Y-△降压起动时的起动电流降低至直接起动时的 1/3。若直接起动的起动转矩为 T_{st}，Y-△降压起动时起动转矩为 T'_{st}，则有

$$\frac{T'_{st}}{T_{st}} = \left(\frac{U'_1}{U_1}\right)^2 = \left(\frac{U_N / \sqrt{3}}{U_N}\right)^2 = \frac{1}{3} \tag{7-23}$$

显然，起动转矩也下降至直接起动时的 1/3。因此，Y-△降压起动也是适用于电动机的轻载起动，而且限于正常运行时定子绕组为△接法的电动机。其优点是设备简单、运行可靠、体积小、重量轻、维护方便；缺点是起动电压只能降为 $U_N/\sqrt{3}$，不能任意改变。

3. 自耦变压器降压起动

1）原理及实现方法

该起动方法利用自耦变压器降低加在电动机定子绕组上的电压，从而来减小起动电流，其接线原理图如图 7-9 所示。起动时，断开 KM2 主触头，闭合 KM1 主触头，电动机定子绕组通过三相自耦变压器的中间抽头接到三相电源上，从而实现降压起动。当转速上升至一定

程度后，断开接触器 KM1 主触头，闭合 KM2 主触头，自耦变压器被切除，定子绕组直接接到电源上，电动机在全压下正常运行。

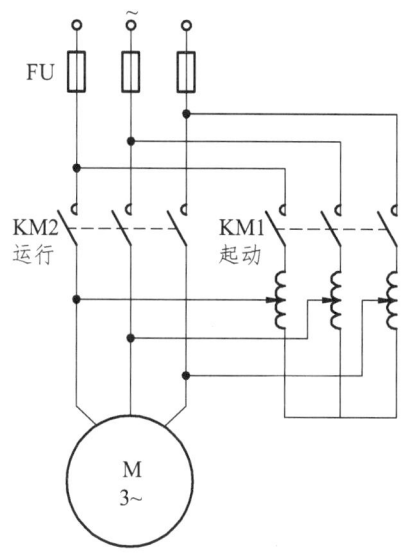

图 7-9 自耦变压器降压起动

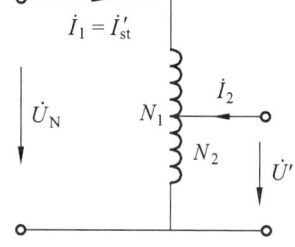

图 7-10 自耦变压器的一相电路

2）起动电流和起动转矩的分析

自耦变压器的一相电路图如图 7-10 所示，设原、副边绕组匝数分别为 N_1、N_2，且 $N_1>N_2$，即变比 $k_a = N_1 / N_2 = U_N / U'$。注意，经过自耦变压器降压后，电动机从电源吸取的起动电流 I'_{st} 是变压器原边电流 I_1，而不是副边电流 I_2，则 I'_{st} 与直接起动电流 I_{st} 的关系为

$$\frac{I'_{st}}{I_{st}} = \frac{I_1}{I_{st}} = \frac{I_1}{I_2} \cdot \frac{I_2}{I_{st}} = \frac{N_2}{N_1} \cdot \frac{U'}{U_N} = \frac{1}{k_a^2} \tag{7-24}$$

自耦变压器降压起动时的起动转矩 T'_{st} 与直接起动转矩 T_{st} 的关系为

$$\frac{T'_{st}}{T_{st}} = \left(\frac{U'}{U_N}\right)^2 = \left(\frac{N_2}{N_1}\right)^2 = \frac{1}{k_a^2} \tag{7-25}$$

显然，采用自耦变压器降压起动时，起动电流和起动转矩均降低为直接起动时的 $1/k_a^2$ 倍，即 I_{st} 和 T_{st} 按相同比例减小，与串电阻或电抗降压起动相比，当减小相同起动电流的前提下，自耦变压器降压起动方法的起动转矩要大得多，即该方法可以带较大的负载起动。

为了满足不同负载的要求，自耦变压器的副边绕组应设计成多抽头式的，按副边电压与额定电压的比值划分，一般有 40%，70%，80% 三种，供用户选择使用。自耦变压器降压起动广泛应用于较大容量的鼠笼型异步电动机，但存在起动设备体积大，质量大，价格高等缺点。

上面介绍了鼠笼型异步电动机的 3 种降压起动方法，为了便于和直接起动方法进行比较，现将其主要性能指标列表 7-1 中。

表 7-1 三相鼠笼型异步电动机降压起动方法的比较

	性能指标	起动电压比值	起动电流比值	起动转矩比值	起动设备	应用场合
起动方法	直接起动	1	1	1	最简单	电机容量小于 7.5 kW
	定子串接电抗或电阻降压起动	$\dfrac{1}{k}$	$\dfrac{1}{k}$	$\dfrac{1}{k^2}$	一般	任意容量，轻载起动
	Y-△降压起动	$\dfrac{1}{\sqrt{3}}$	$\dfrac{1}{3}$	$\dfrac{1}{3}$	简单	定子绕组正常运行为△形接法，轻载起动
	自耦变压器降压起动	$\dfrac{1}{k_a}$	$\dfrac{1}{k_a^2}$	$\dfrac{1}{k_a^2}$	较复杂成本较高	较大容量电机，较大负载起动

例 7-2 有一台三相鼠笼型异步电动机，已知 $P_N = 28\text{kW}$，△连接，$U_N = 380\text{V}$，$I_N = 58\text{A}$，$\cos\varphi_N = 0.88$，$n_N = 1455 \text{ r/min}$，负载转矩 $T_L = 73.5 \text{N·m}$，起动电流倍数 $K_I = 6$，$K_{st} = 1.1$，$K_T = 2.3$。现要求 $I_{st} \leq 150\text{A}$，请选择一个合适的起动方法。

解：电动机的额定转矩为

$$T_N = 9550 \frac{P_N}{n_N} = 9550 \times \frac{28}{1455} = 183.8 \text{ N·m}$$

直接起动时的起动转矩和起动电流分别为

$$T_{st} = K_{st} T_N = 1.1 \times 183.8 = 202.2 \text{ N·m}$$

$$I_{st} = K_I I_N = 6 \times 58 = 348 \text{ A}$$

① 若直接起动，则起动电流 $I_{st} = 348 \text{ A} > 150 \text{ A}$，故不能采用直接起动方案。

② 若采用 Y-△降压起动方法，则有

$$I'_{st} = \frac{1}{3} I_{st} = \frac{1}{3} \times 348 = 116 \text{ A} < 150 \text{ A}$$

$$T'_{st} = \frac{1}{3} T_{st} = \frac{1}{3} \times 202.2 = 67.4 \text{N·m} < T_L = 73.5 \text{ N·m}$$

故不能采用 Y-△降压起动。

③ 若采用串电抗或电阻降压起动，则根据最大起动电流 I'_{st} 为 150 A 可求出最大起动转矩为

$$T'_{st} = \left(\frac{I'_{st}}{I_{st}}\right)^2 T_{st} = \left(\frac{150}{348}\right)^2 \times 202.2 = 37.57 \text{ N·m} < T_L = 73.5 \text{ N·m}$$

故不能采用串电抗或电阻降压起动。

④ 若采用自耦变压器降压起动，限定的最大起动电流为 150A，带负载正常起动需满足以下条件：

$$\begin{cases} I'_{st} = \dfrac{1}{k_a^2} I_{st} = \dfrac{1}{k_a^2} \times 348 \leqslant 150 \text{ A} \\ T'_{st} = \dfrac{1}{k_a^2} T_{st} = \dfrac{1}{k_a^2} \times 202.2 \geqslant T_L = 73.5 \text{ N·m} \end{cases}$$

求解方程组可得 $1.53 \leqslant k_a \leqslant 1.65$，故能采用自耦变压器降压起动，可选用抽头为 70% 的自耦变压器。

7.2.4 高起动性能的三相鼠笼型异步电动机

上述降压起动方法在降低起动电流的同时起动转矩也相应地减小了。由异步电动机串电阻的人为机械特性可知，适当增加转子的电阻不仅可以减小起动电流，又能增加起动转矩。因此，如果适当增加起动时的转子电阻，则可改善电动机的起动性能，为此出现了高起动性能的鼠笼型异步电动机，即深槽式和双笼式鼠笼型异步电动机。

深槽式和双笼式的基本原理一样，即在普通鼠笼型异步电动机的基础上，利用起动时和运行时转子频率的明显差别，改变转子结构，利用"集肤效应"，使起动时转子电阻变大，而正常运行时又能自动变小，从而同时满足异步电动机的起动和运行性能的要求。

1. 深槽式鼠笼异步电动机

这种电动机的转子采用深而窄的槽形，如图 7-11 所示。对于普通鼠笼型异步电动机，槽深 h 与槽宽 b 之比（h/b）一般为 5 左右，而深槽式鼠笼异步电动机的 h/b 可达 10~12。

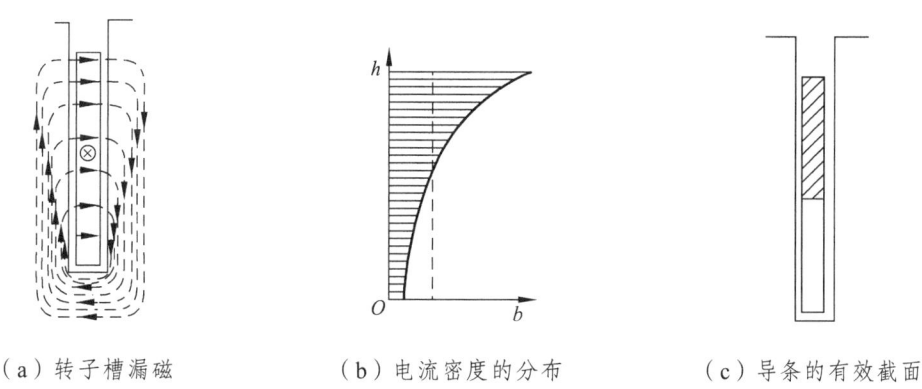

(a) 转子槽漏磁　　　　(b) 电流密度的分布　　　　(c) 导条的有效截面

图 7-11　深槽式鼠笼异步电动机的转子导条及电流分布

图 7-11（a）中沿槽深 h 方向的导条可看成由若干扁导线并联组成，由图可见，槽底导条链的漏磁通比槽口导条链的多得多，因此槽底的漏电抗比槽口的漏电抗大。而电动机起动时 $s=1$，$f_2 = f_1$，转子频率最高，因漏电抗与频率成正比，故此时漏电抗最大，漏电抗为漏阻抗中的主要成分，则导条中的电流密度上大下小，如图 7-11（b）。这种电流大部分集中到槽口的现象称为"集肤效应"。由于这一效应，起动时槽底的导条作用很小，使导条的有效截面减

小[见图 7-11（c）]，转子电阻增大，从而减小了起动电流，增加了起动转矩。当转速上升，转差率 s 逐渐减小，转子频率逐渐减小，到起动完毕时转子频率仅为 1~3 Hz，使漏电抗很小，集肤效应基本消失，导条中的电流均匀分布，转子电阻恢复固有值，电动机正常运行。

总之，转速越低，转子频率越高，集肤效应越强，转子电阻越大，从而改善起动性能。随着转速的上升转子频率逐渐减小，集肤效应减弱，转子电阻自动减小。

2. 双笼式鼠笼型异步电动机

这种电动机的转子绕组采用上、下两套鼠笼式结构，两笼间由狭长的缝隙隔开，如图 7-12 所示。上笼导条采用电阻率较大的材料如黄铜或铝青铜制成，且截面积较小，故电阻较大；下笼采用电阻率较小的材料如紫铜制成，且截面积较大，故电阻较小。

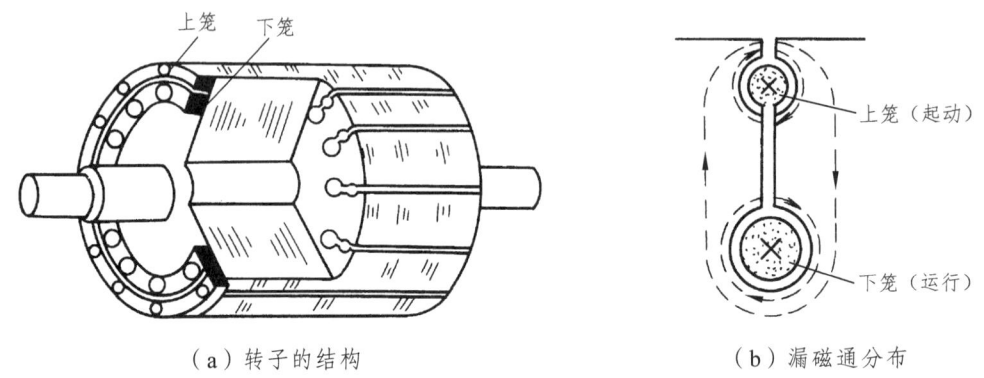

（a）转子的结构　　　　　　　　（b）漏磁通分布

图 7-12　双笼式鼠笼型异步电动的转子结构与漏磁通

根据集肤效应原理，电动机起动时，转子频率较高，集肤效应显著，电流大部分流过上笼，上笼电阻较大，产生较大的起动转矩，由于起动时上笼起主要作用，故上笼又称为起动笼；起动结束时，电动机正常运行，转子频率很小，漏电抗很小，电流大部分流过电阻较小的下笼，此时下笼起主要作用，故下笼又称为运行笼。

与普通鼠笼型异步电动机相比，上述两种高起动性能的鼠笼型异步电动机可以改善电动机的起动性能，但由于转子漏抗较大，定子功率因数及最大转矩较低，且转子导条用铜量大，制造工艺复杂，价格较贵，一般仅用于小容量的重载起动的场合。

7.2.5　三相绕线型异步电动机的起动方法

对于中、大容量电动机重载起动时，既要减小起动电流，又要增加起动转矩，鼠笼型异步电动机显然无法满足要求，应采用绕线型异步电动机。由之前的分析可知，适当增大转子电阻可达到降低起动电流并同时提高起动转矩的要求。因此对于绕线型异步电动机起动时，在转子回路串接适当的三相对称电阻，可以改善起动性能，若串接电阻适当，能使起动转矩 T_{st} 等于最大转矩 T_m（即 $s_m = 1$）。起动结束后，将外串电阻切除，以确保电动机的运行效率不受影响。

1. 转子串电阻的分级起动

为使整个起动过程中电动机均有较大的加速度,并减小冲击的强度,采用与他励直流电动机一样的起动方法,实行分级起动,即在起动过程中逐级切除所串电阻,最后将外串起动电阻全部切除,使电动机稳定运行在固有机械特性上。

1)转子串电阻的分级起动过程分析

图 7-13 给出了绕线型异步电动机转子串电阻两级起动的原理图和机械特性。图 7-13(a)中,R_2 为转子自身电阻,$R_{\Omega 1}$ 和 $R_{\Omega 2}$ 为外串的三相分级起动电阻,KM1、KM2 为控制分级起动电阻切换的接触器。起动前,KM1 和 KM2 的主触点断开,起动时合上 QS,定子接通三相电源,起动电阻 $R_{\Omega 1}$ 和 $R_{\Omega 2}$ 全部串入转子回路。图 7-13(b)中 T_1 为起动转矩,T_2 为切换转矩,T_1 和 T_2 均要大于负载转矩 T_L。

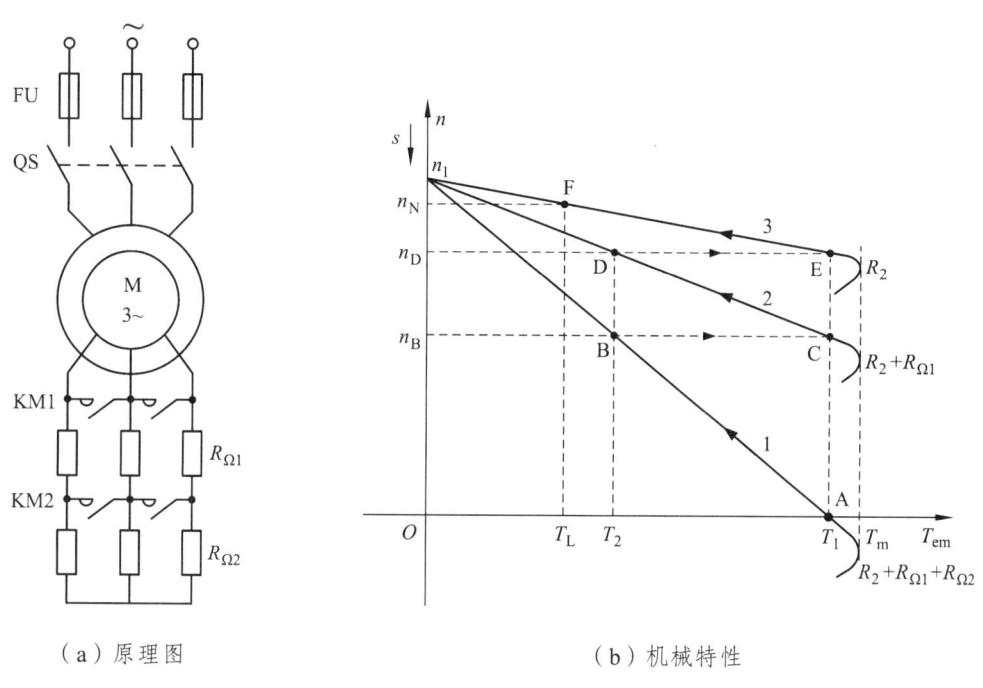

(a)原理图　　　　(b)机械特性

图 7-13　绕线型异步电动机转子串电阻分级起动

起动开始,$n=0$($s=1$),$T_1>T_L$,电动机由 A 点开始加速起动,转速由 0 上升到 n_B。到达 B 点时,$T_{em}=T_2$(比 T_L 略大),为保证电动机具有较大的加速度,闭合 KM2 主触点,将转子回路串接的电阻 $R_{\Omega 2}$ 切除,对应的机械特性由曲线 1 变为曲线 2。切换瞬间,转速不能突变,工作点由 B 点平移到 C 点,此时 $T_{em}=T_1$,则电机沿特性曲线 2 由 C 点加速到 D 点,即 $n_B \to n_D$。同理,D 点的 $T_{em}=T_2$,其值又比较小,此时需闭合 KM1 主触点,将电阻 $R_{\Omega 1}$ 切除,对应的机械特性变为固有特性曲线 3。切换瞬间,转速不能突变,工作点由 D 点平移到 E 点,电机沿特性曲线 3 由 E 点加速到 F 点,即 $n_D \to n_N$,电动机开始稳定运行,起动过程结束。

为保证起动过程平稳快速,一般起动转矩 T_1 取为(1.5~2)T_N,切换转矩 T_2 取为(1.1~1.2)T_N 或(1.2~1.5)T_L。

2）三相绕线型异步电动机起动电阻的计算

以两级起动为例，其机械特性如图 7-13（b）所示。为简化计算，异步电动机起动时的机械特性可视为直线，则可采用电磁转矩实用表达式（7-13）的近似形式：

$$T_{em} = \frac{2T_m}{s_m} s \qquad (7\text{-}26)$$

根据式（7-26）及电磁转矩的参数表达式，在机械特性直线段有下列两个结论：

①在同一条机械特性上，若 T_m 和 s_m 为常数时，则有 $T_{em} \propto s$；

②转子回路串电阻后，最大转矩 T_m 保持不变，s_m 与转子回路总电阻 R 成正比，故对不同电阻值的机械特性，当 s 不变（n 不变）时，有

$$T_{em} \propto \frac{1}{s_m} \propto \frac{1}{R} \qquad (7\text{-}27)$$

所以当 T_{em} = 常数时，$s \propto s_m \propto R$。由此可推导出起动电阻的计算公式。

2. 转子串频敏变阻器起动

转子串电阻分级起动，可以增大起动转矩，但若要使起动过程平滑，就要增加起动级数，导致起动设备复杂，耗能较大，不适用于频繁起动的场合。为了克服这个缺点，对于容量较大的绕线型异步电动机，常采用频敏变阻器代替起动电阻，从而实现真正意义上的平滑起动。

绕线型异步电动机转子串频敏变阻器起动的接线图如图 7-14（a）所示。起动开始时，将接触器 KM 的主触点断开，合上开关 QS，定子接通三相电源，电动机转子串入频敏变阻器起动，电机转速升至一定值后，闭合 KM 的主触点，切除频敏变阻器，电动机进入正常运行。

频敏变阻器实际是一个三相铁心线圈，但与一般三相变压器的铁心不同，其铁心采用较厚的铁板或钢板叠成，因而当线圈中的电流频繁变化时，其涡流损耗和磁滞损耗较大，其等效电路如图 7-14（b）所示。图中 R 为每相线圈的电阻，R_m 为反映频敏变阻器铁耗的等效电阻，X_m 为频敏变阻器的等效电抗。由于频敏变阻器的铁心较厚，铁耗较大，故 R_m 一般比 X_m 大。

由于频敏变阻器的铁耗与转子频率的平方成正比，故其等效电阻 R_m 在起动过程中会随着转速的上升而自动减小，从而既限制了起动电流，又获得了较大的起动转矩。

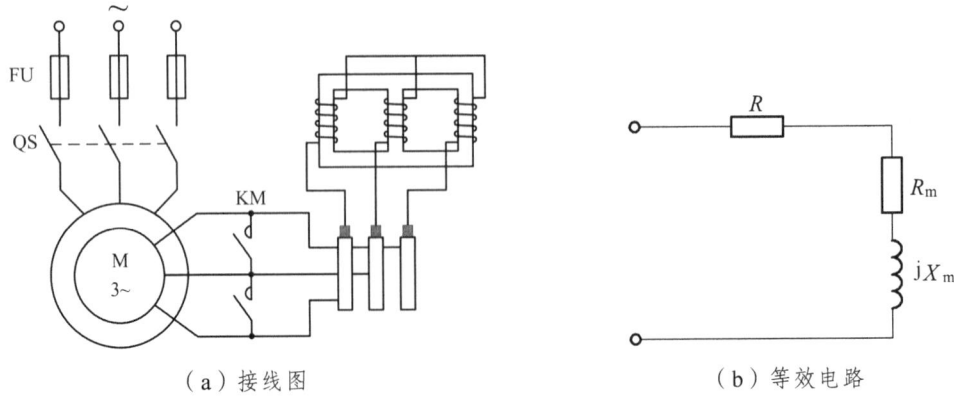

（a）接线图　　　　　　　　　　（b）等效电路

图 7-14　绕线型异步电动机转子串频敏变阻器起动

综上所述，绕线型异步电动机转子串电阻或转子串频敏变阻器均适用于大、中容量电动机的重载起动。但转子串频敏变阻器起动具有结构简单，价格便宜，运行可靠，操作方便等优点，目前应用较广泛，而转子串电阻的分级起动对于大容量电动机要求级数较多，故设备投资较大，维护不太方便。

7.3 三相异步电动机的调速

随着电力电子技术和计算机技术的发展，尤其是现代控制理论向电气传动领域的渗透，交流电动机调速取得了迅速发展，其设备容量不断扩大，性能指标及可靠性不断提高。目前，交流调速系统在工业电气自动化领域中的应用比例不断上升，大有取代直流调速系统的趋势。

根据异步电动机的转速公式

$$n = n_1(1-s) = \frac{60f_1}{p}(1-s) \qquad (7\text{-}28)$$

可知，异步电动机有下列三种基本调速方法：① 改变定子极对数 p 调速；② 改变电源频率 f_1 调速；③ 改变转差率 s 调速（包括改变定子端电压调速、绕线型异步电机转子串电阻调速以及串级调速等）。

7.3.1 变极调速

电源频率 f_1 一定时，改变定子极对数 p 即可改变同步转速 n_1，从而达到调速的目的。通常是利用改变定子绕组接法来实现变极，这种电机称为多速电机。根据电机学原理可知，只有定子和转子具有相同的极对数时，电动机才具有恒定的电磁转矩，才能实现机电能量的转换。因此，变极调速要求在改变定子极对数的同时，必须改变转子极对数。由于鼠笼型异步电动机的转子极对数能自动跟随定子极对数的变化而变化，所以变极调速只用于鼠笼型异步电动机。

1. 变极原理

以 4 极变 2 极为例，说明鼠笼型异步电动机定子绕组的变极原理。图 7-15 为 4 极异步电动机 U 相绕组的接线及磁场分布。U 相绕组由两个线圈构成，每个线圈代表 U 相绕组的一半，称为半相绕组。当两个半相绕组顺向串联（头尾相接）时[见图 7-15（b）]，根据线圈电流方向，可以看出定子绕组产生 $2p = 4$ 的磁场分布，如图 7-15（a）所示。

如果将两个半相绕组的连接方式改为图 7-16（b）或图 7-16（c）所示的形式，使其中一个半相绕组中的电流反向，这时定子绕组便产生 $2p = 2$ 的磁场分布，如图 7-16（a）所示。

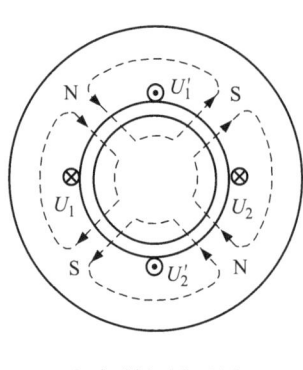
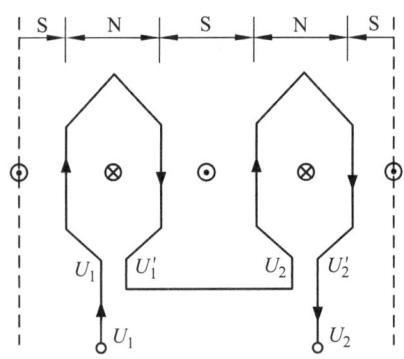

(a) 剖视原理图　　　　　　　　　(b) 顺串展开图

图 7-15　绕组变极原理图（$2p=4$）

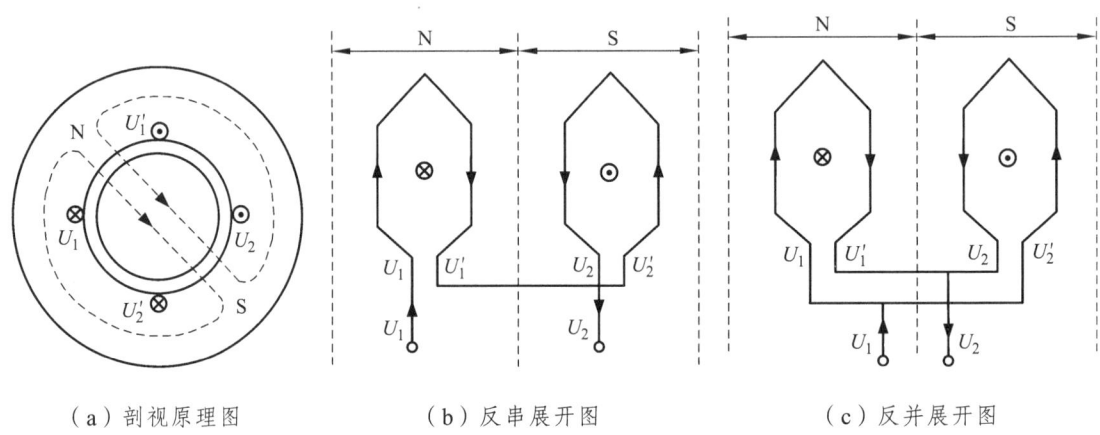

(a) 剖视原理图　　　　(b) 反串展开图　　　　(c) 反并展开图

图 7-16　绕组变极原理图（$2p=2$）

由此可见，改变定子绕组的接法，使半相绕组中的电流方向发生改变，即可成倍地改变定子极对数，同时也成倍改变了同步转速，从而达到调速的目的。

三相绕组的连接方法是相同的，因此只要了解其中一相的连接法即可知道其他两相。图 7-17 是两种典型的三相绕组改变连接的方法：图 7-17（a）表示由单星形连接改接成并联的双星形连接（Y-YY）；图 7-17（b）表示由三角形连接改成双星形连接（△-YY）。由图可见，这两种接线方式都使得每相的半相绕组内的电流改变了方向，因而定子极对数减少一半。

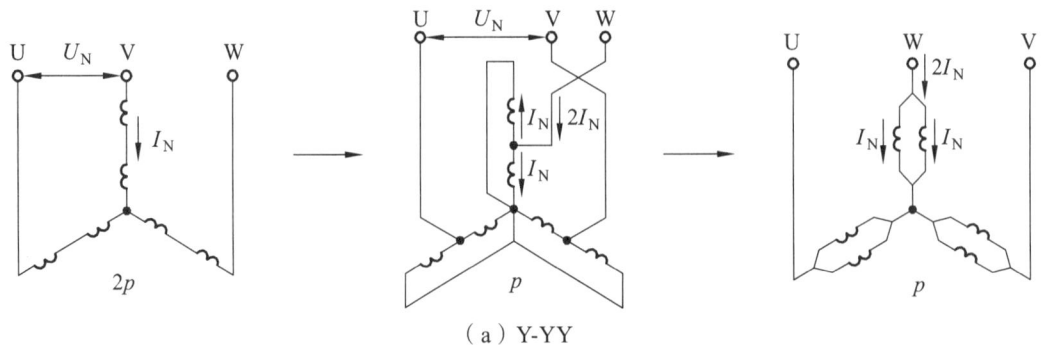

(a) Y-YY

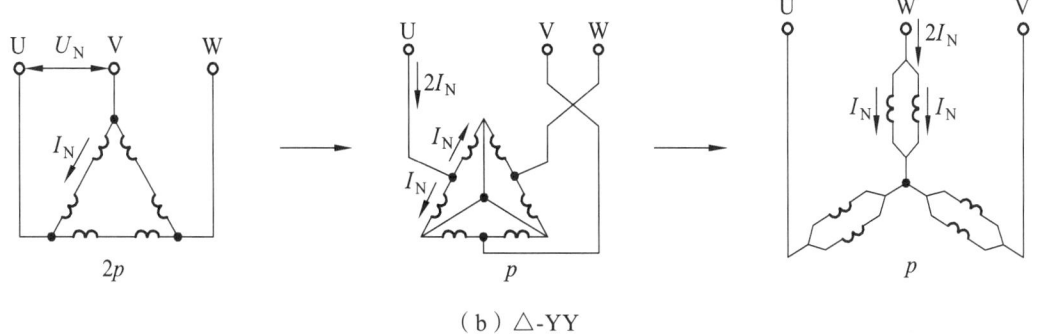

（b）△-YY

图 7-17 常用变极调速接线方式

注意，改变定子绕组接线时，必须同时改变定子绕组的相序（对调任意两相绕组出线端），以保证调速前后电动机的转向不变。因为在电机定子圆周上，电角度 = $p \times$ 机械角度，当 $p = 1$ 时，若 U、V、W 三相绕组在空间分布的电角度依次为 $0°$、$120°$、$240°$，而当 $p = 2$ 时，U、V、W 三相绕组在空间分布的电角度则依次为 $0°$、$120° \times 2 = 240°$、$240° \times 2 = 480°$（即 $120°$）。显然，变极前后定子绕组的相序改变了。

2. 变极调速时的容许输出及机械特性

调速的基本要求是在各种转速下电动机都能得到充分利用（电流为额定值）。电动机的容许输出是指保持电流为额定值的条件下，调速前后电动机轴上输出的功率和转矩。下面对上述两种典型的变极调速方法进行分析。

（1）Y-YY 连接方式。

设电源电压为 U_N，每相绕组额定电流为 I_N，则 Y 连接时电动机的输出功率和转矩为

$$\left. \begin{array}{l} P_Y = \sqrt{3} U_N I_N \cos \varphi_N \eta_N \\ T_Y = 9550 \dfrac{P_Y}{n_Y} \end{array} \right\} \quad (7\text{-}29)$$

变极后，定子绕组为 YY 连接，极对数减少一半，转速增大一倍。若保持绕组电流 I_N 不变，则变极后每相电流为 $2I_N$。假设变极前后电动机功率因数和效率近似不变，则输出功率和转矩为

$$\left. \begin{array}{l} P_{YY} = \sqrt{3} U_N (2I_N) \cos \varphi_N \eta_N = 2 P_Y \\ T_{YY} = 9550 \dfrac{P_{YY}}{n_{YY}} = 9550 \dfrac{2P_Y}{2n_Y} = T_Y \end{array} \right\} \quad (7\text{-}30)$$

可见，Y-YY 连接时，电动机的转速增大一倍，输出功率也增大一倍，而输出转矩不变。因此 Y-YY 连接方式的变极调速属于恒转矩调速，适合带恒转矩负载。

变极调速时电动机的机械特性可用下列公式说明，即

$$\left.\begin{aligned} s_\mathrm{m} &= \frac{R_2'}{\sqrt{R_1^2 + (X_1 + X_2')^2}} \\ T_\mathrm{m} &= \frac{m_1 p U_1^2}{4\pi f_1 [R_1 + \sqrt{R_1^2 + (X_1 + X_2')^2}]} \\ T_\mathrm{st} &= \frac{m_1 p U_1^2 R_2'}{2\pi f_1 [(R_1 + R_2')^2 + (X_1 + X_2')^2]} \end{aligned}\right\} \quad (7\text{-}31)$$

由 Y 连接改成 YY 连接时，每相的两个半相绕组由一路串联改为两路并联，定、转子阻抗分别变为原来的 1/4，相电压 U_1 和频率 f_1 不变，极对数 p 减半。将这些参数代入式（7-31）中可得

$$\left.\begin{aligned} s_\mathrm{mYY} &= s_\mathrm{mY} \\ T_\mathrm{mYY} &= 2T_\mathrm{mY} \\ T_\mathrm{stYY} &= 2T_\mathrm{stY} \end{aligned}\right\} \quad (7\text{-}32)$$

这表明，YY 连接时电动机最大转矩 T_m 和起动转矩 T_st 均为 Y 连接时的 2 倍，临界转差率 s_m 的大小不变，其机械特性如图 7-18 所示。

（2）△-YY 连接方式。

设每相绕组的额定电流为 I_N，则△连接时的线电流为 $\sqrt{3}I_\mathrm{N}$，电动机的输出功率和转矩为

$$\left.\begin{aligned} P_\triangle &= \sqrt{3}U_\mathrm{N}(\sqrt{3}I_\mathrm{N})\cos\varphi_\mathrm{N}\eta_\mathrm{N} \\ T_\triangle &= 9550\frac{P_\triangle}{n_\triangle} \end{aligned}\right\} \quad (7\text{-}33)$$

变极后，电动机为 YY 连接，极对数减少一半，转速增大一倍。若保持绕组电流 I_N 不变，则变极后线电流为 $2I_\mathrm{N}$。假设变极前后电动机功率因数和效率近似不变，则输出功率和转矩为

$$\left.\begin{aligned} P_\mathrm{YY} &= \sqrt{3}U_\mathrm{N}(2I_\mathrm{N})\cos\varphi_\mathrm{N}\eta_\mathrm{N} = \frac{2}{\sqrt{3}}\sqrt{3}U_\mathrm{N}(\sqrt{3}I_\mathrm{N})\cos\varphi_\mathrm{N}\eta_\mathrm{N} = 1.15P_\triangle \\ T_\mathrm{YY} &= 9550\frac{P_\mathrm{YY}}{n_\mathrm{YY}} = 9\,550\frac{1.15P_\triangle}{2n_\triangle} = 0.58T_\triangle \end{aligned}\right\} \quad (7\text{-}34)$$

可见，△-YY 连接时，电动机转速提高一倍，容许输出功率近似不变，容许输出转矩近似减小了一半。因此，△-YY 连接方式的变极调速可认为是恒功率调速，适合带恒功率负载。

由△连接改成 YY 连接时，定、转子阻抗也分别变为原来的 1/4，相电压变为 $U_1/\sqrt{3}$，频率 f_1 不变，极对数 p 减半，代入式（7-31）中，可得

$$\left.\begin{aligned} s_\mathrm{mYY} &= s_\mathrm{m\triangle} \\ T_\mathrm{mYY} &= \frac{2}{3}T_\mathrm{m\triangle} \\ T_\mathrm{stYY} &= \frac{2}{3}T_\mathrm{st\triangle} \end{aligned}\right\} \quad (7\text{-}35)$$

可见，YY 连接时电动机最大转矩 T_m 和起动转矩 T_{st} 均为 △ 连接时的 2/3，临界转差率 s_m 不变，其机械特性如图 7-19 所示。

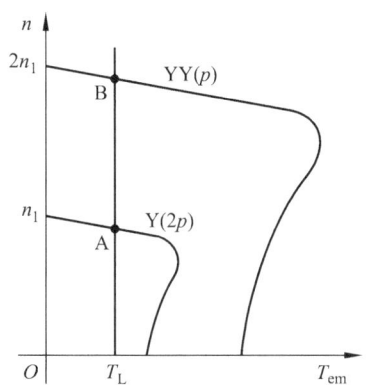
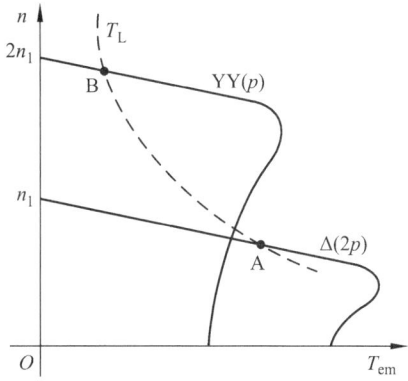

图 7-18　变极调速时的机械特性（Y-YY 变换）　　图 7-19　变极调速时的机械特性（△-YY 变换）

7.3.2　变频调速

异步电动机变频调速是交流调速的主要研究和发展方向，通过改变供电电源的频率，可以得到很大的调速范围、很好的调速平滑性和足够硬度的机械特性，在各种调速方法中效率最高、性能最好。

1. 变频调速的基本控制规律

根据 $n = \dfrac{60f_1}{p}(1-s)$ 可知，当转差率 s 变化不大时，异步电动机的转速 n 基本上与电源频率 f_1 成正比。因此，连续调节 f_1，就可以平滑地改变电动机的转速，实现变频调速。

异步电动机运行时，若忽略定子漏阻抗压降，可以认为

$$U_1 \approx E_1 = 4.44 f_1 N_1 k_{dp1} \Phi_m \tag{7-36}$$

对于已制成的电动机，N_1、k_{dp1} 是常数。若定子电压 U_1 保持不变，只减小频率 f_1，则主磁通 Φ_m 增大，这将导致电动机铁心磁路过分饱和，励磁电流增大，铁心损耗增加，电动机严重发热，功率因数大大降低；而当 f_1 增大时，Φ_m 将减小，电磁转矩及最大转矩下降，过载能力降低，电动机容量得不到充分利用而造成浪费。因此，在变频调速时，为了保持 Φ_m 不变，在调节 f_1 的同时，还要改变 U_1。U_1 随 f_1 按什么规律变化最为合适呢？一般认为，在任何类型负载下变频调速时，若能保持电动机的过载能力不变，则电动机的运行性能较为理想。

电动机的过载能力为 $K_T = \dfrac{T_m}{T_N}$。把 $X_1 + X_2' = 2\pi f_1 (L_{s1} + L_{s2}')$ 代入式（7-6）中，并考虑到当频率 f_1 较高时，$X_1 + X_2' \gg R_1$，将 R_1 略去，化简可得

$$K_{\mathrm{T}} = \frac{m_1 p U_1^2}{4\pi f_1 (X_1 + X_2') T_{\mathrm{N}}}$$

$$= \frac{m_1 p U_1^2}{8\pi^2 f_1^2 (L_{s1} + L_{s2}') T_{\mathrm{N}}} = C \frac{U_1^2}{f_1^2 T_{\mathrm{N}}} \quad (7\text{-}37)$$

式中，$C = \dfrac{m_1 p}{8\pi^2 (L_{s1} + L_{s2}')}$ 为常数；L_{s1}、L_{s2} 为定、转子绕组的漏电感。

设变频后频率、定子电压和额定转矩相应变为 f_1'、U_1'、T_{N}'，为了使变频前后电动机具有同样的过载能力，则定子电压应按照下列规律来调节

$$\frac{U_1^2}{f_1^2 T_{\mathrm{N}}} = \frac{U_1'^2}{f_1'^2 T_{\mathrm{N}}'}$$

即

$$\frac{U_1'}{U_1} = \frac{f_1'}{f_1} \sqrt{\frac{T_{\mathrm{N}}'}{T_{\mathrm{N}}}} \quad (7\text{-}38)$$

式（7-38）表明，变频调速时，U_1 随 f_1 的调节规律和负载的性质有关。根据负载类型的不同，通常将异步电动机变频调速分为恒转矩变频调速和恒功率变频调速。

1）恒转矩变频调速

对于恒转矩负载，$T_{\mathrm{N}} = T_{\mathrm{N}}'$，由式（7-38）可得

$$\frac{U_1}{f_1} = \frac{U_1'}{f_1'} = 常数 = 4.44 N_1 k_{\mathrm{dp1}} \Phi_{\mathrm{m}} \quad (7\text{-}39)$$

由此可见，恒转矩变频调速时，若能保持 $U_1/f_1 = $ 常数，则调速过程中同时保证了电动机的过载能力不变和主磁通不变。这也说明变频调速特别适用于恒转矩负载。

2）恒功率变频调速

对于恒功率负载，调速过程中要求输出功率不变，即

$$P_{\mathrm{N}} = \frac{T_{\mathrm{N}} n_{\mathrm{N}}}{9\,550} = \frac{T_{\mathrm{N}}' n_{\mathrm{N}}'}{9\,550} = 常数 \quad (7\text{-}40)$$

由于异步电动机的转速与电源频率成正比，式（7-40）可变为

$$\frac{T_{\mathrm{N}}'}{T_{\mathrm{N}}} = \frac{n_{\mathrm{N}}}{n_{\mathrm{N}}'} = \frac{f_1}{f_1'} \quad (7\text{-}41)$$

将式（7-41）代入式（7-38），得

$$\frac{U_1}{\sqrt{f_1}} = \frac{U_1'}{\sqrt{f_1'}} = 常数 \quad (7\text{-}42)$$

由此可见，恒功率变频调速时，若能保持 $U_1/\sqrt{f_1} = $ 常数，则调速过程中电动机的过载能力保持不变，但主磁通将发生变化。

2. 变频调速时异步电动机的机械特性

变频调速时电动机的机械特性可用下列公式说明：

$$\left.\begin{aligned} s_\mathrm{m} &\approx \frac{R_2'}{X_1+X_2'} = \frac{R_2'}{2\pi f_1(L_{s1}+L_{s2}')} \propto \frac{1}{f_1} \\ T_\mathrm{m} &\approx \frac{m_1 p}{8\pi^2(L_{s1}+L_{s2}')}\left(\frac{U_1}{f_1}\right)^2 \\ T_\mathrm{st} &\approx \frac{m_1 p R_2'}{8\pi^3(L_{s1}+L_{s2}')^2}\left(\frac{U_1}{f_1}\right)^2 \frac{1}{f_1} \end{aligned}\right\} \qquad (7\text{-}43)$$

异步电动机的额定频率 f_{1N} 为基准频率，简称基频。在生产实践中，变频调速时电压随频率的调节规律是以基频为分界线的，分为以下两种情况。

（1）在基频以下调速时，保持 $U_1/f_1=$ 常数，即恒转矩调速。此时，同步速 n_1 与 f_1 成正比变化，由式（7-43）可知 s_m、T_st 均与 f_1 成反比变化，而最大转矩 T_m 不变，其机械特性随频率的降低而向下平移，如图 7-20 中虚线所示。需要注意的是，式（7-43）是在忽略定子电阻 R_1 的前提下得到的。当 f_1 较低时，X_1+X_2' 减小很多，R_1 的影响不能忽略。此时，即使保持 $U_1/f_1=$ 常数，也会因 R_1 的影响而使 T_m 减小。f_1 越低，R_1 的影响越大，T_m 减小越多，如图 7-20 中实线所示。为保证电动机在低速时有足够大的 T_m 值，必须适当提高定子电压 U_1，使 U_1/f_1 的值随 f_1 的降低而增加，这样才能获得图 7-20 中虚线所示的机械特性。

（2）在基频以上调速时，频率从 f_{1N} 往上增高，但电压 U_1 却不能超过额定电压 U_{1N}，最多只能保持 $U_1=U_{1N}$，这将迫使主磁通 Φ_m 与频率 f_1 成反比降低。此时，同步速 n_1 仍与 f_1 成正比变化，由式（7-43）可知 s_m 与 f_1 成反比变化，T_m 和 T_st 均随频率 f_1 的增大而减小，其机械特性如图 7-21 所示，这近似为恒功率调速，相当于直流电动机弱磁调速的情况。

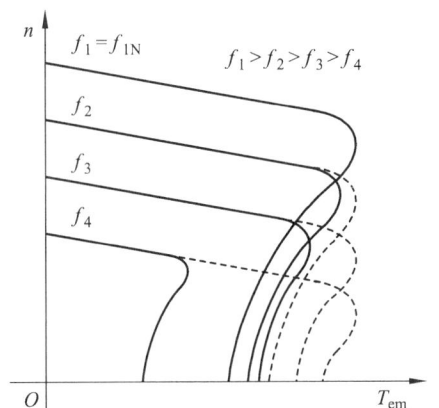

图 7-20 基频向下变频调速时的机械特性

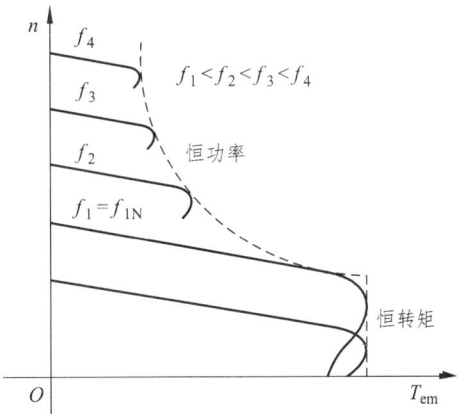

图 7-21 恒功率和恒转矩变频调速时的机械特性

例 7-3 某三相异步电动机，已知 $n_N=720$ r/min，$K_T=2$，求 $f_1=0.5f_{1N}$、$T_L=T_N$ 时的转速。

解： $s_N = \dfrac{n_1 - n_N}{n_1} = \dfrac{750 - 720}{750} = 0.04$

$$s_m = s_N(K_T + \sqrt{K_T^2 - 1}) = 0.04(2 + \sqrt{2^2 - 1}) = 0.149\,3$$

因该电机在基频以下变频调速（$U_1/f_1 =$ 常数），由式（7-43）可知 T_m 不变，s_m 与 f_1 成反比变化。则

$$s'_m = \dfrac{f_{1N}}{f_1} s_m = \dfrac{1}{0.5} s_m = \dfrac{1}{0.5} \times 0.149\,3 = 0.298\,6$$

根据电磁转矩的实用表达式（7-13）可求得

$$s = s_m \left[\dfrac{T_m}{T_{em}} - \sqrt{\left(\dfrac{T_m}{T_{em}}\right)^2 - 1} \right]$$

将 $s_m = 0.298\,6$、$T_m = K_T T_N = 2T_N$、$T_{em} = T_L = T_N$ 代入上式，可求得

$$s = 0.298\,6 \times \left[\dfrac{2T_N}{T_N} - \sqrt{\left(\dfrac{2T_N}{T_N}\right)^2 - 1} \right] = 0.298\,6 \times (2 - \sqrt{4-1}) = 0.08$$

故　　$n = (1-s) n'_1 = (1 - 0.08) \times 0.5 \times 750 = 345 \text{ r/min}$

7.3.3 改变定子端电压调速

由前面的分析可知，改变异步电动机的定子电压后，n_1、s_m 不变，T_m、T_{st} 与电压 U_1 的平方成正比变化，其机械特性如图 7-22 所示。对于通风机类负载（图 7-22 中特性 1），稳定运行区不受 s_m 的限制，电动机在全段机械特性上都能稳定运行，不同电压下稳定工作点分别为 A_1、B_1、C_1，调速范围较大；对于恒转矩负载，稳定运行区限制在 $0<s<s_m$，电动机只能在机械特性的线性段稳定运行，不同电压下的稳定工作点分别为 A_2、B_2、C_2，调速的范围很小，往往满足不了电动机调速的要求。

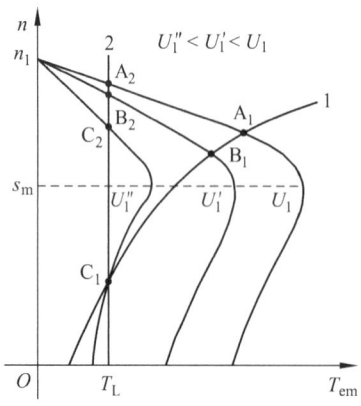
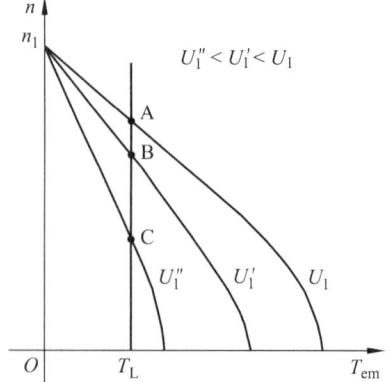

图 7-22　改变定子电压时的机械特性　　图 7-23　高转差率电机改变定子电压时机械特性

为了扩大带恒转矩负载时的调速范围,需要采用转子电阻较大的高转差率异步电动机,其机械特性如图 7-23 所示。但这种电动机低速时的机械特性太软,静差率和运行稳定性不能满足生产工艺的要求。因此,单纯地改变定子电压调速很不理想。为了克服这一缺点,调压调速系统通常采用带转速负反馈的闭环控制系统。下面来分析调压调速时电动机的允许输出。

由于电磁转矩

$$T_{em} = \frac{P_{em}}{\Omega_1} = \frac{m_1 I_2'^2 R_2'/s}{\Omega_1} \tag{7-44}$$

为了使电动机能充分利用,调速过程中转子电流 $I_2' = I_{2N}' = $ 恒值,则 $T_{em} \propto \frac{1}{s}$,即 $T_{em} \propto n$。可见,该调速方法既不属于恒转矩调速方式,也不属于恒功率调速方式。

改变定子端电压调速的优点是调速装置简单、价格便宜,最适合于转矩随转速降低而减小的负载(如通风机负载),也可用于恒转矩负载,最不适用于恒功率负载。缺点是低速运行时损耗大、效率低且转速稳定性差。

7.3.4 绕线型异步电动机转子串电阻调速

由前面的分析可知,绕线型异步电动机转子回路串入电阻后,n_1、T_m 不变,s_m 随外接电阻的增大而增大,其机械特性如图 7-4(b)所示。对于恒转矩负载,转子回路串入的电阻越大,转速越低,从而达到调速的目的。

这种调速方法的优点是设备简单、实现方便。其缺点是调速不平滑,低速运行时转子回路消耗的转差功率大,运行效率低;同时低速时的机械特性较软,当负载转矩波动时将引起较大的转速变化,即运行的稳定性较差。该方法主要用于对调速性能要求不高的生产机械,如桥式起重机、通风机、轧钢辅助机械等。

例 7-4 某三相绕线型异步电动机拖动起重机吊钩,电动机的额定数据为:$P_N = 40$ kW,$U_N = 380$ V,$n_N = 1\ 470$ r/min,$K_T = 2.5$,转子电阻 $R_2 = 0.05$ Ω,负载转矩为 $T_L = T_N$。当重物提升时,通过转子串电阻实现转速 $n = 400$ r/min,试计算转子回路需串接的电阻值。

解: $s_N = \dfrac{n_1 - n_N}{n_1} = \dfrac{1\ 500 - 1\ 470}{1\ 500} = 0.02$

$s_m = s_N(K_T + \sqrt{K_T^2 - 1}) = 0.02 \times (2.5 + \sqrt{2.5^2 - 1}) = 0.096$

转速 $n = 400$ r/min 时的转差率为

$$s = \frac{n_1 - n}{n_1} = \frac{1\ 500 - 400}{1\ 500} = 0.73$$

由电磁转矩的实用表达式(7-13)可求得

$$s_m = s\left[\frac{T_m}{T_{em}} + \sqrt{\left(\frac{T_m}{T_{em}}\right)^2 - 1}\right]$$

由转子串电阻的人为机械特性可知，s_m 改变，$T_m = K_T T_N = 2.5 T_N$ 不变。并将 $s = 0.73$、$T_{em} = T_L = T_N$ 代入上式，可求得串电阻后的临界转差率为

$$s'_m = 0.73 \times \left[\frac{2.5 T_N}{T_N} + \sqrt{\left(\frac{2.5 T_N}{T_N}\right)^2 - 1} \right] = 3.498$$

由于 $s_m \propto R_2$，故 $\dfrac{s'_m}{s_m} = \dfrac{R_2 + R_\Omega}{R_2}$，则转子回路需串接的电阻为

$$R_\Omega = \left(\frac{s'_m}{s_m} - 1\right) R_2 = \left(\frac{3.498}{0.096} - 1\right) \times 0.05 = 1.77 \Omega$$

7.3.5 绕线型异步电动机的串级调速

对于转子串电阻调速，转差功率 sP_{em} 大部分消耗在了串接电阻上，而且转速越低，损耗越大。因此该调速方法很不经济。如果在绕线型异步电动机的转子回路不串接电阻，而是串入一个与转子电动势 $\dot{E}_{2s}$ 频率相同、相位相同或相反的附加电动势 $\dot{E}_{ad}$（见图 7-24），通过改变 $\dot{E}_{ad}$ 的大小和相位，同样也可以实现调速。这样，即使电动机在低速运行时，也只有少量的转差功率消耗在转子绕组电阻上，而其余大部分被附加电动势 $\dot{E}_{ad}$ 所吸收。利用产生 $\dot{E}_{ad}$ 的装置，可以把这部分转差功率回馈到电网上，使电动机在低速运行时仍具有较高的效率。这种在绕线型异步电动机转子回路中串入附加电动势的调速方法称为串级调速。

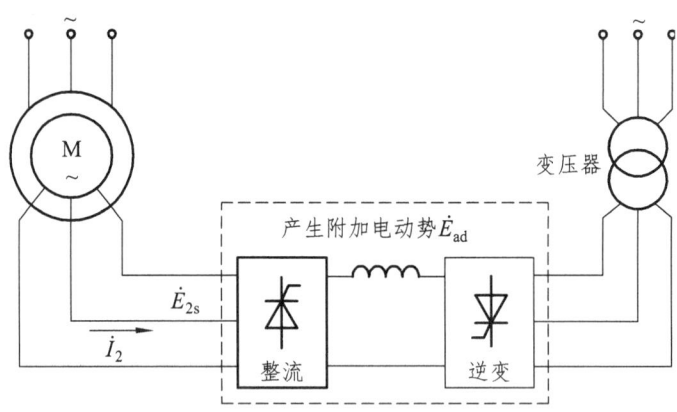

图 7-24 串级调速原理图

串级调速系统的组成如图 7-24 所示，逆变器的电压即为加在转子回路中的反电势，控制逆变器的逆变角，就可改变逆变器的电压，从而达到调速的目的。

（1）$\dot{E}_{2s}$ 与 $\dot{E}_{ad}$ 同相。

未串入 $\dot{E}_{ad}$ 时，转子电流为

$$I_2 = \frac{E_{2s}}{\sqrt{R_2^2 + X_{2s}^2}} = \frac{sE_2}{\sqrt{R_2^2 + (sX_2)^2}} \tag{7-45}$$

串入 $\dot{E}_{ad}$ 后，转子电流变为

$$I_2 = \frac{E_{2s}+E_{ad}}{\sqrt{R_2^2+X_{2s}^2}} = \frac{sE_2+E_{ad}}{\sqrt{R_2^2+(sX_2)^2}} \tag{7-46}$$

显然，串入 $\dot{E}_{ad}$ 后，转子电流 I_2 增大，电磁转矩 $T_{em}=C_T\Phi_m I_2\cos\varphi_2$ 也随 I_2 的增大而增大，$T_{em}>T_L$，转速 n 上升，转差率 s 减小；随着 s 的减小，转子电流 I_2 开始减小，T_{em} 也相应减小，直到 $T_{em}=T_L$，电动机达到新的稳定转速，调速过程结束。

（2）$\dot{E}_{2s}$ 与 $\dot{E}_{ad}$ 反相。

此时串入 $\dot{E}_{ad}$ 后，转子电流变为

$$I_2 = \frac{E_{2s}-E_{ad}}{\sqrt{R_2^2+X_{2s}^2}} = \frac{sE_2-E_{ad}}{\sqrt{R_2^2+(sX_2)^2}} \tag{7-47}$$

可见，串入 $\dot{E}_{ad}$ 后，I_2 减小，T_{em} 也相应减小，$T_{em}<T_L$，n 下降，s 增大；随着 s 的增大，I_2 开始回升，T_{em} 也相应回升，直到 $T_{em}=T_L$，电动机达到新的稳定转速，调速过程结束。

串级调速的机械特性如图 7-25 所示。当 $\dot{E}_{2s}$ 与 $\dot{E}_{ad}$ 同相位时，机械特性基本上是平行上移，电动机向上加速，$\dot{E}_{ad}$ 越大，稳定转速越高，当 $\dot{E}_{ad}$ 幅值足够大时，电动机转速甚至会超过同步速 n_1，称为超同步串级调速，此时产生 $\dot{E}_{ad}$ 的装置向转子回路输入电能，同时电源也向定子回路输入电能，因此又称为双馈运行；当 $\dot{E}_{2s}$ 与 $\dot{E}_{ad}$ 反相时，机械特性基本上平行下移，电动机向下调速，称为低同步串级调速，此时产生 $\dot{E}_{ad}$ 的装置从转子回路中吸收电能并回馈到电网。

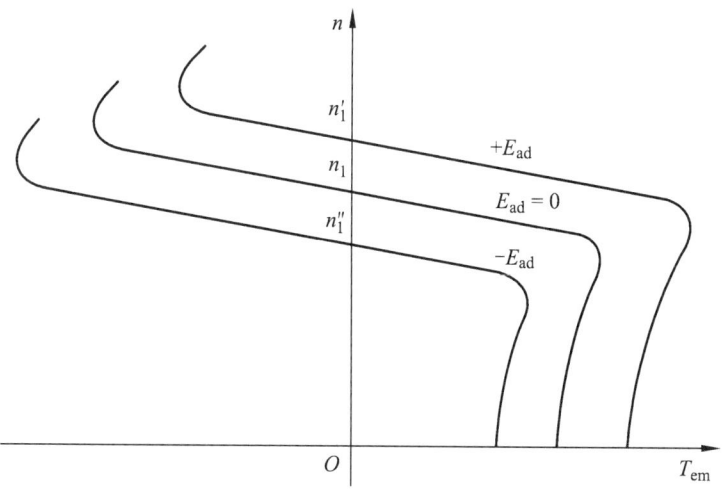

图 7-25 串级调速时的机械特性

串级调速的优点是机械特性较硬，效率高，可以实现无级调速，缺点是产生附加电动势 $\dot{E}_{ad}$ 的装置比较复杂，成本较高，且低速运行时电动机的过载能力较低。主要适用于调速范围不太大（一般为 2~4）的场合，如通风机和提升机等。

7.4 三相异步电动机的制动

与直流电动机一样,异步电动机也可工作于电动状态和制动状态,制动状态的特点是 T_{em} 与 n 方向相反,此时电机吸收轴上的机械能,并转换为电能。通过制动可以使电力拖动系统快速停车,也可用于负载的稳速下放。三相异步电动机实现制动的方法也包括能耗制动、反接制动和回馈制动三种。

7.4.1 能耗制动

能耗制动的接线原理如图 7-26 所示。当异步电机运行于电动状态时,接触器 KM1 的主触点闭合,KM2 主触点断开,此时 T_{em} 与 n 的方向相同(设为顺时针方向)。能耗制动时,断开 KM1 主触点,即断开交流电源,同时立即闭合 KM2 主触点,将直流电源接入定子两相绕组,在电动机的气隙中产生一个恒定磁场。对于绕线型电动机,为了获得较大制动转矩,常采用转子串电阻的方法。电动状态时 KM3 的主触点闭合;制动状态时 KM3 主触点断开,使转子回路串入制动电阻 R_Ω。

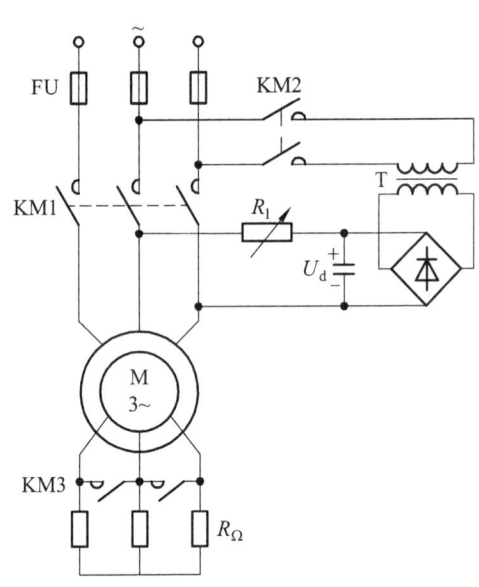

图 7-26 异步电动机能耗制动的接线原理图

图 7-27(a)为异步电机电动状态示意图,图 7-27(b)为能耗制动状态示意图。在切换电源的瞬间,由于惯性作用,转子仍保持原顺时针方向旋转,其导体切割恒定磁场,在转子中产生感应电势及电流。但由于导体切割磁场的方向发生改变,故感应电势及电流的方向与电动状态时相反,从而产生的电磁转矩 T_{em} 与转速方向相反,为一制动转矩,电机进入制动状态。在制动转矩的作用下,电动机开始减速运行,转子感应电势、转子电流及电磁转矩 T_{em} 均跟着减小,当转速 $n=0$ 时,$T_{em}=0$。由于制动过程中,大部分轴上的机械能均转换成电能消耗在转子回路的电阻上,因此该制动方式称为能耗制动。

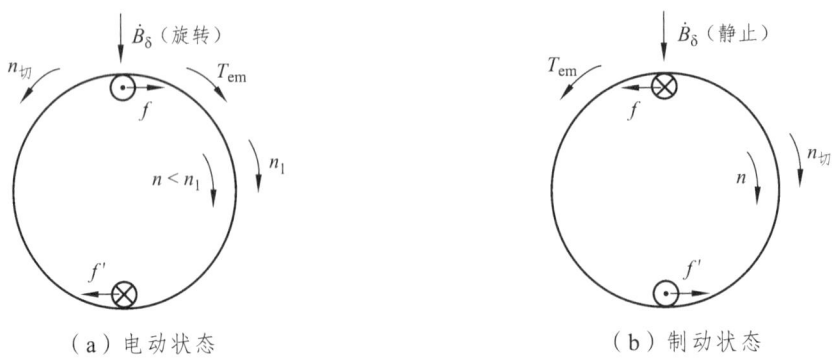

(a)电动状态　　　　　　　　　　　(b)制动状态

图 7-27 异步电动机能耗制动的原理

处于能耗制动状态的异步电机，实质上变成了一台交流发电机，它的输入是轴上的机械能，负载是转子回路的电阻，其电压和频率随着转速的降低而降低。因此，能耗制动时的机械特性与发电机状态一样，处于第二象限。由于 $n=0$ 时，定子磁场与转子之间无相对运动，则 $T_{em}=0$，故能耗制动的机械特性为一条过原点、形状与发电机状态特性曲线相似的曲线，如图 7-28 所示。若异步电机带位能性负载，则其能耗制动时的机械特性如图 7-28 中位于第四象限的虚线。

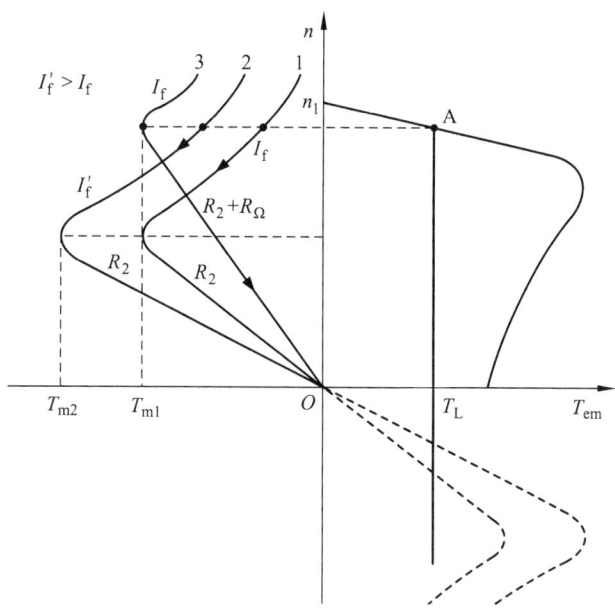

图 7-28 三相异步电动机能耗制动时的机械特性

图 7-28 中，曲线 1 和曲线 2 为不同直流励磁电流、转子不串电阻情况下的机械特性，曲线 2 对应的励磁电流大，则其 T_m 变大，而 s_m 不变；曲线 1 与曲线 3 为异步电动机在相同励磁电流、转子串电阻情况下的机械特性，曲线 3 对应的转子回路电阻大，则其 s_m 变大，而 T_m 不变。与电动状态转子串电阻的人为机械特性一样，若外串电阻合适，电动机可获得最大制动转矩（见曲线 3）。

因此，能耗制动时，对于鼠笼型异步电动机，为了增加制动转矩，必须增大直流励磁电流；而对于绕线型异步电动机，则通常采用转子串电阻的方法增大制动转矩。

与他励直流电动机的能耗制动一样，对于反抗性负载，当转速 $n=0$ 时，$T_{em}=0$，即在机械特性的原点处，系统停车；对于位能性负载，若不采取一定措施，则系统在原点处不会停车，而是在位能性负载重力作用下，电动机反向加速运行，进入第四象限，并最终稳定运行于 $T_{em}=T_L$ 处，如图 7-28 所示。因此，能耗制动适用于反抗性负载的准确停机，或者是位能性负载的匀速下放。

7.4.2 反接制动

当异步电动机的转速方向与定子旋转磁场的方向相反时，电动机便处于反接制动状态。它可以分为两种情况：① 在电动状态下突然改变外加电源的相序（即对调定子任两相绕组出线端接线），使定子旋转磁场的方向由原来的顺转子转向变为逆转子转向，这种情况下的制动称为改变定子电源相序的反接制动；② 保持定子旋转磁场的转向不变，而转子在位能性负载作用下进入倒拉反转，这种情况下的制动称为转速反向的反接制动。

1. 改变定子电源相序的反接制动

该制动方法的原理如图 7-29 所示。当把定子两相电源线对调（即改变电源相序）时，定子旋转磁场方向将由原来的顺时针变为逆时针，而电动机转速 n 不突变，从而使导体切割磁场的方向发生改变，故感应电势及电流反向，电磁转矩 T_{em} 与 n 反向，为一制动转矩，电机进入制动状态。

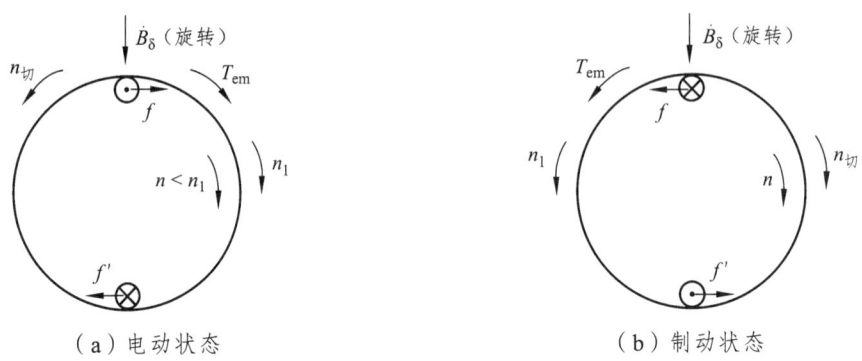

图 7-29 改变定子电源相序的反接制动原理

假设异步电机处于电动状态运行，完成工作任务后要进行反接制动。可按图 7-30（a）所示的接线图进行操作：先断开 KM1 主触点，同时立即将 KM2 主触点闭合、KM3 主触点断开。其中 KM2 闭合是将定子两相电源线对调；KM3 断开是将制动电阻 R_Ω 串入转子回路（限制制动电流）。

现结合图 7-30（b）所示的机械特性来说明其制动过程：制动前电机稳定运行于固有特性曲线 1 上的 A 点，定子两相反接后机械特性变为曲线 2，变换瞬间由于惯性转速不突变，运行点由 A 点平移至曲线 2 上的 B 点，电磁转矩方向改变，为制动性质。在其作用下电机沿曲线 2 减速，至 C 点转速变为 0，此时若切断电源，拖动系统停止运行。若不及时切断电源，电机将在负载作用下沿曲线 2 反向起动，对于反抗性负载，系统将稳定运行于 D 点；而对于位能性负载，系统将越过同步速 $-n_1$ 点，最终以高速稳定运行于 E 点。从 $-n_1$ 点到 E 点这段，$|-n|>|-n_1|$，与直流电动机相同，电机进入反向回馈制动状态。

图 7-30（b）中，只有 BC 段处于反接正转制动状态，由于电源相序改变，此时的同步速由 n_1 变为 $-n_1$，故相应的转差率为

$$s = \frac{-n_1 - n}{-n_1} = \frac{n_1 + n}{n_1} > 1 \tag{7-48}$$

转子轴上输出的总机械功率为

$$P_m = m_1 I_2'^2 \frac{1-s}{s}(R_2' + R_\Omega') < 0 \tag{7-49}$$

总机械功率为负值，表明电动机轴上不是输出机械功率而是输入机械功率。

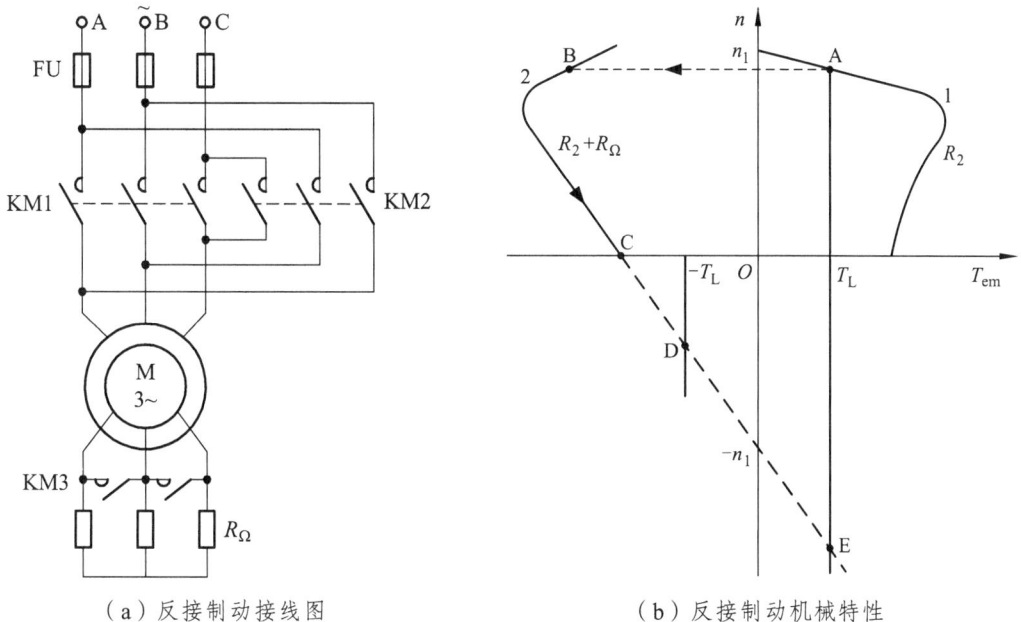

（a）反接制动接线图　　　　　（b）反接制动机械特性

图 7-30　异步电动机改变定子电源相序的反接制动

定子通过气隙传递到转子的电磁功率为

$$P_{em} = m_1 I_2'^2 \frac{1}{s}(R_2' + R_\Omega') > 0 \tag{7-50}$$

电磁功率为正值，说明电机从电网吸收电功率。

转子铜耗为

$$p_{Cu2} = sP_{em} = m_1 I_2'^2 (R_2' + R_\Omega') = P_{em} - P_m = P_{em} + |P_m| \tag{7-51}$$

式（7-51）表明，反接制动过程中，异步电动机既从转子轴上输入机械功率，又从电网吸收电功率，而这两部分功率都消耗在转子回路总电阻（R_2+R_Ω）中，能量损耗大。

由上述分析可知，改变定子电源相序的反接制动的优点是制动效果强，缺点是能量损耗大，不能准确停机，若要准确停机还需及时切断电源或采用自动控制线路。它适用于要求迅速制动停机和迅速反向的场合，若要改变制动转矩的大小或负载的下放速度，可通过调节转子外串电阻 R_Ω 的大小来实现。

2. 转速反向的反接制动

与直流电动机相似，异步电动机要实现转速反向的反接制动，须满足两个条件：一是负载为位能性负载，二是转子回路串足够大的电阻，使 $T_{st}<T_L$。若将图 7-31（a）中的接触器 KM1、KM2 的主触头闭合，则转子回路不串入电阻 R_Ω，电机工作在电动状态，以转速 n_z 稳速提升重物，即运行在图 7-31（b）中曲线 1 上的 A 点。此时若将 KM2 断开，则转子回路串入较大电阻 R_Ω，电动机的机械特性变为曲线 2，工作点由 A 点平移至 B 点。此时，电动机将减速运行，当减速至 C 点（$n=0$）时仍然存在 $T_{em}<T_L$，在位能性负载的作用下电机将沿曲线 2 反向

加速，直至 D 点（$T_{em} = T_L$）达到稳定，以速度 n_D 稳速下放重物。因此，转速反向的反接制动适用于位能性负载的低速下放，同样，改变转子外串电阻 R_Ω 的大小即可获得不同的下放速度。

在曲线 2 中位于第四象限的 CD 段，电机的转速 n 为负值，T_{em} 为正值，即为转速反向的反接制动状态，由于电源相序未改变，故该制动状态也称为正接反转。

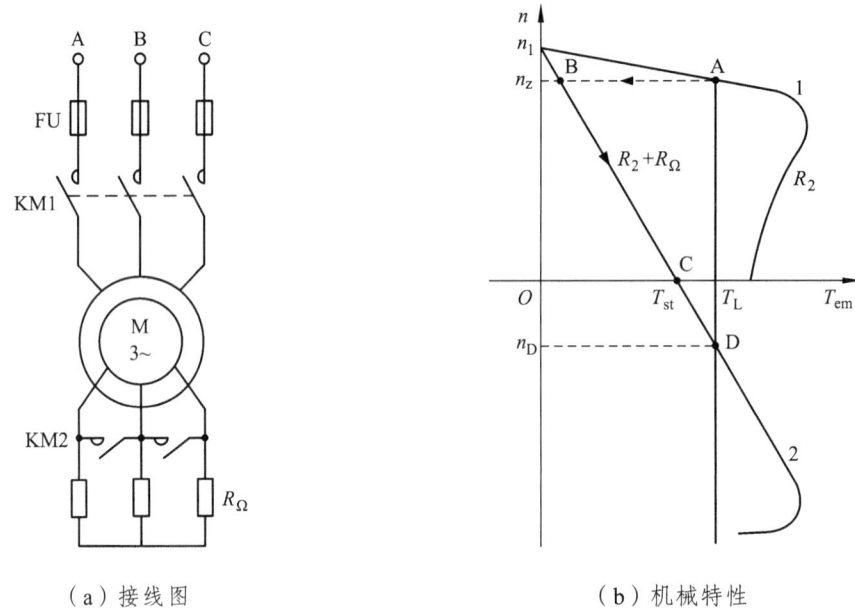

（a）接线图　　　　　　　　（b）机械特性

图 7-31　异步电动机转速反向的反接制动

转速反向的反接制动过程中的转差率为 $s = \dfrac{n_1 - (-n)}{n_1} = \dfrac{n_1 + n}{n_1} > 1$，可见，与式（7-48）完全相同，因此其相应的功率关系也与改变定子电源相序的反接制动相同。

7.4.3　回馈制动

所谓回馈制动，是指异步电动机由于某种原因使转子转速 n 超过同步速 n_1 的一种制动状态，此时电动机运行在第二象限（正向回馈制动）或第四象限（反向回馈制动）。

1. 正向回馈制动

在变极调速由少极（高速）向多极（低速）或变频调速由高频向低频的转换过程中，均可能造成转速 n 超过同步速 n_1。图 7-32 给出了变极调速过程中回馈制动的机械特性，曲线 1、曲线 2 分别为少极和多极时电机的机械特性。设电动机原运行于曲线 1 的 A 点，变极后机械特性变为曲线 2，工作点由 A 点平移至 B 点，此时 T_{em} 变为负值，与转速 n 反向，电机减速运行。由于在 BC 段有 $n > n_1' > 0$，电机进入正向回馈制动状态。当电机减速至 C 点时，$T_{em} = 0$，电机在负载的作用下继续沿曲线 2 减速至 D 点，$T_{em} = T_L$，达到新的稳定运行。

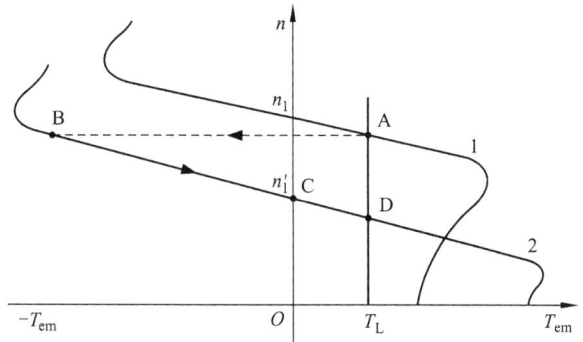

图 7-32 异步电动机正向回馈制动时的机械特性

2. 反向回馈制动

异步电机带位能性负载在改变定子电源相序的反接制动时,若不及时切断电源,电机将反向起动并稳定运行于第四象限,以高于同步速 $-n_1$ 的高速下放重物,其机械特性如图 7-33 所示。特性曲线在第四象限的 DE 段,电动机的 T_{em} 与 n 反向,电机进入回馈制动状态,由于 n 为负值,故称为反向回馈制动。转子回路串入的电阻越大,其稳定下放转速越高,因此采用回馈制动下放重物时转子一般不串电阻,以免转速过高,如图 7-33 中特性曲线 3 所示。

下面来分析回馈制动时的功率关系。由上述分析可知,在回馈制动过程中始终有 $|n|>|n_1|$。以反向回馈制动为例,其转差率为

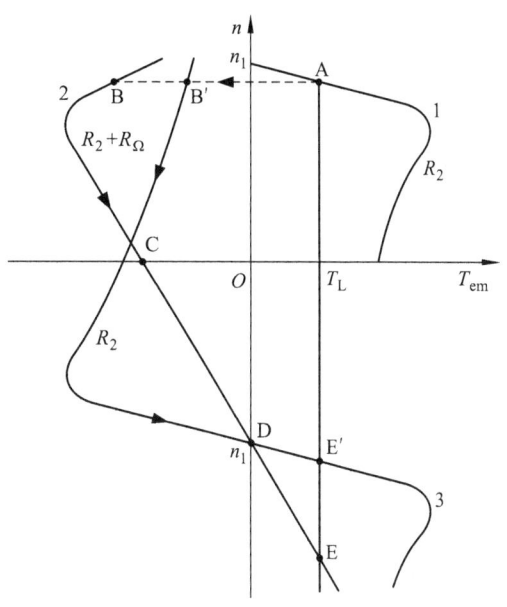

图 7-33 异步电动机反向回馈制动时的机械特性

$$s = \frac{-n_1-(-n)}{-n_1} = \frac{n_1-n}{n_1} < 0 \tag{7-52}$$

若回馈制动时转子回路不外串电阻,则转子轴上输出的总机械功率为

$$P_m = m_1 I_2'^2 \frac{1-s}{s} R_2' < 0 \tag{7-53}$$

可见总机械功率为负值,表明电动机从轴上输入机械功率。

而定子通过气隙传递到转子的电磁功率为

$$P_{em} = m_1 I_2'^2 \frac{1}{s} R_2' < 0 \tag{7-54}$$

可见电磁功率为负值,说明电机向电网发出电功率。

式（7-53）和式（7-54）表明，电动机处于回馈制动状态时，电动机轴上的机械功率转换成电能，并由转子传递到定子侧回馈至电网。

习 题

7-1 三相异步电动机的机械特性有哪三种表达式？各适用于什么场合？什么是固有机械特性和人为机械特性？

7-2 三相异步电动机的定子电压、转子电阻及定、转子漏电抗对最大转矩、临界转差率和起动转矩有什么影响？

7-3 三相鼠笼型异步电动机有哪几种起动方法？各有什么特点？

7-4 说明深槽式和双鼠笼型异步电动机可以改善起动特性的原因。

7-5 为什么绕线型异步电动机采用转子回路串频敏变阻器起动比转子回路串电阻起动效果更好？

7-6 为使三相异步电动机快速停车，可采用哪几种制动方法？如何改变制动的强弱？试用机械特性说明其制动过程。

7-7 当三相异步电动机拖动位能性负载时，为了限制负载下降时的速度，可采用哪几种制动方法？如何改变制动运行时的速度？各制动运行时的能量关系如何？

7-8 变频调速的一般控制规律是什么？为什么？

7-9 绕线型异步电动机转子串接电阻调速时，为什么低速时的机械特性变软？为什么轻载时的调速范围不大？

7-10 何谓串级调速？其原理是什么？绕线型异步电动机串级调速机械特性有什么特点？

7-11 一台三相鼠笼型异步电动机的数据如下：$P_N = 40$ kW，$U_N = 380$ V，$n_N = 2\,930$ r/min，$\eta_N = 0.9$，$\cos\varphi_N = 0.85$，$K_I = 5.5$，$K_{st} = 1.2$，定子绕组为△连接。供电变压器允许起动电流为150 A，能否在下列情况下用 Y-△降压起动？① 负载转矩为 $0.25\,T_N$；② 负载转矩为 $0.5\,T_N$。

7-12 一台绕线型异步电动机的数据为：$P_N = 5$ kW，$n_N = 960$ r/min，$R_2 = 0.184\,\Omega$，$K_T = 2.3$，该电动机拖动起重机的提升机构工作。下放重物时，电动机的负载转矩 $T_L = 0.75\,T_N$，电动机的转速 $n = -300$ r/min，求转子每相应串入的电阻值。

7-13 一台三相鼠笼型异步电动机的数据为：$P_N = 11$ kW，$U_N = 380$ V，$f_N = 50$ Hz，$n_N = 1\,460$ r/min，$K_T = 2$，若采用变频调速，负载转矩为 $0.8\,T_N$，要使 $n = 1\,000$ r/min，则 f_1，U_1 应分别调为多少？

7-14 一台三相鼠笼型异步电动机的数据为：$P_N = 15$ kW，$U_N = 380$ V，$n_N = 2\,930$ r/min，$f_N = 50$ Hz，$K_T = 2.2$，△形连接，若采用变频调速，拖动一恒转矩负载运行，负载转矩为 $T_L = 40$ N·m。求：① $f_1 = f_N$，$U_1 = U_N$ 时的转速；② $f_1 = 40$ Hz，$U_1 = 0.8\,U_N$ 时的转速。

第 8 章 同步电机

与异步电机一样,同步电机也是一种常用的交流旋转电机。"同步"的含义是:稳态运行时其转子转速等于同步转速,即 $n = n_1 = \dfrac{60f}{p}$。若电源的频率不变,则同步电机的转速就不变,与负载大小无关。从用途来看,同步电机可用作发电机、电动机或调相机(补偿机)。现代发电厂中的交流发电机几乎全是同步发电机,在工矿企业和电力系统中,同步电动机和调相机用得也较多。

本章主要介绍同步电机的类型、结构和工作原理,重点讨论同步发电机的电磁关系、运行特性以及并联运行等内容。

8.1 同步电机的类型和基本结构

8.1.1 同步电机的用途

同步电机按照用途分为发电机、电动机和调相机(补偿机)。

同步电机主要用作发电机,现代社会中使用的交流电能,几乎全由同步发电机产生。现代电力工业中,无论是火力发电、水力发电、还是核能发电,几乎全部采用同步发电机。电力系统中通常将多个发电厂的多台发电机并联运行,以提高电能品质、经济性和可靠性。

同步电动机主要用于驱动功率较大、转速不要求调节的生产机械,如大型水泵、空气压缩机、矿井通风机等。随着电力电子技术的发展,同步电动机与变频器组成无换向器电动机,它没有直流电动机的机械换向器,性能与直流电机相当,而且容量、电压、转速可以更高。

同步调相机(也称同步补偿机)相当于并联在电网上空载运行的电动机,可通过调节无功功率来改善电网的功率因数,以提高电网的运行经济性及电压的稳定性。

8.1.2 同步电机的分类

同步电机的分类方法很多,可以按照不同的规则进行分类:
按用途不同可分为:发电机、电动机和调相机(补偿机)。
按转子结构特点不同可分为:凸极式电机和隐极式电机。

按电机安装方式不同可分为：立式电机和卧式电机。

按冷却方式不同可分为：空气冷却电机、氢气冷却电机、水冷却电机、蒸汽冷却电机和混合冷却电机（如定子、转子用水冷却，铁心用空气冷却，称为水-水-空冷）。

按通风方式不同可分为：开启式电机、防护式电机和封闭式电机。

按转子励磁方式不同可分为：电励磁式电机和永磁式电机。

按原动机类型不同可分为：汽轮发电机、水轮发电机、风力发电机、柴油发电机和其他动力的发电机。

按电机的负载不同可分为：均匀负载电机、交变负载电机和冲击负载电机。

8.1.3 同步电机的基本结构

同步电机由定子和转子两个基本部分构成，如图8-1所示。其定子结构与异步电机基本相同，由定子铁心、定子绕组和机座等构成；但转子结构比异步电机复杂，主要由转子铁心、励磁绕组（永磁式电机无励磁绕组）、集电环（或滑环）和转轴等构成。

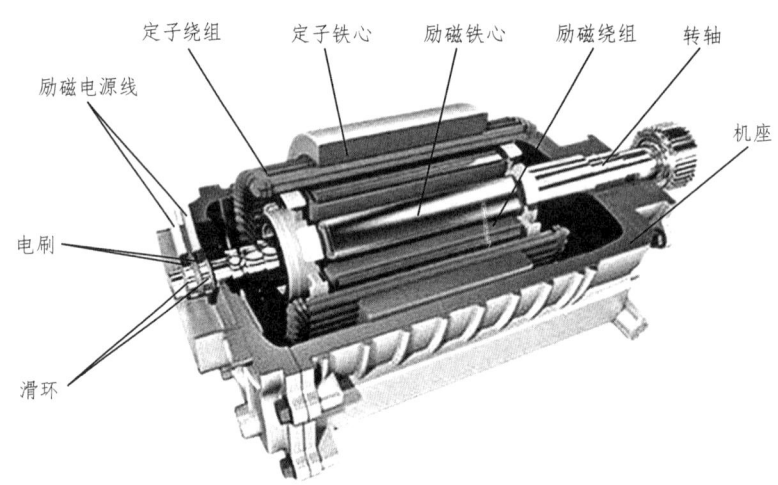

图8-1 同步电机的基本结构

1. 定 子

同步电机的定子又称为电枢，起着接受电能、产生旋转磁场的作用。它的结构型式和异步电机基本相同，这里不再赘述。

定子绕组为三相对称绕组，通常接成Y形。大型高压同步电机的定子绕组绝缘性能要求较高，常采用云母带作为绝缘材料。

2. 转 子

同步电机按转子结构的不同，分为凸极式和隐极式两种类型。

图8-2（a）所示为隐极式同步发电机，其转子没有明显的磁极，多制成2极，以适应高

转速的需要。这种电机的气隙是均匀的，转子通常做成圆柱形，由整块铸钢制成，转子圆周 2/3 部分开有槽，励磁绕组（即转子绕组）分布在各槽中。圆周上没有开槽的 1/3 部分形成所谓大齿，是磁极的中心区域。

汽轮发电机转速高，其转子通常做成隐极式，同时考虑到离心力的影响，转子直径受到一定的限制，为了增大电机容量，只能增加转子的长度，因此汽轮发电机的转子是一个细而长的圆柱体。隐极式转子的优点是机械强度好，但是制造工艺较复杂。

图 8-2（b）所示为凸极式同步发电机，其转子有明显凸出的磁极，磁极数通常是 4 极以上。这种电机的气隙是不均匀的，极弧底下气隙较小，而极间部分气隙较大。磁极铁心和直流电机一样，由薄钢板冲压后叠成，磁极铁心上放置集中的励磁绕组。磁极的表面常装设类似鼠笼型异步电机转子上的短路绕组，称为阻尼绕组或者起动绕组，它具有促使同步发电机趋于稳定运行的作用或作为同步电动机异步起动用。

水轮发电机转速较低（一般每分钟只有几十转到几百转），极对数较多，其转子通常做成凸极式。凸极式转子结构简单，制造方便，容易制造多极电机，但机械强度较差。

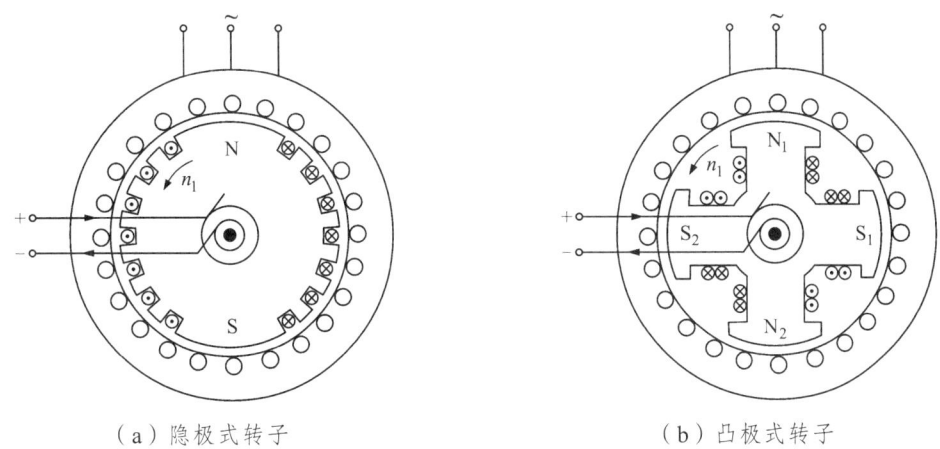

（a）隐极式转子　　　　　　　　　　　（b）凸极式转子

图 8-2　同步电机的简化模型

8.1.4　同步电机的励磁方式

如图 8-2 所示，同步电机的直流励磁电流需要从外部提供，供给同步电机励磁电流的装置称为励磁系统。获得励磁电流的方法称为励磁方式，励磁方式可以分为电励磁方式和永磁励磁方式。

电励磁方式种类很多，常见的有以下三种：

1. 直流发电机励磁方式

这是传统的励磁方式，由装在同步电机转轴上的小型直流发电机供电。这种专供励磁的直流发电机称为励磁机。该励磁方式由于采用直流发电机励磁，直流发电机换向容易产生火花，存在磨损快、维护工作量大等特点。随着新材料和电力电子技术的发展，该方式逐渐被永磁励磁方式和整流器励磁方式所替代。

2. 静止整流器励磁方式

这种励磁方式是将主发电机发出的交流电经过静止的整流器变换成直流电后,再由集电环引入主发电机的励磁绕组来励磁。该方式不存在换向器,维护方便,在中小型同步电机中应用较多。

3. 旋转整流器励磁方式

该方式将同轴交流励磁机做成旋转电枢式,并将整流器固定在电枢上一起旋转,组成了旋转整流器励磁系统,将交流励磁机发出的交流电整流之后,直接供电给励磁绕组。这样可以完全省去集电环、电刷等滑动接触装置,成为无刷励磁方式,因此该方式可靠性高、维护工作量少,广泛应用于大容量发电机中。

永磁励磁方式具有较多优点:转子采用永久磁铁,不需要励磁绕组,转子结构简单、运行可靠;不需要集电环和电刷装置,维护工作量大大减小。该方式的缺点是磁场不能根据电机的运行状态进行方便和有效的调节。目前,永磁励磁方式在小型和微型同步电机中应用较多。

8.2 同步电机的工作原理和额定值

8.2.1 同步发电机的工作原理

同步发电机的简化模型如图 8-2 所示,当励磁绕组中通以直流电流后,转子中建立了恒定磁场。当原动机拖动转子旋转时,该磁场随之在空间上旋转并切割定子绕组而产生交流电动势,该电动势的频率为

$$f = \frac{pn}{60} \tag{8-1}$$

式中,p 为电机的极对数;n 为转子转速。

如果同步发电机的定子出线端外接负载,则其绕组中将有三相电流流过,这说明同步发电机把机械能转换成了电能。发电机单独给负载供电时,对频率的要求并不十分严格,由式(8-1)可知此时对原动机的转速要求也不严格。但现代的发电机很少单独供电,绝大多数都是并联到大电网供电,这就对其频率要求很严。我国电网频率为 50 Hz,所以发电机发出的交流电频率也必须是 50 Hz,否则会造成严重事故。

8.2.2 同步电动机的工作原理

同步电动机将电能转换为机械能。在同步电动机的三相对称绕组中通入三相交流电流后,

会产生一个以同步转速 $n_1 = \dfrac{60f}{p}$ 旋转的磁场，其转向由电源的相序决定。当转子绕组中通入直流励磁电流后，会形成一个恒定磁场，极数与定子绕组相同。当转子的磁极 N 与定子磁极 S 对齐时，产生吸引力，使得转子跟着定子磁极旋转，旋转的速度与定子磁场转速（同步速）相同，故称同步电动机。只有同步后它才有稳定拉力，形成固定的转矩来拖动负载。

注意，同步电动机不能自行起动，通常采用异步起动法、辅助起动法等。

1. 异步起动法

同步电动机转子磁极的圆周上装有与鼠笼型异步电动机一样的短路绕组作为起动绕组，亦称阻尼绕组。同步电动机异步起动法原理接线图如图 8-3 所示，其起动步骤如下：

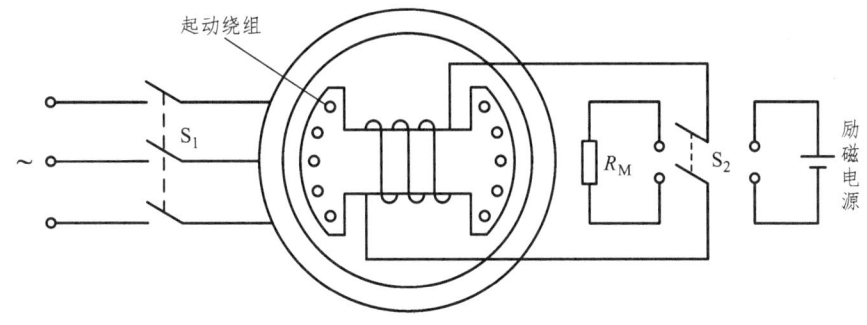

图 8-3　同步电动机异步起动法原理接线图

（1）起动前必须先将同步电动机的励磁绕组和限流电阻 R_M 相连接。这是因为：若转子励磁绕组开路，则会产生很高的电动势，可能会损坏电机绝缘；但如果直接将励磁绕组短接，则会出现很大的感应电流，进而产生很大的附加转矩，造成转子起动困难。

（2）同步电动机定子绕组接通三相交流电源，产生旋转磁场，该磁场切割转子起动绕组使其产生感应电势、电流，进而产生电磁转矩使转子转动（此时的同步电动机相当于三相异步电动机），即异步起动。

（3）当转子转速升高到接近同步转速时，将转子绕组接通直流励磁电源，同时将限流电阻切除。利用定子旋转磁场和转子磁场之间的相互吸引力将转子拉入同步。

2. 辅助起动法

该方法的操作过程：转子绕组先不接直流励磁电源，接下来将同步电动机接到三相电源上；然后采用辅助的动力机械拖动同步电动机加速到接近同步转速；此时脱开动力机械，同时立即给转子绕组加上励磁电源，靠转子磁极和定子磁极之间的吸引力将同步电动机拉入同步。

8.2.3　同步电机的额定值

（1）额定容量 S_N，是指同步电机在额定条件下运行时，输出或接收的视在功率，单位为

kVA 或 MVA。

（2）额定功率 P_N，是指发电机输出的额定有功功率，或指电动机轴上输出的额定机械功率，单位为 kW 或 MW。对于调相机，则用出线端的额定无功功率来表示其容量，单位为 kvar 或 Mvar。

（3）额定电压 U_N，是指额定运行时定子三相绕组的线电压，单位为 V 或 kV。

（4）额定电流 I_N，是指额定运行时流过定子绕组的线电流，单位为 A 或 kA。

（5）额定功率因数 $\cos\varphi_N$，是指额定运行时电机定子侧的功率因数。

（6）额定频率 f_N，是指额定运行时的频率，单位为 Hz，我国标准工频规定为 50 Hz。

（7）额定转速 n_N，是指同步电机额定运行时的转速，即与额定频率相对应的同步转速，单位为 r/min。

（8）额定效率 η_N，是指额定运行时的电机效率，即输出功率与输入功率的比值。对于发电机是指电枢绕组输出的电功率与转轴输入的机械功率的比值；对于电动机则是指转轴输出的机械功率与电枢绕组输入的电功率的比值。

因此，对于三相同步发电机有

$$P_N = S_N \cos\varphi_N = \sqrt{3} U_N I_N \cos\varphi_N \quad (8\text{-}2)$$

对于三相同步电动机有

$$P_N = S_N \cos\varphi_N \eta_N = \sqrt{3} U_N I_N \cos\varphi_N \eta_N \quad (8\text{-}3)$$

（9）额定励磁电压 U_{fN} 和额定励磁电流 I_{fN}，分别是指同步发电机在额定条件下运行时，转子励磁绕组外加的直流励磁电压和流入的直流励磁电流。

此外，电机铭牌还常标出相数、绕组连接方式、绝缘等级、额定温升等参数。

8.3 同步发电机的基本电磁关系和电枢反应

8.3.1 同步发电机空载运行时的电磁关系

同步发电机被原动机拖动到同步转速，励磁绕组中通以直流电流，定子绕组开路时的运行称为空载运行。同步发电机空载运行时，其内部仅存在由直流励磁电流产生的励磁磁动势，在原动机的作用下它随转子一同旋转，称为直流励磁的旋转磁动势或机械旋转磁动势。

励磁磁动势在气隙中产生磁通，其中既交链转子又交链定子的磁通，称为主磁通。主磁通基波每极磁通量用 Φ_0 表示，其波形为沿气隙圆周空间分布的近似正弦波。静止的定子绕组切割旋转的气隙磁通产生三相对称的感应电动势，称为空载电动势，用 E_0 表示。另一部分磁通则仅和励磁绕组本身交链，称为主极漏磁通 Φ_s，它不参与电机的机电能量转换。下面分析基波励磁磁动势的空间分布以及它与空载电动势之间的关系。

1. 基波励磁磁动势

凸极式同步发电机的励磁绕组为集中绕组,隐极式同步发电机的励磁绕组并非集中绕组,但为了分析方便,通常将其等效成集中整距绕组。由交流电机的共同理论知识可知,集中绕组通入直流电流时产生矩形波磁动势,故凸极式同步发电机的磁动势波形为矩形波。由于隐极式同步发电机的励磁绕组与凸极电机不同,故其磁动势波形为阶梯波,更接近正弦波,磁动势幅值用 F_f 表示。

无论是矩形波还是阶梯波,均可通过傅里叶级数进行分解,得到基波和谐波。其中基波磁动势的幅值 $F_\mathrm{f1} = k_\mathrm{f} F_\mathrm{f}$,$k_\mathrm{f}$ 为励磁磁动势的波形因数,对于凸极式电机 $k_\mathrm{f} = 4/\pi$,对于隐极式电机 $k_\mathrm{f} \approx 1$。凸极式同步发电机和隐极式同步发电机的励磁磁动势波形如图 8-4 和图 8-5 所示。

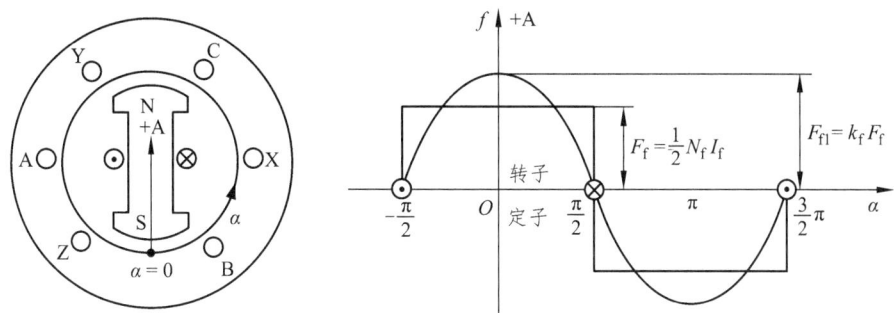

图 8-4 凸极式同步发电机的励磁磁动势

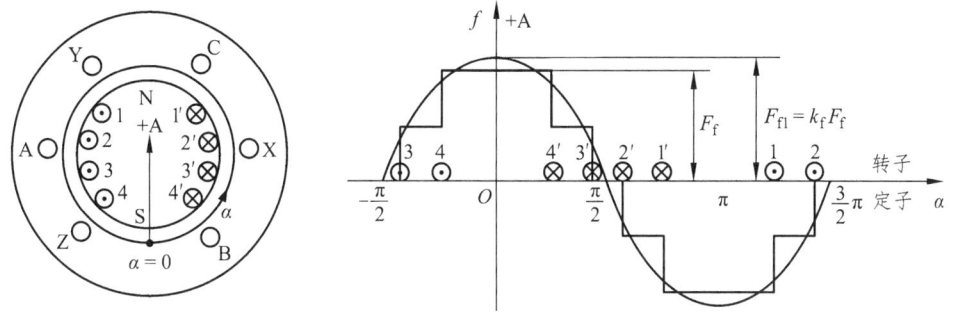

图 8-5 隐极式同步发电机的励磁磁动势

图 8-4 和图 8-5 中,把定子内圆展开作为横坐标 α,坐标原点即 $\alpha = 0°$ 正好在 A 相绕组轴线上,而基波励磁磁动势正幅值始终位于转子磁极轴线处,并规定正方向为 S 极指向 N 极,图中所示瞬间($t = 0$),磁极轴线正好与 A 相绕组轴线重合,即基波励磁磁动势幅值位于 $\alpha = 0°$ 处(基波励磁磁动势矢量 $\dot{F}_\mathrm{f1}$ 在 $\alpha = 0°$ 位置)。当转子以同步速 n_1 旋转时,基波励磁磁动势也和转子一起以同步速 n_1 沿逆时针方向(α 正方向)旋转,故空间矢量 $\dot{F}_\mathrm{f1}$ 以角速度 $\omega = \dfrac{2\pi n_1}{60} p$ 沿逆时针方向旋转。

隐极式同步发电机气隙均匀,当铁心不饱和时,气隙磁密与磁动势成正比,基波磁动势产生正弦波磁密,若不考虑铁心的磁滞涡流效应,基波磁密波的相位和基波磁动势波的相位相同。凸极式同步发电机气隙不均匀,即使铁心不饱和,气隙中产生的磁密大小与磁动势大小不成正比，正弦的基波励磁磁动势产生的气隙磁密波是非正弦分布的，磁密波还要分解为基波和一系列谐波（后续分析中仅考虑基波），其中基波气隙磁密和基波磁动势仍然同相位。正弦的磁密波可用空间矢量 $\dot{B}_0$ 表示，它与基波磁动势 $\dot{F}_{f1}$ 同相位，且与 $\dot{F}_{f1}$ 一起在空间旋转。

2. 定子一相绕组的感应电动势

如前所述，在原动机的作用下，旋转的气隙磁密切割定子绕组，会在定子绕组中产生感应电动势。气隙磁密 $\dot{B}_0$ 为正弦波，切割每相绕组产生的电动势大小随时间作正弦变化，由于三相绕组对称，故只需研究一相绕组的感应电动势即可。下面以 A 相为例进行分析。

A 相基波感应电动势时间相量用 $\dot{E}_0$ 表示。在 $\omega t = 0$ 时刻，假设转子轴线位于 $\alpha = 0°$ 处，即 $\dot{F}_{f1}$ 及 $\dot{B}_0$ 与 A 相相轴（+A）重合，如图 8-6（a）所示。此时，$\dot{F}_{f1}$ 及 $\dot{B}_0$ 在空间矢量图中与 +A 轴的夹角 $\alpha_0 = 0°$，如图 8-6（b）所示。A 相线圈边处于极间位置，此处磁密为零，这时感应电动势瞬时值为零，故在时间相量图上 $\dot{E}_0$ 投影至时轴（+j）为零，即时间相量 $\dot{E}_0$ 处于水平位置，它与 +j 轴的夹角 $\varphi_0 = -90°$，如图 8-6（c）所示。

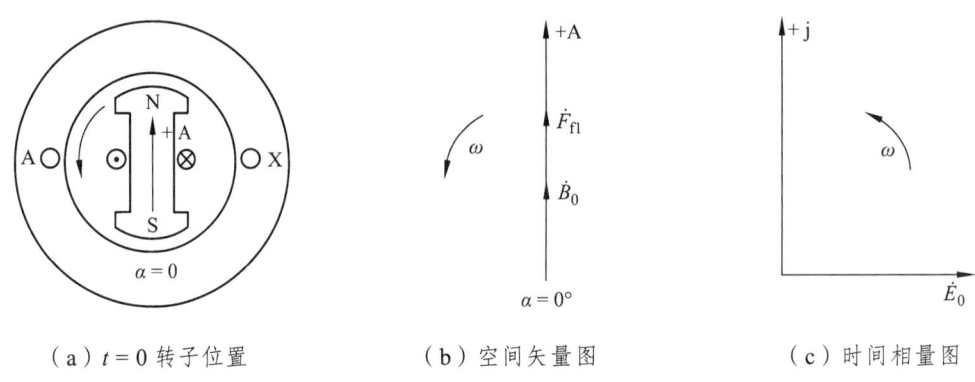

（a）$t = 0$ 转子位置　　　（b）空间矢量图　　　（c）时间相量图

图 8-6　$\alpha_0 = 0°$ 时的空间矢量图和时间相量图

当转子转过 $90°$ 后，$\dot{F}_{f1}$ 及 $\dot{B}_0$ 也转过 $90°$，即 $\dot{F}_{f1}$ 及 $\dot{B}_0$ 均超前于 +A 轴 $90°$，夹角 $\alpha_0 = 90°$。此时 A 相线圈边处于 N、S 极正下方位置，此处磁密最大，这时感应电动势瞬时值为正最大值，故在时间相量图上 $\dot{E}_0$ 与时轴（+j）重合，夹角 $\varphi_0 = 0°$，如图 8-7 所示。

通过以上分析可知，空间矢量 $\dot{F}_{f1}$ 及 $\dot{B}_0$ 在空间矢量图中与 +A 轴的夹角 α_0 和时间相量 $\dot{E}_0$ 在时间相量图中与 +j 轴的夹角 φ_0 存在一定的关系，即 $\varphi_0 = \alpha_0 - 90°$。因为转子在空间转过某一电角度，感应电动势相量在时间上也会转过同样的电角度。因此空间矢量图中 $\dot{F}_{f1}$ 及 $\dot{B}_0$ 以角速度 ω 沿逆时针方向旋转，时间相量图中 $\dot{E}_0$ 也以角速度 ω 沿逆时针方向旋转，只是两者的参考轴分别是相轴 +A 和时轴 +j。

3. 时-空矢量图

通过上述分析可知，空间矢量 $\dot{F}_{f1}$ 及 $\dot{B}_0$ 与时间相量 $\dot{E}_0$ 存在着紧密的电磁关系。只要知道某一瞬间转子的空间初始位置（与相轴 +A 的夹角 α_0），即可在空间矢量图中画出 $\dot{F}_{f1}$ 及 $\dot{B}_0$ 的位置。同时可知时间相量图中 $\dot{E}_0$ 的位置（$\varphi_0 = \alpha_0 - 90°$）。为了分析方便，通常将时间相量和空间矢量画在同一图中，称为时间空间相量矢量图，简称时-空矢量图，具体办法是将相轴+A与时轴+j重合，这样时间相量和空间矢量的参考轴为同一位置。图 8-7（b）所示为 $\alpha_0 = 90°$ 时的时-空矢量图，可以看出，时间相量 $\dot{E}_0$ 滞后于空间矢量 $\dot{F}_{f1}$ 及 $\dot{B}_0$ 90°电角度。因此，只要知道时间相量或空间矢量的位置，就很容易画出相应的空间矢量或时间相量。注意，空间矢量和时间相量的物理意义是截然不同的，此处放在同一个图中本来没有意义，只是为了找矢量方便。

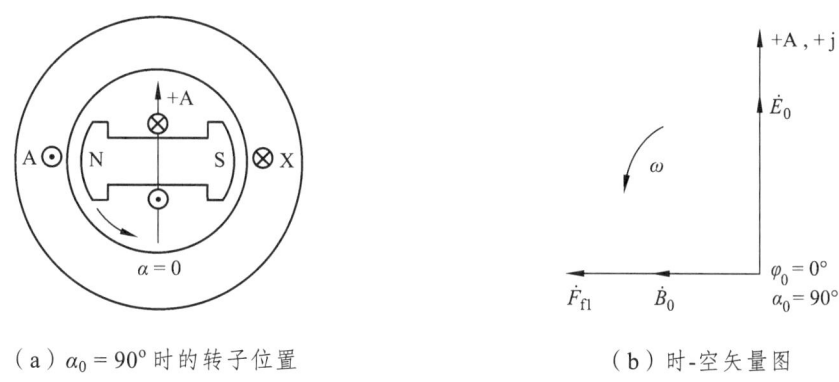

（a）$\alpha_0 = 90°$ 时的转子位置　　　　（b）时-空矢量图

图 8-7　$\alpha_0 = 90°$ 时的转子位置及时-空矢量图

8.3.2　同步发电机的电枢反应

同步发电机空载运行时，电机磁路中仅存在励磁磁动势。当发电机带上负载后，电枢绕组中流过三相对称电流，产生电枢磁动势。与直流电机相似，电枢磁动势的出现使气隙合成磁场发生变化，将电枢磁动势对励磁磁动势的影响称为电枢反应。电枢磁动势和励磁磁动势均存在基波和谐波，分析时仅考虑基波。

1. 两种基波磁动势的比较

1）转子励磁绕组产生的基波励磁磁动势

由之前的分析可知，基波励磁磁动势随转子以同步速旋转，为空间旋转磁动势，通常称为机械旋转磁动势。具有如下特征：

① 幅值：$F_{f1} = k_f F_f$，励磁电流不变时，F_{f1} 不变；
② 极对数：与转子极对数相同；
③ 转向：与转子转向相同；
④ 转速：与转子转速相同，为同步速 n_1。

2）定子三相对称绕组产生的基波电枢磁动势

由交流电机共同理论可知，三相对称绕组通入三相对称交流电产生基波圆形旋转磁动势，通常称为电气旋转磁动势。具有如下特征：

① 幅值：$F_1 = 1.35 \dfrac{N_1 k_{dp1}}{p} I$，其中 I 为电枢相电流有效值；

② 极对数：与定子绕组的接线有关，但它必须与转子极对数相同；

③ 转向：取决于电枢电流（电枢感应电动势）的相序，电枢感应电动势的相序由转子转向决定，当转子逆时针旋转时，相序为正相序，电枢磁动势的转向为逆时针，反之则为顺时针，因此其转向与转子转向相同；

④ 转速：电枢电流的频率与电枢感应电动势的频率相同，其频率为 $f_1 = \dfrac{pn_1}{60}$，则基波电枢磁动势的转速 $n = \dfrac{60f_1}{p} = n_1$，即为同步速 n_1，与转子转速相同。

由上述比较可见，基波励磁磁动势和基波电枢磁动势的极对数、转速和转向均相同，即二者在空间上相对静止，因此可以将两个磁动势进行合成，合成磁动势将是一个极对数、转速和转向与两个磁动势相同的旋转磁动势。为分析方便，后续在没有特殊说明的情况下将基波电枢磁动势简称为电枢磁动势，用 $\dot{F}_a$ 表示。下面具体分析电枢磁动势 $\dot{F}_a$ 对基波励磁磁动势 $\dot{F}_{f1}$ 的影响。

以隐极式同步发电机为例，取 A 相进行分析。空载时，定子 A 相绕组的电动势为 $\dot{E}_0$，加上负载后，A 相绕组的电流为 $\dot{I}$。当发电机所带负载的性质不同时，会使 $\dot{E}_0$ 和 $\dot{I}$ 之间的相位差 ψ 变化，ψ 称为内功率因数角，它与电机的内阻抗和负载性质有关。ψ 角不同，电枢反应的性质也不同，下面就 ψ 角的几种情况，分别讨论电枢反应的性质。

2. 不同 ψ 角时的电枢反应分析

1）$\dot{I}$ 和 $\dot{E}_0$ 同相（$\psi = 0°$）时的电枢反应

设 $\omega t = 0$ 时，转子的初始位置为 $\alpha_0 = 90°$，即 $\dot{F}_{f1}$ 超前 +A 轴 90°，此时的时-空矢量图如图 8-8 所示。由感应电动势 $\dot{E}_0$ 滞后 $\dot{F}_{f1}$ 90° 可画出 $\dot{E}_0$，正好与 +j 轴重合。然后根据 $\psi = 0°$ 画出电枢电流 $\dot{I}$，$\dot{I}$ 与 $\dot{E}_0$ 重合。根据某相电流达到正最大时，三相合成基波磁动势就和该相相轴重合的结论，此时 $\dot{I}$ 与 +j 轴重合，

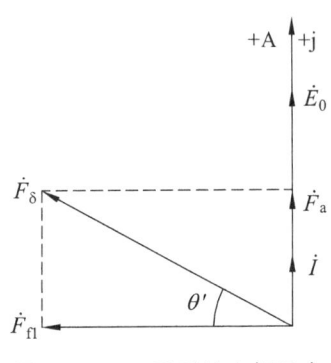

图 8-8 $\psi = 0°$ 时的电枢反应

说明 A 相电流达正最大，可知 $\dot{F}_a$ 与 $\dot{I}$ 重合在一起，并以相同的角速度 ω 旋转。于是，可将 $\dot{F}_{f1}$ 和 $\dot{F}_a$ 合成得到气隙合成基波磁动势 $\dot{F}_\delta$，即 $\dot{F}_\delta = \dot{F}_{f1} + \dot{F}_a$。

为了分析电枢反应的性质，和直流电机一样，需了解直轴和交轴的定义：把转子磁极轴线称为直轴（d 轴）；把与直轴相差 90° 的轴线称为交轴（q 轴）。由图 8-8 可知，$\dot{F}_{f1}$ 所在直线即为直轴，$\dot{E}_0$ 所在直线即为交轴。

$\psi = 0°$ 时，因 $\dot{F}_a$ 位于交轴上，所以此时的电枢反应只有交轴电枢反应，其作用是使得合成磁动势 $\dot{F}_\delta$ 与励磁磁动势 $\dot{F}_{f1}$ 偏移了一个角度 θ'，幅值也比励磁磁动势大。

2）$\dot{I}$ 滞后 $\dot{E}_0$ 90°（$\psi = 90°$）时的电枢反应

设转子的初始位置仍为 $\alpha_0 = 90°$，据此可绘制此时的时-空矢量图：先画出 $\dot{F}_{f1}$ 和 $\dot{E}_0$，再由 $\psi = 90°$ 画出电枢电流 $\dot{I}$，然后根据 $\dot{F}_a$ 与 $\dot{I}$ 重合画出 $\dot{F}_a$，最后将 $\dot{F}_{f1}$ 与 $\dot{F}_a$ 合成得到 $\dot{F}_\delta$。如图 8-9 所示。

由图可知，$\psi = 90°$ 时电枢反应的特点为：$\dot{F}_a$ 与直轴重合，只有直轴电枢反应，且 $\dot{F}_a$ 与 $\dot{F}_{f1}$ 反向，因此电枢反应作用是直轴去磁，使 F_δ 比 F_{f1} 小。

3）$\dot{I}$ 超前 $\dot{E}_0$ 90°（$\psi = -90°$）时的电枢反应

同理，可画出 $\alpha_0 = 90°$ 时的时-空矢量图，如图 8-10 所示。$\dot{F}_{f1}$ 和 $\dot{E}_0$ 的位置仍不变，根据 $\psi = -90°$ 可以画出 $\dot{I}$，它超前 $\dot{E}_0$ 90° 电角度，据此再画出 $\dot{F}_a$，最后将 $\dot{F}_{f1}$ 与 $\dot{F}_a$ 合成得到 $\dot{F}_\delta$。

由图可知，$\psi = -90°$ 时电枢反应的特点为：$\dot{F}_a$ 与直轴重合，只有直轴电枢反应，且 $\dot{F}_a$ 与 $\dot{F}_{f1}$ 同向，因此电枢反应作用是直轴助磁（增磁），使 F_δ 比 F_{f1} 大。

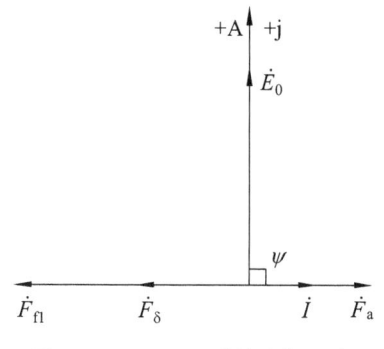

图 8-9 $\psi = 90°$ 时的电枢反应

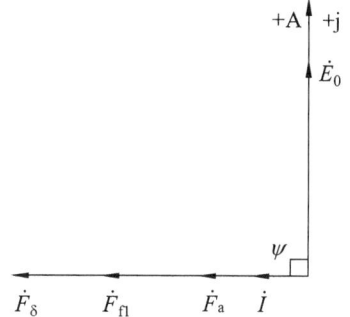

图 8-10 $\psi = -90°$ 时的电枢反应

4）一般情况下的电枢反应

在一般情况下，$0° < \psi < 90°$，也就是说 $\dot{I}$ 滞后于 $\dot{E}_0$ 一个锐角 ψ，按上述方法可画出此时的时-空矢量图，如图 8-11 所示。

由图可知，此时 $\dot{F}_a$ 既不与直轴重合，也不与交轴重合。可将 $\dot{F}_a$ 分解为直轴分量 $\dot{F}_{ad}$ 和交轴分量 $\dot{F}_{aq}$。其电枢反应的特点为：既有直轴电枢反应，又有交轴电枢反应；其中 $\dot{F}_{ad}$ 与 $\dot{F}_{f1}$ 反向，起直轴去磁作用，而 $\dot{F}_{aq}$ 使得气隙合成磁势 $\dot{F}_\delta$ 与 $\dot{F}_{f1}$ 偏移了一个角度 θ'。

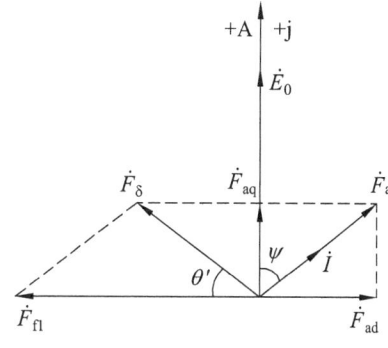

图 8-11 $0° < \psi < 90°$ 时的电枢反应

8.4 同步发电机的电动势相量图和等效电路

8.4.1 隐极式同步发电机的电动势相量图和等效电路

1. 负载时定子绕组的相电压方程式

同步发电机负载运行时，合成磁动势 $\dot{F}_\delta$ 将在气隙中产生磁密 $\dot{B}_\delta$。$\dot{B}_\delta$ 以同步速 n_1 旋转，在定子绕组中产生感应电动势 $\dot{E}_\delta$。此外，电枢电流 $\dot{I}$ 流过定子绕组时，会在绕组中产生电阻压降和漏感电动势 $\dot{E}_s$。与异步电机一样，$\dot{E}_s$ 是由漏磁通感应的电动势，可表示成在漏电抗上产生的负压降形式，即 $\dot{E}_s = -\mathrm{j}\dot{I}X_s$。

图 8-12 给出了同步发电机各物理量的正方向，与变压器二次侧一样，遵循发电机惯例。三相电枢绕组采用 Y 接法，$\dot{E}_\delta$ 为一相绕组中的气隙感应电动势，$\dot{I}$ 为电枢相电流，即发电机一相的负载电流，$\dot{U}$ 为一相端电压。若每相绕组的电阻为 R、漏电抗为 X_s，则根据基尔霍夫定律可以列出定子相电压方程式为

$$\dot{U} = \dot{E}_\delta - \dot{I}R - \mathrm{j}\dot{I}X_s = \dot{E}_\delta - \dot{I}(R + \mathrm{j}X_s) = \dot{E}_\delta - \dot{I}Z_s \tag{8-4}$$

式中，$Z_s = R + \mathrm{j}X_s$ 为每相电枢绕组的漏阻抗。

因电机磁路饱和时分析较为复杂，本书仅讨论不考虑磁路饱和时的情况，认为磁动势、气隙磁密、感应电动势之间近似呈线性关系，可采用叠加原理进行分析。即气隙磁密 $\dot{B}_\delta$ 可以看成是励磁磁密 $\dot{B}_0$ 和电枢磁密 $\dot{B}_a$ 的叠加。磁路不饱和时隐极式同步发电机的电磁过程如图 8-13 所示。

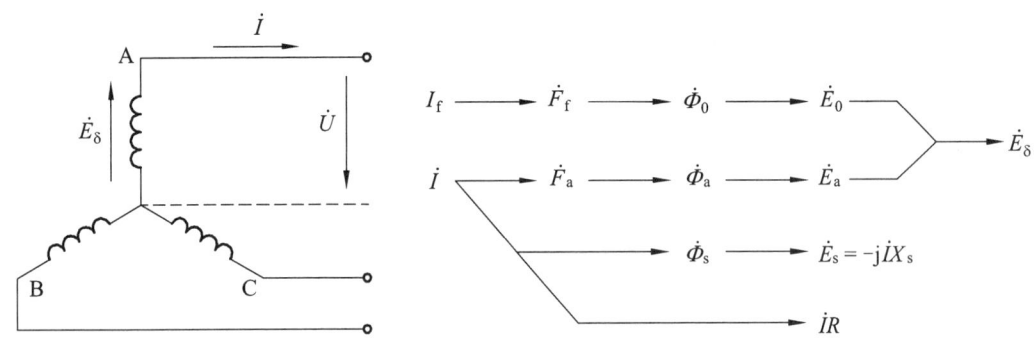

图 8-12　隐极式同步发电机的各物理量正方向规定

图 8-13　磁路不饱和时隐极式同步发电机的电磁过程

图 8-13 中，$\dot{E}_0$ 为基波励磁磁动势 $\dot{F}_{\mathrm{f1}}$ 产生的空载电动势，$\dot{E}_a$ 为电枢磁动势 $\dot{F}_a$ 产生的电枢反应电动势。则磁路不饱和时隐极式同步发电机的相电压方程式为

$$\dot{E}_\delta = \dot{E}_0 + \dot{E}_a = \dot{U} + \dot{I}(R + \mathrm{j}X_s) \tag{8-5}$$

2. 隐极式同步发电机的电枢反应电抗、同步电抗和等效电路

由上述分析可知，E_a 与 F_a 为线性关系，且 $F_a \propto I$，故 E_a 也与 I 成正比。此外，在相位上 $\dot{E}_a$ 总是滞后于 $\dot{F}_a$ 90°，所以也滞后 $\dot{I}$ 90°。因此，可以和漏磁通感应电动势一样，引入电抗参数来表达 $\dot{E}_a$ 和 $\dot{I}$ 的关系，即

$$\dot{E}_a = -\mathrm{j}\dot{I}X_a \tag{8-6}$$

式中，X_a 称为一相绕组的电枢反应电抗，它反映了气隙合成磁动势在电枢绕组中产生感应电

动势的物理关系（X_a 与变压器、异步电机中的励磁电抗 X_m 物理意义相同）。

将式 8-6 带入式 8-5 可得隐极式同步发电机的一相电压方程

$$\dot{E}_0 = \dot{U} + \dot{I}(R + jX_s + jX_a) = \dot{U} + \dot{I}(R + jX_c) = \dot{U} + \dot{I}Z_c \tag{8-7}$$

式中，$X_c = X_a + X_s$ 称为隐极式同步发电机的同步电抗；$Z_c = R + jX_c$ 为隐极式同步发电机的同步阻抗。

同步电抗 X_c 代表了电枢电流引起的总电抗，包括电枢反应电抗 X_a 和电枢漏电抗 X_s。引入该参数后，隐极式同步发电机的相电压方程变得更简单，电动势相量图也变得简单，如图 8-14（a）所示。

根据式（8-7）可以得到隐极式同步发电机的等效电路，如图 8-14（b）所示。该等效电路很简单，它清楚地表明了隐极式同步发电机在稳态对称运行时，电动势、电流及电机参数之间的关系，在分析同步发电机的稳态运行问题时，该等效电路较为实用。

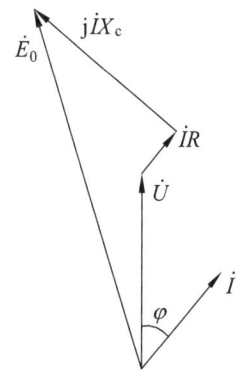

（a）电动势相量图（感性负载）

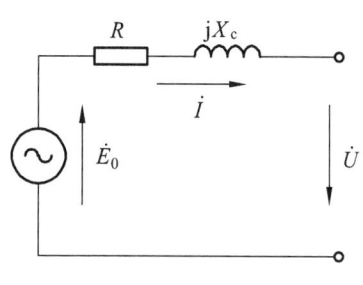

（b）等效电路

图 8-14 隐极式同步发电机的电动势相量图和等效电路

例 8-1 一台汽轮发电机，测得其功率因数为 $\cos\varphi = 0.6$（滞后），试画出此时该发电机的相量图（忽略电枢电阻），并分析电枢反应的性质及作用。

解： 依题意可知该发电机为隐极式，由 $\cos\varphi = 0.6$（滞后）得 $\varphi = 53.13°$，忽略电枢电阻时的相电压方程为 $\dot{E}_0 = \dot{U} + j\dot{I}X_c$，且 $\dot{E}_0$ 滞后 $\dot{F}_{f1}$ 90°，据此可画出相量图如图 8-15 所示。

由图可知，电枢磁动势 $\dot{F}_a$ 既有直轴分量又有交轴分量，因此电枢反应的性质为既有直轴电枢反应又有交轴电枢反应；其中 $\dot{F}_{ad}$ 与励磁磁动势 $\dot{F}_{f1}$ 方向相反，故直轴电枢反应的作用是去磁的，而交轴电枢反应的作用是使气隙磁动势 $\dot{F}_\delta$ 偏离 $\dot{F}_{f1}$ 一个角度 θ'。

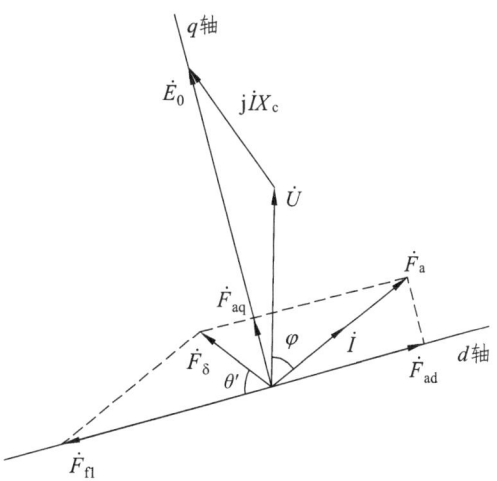

图 8-15 $\cos\varphi = 0.6$（滞后）时的相量图

8.4.2 凸极式同步发电机的相电压方程和等效电路

1. 凸极式同步发电机的双反应理论

从电磁关系角度看，凸极式同步发电机与隐极式的最大不同就在于它的气隙不均匀，这使得凸极式同步发电机的分析更为复杂。因凸极式发电机气隙不均匀，同一个气隙磁动势 $\dot{F}_\delta$ 会遇到不同厚度的气隙，对应的磁通（磁密）也就不相同，所以不能用隐极式发电机一样的分析方法。

为解决凸极式发电机气隙不均匀的问题，前人提出了采用双反应理论进行分析，其理论基础是磁路不饱和时采用的叠加原理。即将 $\dot{F}_a$ 分解为两个磁动势：一个作用在直轴上，即直轴分量 $\dot{F}_{ad}$，称为直轴电枢反应磁动势；一个作用在交轴上，即交轴分量 $\dot{F}_{aq}$，称为交轴电枢反应磁动势。$\dot{F}_{ad}$ 和 $\dot{F}_{aq}$ 对应的直轴、交轴气隙都不会变化，因此二者分别产生与其相位相同的直轴、交轴气隙磁密 $\dot{B}_{ad}$、$\dot{B}_{aq}$，分别在电枢绕组中产生电枢反应电动势 $\dot{E}_{ad}$、$\dot{E}_{aq}$。然后采用叠加原理，将其与 $\dot{F}_{f1}$ 产生的空载电动势 $\dot{E}_0$ 叠加起来，得到气隙电动势 $\dot{E}_\delta$。上述电磁关系可描述为如图 8-16 所示。

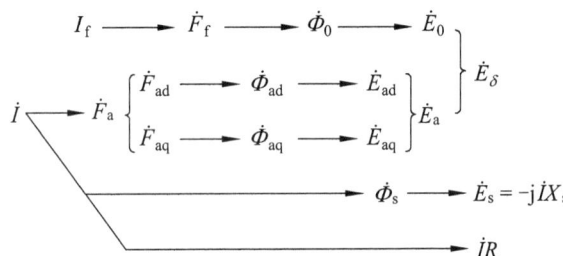

图 8-16 采用双反应理论分析凸极式同步发电机时的电磁关系

2. 凸极式同步发电机的相电压方程和相量图

由图 8-16 可知，采用双反应理论分析时将 $\dot{F}_a$ 分解为两个分量 $\dot{F}_{ad}$ 和 $\dot{F}_{aq}$，它们分别在电枢绕组中产生电枢反应电动势 $\dot{E}_{ad}$ 和 $\dot{E}_{aq}$。由于 $\dot{F}_a$ 与 $\dot{I}$ 同相位，$\dot{E}_0$ 和 $\dot{I}$ 的相位差为 ψ，故 $\dot{E}_0$ 和 $\dot{F}_a$ 的相位差也为 ψ，则有

$$F_{ad} = F_a \sin\psi = 1.35 \frac{N_1 k_{dp1}}{p} I \sin\psi = 1.35 \frac{N_1 k_{dp1}}{p} I_d \quad (8\text{-}8)$$

$$F_{aq} = F_a \cos\psi = 1.35 \frac{N_1 k_{dp1}}{p} I \cos\psi = 1.35 \frac{N_1 k_{dp1}}{p} I_q \quad (8\text{-}9)$$

式中，$I_d = I\sin\psi$、$I_q = I\cos\psi$，分别称为电枢电流 $\dot{I}$ 的直轴分量和交轴分量。因此，可认为 $\dot{F}_{ad}$、$\dot{F}_{aq}$ 分别由对应的电枢电流分量 $\dot{I}_d$、$\dot{I}_q$ 产生。

如前所述，在分析隐极式同步发电机时，$\dot{E}_a$ 和 $\dot{I}$ 的关系可写成 $\dot{E}_a = -\mathrm{j}\dot{I}X_a$。按此做法，在

分析凸极式同步发电机时也可以引入电抗参数将 $\dot{E}_{ad}$、$\dot{E}_{aq}$ 与 $\dot{I}_d$、$\dot{I}_q$ 的关系写成：$\dot{E}_{ad} = -j\dot{I}_d X_{ad}$，$\dot{E}_{aq} = -j\dot{I}_q X_{aq}$。其中：$X_{ad}$、$X_{aq}$ 分别称为电枢绕组的直轴电枢反应电抗、交轴电枢反应电抗。

根据上述分析可得凸极式同步发电机的气隙磁动势表达式为

$$\dot{E}_\delta = \dot{E}_0 + \dot{E}_{ad} + \dot{E}_{aq} = \dot{E}_0 - j\dot{I}_d X_{ad} - j\dot{I}_q X_{aq} \\ = \dot{U} + \dot{I}(R + jX_s) = \dot{U} + \dot{I}R + j\dot{I}_d X_s + j\dot{I}_q X_s \tag{8-10}$$

对式（8-10）进行变换后可得

$$\dot{E}_0 = \dot{U} + \dot{I}R + j\dot{I}_d(X_{ad} + X_s) + j\dot{I}_q(X_{aq} + X_s) \\ = \dot{U} + \dot{I}R + j\dot{I}_d X_d + j\dot{I}_q X_q \tag{8-11}$$

式中，$X_d = X_{ad} + X_s$ 称为电枢绕组的直轴同步电抗；$X_q = X_{aq} + X_s$ 称为电枢绕组的交轴同步电抗。由于凸极式同步发电机直轴磁路的气隙小，交轴磁路的气隙大，故 $X_{ad} > X_{aq}$，从而使 $X_d > X_q$。

由式（8-11）可以得到凸极式同步发电机的电动势相量图，如图 8-17 所示。该相量图是在已知 ψ 角的情况下画出的，若 ψ 角不知道，就无法将 $\dot{I}$ 分解为 $\dot{I}_d$ 和 $\dot{I}_q$，双反应理论就无法使用。由此可见，ψ 角是非常重要的一个参数，下面介绍如何根据电动势相量图来求解 ψ 角。

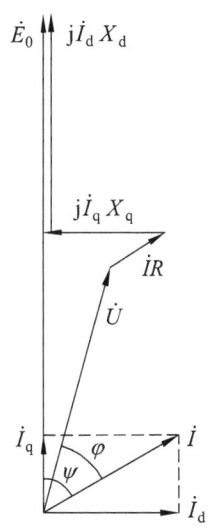
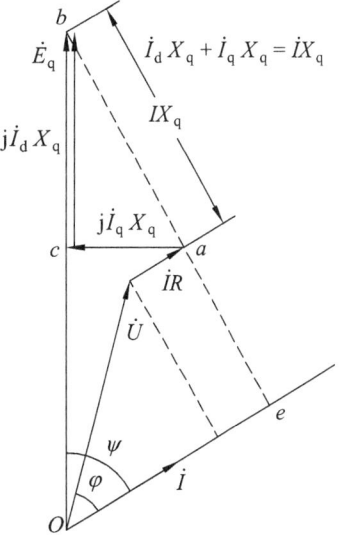

图 8-17 凸极式同步发电机的电动势相量图　　图 8-18 利用相量图求解 ψ 角

在已知凸极式同步发电机的阻抗参数、端电压 U、电枢电流 I 及功率因数 $\cos\varphi$ 的情况下，可画出电动势相量图，如图 8-18 所示。在该图中，过 a 点作垂直于相量 $\dot{I}$ 的直线 ae，反向延长后交直线 ob 于 b 点。显然，$\triangle abc$ 与 $\triangle obe$ 是相似三角形，由此可知角度 $\angle bac$ 就是 ψ 角，则 $\overline{bc} = I_q X_q \tan\psi = I_d X_q$，故斜边 $\overline{ba} = \sqrt{(I_q X_q)^2 + (I_d X_q)^2} = IX_q$。于是，在直角 $\triangle obe$ 中可得

$$\tan\psi = \frac{\overline{be}}{\overline{oe}} = \frac{\overline{ba} + \overline{ae}}{\overline{oe}} = \frac{IX_q + U\sin\varphi}{IR + U\cos\varphi} \tag{8-12}$$

则有

$$\psi = \arctan\frac{IX_q + U\sin\varphi}{IR + U\cos\varphi} \quad (8\text{-}13)$$

注意：式（8-13）同样适用于隐极式同步发电机，只是在隐极式同步发电机中气隙均匀，则有 $X_d = X_q = X_c$，因此，计算时只需用 X_c 替代式（8-13）中的 X_q 即可。

3. 凸极式同步发电机的等效电路

凸极式同步发电机采用了双反应理论后，能否像隐极式同步发电机一样找到一个等效电路呢？这对包含凸极发电机在内的复杂电网的分析十分重要。为了找到其等效电路，将图 8-18 中的 $\overline{ob}$ 看成一个电动势，称为 $\dot{E}_q$，从图中可知：

$$\begin{aligned}\dot{E}_q &= \dot{U} + \dot{I}R + j\dot{I}_q X_q + j\dot{I}_d X_q \\ &= \dot{U} + \dot{I}R + j\dot{I}X_q\end{aligned} \quad (8\text{-}14)$$

式（8-14）对应的等效电路如图 8-19 所示。

对照图 8-17 和图 8-18 可知，$\dot{E}_q$ 与 $\dot{E}_0$ 同相位，且 $\dot{E}_0 = \dot{U} + \dot{I}R + j\dot{I}_d X_d + j\dot{I}_q X_q$、$\dot{E}_q = \dot{U} + \dot{I}R + j\dot{I}_d X_q + j\dot{I}_q X_q$。显然，$E_q$ 比 E_0 要小一些，即

$$E_0 - E_q = I_d(X_d - X_q) \quad (8\text{-}15)$$

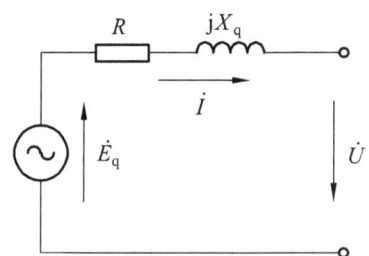

图 8-19 凸极式同步发电机的等效电路

由上述分析可知，$\dot{E}_q$ 与 $\dot{E}_0$ 同相位，二者在数值上也十分接近，因此可近似地以 $\dot{E}_q$ 替代 $\dot{E}_0$。值得注意的是，$\dot{E}_q$ 并不是实际存在的电动势，且这个等效电路是近似的，仅在分析复杂电网时采用。

8.5 同步发电机的运行特性

同步发电机在转速 n_1 保持恒定、负载功率因数 $\cos\varphi$ 不变的条件下，有三个主要变量：端电压 U、电枢负载电流 I 和励磁电流 I_f。上述三个量中令其一为常数，其它两个量之间的函数关系即为同步发电机的运行特性。通常有以下 4 种基本特性。

（1）空载特性：指当 $I = 0$ 即发电机空载时，空载电动势（即端电压）E_0 与励磁电流 I_f 之间的关系 $E_0 = f(I_f)$。

（2）短路特性：指当 $U = 0$ 即发电机短路时，短路电流 I_k 与励磁电流 I_f 之间的关系 $I_k = f(I_f)$。

（3）外特性：指当 I_f 和 $\cos\varphi$ 为常数时，端电压 U 与负载电流 I 之间的关系 $U = f(I)$。

（4）调整特性：指当 U 和 $\cos\varphi$ 为常数时，励磁电流 I_f 与负载电流 I 之间的关系 $I_f = f(I)$。

8.5.1 同步发电机的空载特性

空载特性可通过空载实验测得。具体方法是：定子绕组出线端开路（不接负载），将发电机拖动到同步速 n_1 保持不变，在励磁绕组中通入直流励磁电流 I_f，改变 I_f 的大小，空载电动势 E_0 的大小将随之改变，分别测取两者数值，即可绘出空载特性曲线。

空载实验时，调节 I_f 由零增大到最大值，一般测到 $E_0 = (1.2 \sim 1.3)U_N$，再将 I_f 由最大值降至零，增加和减小 I_f 时均应单方向调节。由于铁磁材料的磁滞效应，上升曲线和下降曲线不重合，如图 8-20（a）所示，一般取下降曲线作为空载特性。因为剩磁的存在，下降曲线不过原点且与横坐标没有交点，故需要将其延长后与横轴交于 b 点，并将曲线右移使 b 点与原点重合，即可得到同步发电机的空载特性曲线，如图 8-20（b）所示。

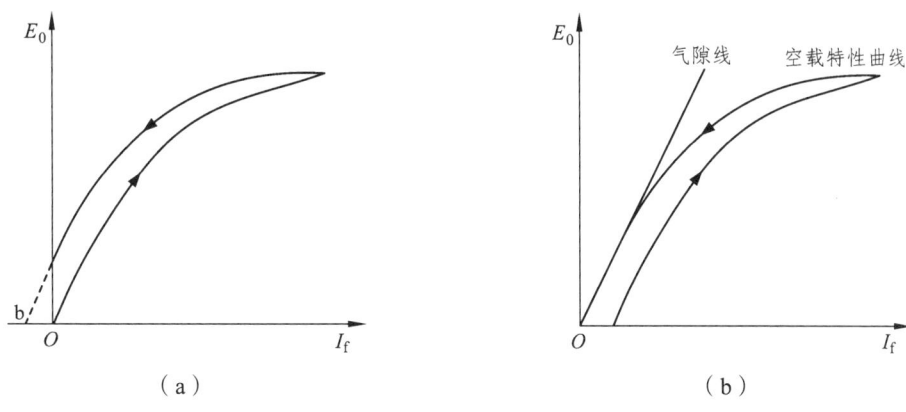

图 8-20 同步发电机的空载特性

8.5.2 同步发电机的短路特性

短路特性可通过短路实验测得。实验时，将同步发电机的定子绕组出线端短接，并将其拖动到同步速 n_1 保持不变，调节励磁电流 I_f，测量电枢短路电流 I_k，画出 I_k 和 I_f 的关系曲线 $I_k = f(I_f)$，即为短路特性，如图 8-21 所示。显然，短路特性为一条过原点的直线，即 I_k 与 I_f 呈线性关系。这是怎么回事呢？下面以隐极式同步发电机为例进行分析。

由于电枢绕组的电阻 R 较小，分析时可将其忽略，且短路时端电压 $U=0$，则有：$\dot{E}_\delta = \dot{U} + \dot{I}(R+jX_s) = \dot{I}_k(R+jX_s) \approx j\dot{I}_k X_s$、$\dot{E}_0 = \dot{I}_k(R+jX_c) \approx j\dot{I}_k X_c$，由此可画出短路时的时-空矢量图，如图 8-22 所示。由图可知，电枢磁动势 $\dot{F}_a$ 与励磁磁动势 $\dot{F}_{f1}$ 方向相反，电枢反应为直轴去磁作用，则气隙合成磁动势大小为 $F_\delta = F_{f1} - F_a$，相位与 $\dot{F}_{f1}$ 同相。

另一方面，由于漏电抗压降较小，故 $\dot{E}_\delta$ 较小，气隙磁密 $\dot{B}_\delta$ 较小，磁路处于不饱和状态，所以 F_δ 与 E_δ 成正比，同时 E_δ 与 I_k 成正比，则 F_δ 与 I_k 成正比。

综上所述，F_δ 与 I_k 成正比，且 F_a 与 I_k 成正比，由 $F_\delta = F_{f1} - F_a$，则可得出 F_{f1} 与 I_k 成正比，而 F_{f1} 又与 I_f 成正比，因此 I_k 与 I_f 成正比，即二者为线性关系。

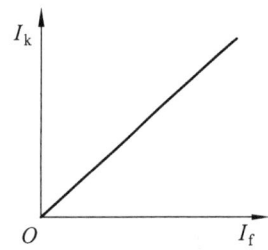 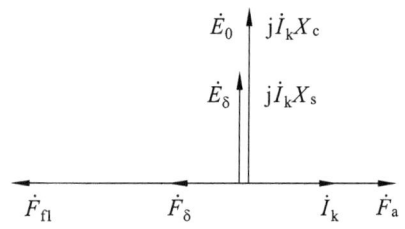

图 8-21 同步发电机的短路特性　　　图 8-22 同步发电机短路时的时-空矢量图

8.5.3 同步发电机的同步电抗和短路比

1. 同步电抗的求取

利用空载特性的气隙线和短路特性可以求出同步发电机的同步电抗 X_c。

对于隐极式同步发电机，短路时有 $\dot{E}_0 \approx j\dot{I}_k X_c$，故

$$X_c = \frac{E_0}{I_k} \tag{8-16}$$

对于凸极式同步发电机，短路时 $\dot{E}_0 \approx j\dot{I}_d X_d + j\dot{I}_q X_q$。由图 8-22 可知 $\dot{I}_k$ 滞后于 $\dot{E}_0$ 90°（即 $\psi = 90°$），则 $\dot{I}_d = \dot{I}_k$，$\dot{I}_q = 0$，故

$$\dot{E}_0 \approx j\dot{I}_d X_d + j\dot{I}_q X_q = j\dot{I}_k X_d \tag{8-17}$$

由式（8-17）可得凸极式同步发电机的直轴同步电抗为

$$X_d = \frac{E_0}{I_k} \tag{8-18}$$

图 8-23 说明了如何用空载特性气隙线和短路特性求取同步电抗的过程：已知短路电流 I_k，从短路特性上可以找到对应 I_k 所需要的 I_f，再从空载特性的气隙线上找到对应 I_f 产生的不饱和空载电动势 E_0，然后由式（8-16）可求得 X_c，或者由式（8-18）可求得 X_d。这里的气隙线是不考虑饱和时（磁路线性）E_0 与 I_f 的关系，之所以采用气隙线求解是因为 E_0 是在磁路不饱和的前提下获得的。

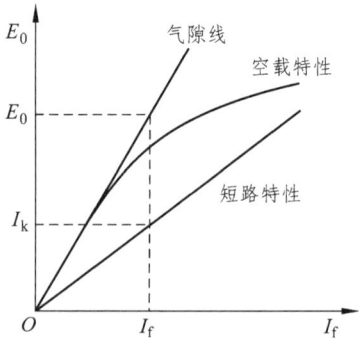

图 8-23 利用空载特性气隙线和短路特性求同步电抗

2. 短路比

与同步发电机短路特性有关的另一个物理量为短路比，用 K_c 表示。它是指同步发电机在空

载额定电压所对应的励磁电流 I_{f0} 作用下,稳态短路时的短路电流 I_{kN} 与额定电流 I_N 的比值,即

$$K_c = \frac{I_{kN}}{I_N} \tag{8-19}$$

图 8-24 中,I_{fk} 为短路特性上产生额定电流 I_N 所需要的励磁电流,I_{fs} 为磁路不饱和条件下空载时产生额定电压 U_N 所需要的励磁电流。由于△oab 与△ocd 相似,故短路比又可写成

$$K_c = \frac{I_{kN}}{I_N} = \frac{I_{f0}}{I_{fk}} \tag{8-20}$$

图 8-24 中,E_k 和 E_0 分别为空载气隙线上对应励磁电流 I_{fk} 和 I_{f0} 所产生的空载电动势,且气隙线上对于额定电压 U_N 的励磁电流为 I_{fs},则

$$K_c = \frac{I_{f0}}{I_{fk}} = \frac{E_0}{E_k} = \frac{I_{f0}}{I_{fs}} \cdot \frac{I_{fs}}{I_{fk}} = k_\mu \frac{U_N}{E_k} \tag{8-21}$$

式中,$k_\mu = \frac{I_{f0}}{I_{fs}}$ 称为饱和系数,它反映了发电机在空载电压 U_N 时的饱和程度。

我们知道短路时 $E_k \approx I_N X_d$,将其代入式(8-21)可得短路比为

$$K_c = k_\mu \frac{U_N}{E_k} = k_\mu \frac{U_N}{I_N X_d} = k_\mu \frac{1}{\frac{X_d}{Z_N}} = k_\mu \frac{1}{X_d^*} \tag{8-22}$$

由式(8-22)可知,短路比与电机的饱和程度 k_μ 成正比,与直轴同步电抗的标幺值 X_d^* 成反比。

短路比的大小直接关系到同步发电机的运行性能和成本。短路比大,则 X_d 小,负载变化时发电机的电压变化较小,并联运行时发电机的稳定性较好,但 X_d 小的电机气隙较大,励磁磁动势和转子用铜量增加,电机造价增高;反之短路比小则 X_d 大,发电机的稳定性较差,但降低了电机造价。因此,短路比的选择应综合考虑电机的运行性能和造价两个方面。一般来说,水电站输电距离较长,稳定性问题比较重要,故希望选择短路比较大的电机。随着单

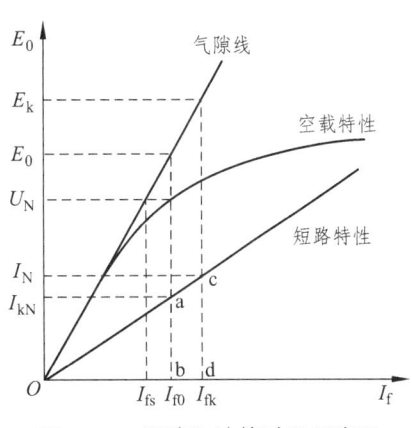

图 8-24 短路比计算过程示意图

机容量的增长,为了提高材料的利用率,短路比的要求值有所降低,且现代同步发电机采用快速自动调节励磁装置,大大提高了电机运行的稳定性,短路比的值可进一步降低。对汽轮发电机,$K_c = 0.4 \sim 1.0$;对水轮发电机,$K_c = 0.8 \sim 1.8$。

8.5.4 同步发电机的外特性

外特性是指保持发电机转速为同步速 n_1 不变,在励磁电流和负载功率因数为常数的条件下,改变负载电流 I 时端电压 U 的变化曲线 $U = f(I)$。

与变压器相同，同步发电机的负载电流变化时，端电压 U 会发生变化，具体如何变化与负载性质有关。可利用电动势相量图对发电机的端电压 U 随负载变化的情况进行定性分析。

以隐极式同步发电机为例，利用相电压方程 $\dot{E}_0 = \dot{U} + \dot{I}R + \mathrm{j}\dot{I}X_\mathrm{c}$ 可画出发电机带不同性质负载时的相量图，如图 8-25 所示。

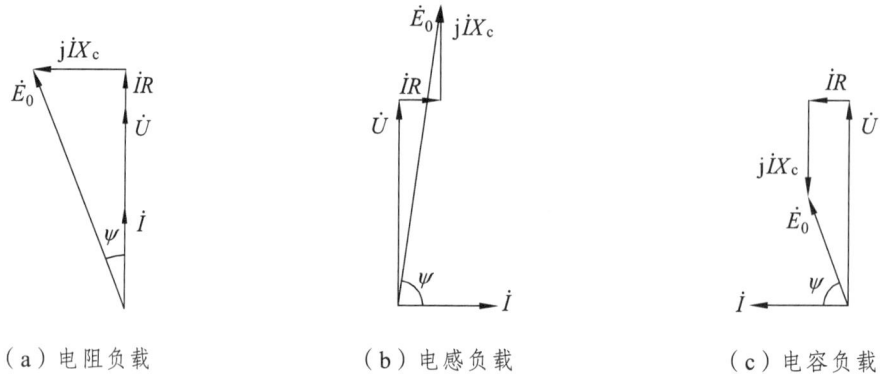

图 8-25　隐极式同步发电机带不同性质负载时的电动势相量图

由图 8-25 可以看出，带电阻负载或电感负载时，内功率因数角 $0° < \Psi < 90°$，电枢反应起去磁作用，使得端电压 U 比空载电动势 E_0 小，即端电压随着负载电流增加而下降。而带电容负载时，内功率因数角 $-90° < \Psi < 0°$，电枢反应起增磁作用，使得 U 比 E_0 大，即端电压随着负载电流增加而上升。

由上述分析可画出同步发电机在不同负载时的外特性，如图 8-26 所示。由图可知，带纯电阻负载时端电压 U 随负载电流 I 的增加而下降得较少；带 $\cos\varphi = 0.8$ 的感性负载时，U 随 I 的增加而下降得较多；带 $\cos(-\varphi) = 0.8$ 的容性负载时，U 随 I 的增加而上升。

通常用电压调整率来表征外特性的变化。电压调整率用 ΔU 表示，其定义式为

$$\Delta U = \frac{E_0 - U_\mathrm{N}}{U_\mathrm{N}} \times 100\% = \frac{E_0}{U_\mathrm{N}} - 1 \tag{8-23}$$

ΔU 是表征同步发电机运行性能的重要数据之一。ΔU 越大，当负载变化时，电网电压波动就大，稳定性就差。过去常靠值班人员手工操作，通过调节发电机的励磁电流来解决这一问题。现代同步发电机大多数装有快速自动励磁调节装置，使负载变化时电网电压维持不变，因此对发电机的电压调整率要求已经放宽，但最好小于 50%。

8.5.5　同步发电机的调整特性

调整特性是指保持发电机转速为同步速 n_1 及负载的功率因数不变，当负载电流 I 变化时，为维持端电压 U 不变，励磁电流的变化曲线 $I_\mathrm{f} = f(I)$。

根据图 8-26 的外特性，发电机带纯电阻负载或感性负载时，随着负载电流 I 的增加，端电压 U 要下降，为维持 U 不变，则须相应地增大励磁电流 I_f；而带容性负载时，随着 I 的增

加 U 也会增加，为维持 U 不变，则须相应地减小 I_f。由此可得发电机带不同负载时的调整特性，如图 8-27 所示。

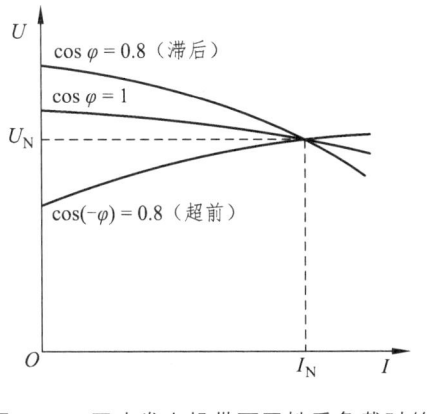

图 8-26　同步发电机带不同性质负载时的外特性

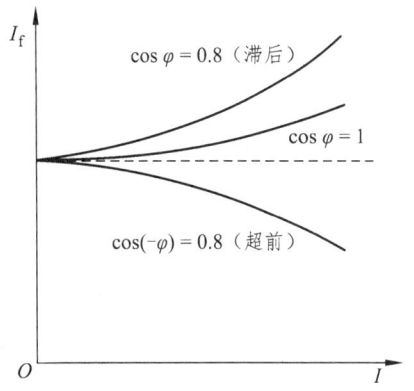

图 8-27　同步发电机带不同性质负载时的调整特性

8.6　同步发电机并联合闸的条件和方法

8.6.1　同步发电机并联运行的优势

前面介绍的都是同步发电机单机运行时的特性。单台发电机向负载供电的运行方式用得比较少，只在特殊情况、特殊场合中应用，如应急供电发电机、车载电源、难于与大电网相联的边远地区等。

在广大的工业地区，每个发电厂都是采用多台发电机并联起来发电，不同发电厂之间通过升压变压器和高压输电线彼此再并联起来，形成一个巨大的电力系统。同步发电机并联运行有很多优势：

（1）提高了供电的可靠性。一台发电机发生故障或定期检修不会引起停电事故，同时发电机的备用容量也减少。

（2）提高了供电的经济性和灵活性。例如水电厂与火电厂并联时，在枯水期和丰水期，两种电厂可以调配发电，使得水资源得到合理使用。在用电高峰期和低谷期，可以灵活地决定投入电网的发电机数量，提高了发电效率和供电灵活性。

（3）发电厂布局更合理。根据地区资源的情况，合理布置发电厂。在产煤区，多布置一些火力发电厂；在水资源丰富的地方，多布置一些水力发电厂。

（4）提高了供电质量。电网容量对单台发电机来说可视为无穷大，同步发电机并联到电网后，它的运行情况要受到电网的制约，即它的电压、频率要和电网一致而不会单独变化。

8.6.2　同步发电机并联合闸的条件

把同步发电机并联至电网的过程称为投入并联，亦称为并网。在投入并联时必须避免产生巨大的冲击电流，以防止同步发电机受到损坏和电网遭受干扰。并联的理想情况是：发电机端电压与电网电压的瞬时值完全相同，即并联合闸时没有电流冲击。因此并联前必须检查发电机和电网是否满足以下条件：

（1）发电机的频率与电网频率相等；
（2）发电机的电压幅值与电网电压的幅值相同，且电压波形也相同；
（3）发电机的电压相序与电网电压相序相同；
（4）发电机的电压相位与电网电压的相位相同。

若以上条件中的任何一个不满足，则发电机和电网之间会出现电压差，如果此时并联合闸，在发电机和电网组成的回路中必然会出现瞬态冲击电流。因此在并网过程中，需要对上述4个条件逐一进行校验，调节至完全满足条件后才可合闸。如何判断这些条件是否满足呢？最基本的两个判断方法是暗灯法和灯光旋转法。

8.6.3 同步发电机并联合闸的方法

1. 暗灯法

暗灯法的接线图如图8-28所示，将电网看成一台发电机S，另一台发电机G将与电网S并联，图中画出了电压的参考方向。只有在满足以上四个条件，即发电机和电网之间不存在电压差时才能合上三相并联开关，实现并网。只要并联开关两侧存在电压差$\Delta \dot{U}_A$、$\Delta \dot{U}_B$、$\Delta \dot{U}_C$，则并网时就会出现冲击电流。为了判断电压差的大小，在并网开关两端接上灯泡（常称相灯），只有各相灯都完全熄灭时，才表示电压差$\Delta \dot{U}_A = \Delta \dot{U}_B = \Delta \dot{U}_C = 0$，即满足并网条件，才能进行并网合闸操作，因此该方法称为暗灯法。

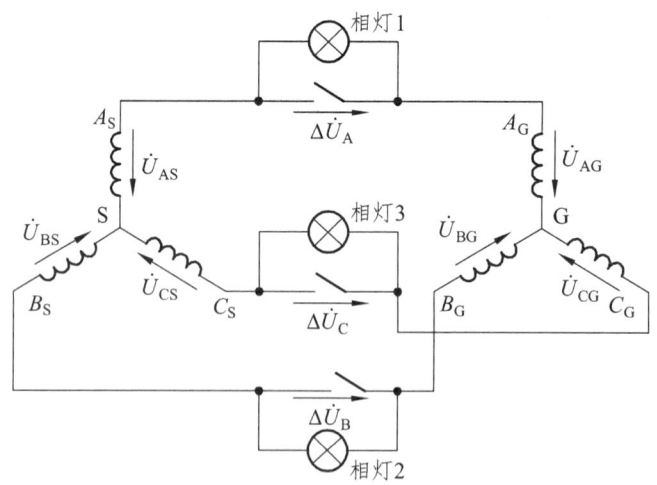

图8-28 暗灯法接线图

任何一个条件不满足时，三个相灯将不会一直完全熄灭，需要分别进行调节使条件满足。下面分别对各条件不满足时该如何调节进行分析，分析时假定其他条件均满足。

1）频率不等

当频率不等时，发电机电压的角频率 ω_G 与电网电压的角频率 ω_S 不相同，电压相量图如图 8-29 所示。在相量图中表现为发电机电压相量和电网电压相量旋转角速度不等，因此它们之间的相位差 β 就会不断地在 0° 到 360° 之间变化，电压差 $\Delta \dot{U}_A$、$\Delta \dot{U}_B$、$\Delta \dot{U}_C$ 在 0 至 $2U_S$ 之间变化。三个相灯将呈现同时暗、同时亮的交替变化现象。

因发电机电压的角频率 ω_G 由原动机转速决定，因此只需要调节原动机的转速，即可使相灯暗、亮的变化频率减小，一直到变化极其缓慢，相灯暗后，要隔很长时间再亮起来，这样就达到了频率差不多相等的要求，就可以进行合闸操作了。

2）电压不等

当相序相同，频率差不多时，若发电机的端电压与电网电压不相等，其相量图如图 8-30 所示。由图可知，即使相位差 $\beta = 0°$ 时，发电机和电网的电压差也不为零，故相灯不会出现完全熄灭的时候，而是在最亮和最暗范围内闪烁。因发电机的端电压由励磁电流决定，此时只需要调节励磁电流，使二者电压相等，就会使相灯完全熄灭。

注意，如果用白炽灯作相灯的话，因白炽灯在低电压时就会完全熄灭，难以判断二者电压是否完全相等。因此，一般用电压表并接在某一相灯两端进行电压差的精确监测。

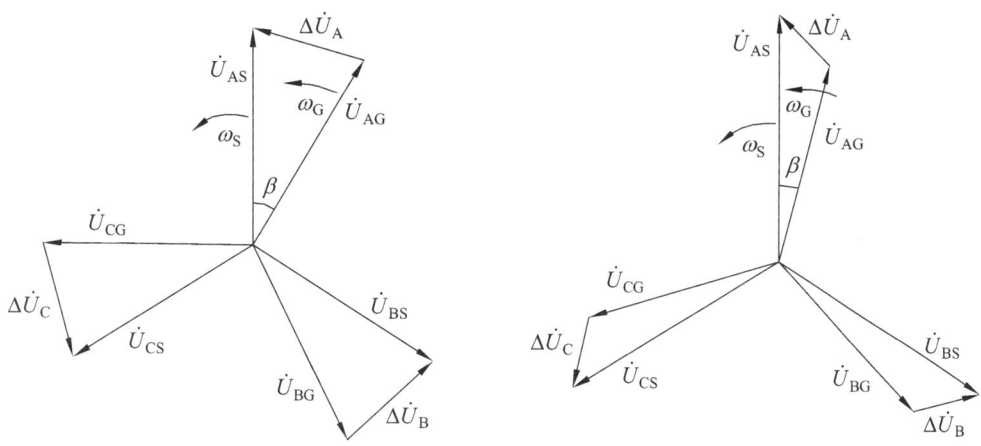

图 8-29 暗灯法频率不等时的相量图　　图 8-30 暗灯法电压不等时的相量图

3）相序不同

假如将发电机的 C 相接至电网的 B 相，发电机的 B 相接至电网的 C 相，则此时的接线图变成了如图 8-31 所示，相灯两端的电压变成如图 8-32（a）所示的 $\Delta \dot{U}_1$、$\Delta \dot{U}_2$、$\Delta \dot{U}_3$，当频率差不多相等时，它们的大小随着 β 角的变化而不同，相灯亮度也不同。当 $\beta = 0$ 时，$\Delta \dot{U}_1 = 0$，只有相灯 1 熄灭，另外两个相灯都亮，且亮度相同。当发电机频率大于电网频率（$\omega_G > \omega_S$）时，发电机电压相量在空间上转得快，在图 8-32（a）所示状态下，相量 $\dot{U}_{AG}$ 最先追上相量 $\dot{U}_{AS}$，即二者重合（$\Delta \dot{U}_1 = 0$），相灯 1 熄灭；接下来是 $\dot{U}_{CG}$ 与 $\dot{U}_{BS}$ 重合（$\Delta \dot{U}_2 = 0$），相灯 2 熄灭；最后是 $\dot{U}_{BG}$ 与 $\dot{U}_{CS}$ 重合（$\Delta \dot{U}_3 = 0$），相灯 3 熄灭。按此顺序，周而复始。如果相灯在配电板上的配置如图 8-32（b）所示，则相灯的暗亮变化呈现旋转状态。当 $\omega_G > \omega_S$ 时，灯光旋转方向为顺时针；反之，当 $\omega_G < \omega_S$ 时灯光为逆时针旋转。

因此，如果遇到相灯不一样暗亮，并出现旋转现象时，说明相序接错了。这时只需要将发电机接到并联开关的任意两根线互相对调一下即可。

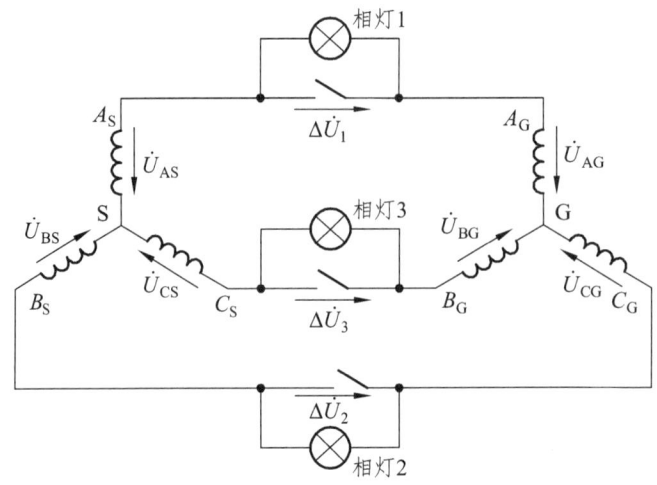

图 8-31　暗灯法相序不同时的接线图

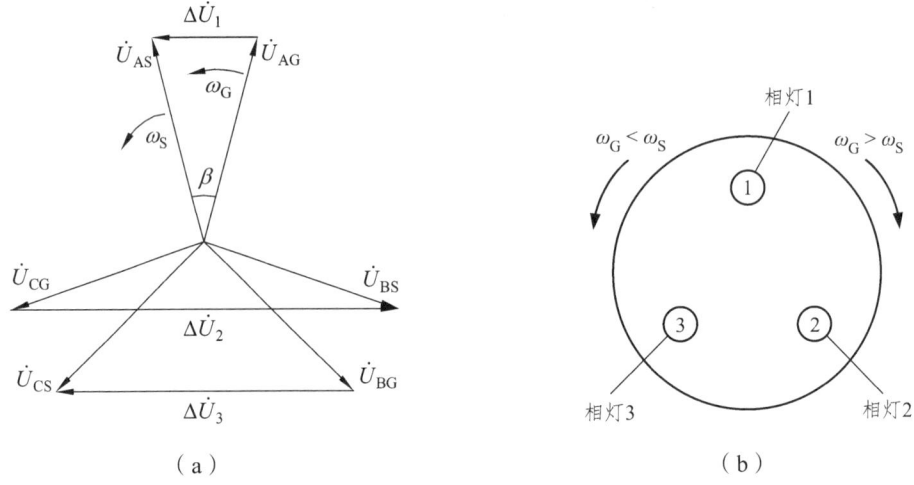

图 8-32　暗灯法相序不同时的相量图及相灯布置

4）相位不等

当相序、电压和频率相等时，如果相位不等，此时相位差 $\beta \neq 0°$，则相灯两端始终存在电压差，相灯不会熄灭，也不会变化，不能合闸。此时只需要稍微调节原动机转速，相位差就会发生变化，相灯就会出现缓慢的亮暗变化，直到 $\beta = 0°$ 时，三个相灯完全熄灭，即可合闸。

2. 灯光旋转法

暗灯法中，如果相序接错了，相灯就会旋转。若将并联合闸的相灯故意接在不同相的电压之间，使它们在正确的相序下，出现旋转灯光，这种并联合闸的方法，称为灯光旋转法。

灯光旋转法的接线图如图 8-33 所示，其相灯的接法和图 8-31 中的完全一样，所以分析结果也一样。当发电机频率与电网频率不等时,灯光就会出现旋转现象。如果灯光同时亮或同时暗,这说明相灯仍接在同相之间。实际操作中,可以调节原动机的转速大小,使灯光旋转极其缓慢,说明 ω_G 已接近 ω_S;等到相灯 1 熄灭,相灯 2 和相灯 3 亮度一样时,说明 $\beta = 0°$,即可合闸。为了使合闸瞬间更准确,可在相灯两端接上电压表,当电压值为零时合闸。

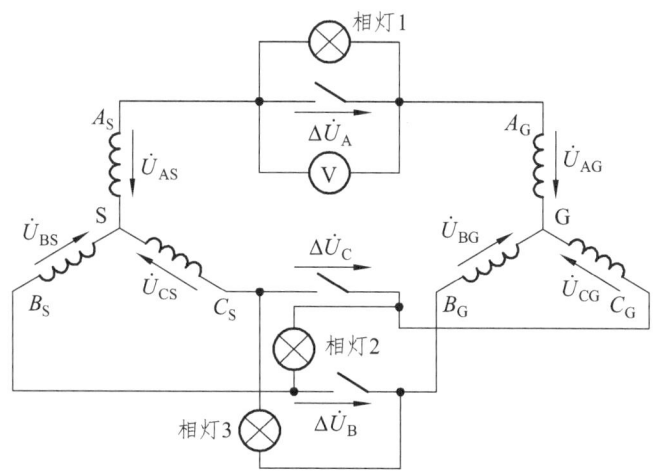

图 8-33 灯光旋转法的接线图及相灯布置

灯光旋转法比暗灯法要准确些,而且可以根据灯光旋转的方向,判断发电机频率是高于还是低于电网频率,从而便于调节原动机转速来满足并网条件。

上述两种方法均属于准确同步法,优点是合闸时没有冲击电流,缺点是操作较为复杂,通常在实验时采用。而在现代电厂中已不再采用,取而代之的是自同步法。自同步法的操作步骤是:事先用相序表校验好发电机的相序后,将发电机拖动到接近同步速,并将励磁绕组与限流电阻短接(不加励磁),合上并联开关,发电机并入电网,再立即加直流励磁电流,此时靠定、转子磁场间所形成的电磁吸力把转子自动牵入同步。自同步法的优点是操作简单、迅速,不需要增加复杂的并网装置,缺点是合闸时有电流冲击。

8.7 并网同步发电机的空载运行和负载运行

利用上一节介绍的并网方法,可以将发电机与电网并联运行。为分析方便,假定同步发电机是在理想条件下(发电机的端电压、频率与电网完全相等)并联至无限大电网的。无限大电网是指其容量相对于并联的发电机来说要大得多,如果对并联在电网上的同步发电机进行功率调节时,对电网电压和频率不会造成影响,即并网发电机的端电压和频率均可认为是恒定的。

8.7.1 并网同步发电机的空载运行

单机运行的同步发电机,其空载是指发电机不带负载,即电枢电流 $I = 0$;而并网后的发电机其空载运行是不是也指 $I = 0$ 的情况呢?发电机并网的目的是提高电网的带负载能力,即需要向电网提供有功功率和无功功率，因此与单机运行有所不同，并网发电机的空载运行是指输出有功功率或有功电流为零，即 $\cos\varphi = 0$。

并联运行时，$\dot{I}=0$ 是最理想的空载情况，这是同步发电机在理想条件下并联合闸的情况，即发电机空载端电压 $\dot{E}_0$ 与电网电压 $\dot{U}$ 相等。此时原动机只供给同步发电机转动时所需要的损耗功率，即风阻摩擦等机械损耗和铁耗，功率关系如下：

$$P_1 = p_m + p_{Fe} = p_0 \quad (8\text{-}24)$$

式中，P_1 是原动机供给发电机的功率，即发电机输入的机械功率；p_m 是发电机的机械损耗；p_{Fe} 是发电机的铁耗；p_0 是发电机的空载损耗。

式（8-24）两边同时除以机械角速度 Ω 即可得到空载运行时的转矩平衡方程，即

$$\frac{P_1}{\Omega} = \frac{p_0}{\Omega} \rightarrow T_1 = T_0 \quad (8\text{-}25)$$

式中，T_1 为原动机提供的拖动转矩，T_0 为风阻、摩擦和铁耗所产生的空载转矩。由式（8-25）可知，此时原动机的拖动转矩等于空载转矩，故发电机不向电网输出有功功率。

下面分析在空载运行时，只调节励磁电流，看会不会改变发电机的运行状态。为了分析简单，以隐极式发电机为例，并忽略电枢绕组电阻。

由隐极式发电机的电压方程 $\dot{E}_0 = \dot{U} + j\dot{I}X_c$ 可得

$$\dot{I} = \frac{\dot{E}_0 - \dot{U}}{jX_c} \quad (8\text{-}26)$$

由式（8-26）可画出并网发电机空载运行时的电动势相量图，如图 8-34 所示。注意，由于为无限大电网，分析时电网电压 $\dot{U}$ 不变。

图 8-34（a）所示为 $\dot{I}=0$，即 $\dot{E}_0 = \dot{U}$ 时的相量图，发电机运行在理想空载状态。

此时若增大励磁电流，则励磁磁动势 $\dot{F}_{f1}$ 增大，$\dot{E}_0$ 将随之增大，由于原动机并未调节，故 $\dot{F}_{f1}$ 及 $\dot{E}_0$ 的相位不会发生变化，即 $\dot{E}_0$ 与 $\dot{U}$ 同相位，但 $E_0 > U$，如图 8-34（b）所示。由相量图可知，此时 $\dot{I} \neq 0$ 且滞后 $\dot{U}$ 90°，发电机输出滞后的无功电流，产生直轴去磁电枢反应，不向电网发出有功功率，因此仍运行于空载状态。

另一方面，若减小励磁电流，则 $\dot{F}_{f1}$ 减小，$\dot{E}_0$ 也随之减小，$\dot{E}_0$ 与 $\dot{U}$ 同相位，但 $E_0 < U$，如图 8-34（c）所示。由相量图可知，此时 $\dot{I} \neq 0$ 且超前 $\dot{U}$ 90°，发电机输出超前的无功电流，产生直轴助磁电枢反应，不向电网发出有功功率，因此仍运行于空载状态。

综上所述，并网空载运行时改变励磁电流只能使发电机输出滞后或超前的纯无功电流，不能使发电机输出有功功率。这是符合能量守恒的，因为改变励磁电流并没有增加发电机的输入功率，发电机就不可能输出有功功率，因此上述功率平衡关系不变。

那么如何调节才可以使发电机输出有功功率呢？并网运行的同步发电机，能够调节的物理量有两个：一个是励磁电流；另一个是原动机的拖动转矩。上面分析了调节励磁电流的情况，下面分析调节原动机的拖动转矩是否会改变发电机的运行状态。

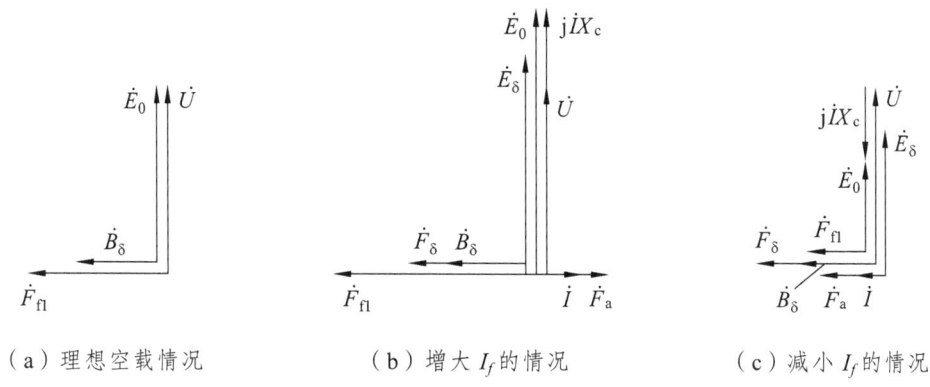

(a) 理想空载情况　　　　(b) 增大 I_f 的情况　　　　(c) 减小 I_f 的情况

图 8-34　并网发电机空载运行时的电动势相量图

8.7.2　并网同步发电机的负载运行

调节原动机的拖动转矩可以通过调节汽轮机的气门、水轮机的水门及内燃机的油门等实现。

仍以隐极式同步发电机为例,假设其处于空载运行状态。在该状态下增大原动机的拖动转矩 T_1,原有的转矩平衡关系 $T_1 = T_0$ 被破坏,这时 $T_1 > T_0$,引起转子加速。因 $\dot{E}_\delta = \dot{U} + j\dot{I}Z_s$,忽略漏阻抗压降,则 $\dot{E}_\delta \approx \dot{U}$,而电网电压 $\dot{U}$ 恒定,故认为 $\dot{E}_\delta$ 不会发生变化;同时由于 $\dot{U}$ 的频率不变,$\dot{E}_\delta$ 的频率也不会变,而 $\dot{E}_\delta$ 始终滞后于 $\dot{B}_\delta$ 90°,所以 $\dot{B}_\delta$ 的旋转速度也不会变,维持恒定的同步速度 n_1。由图 8-34 所示,空载运行时 $\dot{F}_{f1}$ 与 $\dot{B}_\delta$ 同相位,且转速相同,$\dot{E}_0$ 与 $\dot{E}_\delta$ 同相位。当增大拖动转矩 T_1,转子将加速,由于 $\dot{B}_\delta$ 的旋转速度不变,使得 $\dot{F}_{f1}$ 超前 $\dot{B}_\delta$ 一个角度 θ',则 $\dot{E}_0$ 也超前 $\dot{E}_\delta$ 一个角度 θ',如图 8-35 所示。

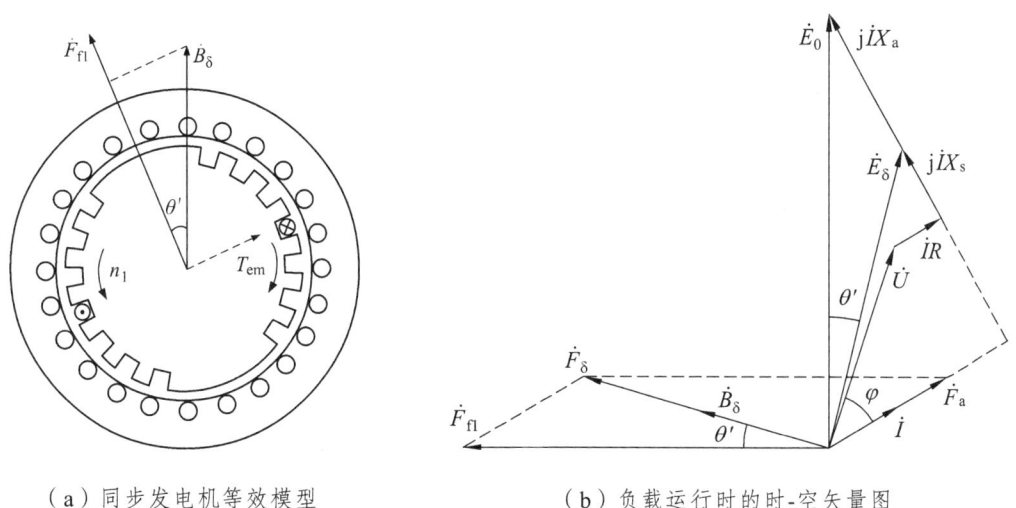

(a) 同步发电机等效模型　　　　(b) 负载运行时的时-空矢量图

图 8-35　同步电机负载运行时的等效模型及时-空矢量图

θ' 角的出现很重要,这使得励磁电流所在处的气隙磁密 $\dot{B}_\delta$ 不再为零,而是 $B_\delta \sin\theta'$,如图

8-35（a）所示。此时 $\dot{B}_\delta$ 作用于励磁绕组使发电机转子产生电磁力，从而产生电磁转矩，将机械能转化为有功电能输出，即发电机由空载运行状态变为负载运行状态。

下面推导电磁力及电磁转矩的大小，这与转子的励磁电流分布有关。不同电机的励磁电流分布是不同的，为了使分析具有普遍性，通常用每对极只有一匝的等效励磁绕组来代替实际的励磁绕组[见图 8-35（a）]，并假设其励磁电流为 I_f，从而可求出一根导体所受到的电磁力为

$$f = b_\delta l I_f = B_\delta \sin\theta' \cdot l \cdot I_f \tag{8-27}$$

式中，l 为转子励磁绕组的有效长度，b_δ 为励磁绕组导体所在处的气隙磁密大小。

若转子极对数为 p，则转子上共有 $2p$ 个等效励磁绕组导体，作用在转子上的总电磁转矩 T_{em} 为

$$T_{em} = f \cdot r \cdot 2p = B_\delta \sin\theta' \cdot l \cdot I_f \cdot r \cdot 2p = C\sin\theta' \tag{8-28}$$

式中，r 是转子半径。当励磁电流不变时，I_f 为常数，稳态运行时 B_δ 基本不变，其他参数 l、r、$2p$ 均不变，因此电磁转矩可以表示为一个常数 C 与 $\sin\theta'$ 的乘积，且该转矩为制动转矩（可由左手定则判定该转矩与转子转速反向）。

由上述分析可知，增大原动机拖动转矩导致 θ' 角出现，从而产生电磁转矩 T_{em}，且 T_{em} 与 $\sin\theta'$ 成正比，即原动机拖动转矩 T_1 越大，θ' 角就越大，T_{em} 也就越大。最大转矩 T_m 出现在 $\theta' = 90°$ 时，因此，只要 $T_1 \leqslant T_m$，发电机就不会因为转矩不平衡造成与电网失步，这个问题将在后续的运行稳定性分析中详细讨论。

只要发电机不与电网失步，增加原动机拖动转矩时，同步发电机会自动产生电磁转矩与之平衡，这是发电机能够并联运行的关键。并联在电网上的某台发电机的拖动转矩增加，它的转子就往前移，于是 θ' 角增加，产生的电磁转矩也相应增加，迫使该发电机仍然与并联在电网上的其它发电机同步运行。

当电磁转矩出现后，其转矩平衡方程变为

$$T_1 = T_{em} + T_0 \tag{8-29}$$

在式（8-29）的等式两边同时乘以机械角速度 Ω 即可得功率平衡方程

$$P_1 = P_{em} + p_0 \tag{8-30}$$

式中，$P_{em} = T_{em}\Omega$ 为制动性质的电磁转矩吸收的机械功率，称为电磁功率。

从能量关系看，在定子绕组中，电磁功率 P_{em} 减去定子绕组的铜耗 $p_{Cu} = mI^2R$ 即为输出的电功率 P_2，其中 m 为发电机的定子绕组相数。即

$$P_{em} = P_2 + p_{Cu} = mUI\cos\varphi + mI^2R \tag{8-31}$$

由图 8-35（b）可知，$U\cos\varphi + IR = E_0\cos\psi$，故电磁功率也可表示为

$$P_{em} = mI(U\cos\varphi + IR) = mE_0 I\cos\psi \tag{8-32}$$

可见，电磁功率 P_{em} 既可表示为电磁转矩吸收的机械功率 $T_{em}\Omega$，又可表示为定子绕组中的电功率 $mE_0 I\cos\psi$，说明电机经过电磁感应作用把机械功率转化为电功率了。

上述功率关系可描述如下：从原动机输入的机械功率 P_1，去掉空载损耗 p_0 后成为电磁功率 P_{em}，再去掉定子绕组铜耗 p_{Cu} 后得到输出功率 P_2。图 8-36 为同步发电机的功率流程图。

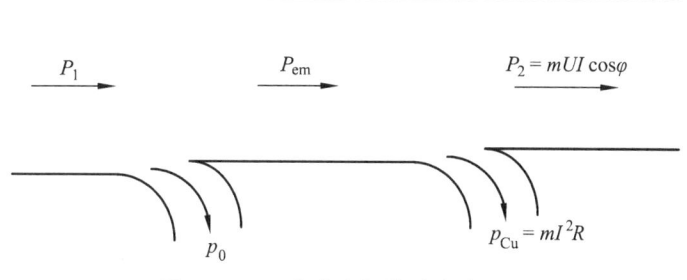

图 8-36　同步发电机的功率流程图

8.8　并网同步发电机的功率调节和 V 形曲线

8.8.1　同步发电机的功角特性

1. 隐极式同步发电机的功角特性

因电枢绕组电阻很小，分析时可忽略不计，则 $\dot{E}_0 = \dot{U} + j\dot{I}X_c$，其相量图如图 8-37 所示。图中 $\dot{E}_0$ 与 $\dot{U}$ 之间的夹角为 θ，称为功率角（注意：$\theta \approx \theta'$）。由于忽略了电枢电阻 R，即忽略电枢铜耗，根据式（8-31）可得电磁功率为

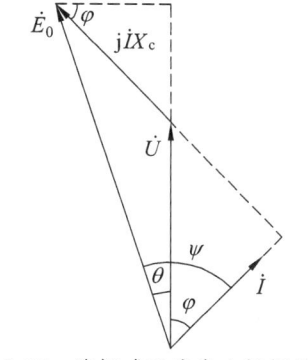

图 8-37　隐极式同步发电机相量图

$$P_{em} = P_2 = mUI\cos\varphi \qquad (8-33)$$

在图 8-37 中，由相量的几何关系可得

$$IX_c \cdot \cos\varphi = E_0 \sin\theta \rightarrow I\cos\varphi = \frac{E_0 \sin\theta}{X_c} \qquad (8-34)$$

将式（8-34）带入式（8-33）可得

$$P_{em} = P_2 = m\frac{UE_0}{X_c}\sin\theta \qquad (8-35)$$

式中，θ 为同步发电机的功率角。可见，电磁功率 P_{em} 与 $\sin\theta$ 成正比。

根据式（8-35）可以判定同步电机的工作状态：①当 $\theta > 0°$，即 $\dot{E}_0$ 超前于 $\dot{U}$，此时 $P_{em} > 0$，同步电机向电网输出电功率，为发电机状态；②当 $\theta < 0°$，即 $\dot{E}_0$ 滞后于 $\dot{U}$，此时 $P_{em} < 0$，同步

电机从电网吸收电功率，为电动机状态；③当 $\theta = 0°$，即 $\dot{E}_0$ 与 $\dot{U}$ 同相位，此时 $P_{em} = 0$，同步电机仅吸收或发出无功功率，为调相机状态。

由于发电机并联于无限大电网，电压 U 和频率 f 均为恒值；E_0 的大小由 I_f 决定，当 I_f 不变时，E_0 为常数；同步电抗 X_c 也为常数。因此，由式（8-35）可知电磁功率 P_{em} 与功率角 θ 为正弦函数关系，据此可画出隐极式同步发电机的功角特性，如图 8-38 所示。

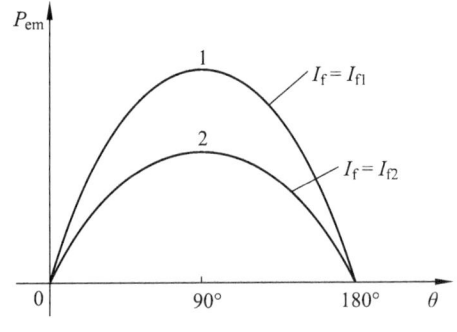

图 8-38 隐极式同步发电机的功角特性

图 8-38 中画出了两条功角特性曲线：一条对应的励磁电流为 I_{f1}；另一条对应的励磁电流为 I_{f2}。由式（8-35）可知两条特性对应的空载电势 $E_{01} > E_{02}$，再根据 E_0 与 I_f 成正比可推出 $I_{f1} > I_{f2}$。同时，由图 8-38 还可看出电磁功率 P_{em} 的最大值出现在 $\theta = 90°$ 时，即

$$P_{emmax} = m\frac{UE_0}{X_c} \tag{8-36}$$

2. 凸极式同步发电机的功角特性

忽略电枢电阻 R，则 $\dot{E}_0 = \dot{U} + j\dot{I}_d X_d + j\dot{I}_q X_q$，其相量图如图 8-39 所示。

由图可知 $\varphi = \psi - \theta$，则有

$$\begin{aligned} P_{em} = P_2 &= mUI\cos\varphi = mUI\cos(\psi-\theta) \\ &= mUI\cos\psi\cos\theta + mUI\sin\psi\sin\theta \\ &= mUI_q\cos\theta + mUI_d\sin\theta \end{aligned} \tag{8-37}$$

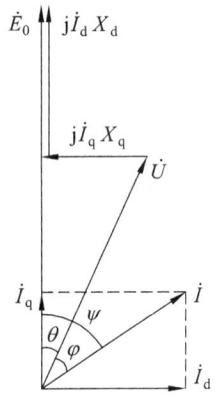

图 8-39 凸极式同步发电机相量图

式（8-37）与电枢电流 I 有关，无法利用其分析问题，因此还要进一步对其变换。在图 8-39 中，由相量的几何关系可得

$$\left.\begin{array}{l} I_q X_q = U\sin\theta \\ I_d X_d = E_0 - U\cos\theta \end{array}\right\} \tag{8-38}$$

由式（8-38）分别求出 I_q 和 I_d，再将其代入式（8-37）可得

$$\begin{aligned} P_{em} &= mU\frac{U\sin\theta}{X_q}\cos\theta + mU\frac{E_0-U\cos\theta}{X_d}\sin\theta \\ &= m\frac{E_0 U}{X_d}\sin\theta + mU^2(\frac{1}{X_q}-\frac{1}{X_d})\sin\theta\cos\theta \\ &= m\frac{E_0 U}{X_d}\sin\theta + mU^2\frac{X_d - X_q}{2X_d X_q}\sin 2\theta \end{aligned} \tag{8-39}$$

式（8-39）即为凸极式同步发电机的功角特性表达式。不难看出，该式也适用于隐极式同步发电机（只需将 $X_c = X_d = X_q$ 代入即可）。

对比式（8-35）和式（8-39）可以看出，凸极式发电机功角特性公式的第一项与 E_0 成正比，它是由励磁电流在气隙磁场中产生的电磁力所引起的，通常称该项为励磁电磁功率；而式（8-39）中的第二项仅存在于凸极式发电机中，它与励磁电流没有关系，主要与交、直轴磁阻的差异有关，该项是由于合成等效磁极吸引凸极铁磁体产生的电磁力所引起的，故称为凸极电磁功率。

凸极式同步发电机并联于无限大电网时，若励磁电流 I_f 保持不变，则 E_0 为常数，X_d、X_q 也为常数，因此电磁功率 P_{em} 的第一项与 $\sin\theta$ 成正比，第二项与 $\sin 2\theta$ 成正比。根据上述关系可画出凸极式发电机的功角特性曲线，如图 8-40 所示，它是由两项电磁功率曲线叠加而成，因此与隐极式发电机不同，P_{em} 的最大值出现在 $\theta<90°$ 位置。

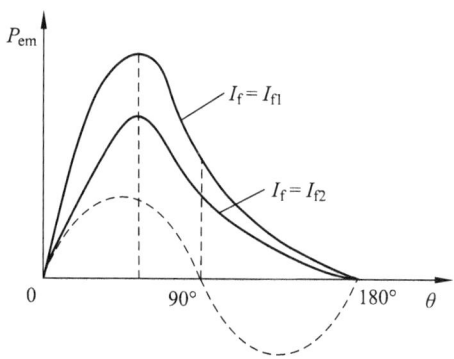

图 8-40 凸极式同步发电机的功角特性

图 8-40 中画出了两条功角特性曲线：一条对应的励磁电流为 I_{f1}；另一条对应的励磁电流为 I_{f2}。与隐极式发电机相同，根据 E_0 与 I_f 成正比可判断出 $I_{f1}>I_{f2}$。

例 8-2 一台汽轮发电机数据如下：$S_N = 3\ 750$ kVA，$U_N = 11$ kV（星形连接），同步电抗 $X_c = 12\ \Omega$（不饱和值），不计电枢绕组电阻。将此发电机并联于额定电压的无限大电网运行，输出功率 $P_2 = 3$ MW，功率因数为 $\cos\varphi = 0.8$（滞后），求发电机的空载电动势 E_0 和功角 θ。

解：由 $\cos\varphi = 0.8$（滞后）得 $\varphi = 36.87°$，已知 $P_2 = 3$ MW，则相电流为

$$I = \frac{P_2}{\sqrt{3}U_N \cos\varphi} = \frac{3\times 10^6}{\sqrt{3}\times 11\times 10^3 \times 0.8} = 196.83\ (\text{A})$$

相电压为

$$U = \frac{U_N}{\sqrt{3}} = \frac{11\times 10^3}{\sqrt{3}} = 6351.04\ (\text{V})$$

则

$$\psi = \arctan\frac{IX_c + U\sin\varphi}{U\cos\varphi} = \arctan\frac{196.83\times 12 + 6351.04\times 0.6}{6351.04\times 0.8} = 50.54°$$

$$\theta = \psi - \varphi = 50.54° - 36.87° = 13.67°$$

由图 8-37 的相量图可得

$$E_0 = \frac{IX_c \cos\varphi}{\sin\theta} = \frac{196.83\times 12\times 0.8}{\sin 13.67°} = 7995.48\ (\text{V})$$

或

$$E_0 = \frac{U\cos\varphi}{\cos\psi} = \frac{6351.04\times 0.8}{\cos 50.54°} = 7994.52\ (\text{V})$$

8.8.2 有功功率变化对无功功率的影响

由前面的分析可知,调节原动机的拖动转矩可改变并网同步发电机发出的有功功率,原动机拖动转矩增大,功率角 θ 增大,由功角特性可知输出有功功率将发生变化。那么,调节有功功率时无功功率是否会变化?又如何变化?下面来讨论这一问题。

保持励磁电流 I_f 不变,则 E_0 为常数,此时有功功率的变化仅由功角 θ 所引起。下面分三种不同 θ 角情况画出同步发电机的相量图,如图 8-41 所示。

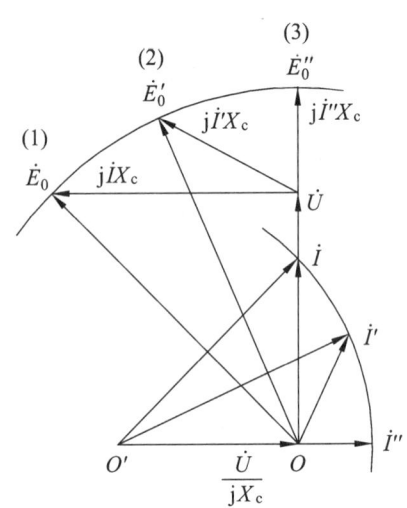

图 8-41 同步发电机的圆图

由图 8-41 可看出:

(1) θ 角较大,根据功角特性可知此时输出有功功率较大,电流 $\dot{I}$ 与电压 $\dot{U}$ 同相,输出的无功功率为零;

(2) 在第一种情况的基础上减小原动机拖动转矩,使 θ 角减小,根据功角特性可知此时输出有功功率减小,电流 $\dot{I}$ 滞后电压 $\dot{U}$,有一定的无功功率输出,即无功功率在增加;

(3) 进一步减小原动机的拖动转矩,使 $\theta = 0°$,根据功角特性可知此时输出有功功率为零,即输出有功功率在减小,电流 $\dot{I}$ 滞后电压 $\dot{U}$ 90°,只输出无功功率,且增加至最大。

由上述分析可知,当励磁电流不变时,调节发电机输出的有功功率,发电机的无功功率也会改变,输出有功功率减小时,输出的滞后性无功功率会增大。

由图 8-41 还可以看出,由于 I_f 不变,E_0 为常数,则 $\dot{E}_0$ 的变化轨迹是以 O 点为圆心,以 E_0 大小为半径的圆。下面再来分析 $\dot{I}$ 的变化轨迹。由 $\dot{E}_0 = \dot{U} + j\dot{I}X_c$ 可得 $\dot{I} = \dfrac{\dot{E}_0}{jX_c} - \dfrac{\dot{U}}{jX_c}$,因 E_0、U、X_c 均为常数,且相量 $\dfrac{\dot{U}}{jX_c}$ 固定不动,相量 $\dfrac{\dot{E}_0}{jX_c}$(其相位滞后 $\dot{E}_0$ 90°,大小 $\dfrac{E_0}{X_c}$ 为常数)的轨迹为一个圆,故 $\dot{I}$ 与 $\dfrac{\dot{E}_0}{jX_c}$ 的轨迹是同一个圆,其圆心为 O',半径为 $\dfrac{E_0}{X_c}$。

综上所述,并联在大电网上运行的同步发电机,保持励磁电流不变,调节其输出的有功功率时,$\dot{E}_0$ 及 $\dot{I}$ 的轨迹都是一个圆,但两圆的圆心和半径不同,因此通常将图 8-41 称为同步发电机的圆图。

8.8.3 同步发电机并网运行时的稳定性

稳定性是决定发电机能够发出多少电能的一个重要因素,若发电机输出的电能超过一定的限度，则会使其与电网失去同步（简称失步），无法并联运行，故输出电能应以系统稳定运行为前提。在实际工作中，有时由于某些原因，例如负载过重，或者调节不当，可能造成发电机与电网失步，从而给广大供电地区造成混乱，严重时甚至造成停电事故，该类事故的发生通常与稳定性有关，因此研究同步发电机的稳定性显得十分重要。同步发电机的稳定问题分为静态稳定和动态稳定两种，本书仅分析同步发电机的静态稳定问题。

所谓静态稳定问题，是指并网同步发电机在某一稳定运行工况下（U、f、I_f 都为恒值，输入功率和输出功率都不变），如果在电网或原动机方面，偶尔出现一些微小干扰，在这些微小干扰消除后，发电机能否自动恢复到原来的稳定运行工况。如果能够恢复，即认为该同步发电机的运行是稳定的。反之，若干扰消除后，系统不能恢复到原来的稳定运行工况，则认为是不稳定的。

显然，稳定问题主要是讨论同步发电机能否与电网保持同步的问题，因此采用电磁转矩为对象分析更为直接。将功角特性公式除以机械角速度 Ω，即可得到电磁转矩公式。

对于隐极式同步发电机，有

$$T_{em} = \frac{P_{em}}{\Omega} = \frac{m}{\Omega} \frac{UE_0}{X_c} \sin\theta \tag{8-40}$$

对于凸极式同步发电机，有

$$T_{em} = \frac{P_{em}}{\Omega} = \frac{m}{\Omega}(\frac{E_0 U}{X_d}\sin\theta + U^2 \frac{X_d - X_q}{2X_d X_q}\sin 2\theta) \tag{8-41}$$

由式（8-40）和（8-41）可分别画出隐极式、凸极式同步发电机的转矩功角特性曲线，如图 8-42 所示。

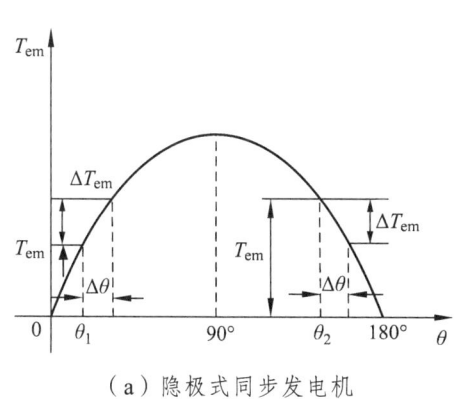

（a）隐极式同步发电机

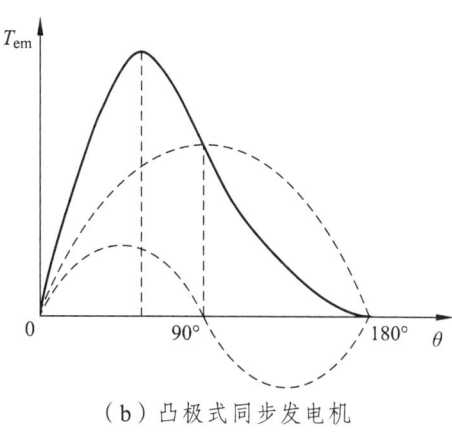

（b）凸极式同步发电机

图 8-42 同步发电机的转矩功角特性

下面以隐极式同步发电机为例来分析静态稳定运行问题。在图 8-42（a）中，发电机并联运行在功角 θ_1 下，电磁转矩 T_{em} 与原动机拖动转矩 T_1 平衡，即 $T_1 = T_{em}$（忽略空载转矩 T_0）。假设 T_1 不变，如果一个微小的干扰使 θ 角增大一个 $\Delta\theta$，此时，T_{em} 也增加了一个 ΔT_{em}。干扰消失后，由于 $T_{em} + \Delta T_{em} > T_1$，转子将减速，使 θ 角减小，电机能自动回到原来的工作点 θ_1，故发电机运行是稳定的。

反之，假设发电机并联运行在功角 θ_2 下，如果一个微小的干扰使 θ 角增大一个 $\Delta\theta$，此时，T_{em} 却减小了一个 ΔT_{em}。干扰消失后，由于 $T_{em} - \Delta T_{em} < T_1$，转子将加速，从而使 θ 角进一步增大，电机无法自动回到原来的工作点 θ_2，故此时发电机是不能稳定运行的。

由此可见，$0° < \theta_1 < 90°$，θ 角增大，T_{em} 也增大，发电机运行稳定；$90° < \theta_2 < 180°$，θ 角增大，T_{em} 却减小，发电机运行不稳定。

为了更好地判定稳定性，通常引入整步转矩系数 $\dfrac{dT_{em}}{d\theta}$，它是对 T_{em}[式（8-40）]求导得到的。

$$\frac{dT_{em}}{d\theta} = \frac{m}{\Omega} \frac{UE_0}{X_c} \cos\theta \qquad (8\text{-}42)$$

由式（8-42）可知，当 $0° < \theta < 90°$ 时，$\dfrac{dT_{em}}{d\theta} > 0$，发电机运行稳定；当 $90° < \theta < 180°$ 时，$\dfrac{dT_{em}}{d\theta} < 0$，发电机运行不稳定。需要注意的是，$0° < \theta < 90°$ 范围内发电机运行都是稳定的，但是不同 θ 角下的稳定能力是不同的：$\theta = 90°$ 时，$\dfrac{dT_{em}}{d\theta} = 0$，处于临界状态，微小扰动即可使 θ 角增大进入不稳定区域，因此在稳定区域内的工作点离 $\theta = 90°$ 越远则稳定能力越强，即 θ 角越小越稳定。显然 $\theta = 0°$ 时，$\dfrac{dT_{em}}{d\theta}$ 值最大，因此 $\dfrac{dT_{em}}{d\theta}$ 值越大发电机的稳定能力越强，反之则越小。

凸极式同步发电机的情况类似，不同之处是 $\dfrac{dT_{em}}{d\theta} = 0$ 的点不在 $\theta = 90°$ 处，而是在比 $90°$ 小的功率角处，如图 8-42（b）所示。

由上述分析可知，最大电磁转矩所处的工作点（$\theta = 90°$）为稳定运行的临界点，因此为了使发电机具备一定的稳定能力，提高供电可靠性，工程上需要使最大电磁转矩 T_m 超出额定转矩 T_N 一定的比例，用过载能力来衡量，即 T_m 与 T_N 之比，用 K_T 表示。

$$K_T = \frac{T_m}{T_N} = \frac{\dfrac{m}{\Omega}\dfrac{UE_0}{X_c}}{\dfrac{m}{\Omega}\dfrac{UE_0}{X_c}\sin\theta_N} = \frac{1}{\sin\theta_N} \qquad (8\text{-}43)$$

式中，θ_N 为同步发电机额定运行时的功角。

一般 $K_T = 1.5 \sim 2$。对于隐极式同步发电机，通常将额定运行点设计在 $\theta_N = 30° \sim 40°$ 的范围内，而凸极式同步发电机的额定运行点一般设计在 $\theta_N = 20° \sim 30°$ 的范围内。过载能力只是为了提高同步发电机运行的稳定性而设置的，只能短时使用，不能使同步发电机长期运行在过载状态。

8.8.4 并网同步发电机无功功率的调节

在电力系统中，绝大多数负载为感性的，因此电网除了要供给负载有功功率外，还要供给负载大量的无功功率。电网提供的总无功功率由并联在电网上的所有同步发电机共同承担，故并网同步发电机除了要进行有功功率调节外，还要进行无功功率调节，使整个电网的无功功率达到平衡。下面来分析无功功率的调节问题。

我们仍认为电网是无限大电网，即电压 U 和频率 f 不变，且无功功率的调节是在保证有功功率不变的前提下进行的。以隐极式同步发电机为例，采用电动势相量图进行分析。

保持同步发电机的有功功率不变，即 $P_2 = mUI\cos\varphi = $ 常数，若忽略电枢绕组电阻，则电磁功率 $P_{em} = P_2 = m\dfrac{E_0 U}{X_c}\sin\theta = $ 常数。由于 m、U、X_c 为常数，故有

$$\left.\begin{array}{l} I\cos\varphi = 常数 \\ E_0 \sin\theta = 常数 \end{array}\right\} \tag{8-44}$$

由式（8-44）和 $\dot{E}_0 = \dot{U} + j\dot{I}X_c$ 可画出三种不同负载时的电动势相量图，如图 8-43 所示。

图 8-43 中，$I\cos\varphi$ 是电枢电流 $\dot{I}$ 在电压 $\dot{U}$ 上的投影，因 $I\cos\varphi = $ 常数，故 $\dot{I}$ 的变化轨迹在 BB′ 线上；同理，由 $E_0\sin\theta = $ 常数可推出 $\dot{E}_0$ 的变化轨迹为 AA′ 线。下面分别对图中三种情况进行讨论。

（1）电枢电流 $\dot{I}$ 与电压 $\dot{U}$ 同相位，即 $\cos\varphi = 1$，发电机向电网发出的无功功率为零，此时 I 最小，通常称该情况为正常励磁状态。

（2）电枢电流 $\dot{I}'$ 滞后电压 $\dot{U}$，即 $\varphi' > 0°$，发电机向电网发出滞后性的无功功率（或吸收超前性的无功功率），$\dot{E}_0$ 较正常励磁时大，故称该情况为过励磁状态，此时产生去磁的电枢反应。

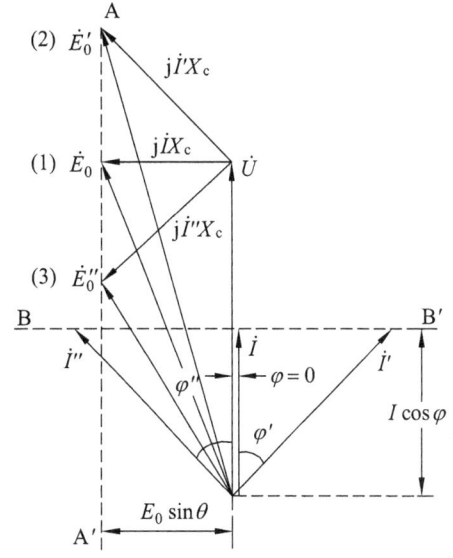

图 8-43 不同负载时的电动势相量图

（3）电枢电流 $\dot{I}''$ 超前电压 $\dot{U}$，即 $\varphi'' < 0°$，发电机向电网发出超前性的无功功率（或吸收滞后性的无功功率），$\dot{E}_0$ 较正常励磁时小，故称该情况为欠励磁状态，此时产生助磁的电枢反应。

8.8.5 同步发电机的 V 形曲线

同步发电机运行时，值班人员希望知道电枢电流 I 与励磁电流 I_f 的关系，以便于控制同步发电机的运行状况。根据上述分析，把空载、不同负载时的 I 和 I_f 的关系画成如图 8-44 所示曲线。因其形状像字母 V，故称为同步发电机的 V 形曲线。

分析这些曲线可以得到如下结论：

（1）有功功率越大，V 形曲线越高。在图 8-44 中，$P_{em}''' > P_{em}'' > P_{em}' > P_{em}$。

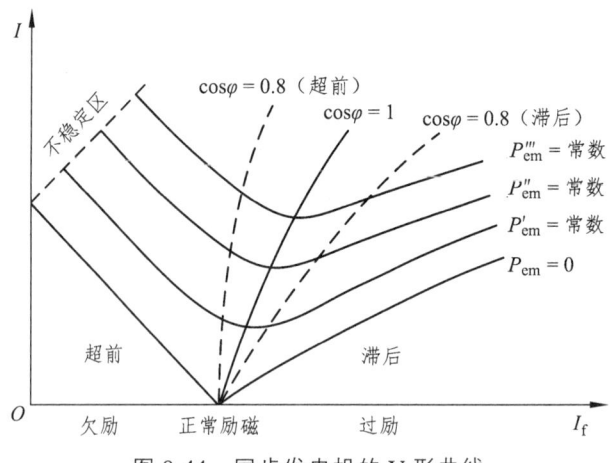

图 8-44 同步发电机的 V 形曲线

（2）每条 V 形曲线有一个最低点，该点对应的是 $\cos\varphi = 1$，发电机向电网发出纯有功功率的情况，即正常励磁状态，说明在保证有功功率不变时正常励磁状态的电枢电流最小。将这些点连起来，称为 $\cos\varphi = 1$ 线，它略微向右倾斜，说明同步发电机输出纯有功功率时，随着输出功率增大，必须相应地增加一些励磁电流。

（3）$\cos\varphi = 1$ 线的左边属于欠励状态、超前功率因数区域；其右边属于过励状态、滞后功率因数区域。还可以把功率因数为其他数值的点连起来，如图 8-44 中的 $\cos\varphi = 0.8$ 超前（或滞后）线。

（4）在最左边，由于励磁电流过小，运行时功率角 θ 将达到 90°，进入不稳定区。

V 形曲线特性对同步发电机运行管理人员帮助很大。值班人员通过 V 形曲线可以知道同步发电机的运行工况，便于对同步发电机进行控制，根据负载大小，给定励磁电流；可以知道电枢电流和功率因数的大小；可以知道励磁电流不变时，负载变化对电枢电流和功率因数的影响；可以知道当负载变化后，为了维持功率因数不变，应该怎样调节同步发电机的励磁电流等。

以上分析是基于同步发电机与无限大电网并联的理想情况，实际上，所有的电网都是有限的。如果想要维持电网电压等于额定值，这就要求电网里各个发电厂必须充分供给负载所需要的总无功功率才行。这项工作由电网的总调度室来完成，它可以指挥各个发电厂发出多少无功功率，发电厂的值班人员根据总调度室要求调节同步发电机的励磁电流，从而发出规定的无功功率数值。

如果负载要求的无功功率日益增多，发电机负担的无功功率满足不了要求，则会导致电网电压下降。而对同步发电机来说，过励得多一些，则发出的无功功率也多一些，直到无功功率供求平衡为止。反之，如果无功功率供应太多，则会引起电网电压的升高。在电网电压升高或降低后，同步发电机的 V 形曲线的形状仍然不变，只是正常励磁的数值改变了。电网电压下降后，正常励磁电流减小，因此 V 形曲线向左移动；电网电压升高后，正常励磁电流增大，V 形曲线向右移动。

电网电压的升高或降低，对负载均不利。电网电压应能自动进行调节，以保持在额定电压。如果同步发电机能发出的无功功率已达到最大值，则可以采取其他办法加以补救，例如，在电网里装设电力电容器、同步调相机（补偿机）、静止式无功补偿器等。

习 题

8-1 同步电机的频率、极对数和同步转速之间有什么关系？一台 $f = 50$ Hz、$n = 3\,000$ r/min 的发电机的极数是多少？从转子结构特点看它属于哪种类型？

8-2 什么是同步电机的电枢反应？电枢反应的性质由什么决定？

8-3 已知三相同步发电机的内功率因数角 $\Psi = 45°$，请利用时-空矢量图判定电枢反应的性质和作用。

8-4 一台正在运行的隐极式同步发电机，实验测得其功率因数为 $\cos\varphi = 0.8$（滞后），试画出此时该发电机的相量图（忽略电枢电阻），并分析电枢反应的性质及作用。

8-5 一台三相星形连接的隐极式同步发电机，每相漏电抗为 2 Ω，每相电阻为 0.1 Ω。当负载为 500 kVA、$\cos\varphi = 0.8$（滞后）时，发电机端电压为 2 300 V，求气隙磁场在一相绕组中产生的电动势。

8-6 有一台三相 1 500 kW 水轮发电机，额定电压为 6 300 V，Y 连接，额定功率因数 $\cos\varphi_N = 0.8$（滞后），已知它的参数 $X_d = 21.2$ Ω，$X_q = 13.7$ Ω，电枢电阻可略去不计，试绘相量图并计算发电机在额定运行状态时的空载电动势 E_0。

8-7 有一台 $P_N = 25\,000$ kW，$U_N = 10.5$ kV，Y 连接，$\cos\varphi_N = 0.8$（滞后）的汽轮发电机，$X_c = 2.13$，电枢电阻略去不计，试求额定负载下发电机的空载电动势 E_0 及 $\dot{E}_0$ 与 $\dot{I}$ 的夹角 Ψ。

8-8 同步发电机发生三相稳态短路时，它的短路电流为何不大？

8-9 比较一台凸极同步发电机下列参数的大小：X_d、X_q、X_{ad}、X_{aq}、X_s。稳态短路电流主要取决于上述哪个参数？

8-10 一台凸极式同步发电机额定容量 $S_N = 62\,500$ kVA，定子绕组星形连接，额定频率为 50 Hz，额定功率因数为 $\cos\varphi_N = 0.8$（滞后），直轴同步电抗 $X_d = 0.8$，交轴同步电抗 $X_q = 0.6$，忽略定子绕组电阻。试求：额定负载下发电机的电压调整率。

8-11 同步发电机与电网并联运行的条件是什么？当四个并联条件中的某一个不符合时，会产生什么后果？应采取什么措施使之满足并联运行条件？

8-12 什么是无限大电网？它对并联于其上的同步发电机有什么约束？

8-13 并联于无穷大电网的隐极同步发电机，当调节有功功率输出时欲保持无功功率输出不变，问此时 θ 角及励磁电流 I_f 是否改变，此时 $\dot{E}_0$ 和 $\dot{I}$ 各按什么轨迹变化？

8-14 与电网并联运行的同步发电机过励运行时发出什么性质的无功功率？欠励运行时发出什么性质的无功功率？

8-15 并联于电网运行的同步发电机，当保持励磁电流 I_f 不变时，调节发电机输出的有功功率，输出的无功功率变不变？此时 $\dot{E}_0$ 和 $\dot{I}$ 各按什么轨迹变化？

8-16 一台与电网并联运行的隐极式同步发电机，仅输出有功功率，请用相量图分析此时电机的电枢反应性质和作用。

8-17 一台汽轮发电机并联于无限大电网，额定负载时功角 $\theta = 20°$。现因故障，电网电压下降为 $60\%U_N$，问：为使 θ 角不超过 25°，应加大励磁使 E_0 上升为原来的多少倍？

8-18 一台汽轮发电机数据如下：$S_N = 31\ 250$ kVA，$U_N = 10\ 500$ V（星形连接），$\cos\varphi_N = 0.8$（滞后），定子每相同步电抗 $X_c = 7.0\ \Omega$（不饱和值），此发电机并联于无限大电网运行，求发电机额定负载时的功角 θ_N、电磁功率 P_{em}、过载能力 K_T 为多大？

8-19 一台汽轮发电机并联于无限大电网，额定数据如下：$S_N = 7\ 500$ kVA，$U_N = 3\ 150$ V（星形连接），额定功率因数 $\cos\varphi_N = 0.8$（滞后），定子每相同步电抗 $X_c = 1.5\ \Omega$（不饱和值），忽略定子绕组电阻。求：① 当发电机带额定负载时，发电机输出的有功功率 P_2、功角 θ 及过载能力 K_T；② 若保持励磁电流不变，当发电机输出的有功功率减小一半时，发电机的功角 θ 及功率因数角 φ。

8-20 一台汽轮发电机额定数据如下：$P_N = 25\ 000$ kW，$U_N = 10.5$ kV（星形连接），额定功率因数 $\cos\varphi_N = 0.8$（滞后），忽略定子绕组电阻。此发电机并联于无限大电网，当运行在 $\underline{U} = 1$、$\underline{I} = 1$、$\underline{X_c} = 2.13$、$\cos\varphi_N$ 时，求发电机的相电流 I、功角 θ、空载电动势 E_0、电磁功率 P_{em} 及过载能力 K_T。

参考文献

[1] 李发海,朱东起. 电机学. 5 版. 北京:科学出版社,2013.

[2] 顾绳谷. 电机及拖动基础(上、下册). 4 版. 北京:机械工业出版社,2011.

[3] 汤蕴璆,史乃. 电机学. 北京:机械工业出版社,2012.

[4] 孙旭东,王善铭. 电机学. 北京:清华大学出版社,2006.

[5] 辜成林,陈乔夫,等. 电机学. 3 版. 武汉:华中科技大学出版社,2010.

[6] 麦崇裔. 电机学与拖动基础. 2 版. 广州:华南理工大学出版社,2005.

[7] 唐介. 电机与拖动. 2 版. 北京:高等教育出版社,2007.

[8] 许实章. 电机学. 3 版. 北京:机械工业出版社,1995.

[9] 汪国梁. 电机学. 北京:机械工业出版社,1996.

[10] 刘翠玲,孙晓荣,于家斌. 电机与拖动. 北京:北京理工大学出版社,2016.

[11] 孙旭东,冯大钧. 电机学习题与解答. 2 版. 北京:科学出版社,2007.

主要符号表

符 号	名 称	符 号	名 称
a	并联支路对数（直流电机） 并联支路数（交流电机）	f	频率；力；磁势瞬时值
B	磁感应强度（磁密）	f_1	异步电机定子频率
B_r	剩磁感应强度	f_2	异步电机转子频率
B_a	电枢磁密	f_N	额定频率
B_{av}	平均磁密	GD^2	飞轮矩
B_δ	气隙磁密	H	磁场强度
B_m	磁密幅值	H_C	矫顽力
B_ν	ν 次谐波磁密	I_a	电枢电流
B_0	空载磁密	I_c	环流
C	常数	I_d	同步电机电枢电流的直轴分量
C_e	电势常数	I_f	励磁电流
C_T	转矩常数	I_{fN}	额定励磁电流
D	电枢直径；调速范围	I_k	短路电流
E_0	空载电势	I_N	额定电流
E_1	一次侧（定子）感应电势	I_q	同步电机电枢电流的交轴分量
E_2	二次侧（转子）感应电势	I_{st}	起动电流
E_{2s}	转子旋转时转子感应电势	I_0	空载电流；励磁电流
E_a	电枢感应（反应）电势	I_1	一次侧（定子）电流
E_{ad}	直轴电枢反应电势	I_2	二次侧（转子）电流
E_{aq}	交轴电枢反应电势	i_a	电枢的支路电流
E_r	剩磁电压	J	转动惯量
E_{s1}	一次侧漏磁通感应电势	K	换向片数
E_{s2}	二次侧漏磁通感应电势	K_c	同步电机短路比
E_δ	气隙感应电势	K_I	起动电流倍数
F	磁势	K_{st}	起动转矩倍数
F_a	电枢磁势	K_T	过载能力

续表

符号	名称	符号	名称
F_{ad}	直轴电枢磁势	k	变比
F_{aq}	交轴电枢磁势	k_a	自耦变压器变比
F_{f1}	基波励磁磁势幅值	k_{d1}	交流绕组的基波分布因数
F_δ	气隙磁势	k_e	异步电机的电势变比
F_0	空载磁势	k_f	励磁磁势分布曲线的波形系数
F_1	一次侧（定子）磁势	k_i	异步电机的电流变比
F_2	二次侧（转子）磁势	k_{p1}	交流绕组的基波节距因数
k_{dp1}	基波绕组因数	R_{st}	起动电阻
k_μ	饱和系数	R_1	一次（定子）绕组的电阻
L_m	励磁电感	R_2	二次（转子）绕组的电阻
L_s	漏电感	S	面积；元件数；视在功率
l	长度；导体有效长度	S_N	额定视在功率
m	相数	s	转差率
N_K	绕组匝数	s_m	临界转差率
N_1	一次侧绕组匝数	T_N	额定转矩
N_2	二次侧绕组匝数	T_L	负载转矩
n_N	额定转速	T_{em}	电磁转矩
n_1	同步转速	T_m	最大转矩
n_2	转子基波磁势相对转子的转速	T_{st}	起动转矩
P_N	额定功率	T_0	空载转矩
P_{em}	电磁功率	T_1	原动机转矩；输入转矩
P_m	总机械功率	T_2	输出转矩
P_1	输入功率	U_N	额定电压
P_2	输出功率	U_f	励磁电压
p	极对数	U_0	空载电压
p_0	空载损耗	U_1	变压器一次侧电压
p_a	附加损耗	U_2	变压器二次侧电压
p_{Cu}	铜耗	u	电压瞬时值；虚槽数
p_{Cua}	电枢铜耗	u_k	阻抗电压（短路电压）
p_{Cuf}	励磁铜耗	v	线速度
p_e	涡流损耗	X_a	电枢反应电抗
p_{Fe}	铁耗	X_{ad}	直轴电枢反应电抗
p_h	磁滞损耗	X_{aq}	交轴电枢反应电抗
p_m	机械损耗	X_c	同步电抗

符　号	名　　称	符　号	名　　称
Q	总槽数；无功功率	X_d	直轴同步电抗
Q_u	总虚槽数	X_k	短路电抗
q	每极每相槽数	X_m	励磁电抗
R_a	电枢电阻	X_q	交轴同步电抗
R_{cr}	临界电阻	X_s	漏电抗
R_f	励磁回路总电阻	X_1	一次（定子）绕组的漏电抗
R_k	短路电阻	X_2	二次（转子）绕组的漏电抗
R_m	磁阻；铁耗等效电阻	y	合成节距；交流绕组节距系数
y_1	第一节距；交流绕组的节距	ω	角频率
y_2	第二节距	ϕ	磁通瞬时值
y_k	换向器节距	Φ	磁通
Z	电枢总导体数；阻抗	Φ_N	额定磁通
Z_k	短路阻抗	Φ_a	电枢反应磁通
Z_m	励磁阻抗	Φ_m	主磁通；磁通幅值
Z_L	负载阻抗	Φ_s	漏磁通
Z_1	一次（定子）绕组的漏阻抗	Φ_r	剩磁磁通
Z_2	二次（转子）绕组的漏阻抗	Φ_0	空载（励磁）磁通
α	槽距角；角度	Φ_1	基波磁通
β	负载因数；角度；直线斜率	Φ_v	v 次谐波磁通
δ	气隙长度；静差率	Λ	磁导
η	效率	ΔU	电压调整率
θ	功率角	Ω	角速度
μ_0	真空（空气）磁导率	Ψ	磁链；内功率因数角
μ_{Fe}	铁磁材料磁导率	Ψ_s	漏磁链
τ	极距	—	符号下划一横的为标幺值
φ	功率因数角；相位角	′	右上角加一撇的为折算值